普通高等教育农业部"十二五"规划教材

淀粉与淀粉制品工艺学

第二版

陈　光　主编

中国农业出版社

内 容 简 介

本书比较系统地介绍了淀粉及其相关产品制备的理论基础与生产技术。第一章介绍淀粉的基础理论，为淀粉原料的提取与淀粉的加工提供理论支持；第二章、第三章介绍了以玉米、薯类及其他谷物为原料制备淀粉的生产工艺与综合利用技术，由于玉米是重要的淀粉生产原料，所以重点阐述玉米淀粉的分离提取工艺；第四章、第五章介绍以淀粉为原料的淀粉转化产品（主要是淀粉糖）及淀粉衍生物（主要是变性淀粉）的基本生产理论与关键技术；第六章、第七章主要介绍淀粉及其深加工产品在各行业中的应用情况，根据淀粉原料在高分子复合物中的应用进行了特别描述；为了更好地掌握原淀粉和淀粉制品的性质，第八章特别论述了淀粉的常规分析、质量控制技术等内容。

本书可作为食品科学与工程、农产品加工等专业的教材使用，亦可供淀粉生产、食品加工企业和从事淀粉深加工的技术、科研、产品推广使用人员学习参考。

第二版编写人员

主　编　陈　光（吉林农业大学）

副主编　孙庆杰（青岛农业大学）

　　　　　张　陆（长春科技学院）

　　　　　禚同友（吉林农业科技学院）

参　编（按姓名笔画排序）

　　　　　王　刚（吉林农业大学）

　　　　　孙　旸（吉林农业大学）

　　　　　李金荣（吉林农业工程职业技术学院）

　　　　　汪树生（吉林农业大学）

第一版编写人员

主　编　高嘉安（吉林农业大学）

副主编　刘长江（沈阳农业大学）

参　编　陈　光（吉林农业大学）

　　　　张　陆（吉林省轻工业设计研究院）

　　　　郑鸿雁（吉林农业大学）

　　　　余　平（吉林粮食专科学校）

第二版前言

淀粉作为重要的可再生资源，已经广泛地应用于食品、纺织、造纸、医药、建筑、化工、石油、燃料等行业，其应用领域仍在不断地拓宽。进入 21 世纪以来，淀粉工业的发展尤为迅速，淀粉及淀粉制品在国民经济中发挥着越来越重要的作用。

《淀粉与淀粉制品工艺学》（第一版）自出版以来得到了广大师生的肯定，同时也颇受淀粉深加工行业研究和工作人员的欢迎。经过 10 余年的发展，淀粉及淀粉制品行业也出现了一些新的变化。因此，结合多年的教学实践，本次修订对第一版的内容进行了调整，压缩了淀粉理论方面的内容，增加了变性淀粉的应用、淀粉及其制品在高分子复合材料中的应用、淀粉及淀粉制品分析测试的新方法与手段等内容。

本书由陈光编写绪论及第三章，王刚编写第一章，孙庆杰编写第二章，禚同友编写第四章，张陆编写第五章，李金荣编写第六章，汪树生编写第七章及第三章部分内容，孙旸编写第八章。全书由陈光负责统稿。本书在编写过程中，得到吉林农业大学教务处的大力支持，由生物物理学专业的研究生参与资料的收集整理工作，在此一并表示感谢。由于编者水平有限，书中难免出现不当之处，敬请广大读者批评指正。

编　者
2016 年 9 月

第一版前言

淀粉是食品加工和生产的重要原料，淀粉及其制品在造纸、纺织、医药、石油钻井、胶黏剂、精细化工、环境保护等方面有着广泛的用途。1989 年我国的淀粉生产仅有 111.7 万 t，到了 1999 年已达 470 万 t，10 年间年平均增长高达13.55％。与此同时，淀粉深加工产品也有较快的发展。当前，淀粉及淀粉制品工业正处于蓬勃发展时期，对于淀粉、淀粉糖和变性淀粉生产的技术人才、推广使用人才的需求量猛增。为了满足社会的需要，许多高等院校和职业师范教育院校都陆续开设了专门的淀粉生产工艺课程，或在某门课程内用较大的篇幅介绍这方面的知识，这些做法正是拓宽专业、加强素质教育办学指导思想的具体体现。

近年来，虽有一些淀粉及其相关知识的专业书籍问世，但在内容选择、语言表达方式、科学性上适合作为教材使用者为数甚少。为适应教学需要，我们结合多年教学实践，编写本教材，以供广大师生学习参考。

淀粉的生产和深度加工是以淀粉理论知识为基础。因此，本书对淀粉理论方面的内容做了较多的安排。考虑到玉米淀粉占我国全部商品淀粉的 90％以上，在淀粉生产工艺中基本上是围绕玉米淀粉生产介绍的。淀粉衍生物的种类繁多，受课时数和教材篇幅的限制，仅重点介绍与食品工业关系密切的淀粉糖类和变性淀粉。国内相关企业对淀粉衍生物比较陌生，一定程度上限制了淀粉深加工的发展。因此，在讲述各种淀粉制品生产工艺的同时，对其性质和应用也加以说明。本书由高嘉安编写第一、二、三、五、六章，余平编写第四章，张陆编写第七章，郑鸿雁编写第八章，陈光编写第九章，刘长江编写第十章。全书由高嘉安、刘长江负责统编和审核。在编写过程中，得到张凤宽教授的大力支持，于海参与了第三章部分内容的编写工作，在此一并表示感谢。受业务水平所限，书中定有许多不当之处，敬请广大读者批评指正。

编　者
2001 年 7 月

目　　录

绪　　论

一、淀粉的应用历史

长期以来，人类一直在食用来源于种子、根及块茎的淀粉类食物。人们对谷物（特别是早期的农作物，如大麦、稻谷、小麦和玉米）的历史非常感兴趣，其中玉米现在已成为提取淀粉的主要原料。中国和日本考古人员在湖北和湖南境内的长江沿岸发掘到的稻谷，经同位素碳测定距今15 000年，这改写了中国大约在10 000年前开始人工种植谷物的历史。

玉米是美洲地区最重要的粮食作物，大约起源于墨西哥。在墨西哥特瓦坎（Tehuacan）峡谷发现了最古老的证据（公元前7 000年）。在公元前5 000年，墨西哥类蜀黍与原始玉米植株杂交后，一定程度上降低了雌性花序种子自然散播的特性，减少了种子的流失，提高了采摘率，这对于维持人类的生存具有积极的作用。玉米的种植很快传播到美洲地区各处，包括如今的阿根廷和加拿大在内。

小麦在食用谷物中位居第一，其产量位于包括稻谷和玉米在内的农作物之首。小麦是旱季作物，在不同的农业气候区都可以种植。现在一般认为小麦起源于中东地区，在伊拉克北部的新石器时代遗址发现的麦粒，经放射性同位素碳测定时间可以追溯到公元前6 700年。

对淀粉或淀粉制品的实际应用是从公元前的埃及开始的，当时利用源自小麦的淀粉胶将纸莎草黏合在一起，对纸莎草纸施胶可以形成光滑的表面。淀粉胶可以利用精磨小麦粉在蒸馏后的醋中煮沸制得，糊液喷洒在纸莎草条上，随后用木槌击打，在边缘上黏附更多的草条以加宽纸张，据记载有200年历史的纸莎草纸仍能保持良好状态。在中国，公元312年生产的纸张中就含有淀粉施胶剂。此后，中国生产纸张时先用高流度的淀粉进行表面施胶以避免洇墨，然后用粉末淀粉覆盖表面为纸张提供重量和厚度，在当时普遍使用的是小麦和大麦淀粉。淀粉也可以用于漂白衣物和给头发上色。

公元前184年，罗马的Cato在文章中详细地描述了一种生产淀粉的工艺。谷粒在水中浸泡10d后进行压榨，再加入新鲜水，混匀后用亚麻布过滤粉浆，静置后淀粉沉淀在底部，用水洗涤后在阳光下晾干。

到了中世纪，小麦淀粉的生产在荷兰成为重要的工业，荷兰淀粉成为高品质淀粉的象征。这一时期，变性淀粉的主要形式是用醋轻度水解淀粉，淀粉主要在洗衣店中用于硬化布匹，人们认为这样有益健康。到了16世纪，法国流行用淀粉在头发上打粉，18世纪，淀粉的这种用途开始盛行起来。

18世纪，人们找到了除小麦之外的更经济的淀粉原料。1732年，法国政府开始利用马铃薯生产淀粉，德国的马铃薯淀粉企业始于1765年。

19世纪，淀粉工业开始迅速发展，这归功于纺织、彩印和造纸工业对淀粉的需求，也由于这时发现了淀粉可以很容易地转化成像胶一样的糊精。19世纪早期，制备出了源于淀粉的黏胶替代品。1821年一家纺织厂的大火被看作是英国胶生产工业的开端。大火扑灭以后，一名工人注意到一些淀粉因高温作用变成了棕色，在水中容易溶解并形成黏稠的糊。这种新型的焙烤淀粉工艺可以重复，产品具有非常广泛的用途。1860年，德国用酸法工艺制造出商品用糊精。1867年美国的一项专利报道了利用酸润湿淀粉后再进行焙烤生产淀粉糊精的工艺。

19世纪早期，基础技术的发展促进了淀粉甜味剂工业的发展。1811年俄国化学家 Kirchoff 发现利用稀酸在加热的条件下可以将淀粉转化成具有甜味的物质，当时他想寻找替代阿拉伯胶作黏合白土的水溶性黏合剂。美国第一家生产淀粉糖浆的工厂成立于1831年。到1861年，用淀粉生产右旋葡萄糖得以实现。19世纪，欧洲建成了许多生产葡萄糖的工厂，结晶葡萄糖的生产开始于1882年。

二、世界淀粉工业发展现状

淀粉工业是最古老的工业之一，最初的工业化生产大约在1830年。因为淀粉工业既是基础工业，又是食品工业，所以1个多世纪以来淀粉工业发展很快。淀粉的品种包括玉米淀粉、小麦淀粉、马铃薯淀粉、红薯淀粉、木薯淀粉等，除以上主要品种外，还有橡子淀粉、芭蕉芋淀粉、葛根淀粉、首乌淀粉等，其中玉米在世界的淀粉生产中占有非常重要的地位。

美国是世界上淀粉资源开发利用水平最先进的国家，又是玉米总产量、出口量、加工量和人均消费量最多的国家，在淀粉深加工中主要以玉米淀粉为原料。下面以美国玉米深加工的发展历史为例介绍世界淀粉工业发展情况。

（一）美国玉米深加工行业的发展历程

1. 第一阶段 19世纪美国国内战争以后，许多美国工业制造商通过不断改善交通运输条件，在玉米大规模的销售当中，在国内市场获利颇丰。1848年，Thomas Kingsford 首先建立了仅有70个雇员的玉米加工厂，到了1880年，在玉米加工业方面它已成为世界上最大的公司，该公司生产的"银光（SILVER GLOSS）"牌玉米淀粉销售到整个美国和英国，公司员工近千人，每天可生产玉米淀粉35 t。Kingsford 的工厂之所以被看作是美国玉米加工业的起源是因为当时它具备了规模化生产，并使用了广告手段，有大量的出口贸易。这种商业上的成功，吸引了人们对玉米加工业的投资，竞争开始出现。1879年在美国已出现了大约140家玉米淀粉工厂，产值达250万美元。当时，玉米淀粉主要用于洗衣店和作为食品原料。19世纪末，以玉米淀粉为原料的甜味剂实现了商业化生产。它标志着玉米淀粉已从一种终端产品变成了中间产品，玉米糖浆以其低廉的价格在糖果、啤酒、酿造等其他工业部门打开了市场。巨大的利润导致了对玉米加工业投资的大幅度增加，其中包括对研究开发的投资。

2. 第二阶段 虽然第一次世界大战对西方文明和经济是一场可怕的灾难，但它却给某些美国商人带来了利益。蔗糖的短缺导致了对玉米甜味剂需求的大量增加，制造商开始用玉米糖浆代替蔗糖用于糖果、面包和果酱的制作。战时的特殊条件刺激了美国玉米糖浆业的繁荣，给美国玉米淀粉和玉米葡萄糖制造商带来了可观的利益，然而，发了战争财的美国商人随着战争的结束，很快和其他工业部门一样，进入20世纪20年代的经济大萧条时期。玉米糖浆价格在一年内下降了5倍，甚至以低于成本的价格出售，直到1922年一些较大的工厂又重新扩大了经营，并开始在国外建立贸易机构，少数大的公司开始在国外建厂。第二次世界大战前的40多年时间里，美国的玉米加工技术有了新的进展，一是玉米开始走向综合利用，如玉米胚油进入市场；二是利用糯玉米淀粉，经化学改性生产一系列衍生物，用于食品等行业；三是在玉米糖浆的生产工艺方面，Staley 公司开发了用酸和淀粉酶相结合的专利技术生产玉米糖浆。与传统的酸水解相比，在甜度、风味和黏稠度等方面质量明显提高。

3. 第三阶段　20 世纪 40 年代玉米加工业的繁荣，第二次世界大战又一次给美国玉米加工业带来了巨额的经济效益，吸取第一次世界大战后的教训，第二次世界大战后美国玉米加工业并未出现第二次世界大战后的生产过剩危机。这期间的技术进步，主要反映在玉米加工过程实现了自动控制。一些新的改性淀粉，如交联淀粉、阳离子淀粉、羟乙基淀粉，在出版印刷和食品工业打开了更大的市场。第二次世界大战期间，玉米酒精作为替代能源添加到汽油当中。60 年代初期，旋转真空过滤装置和离子交换技术的应用，使玉米糖浆的质量大为提高，热稳定 α-淀粉酶在葡萄糖生产中得到了应用，使葡萄糖的产量提高，并易于结晶化。

4. 第四阶段　经过 1 个多世纪的发展，美国玉米深加工产品伴随技术的进步而不断丰富，由过去单纯的淀粉产品发展到淀粉糖、各种发酵产品、变性淀粉、玉米油和蛋白饲料等多种产品，目前主要的产品有：

（1）高果糖玉米糖浆　高果糖玉米糖浆于 1967 年在美国实现了商业化生产。HFCS 是玉米葡萄糖在可溶性异构酶的作用下，部分葡萄糖转化成果糖后的一种葡萄糖与果糖的混合物，最初果糖含量只有 24%，仅 1 年以后，就开发出果糖含量 42% 的高果糖玉米糖浆。20 世纪 70 年代后期，色谱技术可以把果糖的浓度提高到 90% 以上。目前，美国软饮料工业广泛使用的 HFCS-55 则是上述两种产品混合而来。在美国以 HFCS 为主的发酵产品已经使得淀粉、葡萄糖等传统产品显得相形见绌。

（2）葡萄糖氢化产品　利用色谱分离技术与酶技术相结合生产糖醇类物质，在美国的化学工业中占有重要的地位，这些产品包括山梨醇、木糖醇、甘露醇、麦芽醇、赤鲜醇等。

（3）有机酸产品　以葡萄糖为原料通过酶技术生产各种有机酸，在美国过去 10 年的化学工业中占有重要的地位。这些产品包括柠檬酸、乳酸、亚甲基二酸、葡萄糖酸以及各种氨基酸，如赖氨酸、苏氨酸、色氨酸等。氨基酸则主要用于非反刍动物的饲料添加剂，以保证供给必需营养。

（4）环状糊精　环状糊精作为玉米淀粉酶改性的一种衍生物，100 多年来，一直受到科技界的重视。但是，由于生产成本高，市场狭窄，一直未得到大规模的应用，20 世纪 80 年代后期，环状糊精糖基转移酶得到了应用，从此以后，环状糊精的用途被广泛研究。目前，用 α-环状糊精制造具有良好风味的胶囊，在美国是一种最普通的用途。

（二）世界玉米深加工的发展趋势

目前世界上发达国家玉米深加工产业发展动态有如下几个方面。

一是用生物可再生资源替代石化资源的资源战略大转移渐露端倪。玉米加工产品向有机化学产品和高分子材料领域推进，一个全球性的产业革命正在朝着以糖类为基础的方向迅速发展，这是可持续发展的一个重要趋势。正在开发的多聚乳酸、多聚氨基酸、多羟基烷酸以及各种功能寡糖等可视为这个糖类经济时代来临的前奏。到 2020 年，预计将有 50% 的有机化学品和材料产自生物质原料。

二是玉米深加工产品市场空间不断拓展。国外除了继续拓展玉米加工产品，特别是淀粉及其深加工产品在传统领域的应用，更注重开发和开拓以下 3 个领域的产品和市场。建筑产品中的增稠剂、黏合剂、喷涂剂；铸造和陶瓷中的脱膜剂、防裂剂；日用化工中的填充剂、黏合剂等，并向高档产品，如高档医药生化产品、功能性食品及添加剂、精细化工产品及用化学方法或很难生产的产品（微生物多糖、工业酶制剂、表面活性剂、高分子材料等）方向发展。

三是技术创新推动玉米加工不断向精深发展。从玉米加工业态势看，未来的玉米深加工技术将是生物转化技术和化学裂解技术的组合，包括改进的木质纤维素分级和预处理方法、可再生原料转化的反应器优化设计和合成、生物催化剂及催化工业的改进。如美国继续致力于新酶的研究，以加快淀粉糖类精深加工产品的开发；同时致力于新发酵菌种的研发，以提高酒精转化率，使乳酸的生产成本进一步降低。

三、我国淀粉加工工业现状

（一）我国淀粉工业发展历史

20 世纪 50 年代以前，我国仅有几家淀粉作坊，没有工厂，更谈不上有什么淀粉工业。直到 50 年代中期才从苏联引进第一个现代化的玉米淀粉厂——华北制药厂淀粉分厂，此后又新建了一批中小型淀粉厂。但由于我国人口多、耕地少、粮食不富裕，因此限制了淀粉工业的发展。从 60 年代至 70 年代初期，我国淀粉工业主要是为医药工业配套。直到 80 年代中期，我国粮食生产才有了转机，淀粉工业逐步发展起来，特别是进入 90 年代以后，更是有了较大的发展。随着生产发展和技术进步，淀粉原料不断开发，除玉米、小麦、薯类之外，其他谷类、豆类及野生植物原料均有较大的发展。

2000 年之后，伴随着国际市场上以石油为代表的国际能源价格的飞速上涨，在世界范围内出现了寻求替代能源的热潮，刺激了我国玉米深加工产业的飞速发展，加工能力不断提高，其玉米消耗量也呈现出了快速增长的势头。

近年来，我国玉米加工转化能力增长迅速，年增长速度在 20% 左右。特别是在吉林、黑龙江、辽宁和山东等玉米主产区，玉米深加工行业发展迅速。原有的玉米深加工企业规模不断扩大，新建和拟建的深加工企业不断涌现。

我国的玉米深加工企业主要分布在产区，以山东和吉林最多。据统计，2007 年山东的玉米深加工企业玉米转化能力达到 1 500 万 t，实际转化玉米超过 1 000 万 t。吉林的玉米深加工企业加工能力超过 1 200 万 t，实际转化玉米 850 万 t 左右。两省不但有众多的中小玉米加工企业，而且都有几家年加工能力超过 100 万 t 的企业。从其他省份来看，黑龙江玉米深加工企业近年来发展迅速，其玉米加工能力约为 650 万 t，实际年转化玉米在 450 万 t 左右。辽宁的玉米深加工企业发展较晚，形成规模的不多，全省年玉米加工能力在 320 万 t 左右，实际转化玉米在 200 万 t 左右。河北的玉米深加工能力在 400 万 t 左右，实际转化玉米在 250 万 t 左右。河南的玉米深加工能力在 420 万 t 左右，实际转化玉米量在 300 万 t 左右，加工规模普遍不大。内蒙古的玉米深加工能力在 480 万 t 左右，实际加工能力在 200 万 t 左右。主产区之外的其他地区的深加工企业较少，加工能力有限。

（二）我国玉米深加工业现状

1. 国内玉米深加工产业链条不断延伸 经过多年发展，我国玉米深加工产品已达 200 余种，是我国粮食作物加工中加工链条最长、产品最多的品种。目前我国深加工业的产品结构已出现了较大变化，从原来主要以淀粉和酒精为终端产品的初级加工为主逐步向继续对淀粉再加工的精深加工发展。总体来看，淀粉类产品（含淀粉糖）和酒精类产品仍然是玉米深加工业的主要产品。目前，淀粉类产品（含淀粉糖）约占深加工产品的 55%，酒精类产品约占 30%，另外，还有赖氨酸、柠檬酸、味精，玉米油、DDGS 等其他产品，约占 15%。

2. 国内玉米消费结构的总体情况　2000 年之后，随着国内玉米深加工业的逐步发展，玉米深加工业消费量快速增加，所占玉米总消费比例不断扩大，虽然饲料消费数量总体增长，但所占比例下降。2008—2009 年度，我国玉米消费中食物消费约占 7%，饲料消费约占 63%，工业消费约占 27%。其他消费所占比例较小。总体来讲，玉米的消费中，饲料消费数量总体保持稳定，工业消费所占比例呈逐年上升势头。

3. 国内深加工业玉米消费量近年出现相对稳定态势　进入 21 世纪，我国玉米深加工业出现快速发展势头，2001—2002 年度，我国深加工消耗玉米数量约为 1 250 t，2008—2009 年度，我国玉米深加工消耗玉米量为 3 850 万 t，7 年增加了 2 600 万 t，年均增幅为 17.4%。

从增长阶段看，2006 年以前是深加工业玉米消费量增加最快的时期，年均增幅达 36.1%，特别是 2005—2006 年度，深加工业消费玉米量从上年度的 2 100 万 t 猛增至 3 150 万 t，增幅高达 50%。之后，随着国家政策对玉米深加工业的限制与引导，玉米深加工业消费玉米量开始进入相对稳定的时期，虽然深加工玉米消费数量仍然出现逐年上升势头，但增幅已明显下降。2006—2007 年度，深加工玉米消费量增幅为 11.11%，较上年度的 50% 出现大幅下降，2007—2008 年度、2008—2009 年度继续下降，增幅分别为 8.57% 和 1.32%，2009—2010 年度有所回升，增幅为 3.95%，这说明随着国家对玉米深加工业的规范与引导，国内玉米深加工业近年来已经出现了相对稳定发展的态势。

四、特种淀粉的发展

原淀粉产品的用途广泛，也是变性淀粉、甜味剂和乙醇的原料。从 20 世纪 30 年代开始，糖类化学家开发了许多产品，极大地拓宽了淀粉的用途。主要的产品如下：

1. 蜡质玉米淀粉　蜡质玉米淀粉完全由支链淀粉分子组成，使这种淀粉具有与其他淀粉不同且非常有用的性质。这种基因突变的玉米 20 世纪初在中国发现，淀粉用碘显色时呈红色，而不像普通淀粉那样呈现蓝色。切开玉米籽粒时，胚乳光滑如蜡，因此这种玉米称为蜡质玉米，实际上并不含蜡。1909 年，蜡质玉米被带到美国，作为新奇事物种植在农业试验站，直到第二次世界大战切断了东印度公司的木薯淀粉供给。在寻找替代品的过程中，发现蜡质淀粉是最佳选择。20 世纪 40 年代，艾奥瓦州农业试验站的遗传学家培育出了蜡质淀粉的高产株。在作为订单作物后，蜡质玉米淀粉迅速发展成为重要的食用淀粉。尽管有其他种类的全支链淀粉分子的淀粉，比如蜡质高粱、糯米、蜡质小麦和全支链淀粉马铃薯淀粉等，这些淀粉也是只由支链淀粉分子构成，却并没有像蜡质玉米一样被工厂接受，因为玉米同时还能提供高品质的油脂和蛋白质产品。在美国、加拿大和欧洲地区，蜡质玉米的种植面积迅速增大。

2. 高直链玉米淀粉　尽管直链淀粉的提出可以追溯到 1895 年，但是直到 20 世纪 40 年代它才和淀粉的直链分子联系起来。在此之前，人们对淀粉聚合物的结构和鉴定知之甚少。1946 年，糖类化学家 R. L. Whistler 和遗传学家 H. H. Kramer 开始研究能和蜡质淀粉竞争的变性淀粉制品，也就是完全由直链分子构成的淀粉。Whistler 和 Kramer 将普通玉米中的直链淀粉含量从 25% 提高到 65%。经过其他研究人员的进一步开发，直链淀粉的含量最高可达 85%，含量 55% 和 75% 的两个品种已经商业化生产。高直链淀粉主要在糖果生产中应用，利用直链淀粉的高强度凝胶来保持糖果的形状和完整性。添加高直链变性淀粉可以增强像番茄酱和苹果酱的组织特性。由于高直链淀粉具有良好的成膜性，所以人们广泛地研究其在工业产品中的应用，其中包括可降解速率。

3. 化学变性淀粉　通过化学变性可以改善淀粉的品质。化学变性淀粉可以为加工食品（如冷冻食品、速食食品、脱水食品、胶囊化食品及微波加热食品）提供良好的品质和货架保存期；改善食物对加工条件的耐受性，提高食物对热、剪切和酸的稳定性。变性处理可以使淀粉在造纸工业中作为湿部添加剂、表面施胶剂、层间胶、黏合剂和上浆剂使用。

4. 其他自然变性产品　近些年来，经玉米遗传学的研究发现，许多变性淀粉的性质可以通过改变玉米淀粉的生物合成实现，而不用通过化学变性处理。玉米淀粉企业联合玉米种子公司、大学和农业研究所开展了大量的工作验证了这一可能性。除了直链淀粉和蜡质淀粉基因，其他基因也影响淀粉的生产，其中包括：*dull*、*sugary 1*、*sugary 2*、*shrunken 1*、*shrunken 2*、*soft starch*（*horny*）和 *floury 1*。这些基因影响淀粉的合成途径，从而生成具有不同结构和性质的淀粉。过去的 20 年里，大量的工作围绕如何评价生产出来的淀粉进行。因为基因同时决定直链淀粉分子和支链淀粉分子的结构和比例，通过杂交育种可以生产独特的蜡质类型，中等直链淀粉含量和高直链淀粉含量的淀粉品种。

五、源于淀粉的其他产品

1. 甜味剂　Kirchoff 关于淀粉水解的发现促成了现代淀粉甜味剂工业的形成。早期通过酸催化水解制得淀粉来源甜味剂含有不同含量的葡萄糖，其他糖类和多糖，被称为葡萄糖浆。19 世纪至 20 世纪早期葡萄糖浆有固态和液态两种形式，固体糖通过铸模或干燥液体产品制得。

20 世纪 20 年代，Newkirk 开发了彻底水解淀粉生产葡萄糖的技术，之后结晶葡萄糖生产技术迅速发展。40～50 年代技术的发展使精确控制水解产物种类、水解程度和水解条件得以实现，大大拓宽了葡萄糖浆产品的种类和用途。同时，新的纯化技术的引入使生产高纯度糖浆得以实现。能将葡萄糖转化成果糖的异构酶在 20 世纪 60 年代引入商业化生产。异构酶及酶固定化技术的引入，使美国在 1967 年开始高果糖浆的生产。在生产过程中通过精制获得的液体甜味剂能一比一地替代液体蔗糖。同时，世界蔗糖市场的巨变使蔗糖的主要使用商开始寻求蔗糖的替代品。70 年代晚期至 80 年代早期，许多美国饮料企业开始用高果糖浆替代蔗糖，高果糖浆的增长速度远远超过了人口的增长，到了 1984 年，玉米湿法加工企业获得了它们的最高目标：在美国的瓶装软饮料中开始完全使用高果糖浆作为甜味剂。

2. 乙醇　葡萄糖很容易被酵母发酵生成酒精。饮用酒精在许多国家通过不同的糖源和淀粉原料进行生产，而大规模的燃料及酒精的发酵生产归功于易燃性发动机对燃料添加剂的需求。汽车先驱 Henry Ford 在 20 世纪 20 年代为了帮助美国农民最先支持将乙醇作为燃料。30 年代，美国中西部约有 2 000 家加油站提供含有 6%～12% 乙醇的汽油，这些汽油是以玉米为原料制备的。因为高成本和新油田的开发，"乙醇汽油"在 20 世纪消失。然而，到了 20 世纪 70 年代中期由于石油供应的匮乏，1979 年，乙醇被重新引进。美国的乙醇产量从 70 年代中期的几百万升增加至 1996 年的 6.06 亿 L。如今，大部分乙醇是由玉米淀粉制得的。经湿磨法从玉米分离出来后，淀粉浆用 α-淀粉酶液化，葡萄糖淀粉糖化。之后糖液由酿酒酵母发酵。现代美国乙醇生产工厂采用糖化、酵母增殖和发酵同步进行法生产。现在大部分燃料级乙醇通过连续发酵法生产，与间歇式发酵相比，成本降低，微生物生长容易控制，容易实现自动化控制，大约 14.5 kg 淀粉可以生产 9.5 L 乙醇。

3. 多元醇　糖的氢化作用可以生成一类称为糖醇或多元醇的物质。主要的商品化糖醇包括甘露醇、山梨醇、麦芽糖醇、木糖醇及相对应的糖浆，除木糖醇外，其他糖醇均能通过淀粉水解（甘露醇需经异构化）并加氢制得。糖醇在一些植物中天然存在，但商业化提取并不可行。多元醇最初在从山地白蜡树中分离"甘露"时发现，甘露醇1872年由法国化学家Joseph Boussingault 从花楸浆果中分离。多元醇因其低发酵能力在简单糖类中尤为独特。这一特性使多元醇能在食品中带入甜味而比其他糖类显示低热量值，减少了龋齿的形成。多元醇在食品工业、糖果工业、医药工业和其他行业中有形式多样的用途。市场对低热量食物、减少热量食物及糖果需求量的增加，促进了淀粉衍生物产品的生产。

4. 有机酸　自然界中到处存在有机酸。柠檬酸、乳酸、苹果酸和葡萄糖酸已成为食品工业中大量使用的添加剂。最初有机酸的生产由蔗糖及食糖生产中的副产品发酵生产，现在主要由葡萄糖发酵生产。柠檬酸的生产约占有机酸市场总产量的 85%。首次报道是在1784年，由柠檬汁中分离制得。1917年发现在特定的真菌中有柠檬酸的积累。1923年，美国首家通过发酵法生产柠檬酸的工厂建成；如今柠檬酸主要用于软饮料、甜点、果酱、果冻、糖果、葡萄酒和冷冻食品中。乳酸，1880年开始生产，是第一种通过发酵糖类进行工业化生产的有机酸。如今可以通过发酵法和化学合成法两种方法制得。85%的乳酸用于食品及食品相关领域，另外一些用于制备乳化剂和聚乳酸。

5. 氨基酸　20 世纪 80 年代，发酵技术的发展降低了由淀粉水解物发酵生产氨基酸的成本。例如，赖氨酸、苏氨酸、色氨酸、蛋氨酸和半胱氨酸。淀粉质发酵氨基酸一般用于动物营养补充，使动物营养学家能针对个体动物的营养需求配制饲料。含有这些产品的饲料能降低饲料成本、动物浪费及氮污染。

六、新品种淀粉的开发

目前，人们在拓宽现有淀粉及淀粉衍生物用途的同时，也在积极寻求新的淀粉资源，现在有两种新来源的淀粉有望加入工业淀粉中，分别是香蕉淀粉和苋菜淀粉。

香蕉淀粉可以从大香蕉园中剔除的香蕉中制得。在种植园中成串的香蕉从树上砍下来送到中央处理所中，在那里瘦小的果实和损伤的果实被剔除，这些剔除的香蕉约占总产量的 25%，绿香蕉中 25% 是淀粉，在适当的 pH 条件下浸泡 4 h，香蕉果肉中的淀粉可以很容易地分离出来。香蕉淀粉含有的大颗粒（20 μm）具有多种用途。按产品成本计算（主要是运输费用和淀粉提取费用），香蕉淀粉的价格与玉米淀粉的市场价接近或相同。

苋菜可以作为绿色食品，其种子可以作为易贮存的谷物，在中美洲的玛雅文明和阿芝台时期对其利用达到了顶峰时期。苋菜主要种植在中美洲和南美洲的山区，现在种植在美国北部。一般经膨化混上糖浆后做成糖条出售。苋菜粉与少量小麦粉混合后，使面包和煎饼带有一种回味无穷的味道。苋菜种子含有约 65% 的淀粉，颗粒直径约 1 μm，其特性适用于食品，可用作脂肪替代品。

思考题

1. 我国玉米深加工现状如何？

2. 源于淀粉的产品有哪些？

第一章　淀粉的结构与性质

淀粉是植物体中贮存的养分，贮存在种子和块茎中，各类植物中的淀粉含量均较高，大米中含淀粉 62%～86%，麦子中含淀粉 57%～75%，玉米中含淀粉 65%～72%，马铃薯中则含淀粉超过 90%。淀粉分子是由葡萄糖组成的多糖高分子化合物，有直链状和支叉状两种分子，分别称为直链淀粉和支链淀粉。前者是由脱水葡萄糖单位间经 α-1，4 糖苷键连接，后者支叉位置是由 α-1，6 糖苷键连接，其余为 α-1，4 糖苷键连接，大多数植物淀粉中含直链淀粉 20%～30%。然而，某些突变株的直链淀粉含量很低，甚至完全不含直链淀粉。淀粉是可完全生物降解的天然高分子物质，具有能再生、廉价、易保存和便于运输的特点，已广泛应用于食品、纺织、造纸、医药、石油、化工等领域。如制造糊精、麦芽糖、葡萄糖、酒精等，调制印花浆、纺织品的上浆、纸张的上胶、药物片剂的压制等。

对淀粉分子而言，结构是功能的基础。淀粉的结构包括化学结构、空间结构、分子构象和淀粉颗粒的微结晶结构。在淀粉分子的结构中，化学结构是基本的结构，化学结构决定高级结构，空间结构决定淀粉的性质。直链淀粉和支链淀粉以一定形式排列、堆积形成具有结晶区和无定形区的颗粒。目前被广泛接受的观点是支链淀粉对颗粒的结晶区起决定性作用，直链淀粉大多分布于无定形区；也有人认为结晶区由支链淀粉和少量直链淀粉分子共同组成。支链淀粉分子穿插于结晶区和无定形区，构成淀粉颗粒的骨架。只有掌握淀粉的结构知识，才能对淀粉的特征、性能做出充分的解释。在工业生产中，淀粉的结构和性质是确定生产工艺的依据。同时有关淀粉分子结构的理论也可为淀粉的物理和化学变性、酶降解及在发酵工业中的应用，进行深加工，提供可靠的信息。

第一节　淀粉的结构

一、淀粉的构成单位和组分

（一）淀粉的基本构成单位

淀粉是高分子糖类，是由单一类型的糖单元组成的多糖。淀粉的基本构成单位为 D-葡萄糖，葡萄糖脱去水分子后经糖苷键连接在一起所形成的共价聚合物就是淀粉分子。淀粉属于多聚葡萄糖，游离葡萄糖的分子式以 $C_6H_{12}O_6$ 表示，脱水后葡萄糖单位则为 $C_6H_{10}O_5$，因此，淀粉分子可写成 $(C_6H_{10}O_5)_n$，n 为不定数，组成淀粉分子的结构单体（脱水葡萄糖单位）的数量称为聚合度，以 DP 表示。葡萄糖的开链结构有 5 个羟基，C_4 和 C_5 上的羟基可与醛基形成环状半缩醛结构，分别形成五环和六环两种结构。1，5-氧环为吡喃糖环，1，4-氧环为呋喃糖环，淀粉中的脱水葡萄糖单位是以吡喃环存在的。环状结构的形成使醛基碳原子 C_1 成为手性碳原子，C_1 就有两种不同的构型，在 D 型糖中，C_1 的 OH 在右边为 α 型，在左边为 β 型（图 1-1），环状结构的 D-葡萄糖就有 α-D-葡萄糖和 β-D-葡萄糖两种异构体存在。在淀粉分子中，结构单体是如何选择异构体的呢？通过一系列化学反应最终确定淀粉的基本构成单位是 α-D-六环葡萄糖单位。

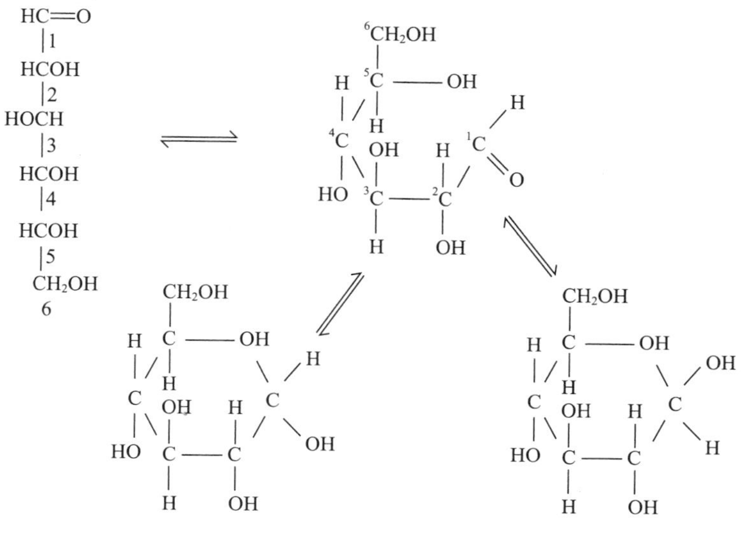

图 1-1 α-D-葡萄糖和 β-D-葡萄糖

淀粉分子中 α-D-六环葡萄糖单位中的吡喃环可以以椅式和船式构象存在。在理论上，吡喃糖可能具有 8 种无张力环的构象，包括 2 种椅形和 6 种船形。通常椅式比船式稳定得多。六碳糖的吡喃环中，环碳上的 10 个取代的原子团按空间位置可分为两类，一类几乎垂直于环平面，称为直立键（axial bond），一般用虚线表示；另一类几乎平行于环平面称为平伏键（equatorial bond），用实线表示。在平伏键位置处的取代为能量低的状态，因为与其他取代基团之间较少有立体障碍，这对于大的取代基团来说更为重要。在 α-D-葡萄糖的椅式构象中，比 H 大的—OH 基团和—CH_2OH 基团都是在平伏键位置，这也是淀粉分子中葡萄糖基单位选取椅式构象的原因。吡喃糖的 2 种椅式分别用 C_1（或 $^4C_1$）和 ^1C（或 $^1C_4$）表示，α-D-葡萄糖最普遍的是 $^4C_1$ 椅式构象（图 1-2），这种构象能量最低，是一种非常稳定的构象。

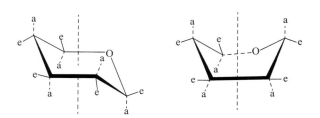

图 1-2 吡喃糖的椅式（左）和船式（右）折叠构象

（a 表示直立键，e 表示平伏键）

葡萄糖分子中 C_1 碳原子羟基被取代所形成的键称为糖苷键，淀粉是以 D-葡萄糖为单元通过糖苷键相连接成的生物大分子。由于葡萄糖分子中各个碳原子上的都有一个羟基，淀粉分子中葡萄糖单位之间正是通过碳原子上的羟基连接的。从理论上讲，相邻结构单体间的连接方式可能有多种，通过淀粉的酸水解动力学研究和甲基化法确定，淀粉是 D-葡萄糖经 α-1，4 糖苷键连接组成的。其后，人们把淀粉分离为直链分子和支叉分子，直链分子是 D-六环葡萄糖经 α-1，4 糖苷键连接组成，支叉分子的支叉位置为 α-1，6 糖苷键，其余为 α-1，4 糖苷键。这种葡萄糖单位间的连接方式通过不完全的酸或酶水解产生低聚糖的实验进一步得以证实。酶法水解淀粉产生麦芽糖，产率为 70%～80%，说明麦芽糖是淀粉分子的组成部分，淀粉分子中糖苷键应与麦芽糖分子中的糖苷键相同，麦芽糖是 2 个 D-六环葡萄糖经由 α-1，4 糖苷键连接组成的二糖，所以淀粉分子中也应是 α-1，4 糖苷键。而淀粉水解产物中同时还有少量的异麦芽糖存在，是经由 α-1，6 糖苷键连接组成，这表明除 α-1，4 糖苷键外，还有一定量的 α-1，6 糖苷键在淀粉中存在。

（二）直链淀粉和支链淀粉

1. 淀粉的非均质性　在高等植物中，淀粉存在于质体内，并以淀粉粒的形态存在。1940 年 K. H. Meyer 将淀粉团粒完全分散于热的水溶液中，发现淀粉颗粒可分为两部分，形成结晶沉淀析出的部分称为 **直链淀粉**（amylose），留存在母液中的部分为 **支链淀粉**（amylopectin）。那些两者尚没有被分开的淀粉通常以"全淀粉"相称。其后查明，直链淀粉实质是 α-D-吡喃葡萄糖基单位通过 α-1，4 糖苷键连接的线型聚合物，而支链淀粉是 α-D-吡喃葡萄糖基单位通过 α-1，4 糖苷键或 α-1，6 糖苷键连接的高支化聚合物（图 1-3）。淀粉颗粒一般都由直链淀粉和支链淀粉组成，此外，还存在一个数量很少的中间级分。它由低度支化的支链淀粉和带有少量 α-D-1，6 糖苷键的短支链的直链淀粉组成。玉米淀粉中的中间级分占 4%～9%。

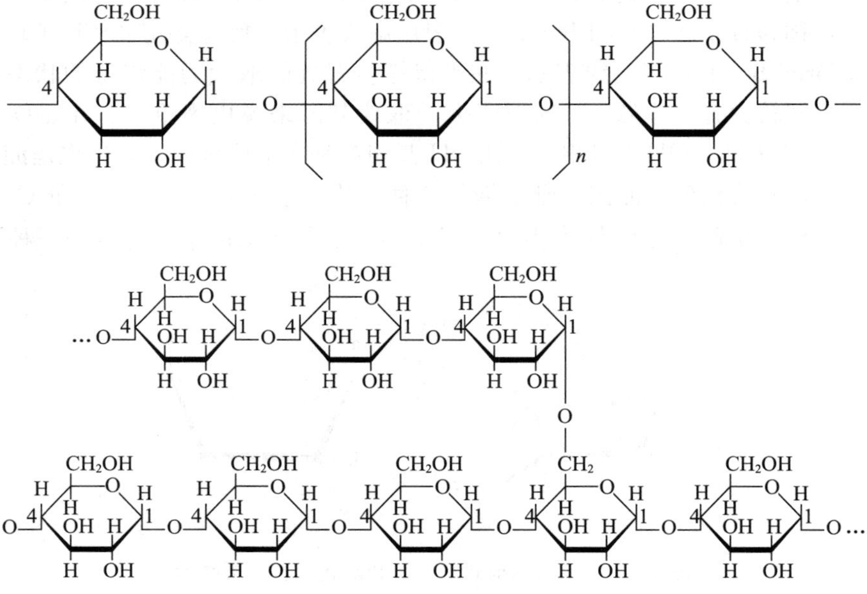

图 1-3　直链淀粉和支链淀粉的分子结构

淀粉颗粒如何由数目众多的直链淀粉和支链淀粉分子组成复杂的结构，还没能够充分予以了解。可以肯定的是，在淀粉颗粒中直链淀粉分子和支链淀粉分子不是机械地混合在一起的：支链淀粉量多分子又大，构成淀粉颗粒的骨架，支链淀粉分子的侧链与直链淀粉分子间可通过氢键结合，在某些区域形成排列具有一定规律的"束网"结构，有些区域排列杂乱，成"无定形"结构，每个直链淀粉分子和支链淀粉分子都可能穿过几个不同区域的"束网"结构和"无定形"结构。

2. 淀粉分级分离方法　淀粉既可供食用又可做工业原料。K. H. Meyer 等人指出淀粉不是单一的物质，而是直链淀粉和支链淀粉的混合物。直链淀粉是线性直链状分子的多糖，支链淀粉是高度分支的多糖。分离直链淀粉和支链淀粉的方法有很多，主要分为 2 类。一类方法是以溶解度的差异为依据，它包括温水抽提法、配合剂分离法、盐类分离法、聚合物控制结晶法；另一类方法是以直链和支链淀粉分子结构特性差异为依据，比如色谱分离和纤维素吸附法。淀粉颗粒中的直链淀粉和支链淀粉能用水浸法、络合结晶法、分步沉淀法、凝沉法或液体动力学法分离开来（图 1-4）。

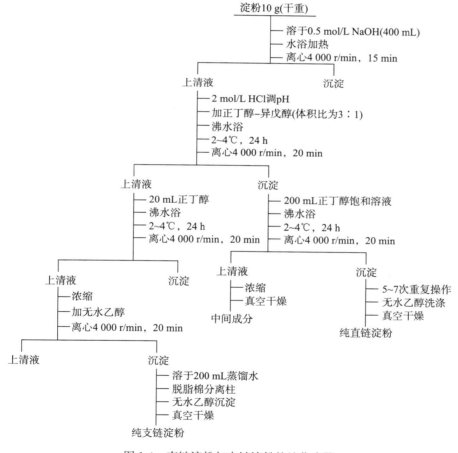

图 1-4　直链淀粉与支链淀粉的纯化步骤

（1）根据不同的溶解度进行分离

①温水抽提法。Meyer 等人最早采用温水抽提法分离直链淀粉和支链淀粉，发现了其结构差异。温水抽提法是利用直链淀粉较易溶解于水的性质，用水由糊化膨胀的淀粉颗粒浸出直链淀粉。即将脱脂的淀粉在略高于该淀粉糊化温度的热水中进行搅拌、抽提。在温度为

57～100℃的水中溶胀的淀粉团粒容易浸提。流动的直链淀粉分子从溶胀团粒中渗透出来，而团粒却保持完整，此时大多数支链淀粉仍以氢键结合，或处于结晶状态留在团粒中。在有氧存在时一部分抽提物会氧化分解而成低分子直链淀粉。Baum、Gilbel 将淀粉粒在氮气流环境下用0.5 mol/L NaOH 溶液悬浮 30 min，然后用40 000 g 离心 2 h，上部清液经过中和、浓缩、脱水后得直链淀粉。此方法中温度影响淀粉的抽提效率。一般抽提温度稍高于淀粉的糊化温度。若温度太高，则直链淀粉的抽提效率高，但支链淀粉也会被抽提出来，纯度差；若温度太低，则抽提效率低，直链淀粉产率也低。

　　此法所得直链淀粉的纯度不高，分离效率也不够好。这是因为谷类淀粉中含有少量结合态脂肪物质，影响浸出效率，故应选用脱脂谷类淀粉为原料。将脱脂玉米淀粉配成2.5%淀粉乳，加热到高于糊化温度，使淀粉糊化、膨胀，不停地缓慢搅拌，使膨胀的淀粉颗粒悬浮，但不致破裂。1 h 后离心，回收浸出液，其中含有浸出的直链淀粉和少量的支链淀粉，再用清水重复浸出 3 次，可浸出全部水溶性物质。将所得浸出液混合，用乙醇沉淀，即为较纯的直链淀粉。用电位滴定法测定吸收碘量，计算纯度，结果见表 1-1。浸出温度升高，直链淀粉的产率较高，但纯度较低。90℃水浸直链淀粉产率为原料淀粉里的27.1%，纯度为65%，分离效率（浸出直链淀粉含量占原来淀粉中直链淀粉含量的百分率）为63%。

表 1-1　温度对水浸法抽提直链淀粉效果的影响

温度/℃	产率/%	纯度/%	分离效率/%
70	14.3	75	39
75	18.3	76	50
80	20.9	73	55
85	25.8	63	58
90	27.1	65	63

　　②配合剂分离法。配合剂分离法中以 Schoch 的丁醇法最为有名。该法是往淀粉糊液中加入正丁醇进行冷却，使直链淀粉-正丁醇复合物沉淀出来。可以用来形成复合物的试剂有很多，把它们分类如下。A. 溶剂。脂肪醇、二烷、氯化乙烯、醋酸戊酯、丁酮、吡啶。B. 硝基化合物。硝基乙烷、硝基丙烷、硝基苯、硝基链烷烃。C. 其他。百里酚、高级脂肪酸、溶血卵磷脂。1984年 Paul Colonna 和 Christiane Mercier 采用 Banks 和 Greenwood 在1967年提出的基本方法分离从光皮和皱皮豌豆中提取的淀粉，成功地将其中的直链淀粉和支链淀粉以及中间组分分离开来。1984年 Yasuhito 等人分离百合、木薯、马铃薯中的直链淀粉所使用的方法是将热的含水 10% 的丁醇溶液在氮气的环境下冷却，这样重结晶 3～6 次进行纯化。Yasuhito 等采用配合剂的方法从大米淀粉中分离纯化出直链淀粉。具体步骤如下：将干重为 10 g 的大米淀粉溶解在 300 mL 二甲亚砜中，在氮气的环境下搅拌并加热至 100℃左右，然后把 300 mL 的乙醇加入到溶液中。混合物在 0℃ 的条件下静置几个小时之后在室温条件下离心分离（2 500 g，20 min），得到的沉淀物再重新溶解在 300 mL 二甲亚砜中。把再次用乙醇沉淀的淀粉分散在 70～80℃ 的 400 mL 水中，然后加入 100 mL 正丁醇，

100 mL 3-甲基-1-丁醇和1 300 mL 水。混合物在氮气环境下搅拌加热 3 h，然后冷却至 50℃，在室温的条件下放置在泡沫聚苯乙烯盒中过夜，再在 8℃ 的条件下静置 48 h。离心分离（10 000g，20 min，4℃）得到的沉淀物再分散在 1 L 含水 10% 的正丁醇中，加热 1 h 之后冷却，在 8℃ 的条件下静置 24 h。得到的沉淀物（粗直链淀粉）分散在 450 mL 80～90℃ 的水中之后立即离心分离（100 000g），转子（RP-42）预热到 50℃。在得到的上清液中加入 550 mL 70℃ 的水及 100 mL 正丁醇，加热 10 min 之后，用玻璃纤维（G-5）过滤，再加热几分钟之后冷却（第一次重结晶）。而离心分离得到的沉淀物分散在 1 L 含水 10% 的正丁醇中，再次加热。以上步骤再重复 2 次（第二和第三次重结晶）。直链淀粉和正丁醇的复合物通过离心收集，再用乙醇洗出直链淀粉之后用玻璃纤维（G-2）过滤收集，用乙醇和乙醚洗涤，然后在室温的条件下置于 $CaCl_2$ 上真空干燥。粗直链淀粉溶解在热水中呈不完全透明的溶液，不溶解的物质通过离心分离除去（100 000g，1 h，50℃）。通过这种方法得到的大米直链淀粉的特性见表 1-2。

表 1-2　大米直链淀粉的特性

特　性	Indica IR42
碘结合力/ %	20.0
蓝值	1.4
最大吸收波长/ nm	653
特性黏数/ （mL/g）	192
平均聚合度	980
平均链长	230
平均每个分子上的链的个数	4.3
β-淀粉酶解极限/%	76
经普鲁兰酶作用后，β- 淀粉酶解极限/%	101

③盐类分离法。同系高聚物的溶解度随相对分子质量的增加而降低。将非溶剂加入高聚物溶液中将会引起分子离析和沉淀，开始析出和沉淀的是相对分子质量较高的级分。在两种聚合物的混合物中，当其中一种结晶趋势较小时，加入非溶剂将会沉淀或盐析出具有较多的全同立构结构，形成有较高结晶倾向的另一聚合物。盐类分离法就是利用直链和支链淀粉在盐的浓度相同的条件下盐析的温度不同而将其分离。常用的无机盐有硫酸镁、硫酸铵和硫酸钠等。Bus 等提出了盐类分离法。此方法的原理是在质量分数 10%～13% 的硫酸镁存在下，从质量分数 10% 马铃薯淀粉的水溶液中使直链淀粉分级结晶而进行分离。先将淀粉溶液在加压下加热至 160℃ 使之溶解，然后冷却至 80℃，借离心作用使沉淀的直链淀粉分离。继续冷却至 20℃，使支链淀粉沉淀。此方法也能够用来按相对分子质量的不同将直链淀粉进行分级，如硫酸镁分步沉淀法。该法利用直链和支链淀粉在不同硫酸镁溶液中的沉淀差异，分步沉淀分离。将淀粉溶解在硫酸镁的热溶液中，缓慢冷却，随温度下降，盐溶液的浓度比发生改变。以马铃薯淀粉为例，10%～13% 硫酸镁水溶液从 160℃ 降至 80℃ 时，直链淀粉可先

行沉淀，用高速离心机分离，就能获得较纯的直链淀粉。离心后的母液，再经冷却，支链淀粉即可沉淀析出。盐析法是工业上通常使用的方法。

④控制结晶分离法。淀粉溶液或淀粉糊在低温静置条件下，直链淀粉分子就缓慢渗出，如果适当地降低温度，则此类分子将产生定向并从溶液中结晶出来。这种迅速结晶的现象是结构有规律的醛酮立构 α-D-1，4 键键合的线性直链淀粉分子的特征。如果浓度太高或温度太低，直链分子的渗出减慢而结晶受阻，结果取而代之的是一种三维凝胶网络，即淀粉的凝沉现象。如果支链淀粉的线性外支链也参与凝胶的形成，那么直链和支链淀粉分离困难或不能分离。Etheridge 等通过控制结晶过程分离出了纯度相当高的直链淀粉。Hoffman's Stark-farbriken 应用以凝胶作用为基础的流体力学法分离出马铃薯直链淀粉和支链淀粉，如醇络合结晶法：将淀粉置于含碱溶液中加热，使淀粉粒分散成溶液，碱液起增溶溶解作用，冷却至室温，除去不溶物，用酸调至中性，然后添加适量的丁醇、异戊醇等，沸水浴中加热搅拌至透明，再逐渐冷却至室温，放入冰箱内 2～4℃条件下过夜，直链淀粉与丁醇、戊醇等生成络合物结构晶体，易于沉淀分离。第一次沉淀为粗直链淀粉，得到沉淀，重复上述操作 5次，可获得纯度很高的直链淀粉，支链淀粉存在于母液中，经减压浓缩，再用无水乙醇沉淀，可把支链淀粉分离出来，这是实验室中少量制备的常用方法，在用丁醇处理以前，把淀粉置于二甲基亚砜（DMSO）中，有助于淀粉在溶液中的分散。沉淀直链淀粉所用的有机化合物除可选择正丁醇外，还可用卤代烃、烃类、脂肪酸等。

（2）根据不同的分子结构特性进行分离

①色谱法。直链淀粉和支链淀粉的分子结构和相对分子质量的不同，使采用凝胶过滤层析分离成为可能。当淀粉溶液通过层析柱时，分子直径比凝胶孔大的支链淀粉分子只经过凝胶颗粒之间的空隙，随洗脱液一起移动，先流出柱外；而分子直径比凝胶孔小的直链淀粉分子，能够进入凝胶相内，不能和洗脱液一样向前移动，移动的速度必然要落后于支链淀粉分子。但由于此方法所用的上样量较少，所以多用于对已分离的直链淀粉和支链淀粉进行纯度检验。Jane J. 和 Chen J. 就是采用 Schoch 丁醇法先对马铃薯淀粉、普通玉米和高直链玉米淀粉Ⅶ的组分进行分离，然后用凝胶过滤层析对其纯度进行检验。具体步骤如下：选用充满 Sepharose CL-2B 的层析柱（$\Phi < 2.6$ mm$\times 80$ cm）。采用上行洗脱模式。取淀粉溶液 5 mL（淀粉 15 mg，0.75 mg 的葡萄糖作为标记）进样，洗脱液是质量分数0.02% NaCl 水溶液，洗脱速率 30 mL/h。每个组分收集4.8 mL用双管自动分析仪进行测定。对支链淀粉的链长进行分析，选用充满 Bio-GelP-6 的 Econo-层析柱（$\Phi < 1.5$ mm$\times 80$ cm）。该柱采用下行洗脱模式。洗脱液是重蒸水，洗脱速率 21 mL/h，每个组分收集2.3 mL，用同样的方法进行测定。所得直链淀粉的纯度见表 1-3。

表 1-3　用电位滴定法和凝胶过滤层析（Sepharos e CL-2B）测得的直链淀粉的纯度

直链淀粉	电位滴定法		凝胶过滤层析
	碘结合力/%	纯度/%	纯度/%
马铃薯淀粉	19.3	96.5	90.2
普通玉米淀粉	18.6	93.0	90.2
高直链玉米淀粉	19.0	95.0	96.2

注：直链淀粉的纯度用碘结合力的值除以 20%得到。

张林维运用交联明胶亲和色谱法对番薯淀粉组分进行分离，得到直链淀粉和支链淀粉两个级分。其中洗脱液 A 为含 2.0 mol/L 尿素、0.8×10^{-3} mol/L 碘和 1.2×10^{-2} mol/L 碘化钾的醋酸缓冲液（pH4.8，0.1 mol/L），洗脱液 B 为含有 8 mol/L 尿素、0.8×10^{-3} mol/L 碘、1.2×10^{-2} mol/L 碘化钾及 1.0×10^{-3} mol/L 十二烷基硫酸钠的醋酸缓冲液（pH 4.8，0.1 mol/L）。玻璃柱（$\Phi < 2.5$ mm×10 cm）用交联明胶微粒填装，黑布遮光，用洗脱液平衡 48 h，样品上柱后分部收集。所得结果见表 1-4。

表 1-4 番薯淀粉级分的鉴定

多糖	蓝值	β-淀粉酶解极限/ %
标准直链淀粉	1.42	98
标准支链淀粉	0.20	48
支链淀粉①	0.24	50
直链淀粉①	1.38	99
直链淀粉②	0.95	98

注：①为用洗脱液 A 制备的支链或直链淀粉；②为用洗脱液 B 制备的直链淀粉。

最近应用较多的还有高效色谱柱。比如 2003 年 Patindol J. 和 Wang Y. J. 应用高效分子排阻色谱对分离出的大米淀粉各个组分（直链淀粉、支链淀粉和中间组分）进行检验，并应用高效阴离子交换色谱配合脉冲安培检测计，绘出了支链淀粉经异淀粉酶脱枝后得到的链长分布图。2002 年 Grant L. A.，Ostenson A. M. 和 Rayas Duarte P. 应用高效分子排阻色谱检验各种不同的谷物淀粉的分离组分，确定直链淀粉和支链淀粉的含量。直链淀粉和支链淀粉的分离用一根柱子在 90 min 内就完成了。由此得出结论，这个方法比其他方法更快、更准确而且重现性也更好。

②纤维素吸附法。利用直链淀粉能被纤维素吸附而支链淀粉不被吸附的性质可将它们分离。将冷淀粉溶液通过脱脂棉花柱，直链淀粉被吸附在棉花上，支链淀粉流过，再用热水将直键淀粉洗涤出来。用此方法可制得高纯度的支链淀粉。淀粉并不完全由直链淀粉和支链淀粉这两种极端的结构完全不同的多糖类构成，其中还有性质处于二者之间的多糖类存在，这给完全分离直链淀粉和支链淀粉以及分析淀粉的性质带来了困难。另外，热的淀粉有被空气中的氧氧化分解的可能，为了避免这种情况，需要用氮气等惰性气体将空气完全置换掉。即使这样，淀粉在分散作用、分级分离和离心分离期间仍能发生降解，对此的控制还有待解决。

3. 淀粉的直、支链分子含量 天然淀粉粒中一般同时含有直链淀粉和支链淀粉，而且二者的比例相当稳定。多数谷类淀粉含直链淀粉在 20%～30%，比根类淀粉要高，后者仅含 17%～20% 的直链淀粉。糯玉米、糯高粱和糯米等不含直链淀粉，全部是支链淀粉，虽然有的品种也含有少量的直链淀粉，但都在 1% 以下。天然淀粉没有含直链淀粉很高的品种，只有一种皱皮豌豆的淀粉含有 66% 的直链淀粉。人工培育的高直链玉米品种的淀粉中直链淀粉可高达 80%。文献上报道的淀粉中直链、支链淀粉含量常不一致，这是因为不同品种、不同成熟度或同一品种的不同样品间都存在差别（表 1-5）。一般水稻中的粳米要比籼米含直链淀粉高，而未成熟的玉米含有较多较小的淀粉颗粒，仅含 5%～7% 的直链淀粉。

表 1-5 常见淀粉的直链、支链淀粉含量（％）

淀粉种类	直链淀粉含量	支链淀粉含量
玉米	26	74
蜡质玉米	<1	>99
马铃薯	20	80
木薯	17	83
高直链玉米 Hylon7	50～80	20～50
小麦	25	75
大米	19	81
大麦	22	78
高粱	27	73
甘薯	18	82
糯米	0	100
豌豆（光滑）	35	65
豌豆（皱皮）	66	34

二、直链淀粉的分子结构

（一）平均聚合度（$\overline{DP_w}$）和相对分子质量

在天然淀粉中有 20％～30％的淀粉为直链淀粉分子。直链淀粉一般由一条形状为线性的长链分子构成，其链由数百个以上 D-葡萄糖单位通过 α-1，4 糖苷键相连接。长链的两端，一端是还原末端基，另一端为非还原末端基。即便是同一种天然淀粉颗粒，其中所含的直链分子大小也不可能一致，而是由一系列聚合度不等的分子混合在一起构成，故直链淀粉分子的聚合度通常都以平均聚合度 $\overline{DP}$ 表示，并把聚合度的变化范围称为表观聚合度分布。其中，$\overline{DP_n}$ 表示数量平均聚合度，$\overline{DP_w}$ 表示重量平均聚合度，表 1-6 列出一些直链淀粉分子的 $\overline{DP_w}$ 和表观 DP 分布。

表 1-6 直链淀粉的平均聚合度

淀粉	$\overline{DP_n}$	$\overline{DP_w}$	$\overline{DP_n}$ / $\overline{DP_w}$	DP 分布范围
大米 sasanishiki	1 100	3 100	2.8	280～9 700
hokkaido	1 100	3 200	2.9	210～9 900
IR32	1 000	2 800	2.8	290～8 800
IR36	900	2 800	3.1	210～9 800
IR42	1 000	3 300	3.3	260～13 000
玉米	930	2 400	2.6	400～14 700
高直链玉米淀粉	710	1 900	2.7	220～4 000
小麦	1 300	—	—	360～15 600
栗子	1 700	4 000	2.4	440～14 900

（续）

淀粉	$\overline{DP}_n$	$\overline{DP}_w$	$\overline{DP}_n / \overline{DP}_w$	DP 分布范围
西米 low viscosity	2 500	4 400	1.8	640～11 300
high viscosity	5 100	12 000	2.6	960～36 300
葛	1 500	3 200	2.1	480～12 300
木薯	2 600	6 700	2.6	580～22 400
甘薯	4 100	5 400	1.3	840～19 100
山药	1 200	5 200	4.3	400～24 000
百合	3 300	5 000	2.2	360～18 900
马铃薯	4 900	6 400	1.3	840～21 800

从表 1-6 可以看出，直链淀粉平均聚合度在 700～5 000。$\overline{DP}$ 值随淀粉来源不同而异，薯类淀粉普遍比谷类淀粉高，谷类直链淀粉的 $\overline{DP}_n$ 约为 1 000，$\overline{DP}_w$ 约为 3 000。在所列出的植物淀粉中一种称为 Hylon7 品种的淀粉 $\overline{DP}_n$ 仅为 710，马铃薯淀粉则高达 4 900，稻米不同品种的平均聚合度虽有差别，但相差值不大，均在 1 000 左右变化。就聚合度分布程度而言，甘薯、马铃薯等直链淀粉相对分子质量比较大的分子，具有 DP 分布窄的特征，并且分子向小于 $\overline{DP}$ 的分子数较多，谷类淀粉聚合度分布宽，$\overline{DP}_w / \overline{DP}_n$ 多在 2.5～3.0。黏度不同的西米淀粉中，高黏度淀粉的直链淀粉相对分子质量比低黏度淀粉高出很多。

直链淀粉分子 $\overline{DP}_n$ 为 700～5 000，M_n 为 $1 \times 10^5 \sim 8 \times 10^5$；$\overline{DP}_w$ 为 2 000～12 000，M_w 为 $3.2 \times 10^5 \sim 19.4 \times 10^5$。最小的直链分子 M_n 仅 3.4×10^4，最大的有 5.8×10^6，二者相差 180 倍。不同文献对同一种淀粉中的直链淀粉聚合度测得值有较大偏差，这是由于测定方法和分离方法不同而引起的。尤其对比较大的直链淀粉分子而言，常因分离过程中的降解作用，使得测得值比实际值小。

淀粉的结构非常复杂，化学上，淀粉是由直链淀粉和支链淀粉组成的，直链淀粉主要是由 α-D-葡萄糖通过 1，4 糖苷键连接而成的单链。支链淀粉除了 α-D-葡萄糖通过 1，4 糖苷键连接而成单链外，还有短链在还原端通过 α-1，6 糖苷键连接在一起。物理上，大多数的天然淀粉主要是半结晶结构，主要是由结晶区和无定形区组成，相对结晶度为 20%～45%。支链淀粉由于其相对分子质量比较大，横穿结晶区和无定形区，使得其晶体区与无定形区没有清晰的界线。

（二）直链淀粉的分支构造

直链淀粉是一种线形多聚物，由 α-D-1，4 糖苷键连接而成。已有研究表明，除了直线型直链淀粉外，直链淀粉还含有相当一部分的分支直链淀粉，分支点是由 α-D-1，6 糖苷键连接而成，分支点隔开很远，占总糖苷键的比例很小，因此它的物理性质基本上和直线型直链淀粉相同。分析直链淀粉分子结构的方法是通过测量标记还原端上的氢。例如，Takeda、Yoshida 通过制备直链淀粉片段的 β-LDS（β-淀粉分解限制糊精）研究了分支直链淀粉。

β 淀粉酶能够从直链淀粉的非还原末端开始水解相隔的 α-1，4 键，生成 β-麦芽糖，由于直链淀粉中各葡萄糖单位均是由 α-1，4 键连接起来的，所以，水解产物应 100% 为麦芽糖。早期实验结果确实如此。后来用精制的 β-淀粉酶水解直链淀粉却出现意外，实际水解率只有 73%～95%，这表明在直链淀粉中还可能有微量的 α-1，4 键以外的其他键存在。进一步研究发现，早期的 β-淀粉酶为粗酶，其中含有一种与 α-淀粉酶相似的 Z-酶，它能使 β-淀粉酶越过淀粉分子中的非 α-1，4 键，继续水解完全。为了探明这些非 α-1，4 键的性质，在用 β-淀粉酶水解直链淀粉时，同时加入异淀粉酶和支链淀粉酶，则 β-淀粉酶的分解度明显上升。异淀粉酶和支链淀粉酶主要水解淀粉分子中构成分支的 α-1，6 键，因此，推测某些直链淀粉分子具有分支结构。将直链淀粉甲基化并用 Smith 法分解，得到微量 1-O-甲基-D-葡萄糖，进一步说明直链淀粉中存在 α-1，6 键。用 β 淀粉酶水解线状直链淀粉分子时，能够完美水解，水解带分支的直链淀粉分子时，因为 α-1，6 键的分支存在，只能有部分水解，水解后所剩下的未被水解部分称为 β-淀粉酶极限糊精（β-LD）。可根据 β-LD 的构造推测带分支直链淀粉分子的构造。上述事实说明，直链淀粉实际上是两类分子的混合物，大部分是直链线状分子，少量是带有分支结构的线状分子，后者又称为轻度分支的直链淀粉。用氚（^{3}H）标记直链淀粉的还原末端基和它的 β-LD 的还原末端基，并对二者进行放射强度测定，则分支直链淀粉分子占全部直链淀粉的百分比（B_t）为

$$B_t = \frac{\beta\text{LD 的}^3\text{H 值}}{\text{直链淀粉的}^3\text{H 值}} \times 100\%$$

B_t 代表轻度分支直链淀粉占总直链淀粉的百分比。根据淀粉来源的不同，其值在 11%～70% 变化，以 25%～55% 者居多。对一些直链淀粉的 β-淀粉酶水解率和含有轻度分支分子比率的情况晶型分析，发现二者有一定的相关性。β-淀粉酶水解率较高，则相应直链淀粉分子中分支分子所占比例下降。以 y 代表 B_t 值，x 代表 β-淀粉酶水解率，则 $y = -1.61x - 171$（$r = 0.79$）。

直链淀粉中轻度分支分子的结构可通过酶解法给出。轻度分支分子的链数为 4～20。直链淀粉每个分子的平均链数＝轻度分支分子的平均链数×分支分子所占百分比＋1×直链线状分子所占百分比，1 是指直链线状分子的链数，总的直链淀粉的平均链数为 2～13，相当于 1 000 个葡萄糖单位含有 2～4 条链。通常带分支的直链淀粉分子大小是直链线状分子的 1.5～3 倍（表 1-7）。

表 1-7　部分直链淀粉的结构特性

直链淀粉	β 水解极限值 /%	分支分子所占比例 /%	$\overline{DP}_n$			B/L	分支链数	
			全部分子	分支分子	线状分子		全部分子	分支分子
大麦	81	39	1 230	1 950	760	2.6	4.5	12.5
大米	80	36	1 010	1 410	810	1.7	2.4	6.5
直链淀粉玉米	75	44	710	1 040	450	2.3	2.0	4.5
普通玉米	82	48	960	1 320	630	2.1	2.1	4.4
葛	75	52	1 460	1 950	910	2.1	3.7	6.8
百合	89	39	2 300	2 780	2 000	1.4	3.9	10.0
木薯	75	42	2 660	3 280	2 210	1.5	6.8	16.1
西米 HV	74	62	5 090	6 820	2 260	3.0	10.4	18.3
西米 LV	80	41	2 490	3 050	2 100	1.5	6.8	16.4

图 1-5 是稻米直链淀粉分子构造模型示意图。线状不带分支的直链淀粉分子占 64%，带分支的直链淀粉分子占 36%；不带分支的直链淀粉分子平均聚合度为 800，带分支的直链淀粉分子平均聚合度为 1 400，因为有分支侧链存在，聚合度明显增加。每个带分支直链淀粉分子平均含 7 个短的支侧链，平均链长 200。

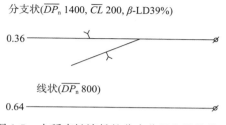

图 1-5　水稻直链淀粉的分支分子和线状分子

不能把轻度分支直链淀粉分子视为混入直链淀粉中的支链淀粉分子，二者是有明显区别的。如支链淀粉的相对分子质量要比轻度分支直链淀粉分子大得多，前者的平均链数可达数百个，后者则只有几个或十几个。轻度分支直链淀粉因分支少、侧链短，β-淀粉酶的分解极限只有 40% 左右，比支链淀粉的 55%～60% 要低。淀粉颗粒随处理温度升高，逐渐由分子溶出，最先溶出的是相撞直链淀粉分子，之后是轻度分支直链淀粉分子，支链淀粉分子则在最后被溶出。不过，由于带分支的直链淀粉所具有的短侧链与支链淀粉分子链长为 20 左右的短侧链相似，也有人推测带分支的直链淀粉分子可能是支链淀粉成长过程中的中间分子。

（三）直链淀粉分子的螺旋结构

天然固态直链淀粉分子不是伸开的一条链，要了解其结构，必须要知道 α-D-吡喃葡萄糖基环在其聚合物中的构象，根据 X 射线衍射和核磁共振研究表明，直链淀粉分子卷曲盘旋呈左螺旋状态，每个螺旋周期中包含 6 个 α-D-吡喃葡萄糖基，螺旋上重复单元之间的距离为 10.6×10^{-10} m，每个 α-D-吡喃葡萄糖基环呈椅式构象，一个 α-D-吡喃葡萄糖基单元的 C_2 上的羟基与另一毗连的 α-D-吡喃葡萄糖基单元的 C_3 上的羟基之间常形成氢键使其构象更稳定。

直链淀粉分子的立体结构信息主要是依靠 X 衍射技术获得的。与蛋白质和核酸相比，淀粉空间结构测定有很大难度，由于制备合适样品存在困难，一直得不到理想的 X 射线衍射图。尽管早在 20 世纪 30 年代就有淀粉 X 射线衍射花样的报道，但对其结晶型排列至今尚未得到一个肯定的结果，只是提出若干种模型。自然界的淀粉存在 3 种特定的结晶形态，即 A、B、C 型。而与各种有机物形成配合物的淀粉属于 V 型结构。直链淀粉也存在 A、B、C 和 V 型结构。Msrchessamlt 等检测 B 直链淀粉的链构象，指出 B 直链淀粉为螺旋型，每一螺旋周期包含 6 个。D-吡喃葡萄糖（图 1-6），这种类型的螺旋极可能形成的是左手螺旋。一个 α-D-吡喃葡萄糖基单元 C_2 上的羟基和相连的另一个糖单元的 C_3 上的羟基之间形成氢键，使左手螺旋更加稳定。Kainuma 和 French 指出直链淀粉是双螺旋结构，螺旋结构每一全匝所包含的单糖单元数 $n=6$，每个单体单元沿螺旋轴上升的距离 $h=3.5 \times 10^{-10}$ m，双螺旋很稳定，构成双螺旋的分子是同一方向或相反方向都有可能。因为这两条链紧密地配合在一起，相对单体单元的疏水区紧密接触，各羟基则位于链间产生强氢键位置上。Sarko 根据最佳纤维衍射记录提出天然淀粉以右旋各股平行的双螺旋结构存在，螺旋每上升 $10.4 \times$

$10^{-10} \sim 10.5 \times 10^{-10}$ m 有 3 个 D-吡喃葡萄糖单元，在螺旋轴上有一个对称轴，因此，沿单股螺旋的重复距离相当于 6 个 D-吡喃葡萄糖单元（21×10^{-10} m）。双螺旋虽然是平行合股的，却是反向堆积的，一股单螺旋是向上的，另一股是向下的。

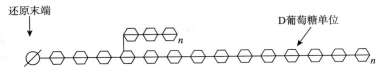

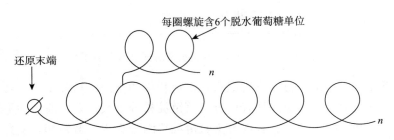

图 1-6　直链淀粉分子螺旋结构

现在被人们所接受的是从 X 射线衍射研究所推出的 A 型直链淀粉和 B 型直链淀粉两个模型（图 1-7）。二者均为反平行堆积右手双螺旋结构，每股螺旋每圈为 6 个葡萄糖残基，即螺旋分子具有六重螺旋轴对称性，重复周期为 2.08 nm，但是两个模型中的双螺旋在晶胞中堆积方式有相当大的差别，在 B 型直链淀粉中，双螺旋围绕着一个大的空腔排列着，空腔中有水分子，而在 A 型直链淀粉模型中，此空腔为一个双股螺旋所占据。淀粉的分子结构以及它们的堆积方式的研究仍在继续进行着，对一些问题还有争议，例如，淀粉结构中究竟是左手螺旋还是右手螺旋？每圈螺旋有几个葡萄糖残基？是单股螺旋还是双股螺旋？每圈螺旋之间堆积的方式是平行的还是反平行的等，需要进一步研究才能解决。

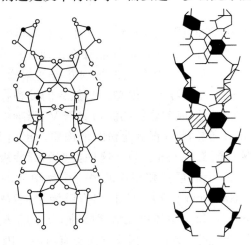

图 1-7　直链淀粉右手双螺旋（左）和左手双螺旋（右）

有关直链淀粉螺旋结构的证明都来自制备的晶体样品。在溶液状态下，直链淀粉的结构又会发生怎样的变化呢？直链淀粉在稀溶液中的空间构象有 3 种。①无规线团（radom coil），呈弯曲性非常大的完全随机的线团状态；②间断式螺旋形（interrupted helix），螺旋链段和链段之间曲线连接；③螺旋形（deformed helix），具有刚性棒状结构（图 1-8）。在中性溶液中，直链淀粉呈现出无规线团状态，其中带有松散缠绕的螺旋形短段。但当溶液中含有与淀粉分子形成络合物的配合剂时，直链淀粉多以螺旋形存在。

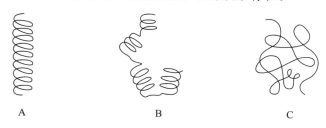

图 1-8　直链淀粉在稀溶液中的构象
A. 螺旋形　B. 间断式螺旋形　C. 无规线团

三、支链淀粉的分子结构

（一）支链淀粉的分子结构模型

最早由 Haworth 等（1937）提出层叠式结构，Staudinner 等（1937）提出梳子模型，随后 Meyer（1940）提出树枝状模型，其后 Whelan（1970）对 Meyer 的模型进行了修正（图 1-9）。

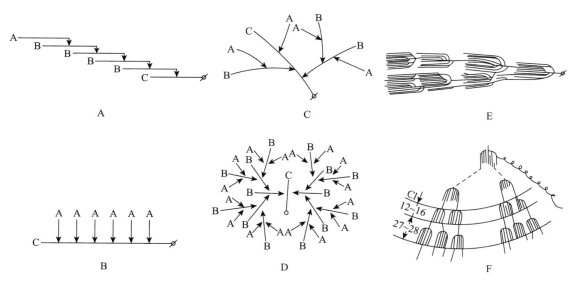

图 1-9　支链淀粉分子结构模型
A. Haworth（1937）　B. Staudinner（1937）　C. Meyer（1940）
D. Whelan（1970）　E. French（1972）　F. Hizukuri（1986）

在近期提出的众多模型中，有代表性的是 French（1972）、Robin（1974）以及 Manners 和 Matheson（1981）等提出的"束簇"支链淀粉模型，以及由 Hizukuri（1986）修正后的"束簇"模型。用 β 淀粉酶和脱支酶对支链淀粉进行酶解，对酶解产物分析结果表明 Manners 和 Matheson 的支链淀粉结构模式更符合支链淀粉分支结构的实际（图 1-10）。

从支链淀粉结构模型可以看出，淀粉分子由复杂的多支的分支构成，为了便于对结构分析，把构成淀粉分子的链分成 A、B、C 3 种，并对一些专门用语作出相应的规定。

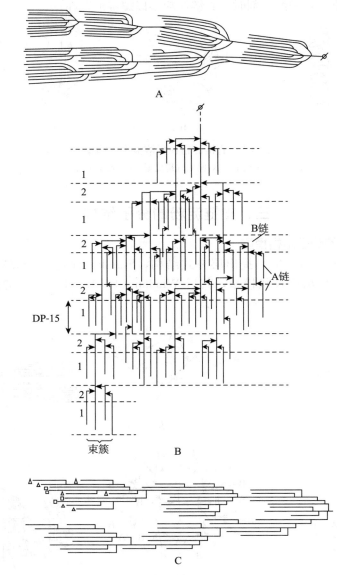

图 1-10　支链淀粉分子的几种"束簇"模型

A. French "束簇" 模型　B. Robin "束簇" 模型　C. Manners 和 Matheson "束簇" 模型

①A 链。还原性末端经由 α-1，6 键与 B 链或 C 链相连接的链。

②B 链。连有一个或多个 A 链，还原性末端经由 α-1，6 键与 C 链相连接的链。

③C 链。含有还原性末端的主链，支链淀粉中仅含一条 C 链，因此，C 链一端为非还原

性末端，另一端为还原性末端。对许多研究而言，通常 C 链被当作一个 B 链。

④外链（exterior 或 outer chain）。A、B、C 链的非还原末端到最靠近外侧支叉位置的一段链。

⑤内链（interior chain）。支叉位置和外链以外部分组成，即相邻两个以 α-1，6 糖苷键为分支点的一段链的链长。

⑥主链和侧链。带有还原性末端的 C 链为主链，与主链以 α-1，6 键相连接的其他链为侧链。

⑦分支化度（multiple branching degree）。淀粉分子上每个 B 链所连接的链段（A 链）平均数目，其值大小由 A 链和 B 链数量的比值决定。

（二）聚合度和相对分子质量

1. 平均聚合度（$\overline{DP}_n$）　支链淀粉分子是巨大分子。各种已测得植物淀粉的支链淀粉 $\overline{DP}_n$ 为 4 000～40 000，大部分在 5 000～13 000，相对分子质量 $\overline{M}_n$ 多在 8×10^5～2×10^6 范围，$\overline{M}_w$ 在 6.5×10^6～6.5×10^7，$\overline{M}_w$ 是 $\overline{M}_n$ 的 10～30 倍，比值随淀粉大小分子所占比例不同而异。糯米的 $\overline{DP}_n$ 为 18 500，$\overline{M}_n$ 2.9×10^6，西米的 $\overline{DP}_n$ 为 40 000，$\overline{M}_n$ 6.5×10^6，都是分子比较大的支链淀粉。小麦淀粉中的支链淀粉却比较小，$\overline{DP}_n$ 只有 4 800。稻米的不同类型（籼稻和粳稻）、西米的不同黏度（高黏度和低黏度）在支链淀粉相对分子质量上都有明显差异（表 1-8）。支链淀粉的相对分子质量和相对分子质量分布的测定对了解淀粉的功能特性有着重要的意义。

表 1-8　支链淀粉的聚合度和链长度

淀粉	$\overline{DP}_n$	$\overline{CL}$	$\overline{NC}$	$\overline{ECL}$	$\overline{ICL}$
糯米	18 500	18	1 000	12	5
大米 koshihikari	8 200	20	410	14	5
sasanishiki	12 800	19	670	13	5
hokkaido	11 000	19	580	13	5
IR32	4 700	21	220	14	6
IR36	5 400	21	260	15	5
IR42	5 800	22	260	15	6
玉米	8 200	22	370	15	6
小麦	4 800	19	250	13	5
菱	12 600	22	570	15	6
栗子	11 000	22	500	14	7
西米 LV	11 800	22	540	15	6
HV	40 000	22	1 800	15	6
山药	6 100	24	220	16	7
马铃薯	9 800	24	410	15	8

2. 平均链长（$\overline{CL}$）和平均链数（$\overline{NC}$）　平均链长是指每个非还原末端基的链所具有

的葡萄糖残基数，$\overline{CL}$ ＝产物中总量（葡萄糖当量）/产物中的总还原力（葡萄糖当量），但
$\overline{CL}$ 不能表示出各个链的实际长度和平均值的差别。每个分子的平均链数 $\overline{NC}$ 可由 $\overline{DP}_n / \overline{CL}_n$
计算。以 ECL 表示外链长，ICL 表示内链长。平均链长和平均外链长、平均内链长间有如
下关系：$\overline{CL} = \overline{ECL} + \overline{ICL} + 1$。支链淀粉的平均链长 $\overline{CL}_n$ 多在 $18 \sim 26$ 范围，光散射法得到
的重量平均链长 $\overline{CL}_w$ 是 $\overline{CL}_n$ 的 $1.3 \sim 1.6$ 倍。多数支链淀粉分子的平均链数 $\overline{NC}$ 在 $400 \sim 700$；
印度型高直链淀粉稻米的支链淀粉 $\overline{NC}$ 是 $220 \sim 260$，而糯米的链数却高达 $1\,000$。从链数上
看支链淀粉和带分支的直链淀粉之间还是有明显区别的。

支链淀粉的平均链长可利用甲基化法和高碘酸氧化法测定，但平均外链长度和平均内链
长度却只能用 β-淀粉酶水解法测定。β-淀粉酶能水解 α-1，4 键，从非还原末端基开始，水解
相隔的 α-1，4 键，生成 β-麦芽糖，但不能水解临近支叉位置的 α-1，4 键，水解到临近支叉
位置 2 个或 3 个葡萄糖单位即停止，不能水解 α-1，6 键，也不能越过此支叉位置的 α-1，6
键继续水解内部的 α-1，4 键。用 β-淀粉酶水解支链淀粉，能将 A 链和 B 链的外面部分除掉，
生成麦芽糖。所剩的部分为 β-淀粉酶极限糊精（图 1-10），离支叉位置 α-1，6 键位置的 2 个
或 3 个葡萄糖单位未被水解，究竟是剩下 2 个还是 3 个葡萄糖单位，则根据链外部原来含有
偶数还是单数个葡萄糖单位而定。利用甲基化法测得淀粉分子的平均链长 $\overline{CL}$ 后，再由 β-水
解极限值就可推算出 $\overline{ECL}$ 和 $\overline{ICL}$。例如，玉米支链淀粉用甲基化法测得四甲基葡萄糖的产
率为 4.5%，平均链长度为 22。用 β-淀粉酶水解玉米交链淀粉，其量的 63% 被水解为麦芽
糖。因为 β-淀粉酶水解 A 链和 B 链外部，剩下 2 个或 3 个葡萄糖单位，A 链和 B 链的数目
约相等，平均剩下 2.5 个葡萄糖单位，所以，外链平均长度 ＝ $22 \times 63\% + 2.5 = 16$，内链平均
长度 $\overline{ICL} = \overline{CL} - \overline{ECL} - 1 = 22 - 16 - 1 = 5$，1 是指支叉位置的葡萄糖单位。淀粉分子先
用 β-淀粉酶水解，测得 β-淀粉酶水解率，然后用能水解 α-1，6 键的 R 酶和异淀粉酶进一步
水解 β-LD，将支叉位置的 α-1，6 键水解，产生麦芽糖和麦芽三糖，根据麦芽糖和麦芽三糖
产率（分子百分率），也可得到 $\overline{CL}$、$\overline{ECL}$ 和 ICL 值。如蜡质玉米淀粉支链淀粉的 β-淀粉水解
率为 53%，水解 β-LD 得麦芽糖和麦芽三糖 12.8%。麦芽糖和麦芽三糖数目约相等，则每个
支叉位置平均含 2.5 个葡萄糖单位。支叉位置葡萄糖单位占总葡萄糖单位的数值用（$12.8 \div$
2.5）% 来计算，其值为 5.1%，表明平均链长 ＝ 19.6，进一步由 $\overline{CL}$ 和 β-淀粉酶水解率可得
到 $\overline{ECL}$，$\overline{ECL} = \overline{CL} \times \beta$-淀粉酶水解率 $+ 2.5 = 12.9$，$\overline{ICL} = 5.7$。

几种支链淀粉的链长列于表 1-8。支链淀粉分子的平均外链长（$\overline{ECL}$）在 $12 \sim 16$，平
均内链长（$\overline{ICL}$）在 $5 \sim 8$，前者是后者的 $2.0 \sim 2.8$ 倍。

3. 链长分布　支链淀粉在异淀粉酶和普鲁蓝酶的作用下，水解成一系列长度不等的单位
链，对脱支后所得到的单位链进行 GPC 分析，可知各种单位链的链长分布情况，表 1-9 是
对 3 种支链淀粉测定的结果。链长被明显分成几个集团，依次为 A、B_1、B_2、B_3、B_4 链，其
链的长度也逐渐增加，A 链最短平均长度只有 $13 \sim 16$，B 链中的 B_4 链因为要穿过几个束群，
成为超长链，链长达 $100 \sim 120$。A 链在单位链中占的百分比最大，随链的加长，所占百分
比逐渐减小，那种同时与几个束群相连的超长分子只占侧链的 $0.1\% \sim 0.6\%$。图 1-11 是木
薯支链淀粉链长分布的凝胶色谱图，图中显示有 5 个峰存在，A 和 B_1 是短链部分，B_2 和 B_3
是长链部分，B_4 是超长链部分，短链部分占单位链的 88.3%，是支链淀粉结构的核心部分，
决定支链淀粉的特性。

表 1-9　支链淀粉的链长分布

项目	全部	A	B_1	B_2	B_3	B_4	A/B_1
CL_{max}		13	19	41	69		
$\overline{CL}$	24	13	22	42	69	101	
糯米 质量分数/%	100	50.0	26.2	18.9	4.1	0.8	
摩尔分数/%	100	69.2	21.7	8.0	1.0	0.1	2.2
CL_{max}		11	18	38	62		
$\overline{CL}$	26	12	21	42	69	115	
木薯 质量分数/%	100	38.5	32.5	23.0	5.1	0.9	
摩尔分数/%	100	59.5	28.7	10.2	1.4	0.1	1.5
CL_{max}		16	19	45	74		
$\overline{CL}$	35	16	24	48	75	104	
马铃薯 质量分数/%	100	27.8	34.9	26.0	9.1	2.3	
摩尔分数/%	100	44.2	38.1	14.0	3.1	0.6	0.8

注：CL_{max} 代表 CL 分布中比重最大支链的长度。

4. 束簇状结构模型　由异淀粉酶切支链淀粉所得到的单位链呈多分散分布曲线，是对 Meyer 模型的否定，也为 French 等提出的一系列束簇状模型提供了有力的支持证据。模型提出由 A 链和 B 链结合形成许多束，束中各链相互平行靠拢，并借氢键结合成簇状结构，一般每束的大小（沿分子链方向的长度）是 27～28 个葡萄糖残基。链的紧密结合所形成的结晶部分是排列为 12～16 个葡萄糖残基的短链。每条 B 链大多在 1～2 个束群中存在，贯穿 3 个以上束群的 B 链只占全部单位链的 1%～3%。A 链和 B 链的比值实际上反映了支链淀粉的分支化度，用酶解法分析 A 链和 B 链的结合情况是：最外层的 B 链能与 1～4 条 A 链结合，其中以 1 条 B 链结合 2 条 A 链的情况为最多，而就整个支链淀粉分子而言，A/$B_{1～4}$ 的比值，蜡质玉米支链淀粉为 2.6，普通玉米支链淀粉为 1.7；糯米支链淀粉为 2.2，普通稻米支链淀粉为 1.5。

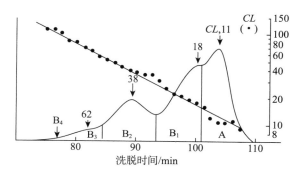

图 1-11　用 HPLC-LALIS-RI 系统测定木薯支链淀粉分子的链长分布

5. 结合磷酸　磷酸与支链淀粉分子中葡萄糖单位的 C_6 碳原子呈酯化结合存在，其中以马铃薯淀粉含磷量最高，约每 300 个葡萄糖残基就有这样一个磷酸酯键存在。在支链淀粉中，这种磷酸 65% 在 A 链和 B 链的外部链存在，35% 在 B 链内部链存在。这种结合酸不易除掉，在酸水解淀粉的产物中则发现有葡萄糖-6-磷酸酯，结合在葡萄糖单位上的磷酸对马铃薯淀粉在水溶液中的物理性质有很大影响。

（三）直链淀粉和支链淀粉结构、性质比较

直链淀粉和支链淀粉在分子形状、聚合度、立体结构、还原能力上都有很大差异，这种结构上的差异决定了它们在性质上的不同。集中表现在溶水性、碘呈色性、形成络合结构能力、晶体结构、凝沉性、糊黏度和乙酰衍生物成膜性等方面，二者的比较见表 1-10。

表 1-10　直链淀粉和支链淀粉的比较

项目	直链淀粉	支链淀粉
分子形状	直链分子	支叉分子
聚合度	100～6 000	1 000～3 000 000
末端基	分子的一端为非还原末端基，另一端为还原末端基	分子具有一个还原末端基和许多非还原末端基
碘着色反应	深蓝色	紫红色
吸收碘量	19%～20%	<1%
凝沉性	凝沉性强，溶液不稳定	凝沉性很弱，溶液稳定
络合结构	能与极性有机物和碘生成络合结构	不能与极性有机物和碘生成络合结构
X 射线衍射分析	高度结晶结构	无定形结构
乙酰衍生物	能制成强度很高的纤维和薄膜	制成的薄膜很脆弱

四、淀粉颗粒的晶体结构

（一）淀粉的形态结构

淀粉是在农作物籽粒、根、块茎中经光合作用合成，以颗粒结构存在，淀粉颗粒不溶于冷水。淀粉颗粒的形状取决于其来源，可大致分为圆形、卵形和多角形。一般地，若含水量高，蛋白质少的植物淀粉颗粒比较大，形状也比较整齐，多呈圆形和椭圆形，如马铃薯淀粉；反之，则颗粒小呈多角形，如稻米淀粉。几种常见的淀粉颗粒形状：玉米淀粉颗粒有圆形和多角形两种；稻米淀粉颗粒呈不规则多角形，颗粒小，并常有多个粒子聚集；马铃薯淀粉颗粒为卵圆形；木薯淀粉颗粒为球形或截头的圆形；小麦淀粉颗粒是扁平圆形或椭圆形。淀粉颗粒的形状又因生长部位和生长期间遭受压力的大小不同而异，如玉米淀粉颗粒有圆形和多角形两种，圆形的生长在玉米粒上部，多角形的长在胚芽两旁；即使同一种植物的淀粉颗粒也绝不是固定不变的，会随着植物的生长而发生变化。如马铃薯淀粉随薯块成熟长大，淀粉含量提高，淀粉粒径变大，卵圆形颗粒的比重也随之增高。

淀粉粒的大小以长轴的长度表示。不同种类的淀粉大小存在很大差别，同一种淀粉颗粒的大小也是不均匀的，彼此存在差别。通常用大小极限范围和平均值来表示淀粉颗粒的大小。薯类淀粉要比谷类淀粉大，其中，以马铃薯淀粉颗粒最大，为 15～100 μm，平均

33 μm；番薯淀粉颗粒 15～55 μm，平均 30 μm；木薯淀粉颗粒 5～35 μm，平均 20 μm。在谷类淀粉中，玉米淀粉颗粒大小很不一致，最小的 5 μm，最大的 30 μm，平均约 15 μm；稻米淀粉颗粒最小，在 3～8 μm，平均只有 5 μm；而小麦淀粉的颗粒尺寸呈双峰分布，一组为 2～10 μm，另一组为 20～30 μm，处于中间状态者很少。大颗粒虽只占总数的 20%，质量却占 90%（表 1-11）。

表 1-11　淀粉的颗粒性质

主要性质	玉米淀粉	马铃薯淀粉	小麦淀粉	木薯淀粉	蜡质玉米淀粉
淀粉的类型	谷物种子	块茎	谷物种子	根	谷物种子
颗粒形状	圆形、多角形	椭圆形、球形	圆形、扁豆型	圆形、截头圆形	圆形、多角形
直径范围/μm	3～26	5～100	2～35	4～35	3～26
直径平均值/μm	15	33	15	20	15
比表面积/（m^2/kg）	300	110	500	200	300
密度/（g/cm^3）	1.5	1.5	1.5	1.5	1.5
每克淀粉颗粒数目/$\times 10^6$	1 300	100	2 600	500	1 300

借助高倍光学显微镜或扫描电子显微镜，可以观察到大小不一、形状各异的淀粉颗粒。部分淀粉颗粒光学显微镜和扫描电子显微镜谱图分别如图 1-12、图 1-13 所示，我们可以根据这种差别区分淀粉的种类。

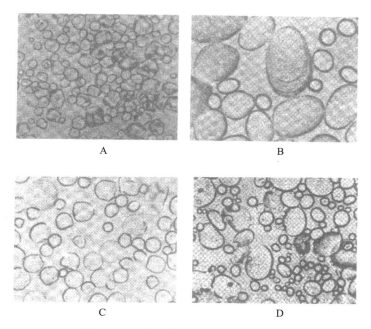

图 1-12　部分淀粉颗粒光学显微镜谱图

A. 玉米淀粉颗粒（350×）　B. 马铃薯淀粉颗粒（350×）

C. 木薯淀粉颗粒（350×）　D. 小麦淀粉颗粒（350×）

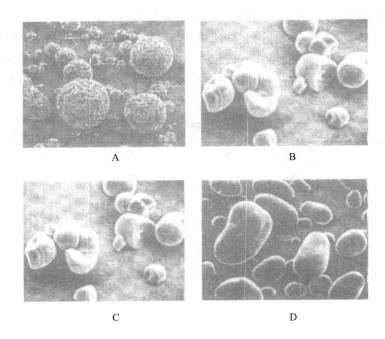

图 1-13　部分淀粉颗粒扫描电子显微镜谱图

A. 大米淀粉颗粒（600×）　　B. 木薯淀粉颗粒（2 000×）

C. 马铃薯淀粉颗粒（600×）　　D. 高直链玉米淀粉颗粒（2 000×）

（二）淀粉颗粒的轮纹结构

在显微镜下细心观察，可以看到有些淀粉颗粒呈若干细纹，称为轮纹（striations）结构。轮纹样式与树木年轮相似，马铃薯淀粉的轮纹最明显，呈螺壳形；木薯淀粉轮纹也较清楚；玉米、麦和高粱等淀粉的轮纹则不易见到。各轮纹层围绕的那一点称为"粒心"，又称为"脐心"（hilum），如图 1-14 所示。禾谷类淀粉的粒心常在中央，称为"中心轮纹"，马铃薯淀粉粒的粒心常偏于一侧，称为"偏心轮纹"。粒心的大小和显著程度随植物而有所不同。不同淀粉粒根据粒心及轮纹情况可分为单粒、复粒及半复粒。单粒只有一个粒心，马铃薯淀粉颗粒主要是单粒。在一个淀粉质体内包含有同时发育生成的多个淀粉颗粒称为复粒。稻米的淀粉粒以复粒为主。由两个或更多个原系独立的团粒融合在一起，各有各的粒心和环层，但最外围的几个环轮则是共同的，称为半复粒。有些淀粉粒，开始生长时是单个粒子，在发育中产生几个大裂缝，但仍然维持其整体性，这种团粒称为假复粒，豌豆淀粉就属于这种类型（图 1-15）。在同一个细胞中，所有的淀粉粒，可以全为单粒，也可以同时存在几种不同的类型（图 1-16）。如燕麦淀粉粒大部分为复粒，也夹有单粒存在；小麦淀粉粒大多数为单粒，也夹有复粒存在；马铃薯淀粉粒以单粒为主，偶有复粒和半复粒形成。

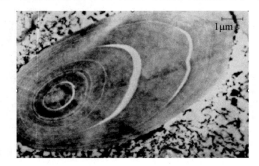

图 1-14　马铃薯淀粉颗粒的生长环及脐心

（from Buttrose et al，1962）

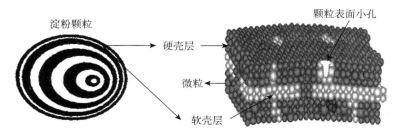

图 1-15 包含"微粒"的淀粉颗粒结构模型

(from Tang et al，2006)

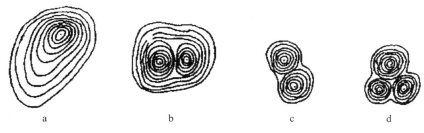

图 1-16 单、复粒轮纹

a. 单粒 b. 半复粒 c. 复粒 d. 假复粒

用扫描电镜观察经酸、酶处理的淀粉粒或受损伤的淀粉粒也会常常看到有这种层状结构存在。轮纹式的层状结构产生的原因可能是由于淀粉粒内部折射率之差或是密度之差形成的。淀粉粒在形成过程中，由于昼夜光照的差别，造成葡萄糖供应数量不同，致使淀粉合成速度快慢不一致，形成淀粉的密度出现层状结构。不过有人将马铃薯在一定环境条件下连续照射进行栽培，淀粉粒仍能形成层状结构，因此，对上述说法提出质疑。层状结构形成的真正原因，目前尚不清楚。

（三）淀粉颗粒的偏光十字

在偏光显微镜下观察，淀粉颗粒呈现黑色的十字，将淀粉颗粒分成 4 个白色的区域称为偏光十字（polarization cross）。这种偏光十字的产生源于球晶结构，球晶呈现有双折射特性（briefringence），光穿过晶体时会产生偏振光。淀粉颗粒也是一种球晶，具有一定方向性，采取有秩序的排列就会出现偏光十字。现已知道，构成淀粉粒的葡萄糖链是以脐点为中心，以链的长轴垂直于粒表面呈放射状排列的，这种结构是淀粉粒双折射性的基础。不同品种淀粉颗粒的偏光十字的位置和形状以及明显的程度有一定差别。例如，马铃薯淀粉的偏光十字最明显，玉米、高粱和木薯淀粉次之，小麦淀粉则不明显；十字交叉点的位置，玉米淀粉颗粒是在接近颗粒中心，马铃薯淀粉颗粒则接近于颗粒一端。根据这些差别，通常能用偏光显微镜鉴别淀粉的种类。当淀粉粒充分膨胀、压碎或受热干燥时，晶体结构即行消失，分子排列变成无定形，就观察不到偏光十字的存在了。

（四）淀粉颗粒的微结晶结构

1. 淀粉颗粒的结晶形态 Katz J. R. 首先提出了淀粉呈半结晶态，其主要由结晶区和无定形区交互组成。结晶区占 25%～50%，其余是无定形区，支链淀粉分子以双螺旋结构有序排列形成结晶区，结构比较致密，不易受外力和化学试剂的作用；直链淀粉分子以松散的结构形成无定形区，容易受外力和化学试剂的作用。但无定形区和结晶区间的界限并不明确，变化是渐进的。支链淀粉具有簇状结构，在支链淀粉的一个簇中，两条相邻链缠绕形成左手双螺旋，双螺旋规则排列形成微晶（图 1-17），目前普遍认为，A 型微晶和 B 型微晶具有相同的双螺旋构象，但在两种微晶结构单元中双螺旋的排列方式以及稳定这些双螺旋结构的水分子的量不同。

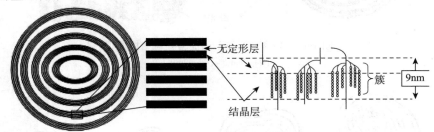

无定形层

结晶层

簇 9nm

图 1-17　淀粉颗粒结构模型

(from Baker et al，2001)

在讨论直链淀粉分子结构时，已介绍过制备成结晶后的直链淀粉呈现一定的 X 射线衍射图样。淀粉颗粒不是一种淀粉分子，而是由许多直链和支链淀粉分子构成的聚合体，这种聚合体不是无规律的，它在某些部分形成微小结晶构造，有了这样的结构基础，就可以用粉末 X 射线衍射线研究淀粉粒的结晶结构。已知的天然淀粉主要产生 A、B 和 C3 种不同的 X 射线衍射图谱，不同植物淀粉分属于 A 型或 B 型，也有些属于从 A 型到 B 型的连续变化中间的图形——C 型，因此，C 型衍射图谱表现为 A、B 型混合物。衍射图谱是以衍射角为横轴，以衍射 X 射线强度为纵轴的曲线。衍射图谱上有一系列的衍射线，根据它们的 2θ 值由大者起依次用 1、2、3……加以区别，为了区分是能看到一条衍射线还是双重线和三重线，分别在数字后面附上 a、b、c。衍射图谱中的小锯齿波是由统计波动引起的，没有什么分析意义。衍射线的位置和强度是淀粉结晶物质所固有的，它能反映出所测淀粉样品的晶型和晶体化程度。衍射图峰的位置也可由 2θ 求出面间距 d。峰的宽度与微结晶大小有关，峰越宽，衍射强度越高，晶粒越大。

图 1-18 给出 A、B、C 型的淀粉的衍射图谱，每种图谱对应的衍射峰位置分别为：（a）为玉米淀粉，A 型；（b）为马铃薯淀粉，B 型；（c）为木薯淀粉，C

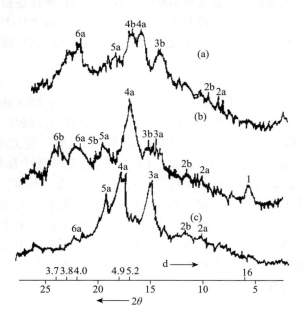

图 1-18　不同马铃薯淀粉的 X 射线衍射图

（a）为玉米淀粉，A 型　　（b）为马铃薯淀粉，B 型

（c）为木薯淀粉，C 型

型。这样对任何一种淀粉通过它的 X 射线衍射图（表 1-12），就可了解它所具有的晶型和经理化处理后晶型的变化和破坏程度。

表 1-12　淀粉 X 射线粉末衍射图特征峰

A 型			B 型			C 型		
间距	强度	2θ	间距	强度	2θ	间距	强度	2θ
5.78	s	15.3	15.8	m	5.59	15.4	w	5.73
5.17	s	17.1	5.16	s	17.2	5.78	s	15.3
4.86	s−	18.2	4.00	m	22.2	5.12	s	17.3
3.78	s	23.5	3.70	m−	24.0	4.85	m	18.3
						3.78	m+	23.5

注：表中 s 表示强，m 表示中，w 表示弱。

通过对各种淀粉分析发现，A 型主要是谷类淀粉（直链分子含量高于 40% 者除外），B 型主要是块茎和基因修饰玉米淀粉，C 型主要是块根和豆类淀粉（表 1-13）。

表 1-13　各种淀粉结晶形态的分类

A 型	B 型	C 型
稻米	马铃薯	葛根
糯米	淀粉玉米	山药
玉米	皱皮豌豆	甘薯
糯玉米	粟	木薯
小麦		绿豆
大麦		豌豆

2. 淀粉的结晶化度　当淀粉结晶被破坏后，原有结晶结构对应的尖峰衍射特征消失而变为非晶结构对应着弥散衍射结构。木薯淀粉属 C 型结构，当加入不同三氯氧磷时，X 射线衍射曲线就由 C 型逐步演变为一种弥散衍射特性，呈现典型的无定型结构的衍射结构，即逐渐由多晶颗粒结构转变为非晶颗粒态（图 1-19）。

衍射图谱的背景高度（或面积）主要来自非结晶领域，衍射的高度（或面积）则决定结晶领域。因此，比较两者的高度就可以对结晶度进行度量。淀粉颗粒构造可以分为以格子状态紧密排列着的结晶态部分和不规则地聚集成凝胶状的非结晶态部分，结晶态部分占整个颗粒的百分比，

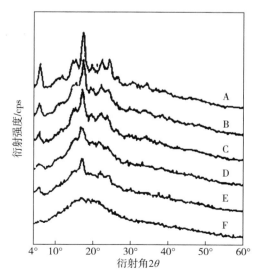

图 1-19　不同三氯氧磷加入量的 X 射线衍射曲线
A. 原淀粉　B. 1%　C. 5%　D. 10%　E. 20%　F. 30%

称为结晶化度。表 1-14 列出了所测定的结晶化度。淀粉粒的结晶化度最高者约为 40%，多数在 15%～35%，不含直链淀粉的糯玉米淀粉与含 20% 直链淀粉的普通玉米淀粉结晶化度基本相同，而高直链淀粉品种玉米淀粉的结晶化度反而较低，这说明形成淀粉结晶部分不是依靠线状的直链淀粉分子，而主要是支链淀粉分子，淀粉粒的结晶部分主要来自支链淀粉分子的非还原性末端附近。直链淀粉在颗粒中之所以难结晶，是因为线状过长的原因。聚合度在 10～20 的短直链就能很好地结晶。因此，可以认为，支链淀粉容易结晶是因为每个末端基的聚合度小得适度，能够符合形成结晶所需的条件。

表 1-14 淀粉的结晶化度

淀粉种类	结晶化度/%	淀粉种类	结晶化度/%
小麦	36	高直链淀粉玉米	24
稻米	38	马铃薯	28
玉米	39	木薯	38
糯玉米	39	甘薯	37

3. 支链淀粉的分子构造与淀粉粒结晶构型的关系 在淀粉颗粒具有多种结晶形态的原因研究中发现，大豆豆芽的淀粉在高温（30℃）时是 A 型，低温（13.5℃）时是 B 型，中间温度（22.5℃）则是 A 型和 B 型约成等量混合的 C 型。类似的情况在甘薯中也被发现，因此，温度成为淀粉晶型多变的原因，但后来发现马铃薯和稻米等淀粉晶型并不受温度影响。微量的脂质对 A 型的结晶型诱导非常有效，谷类淀粉是 A 型，它比 B 型的淀粉的脂质含量要高，但含有脂质较多淀粉的玉米却是 B 型，这迫使人们去寻找能够解释淀粉结晶多型性的新的原因。淀粉玉米要比普通玉米品种的平均链长要长，单位链长是否与淀粉选择 A 型和 B 型有关？实验结果表明，支链淀粉 CL_n 小于 20 为 A 型，CL_n 在 20～22 为 C 型，CL_n 大于 22 为 B 型，CL_n 在 20～22 范围，淀粉晶体构型还同时受温度和脂质的影响，这就不难理解为什么有的植物淀粉会发生 A 型和 B 型间的相互转变。Hizukuri 指出，淀粉结晶型的差异取决于支链淀粉的链长，晶体的多晶型的形成是由分子结构控制的、A 型淀粉平均支链淀粉分子链长 CL_w 为 26，C 型为 28，B 型为 36，A 型和 B 型相差很大。此外还发现，对于淀粉体系来说，直链分子与支链分子数量比值、支链分子的结构和在晶体中的排布也都决定了淀粉颗粒的结晶类型。

4. 淀粉颗粒的结晶区和无定形区 淀粉颗粒由许多微晶束构成，这些微晶束如图 1-20 所示排列成放射状，看似为一个同心环状结构。微胶束的方向垂直于颗粒表面，表明构成胶束的淀粉分子轴也是以这样方向排列的。结晶性的微胶束之间由非结晶的无定形区分隔，结晶区经过一个弱结晶区的过渡转变为非结晶区，这是个逐渐转变过程。在块茎和块根淀粉中，仅支链淀粉分子组成结晶区域，它们以葡萄糖链先端为骨架相互平行靠拢，并靠氢键彼此结合成簇状结构，而直链淀粉仅存在于无定形区。无定形区除直链淀粉外，还有那些因分子间排列杂乱、不能形成整齐聚合结构的支链淀粉分子。在谷类淀粉中，支链淀粉是结晶性结构的主要成分，但它不是结晶区的唯一成分，部分直链淀粉分子和脂质形成络合体，这些络合体形成弱结晶物质被包含在颗粒的网状结晶中。淀粉分子参加到微晶束构造中，并不是整个分子全部参加到同一个微晶束里，而是一个直链淀粉分子的不同链段或支链淀粉分子的各个分支分别参加到多个微晶束的组成之中，分子上也有某些部分并未参与微晶束的组成，这些部分就是无定形状态，即非结晶部分（图 1-20）。用 X 射线小角度散射法测得湿润马铃薯淀粉的大周期是 100×10^{-10} m，玉米淀粉是 110×10^{-10} m，因此，微结晶大小约为 $100 \times 10^{-10} \sim 110 \times 10^{-10}$ m。图 1-21 是把结晶区域作为胶束断面的微纤维状组织结构图，中间为结晶部分，它由聚合度 15 左右单位链构成，大小是 60×10^{-10} m，外围是非结构部分。图 1-22 是 Kainuma 和 French（1980）提出的蜡质玉米淀粉中支链淀粉在构成微晶束时的可能排列。支链淀粉分子主链中每隔约 70×10^{-10} m 就出现大量支链，形成一个束，束由许多长度为 14 个左右的单位链组成，束长度为 50×10^{-10} m，分子直径 $100 \times 10^{-10} \sim 150 \times 10^{-10}$ m，长度 $200 \times 10^{-10} \sim 400 \times 10^{-10}$ m，这个周期相当于支链淀粉束簇状模型中各束间的平均间距，它支持淀粉分子一般是作径向取向的观点。

图 1-20　淀粉颗粒的结构模型

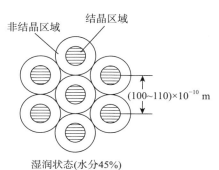

湿润状态(水分45%)

图 1-21　淀粉粒微晶束结构

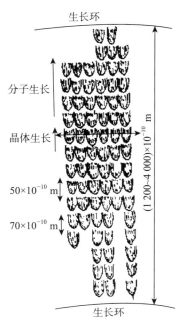

图 1-22　蜡质玉米淀粉生长环内支链淀粉分子排列

第二节　淀粉的物理化学性质

国内外对淀粉的物理化学特性有过较多研究，物理化学特性通常包括淀粉的颗粒特性（starch granule）或天然淀粉特性（native starch）、糊化特性（gelatinization properties）、老化特性（retrogradation properties）和功能特性（functional properties）等。天然淀粉多以不同几何形状的颗粒形式存在于植物的淀粉细胞中，颗粒大小一般在 2～150 μm，天然淀粉粒的形状和大小与淀粉的来源有关。Kainuma 等提出了淀粉粒的内环式模型，即在天然淀粉颗粒中，具有明显的生长环，在结晶的密实的环层之间存在无定型区，天然淀粉多由一定比例的直链淀粉和支链淀粉组成，支链淀粉作为淀粉颗粒的骨架，对淀粉的晶体结构和环层尺寸起决定作用。支链淀粉的外链以双螺旋结构的晶体相互平行排列形成较规则的环状的束状体，多个支链淀粉还原性末端聚集在颗粒中部（或有偏离）形成淀粉粒的腹脐。

一、淀粉颗粒的化学组成

除淀粉分子外，淀粉颗粒通常含有 10%～20%（质量分数）的水分和少量蛋白质、脂肪类物质、磷和微量无机物。

1. 水分　淀粉的含水量取决于贮存的条件（温度和相对湿度）。淀粉颗粒水分是与周围空气中的水分呈平衡状态存在的，大气相对湿度（RH）的降低，空气干燥，淀粉就失水；如果相对湿度增高，空气潮湿，淀粉就吸水。水分吸收和散失是可逆的。淀粉的平衡水分含量也取决于淀粉产品的类型，表 1-15 的水分含量是在相对湿度 65%、25℃时的数据，在同类条件下，多数商品天然淀粉含 10%～20% 的水分。如玉米淀粉在一般情况下（25℃、RH50%）含水量约 12%，马铃薯、甘薯淀粉含水量约 20%。不同品种淀粉的水分含量有差别，一方面是因为多糖链密度与叠集的规则性上的差别，另一方面是因为淀粉分子中羟基自行结合程度及羟基与水分子结合程度不同。玉米淀粉分子中羟基自行结合的程度较马铃薯淀粉高，所剩余的能通过氢键与水分子相结合的游离羟基数目相对地减少，则淀粉的水分含量较低。

在相对湿度为 20% 时，淀粉水分含量为 5%～6%，而在绝干空气中，相对湿度为零时，淀粉的水分含量也接近于零。

淀粉颗粒除淀粉分子外，还含有水分、蛋白质、脂类化合物、灰分等其他成分。不同品种的淀粉，各组分含量的差异如表 1-15 所示。

表 1-15　淀粉的主要成分

组成	玉米淀粉	马铃薯淀粉	小麦淀粉	木薯淀粉	蜡质玉米淀粉
淀粉（干基）/%	85.73	80.29	85.44	86.69	86.44
水分（20℃，RH 65%）/%	13	19	13	13	13
类脂质（干基）/%	0.8	0.1	0.9	0.1	0.2
蛋白质（干基）/%	0.35	0.1	0.4	0.1	0.25
灰分（干基）/%	0.1	0.35	0.2	0.1	0.1
磷（干基）/%	0.02	0.08	0.06	0.01	0.01
淀粉结合磷（干基）/%	0.00	0.08	0.00	0.00	0.00

淀粉颗粒内的水分含量，通常在 $10\%\sim20\%$。虽然淀粉内含如此高的水分，但却呈现干燥的粉末状，而并非表现为潮湿状态，这是由于淀粉分子中存在大量的羟基（—OH），该基团与水分子相互作用形成氢键。由于玉米淀粉分子小，淀粉分子中的羟基自行缔合程度高，剩余的能够通过氢键与水分子相互结合的羟基数目就相对减少，而马铃薯淀粉分子的情况则相反，所以马铃薯淀粉颗粒含水量比玉米淀粉高，这就是不同品种淀粉的含水量存在差别的原因。另外，玉米淀粉中脂肪较多，影响了淀粉分子与水的结合，而马铃薯中支链淀粉上的磷酸根与水结合能力大，这也使得在同样条件下，马铃薯淀粉比其他淀粉的含水量高。

2. 蛋白质　淀粉中的蛋白质与淀粉的结合较紧密，淀粉加工时分离蛋白质困难，所以蛋白质含量高对淀粉的加工利用有诸多不利的影响，如使用时会产生气味，甚至是臭味，蒸煮时易产生泡沫，水解时容易产生颜色等。

3. 脂类化合物　小麦、大米、高粱等谷物淀粉中的脂类化合物含量较高，脂类化合物分子能与直链淀粉分子形成一种包合物，该包合物会使淀粉带有原谷物的气味；抑制谷物淀粉颗粒的膨胀和溶解，使其糊化温度提高；使淀粉糊和淀粉膜不透明；会影响糊化淀粉的增稠能力和黏合能力。

4. 灰分　灰分是淀粉产品在特定温度下完全燃烧后的残余物。灰分的主要成分是磷酸盐基团，如磷酸钾、钙、铜和镁盐等。马铃薯淀粉含磷量最高，木薯淀粉含磷量最低。淀粉中的磷主要以磷酸酯的形式存在，以共价键结合存在于淀粉中，带负电荷的磷酸基团赋予马铃薯淀粉一些聚电解质的特征。尽管离子电荷不高，但在水溶液中排斥类似的电荷，使马铃薯淀粉具有低的糊化温度、快速润胀、淀粉糊的黏性高和膜的透明度高等优点。

二、淀粉糊化

1. 淀粉的糊化　天然淀粉在一定含水量和一定温度下加热会产生糊化现象，淀粉的糊化特性主要表现为：天然淀粉的晶体结构消失、淀粉颗粒膨胀、直链淀粉分子从淀粉颗粒中脱离出来、抗化学试剂或酶侵蚀的能力减弱、黏性增加、淀粉分子的柔性增大、透明度增大等。根据含水量的不同，淀粉糊化后的物态也不同。在过量的含水量条件下，糊化后的淀粉形成流态的淀粉糊，淀粉糊是由直链淀粉溶液或胶体的连续相、润胀或破裂的支链淀粉颗粒或团块的分散相组成的多相体系，在有限的含水量条件下，糊化后的淀粉则形成固态的胶体或凝胶。淀粉糊化机理已有过许多报道，普遍认为，淀粉的糊化本质是其晶体崩解所至。在对淀粉糊化动力学的系统研究中，普遍认为淀粉的糊化较符合一级化学反应模型，谷类淀粉的糊化能为 $40\sim100$ kJ/mol，与加热温度和含水量有关。随加热温度的升高，糊化能有所下降。

2. 淀粉糊的性质　淀粉在冷水中形成淀粉乳，当静置时，由于淀粉相对密度较大，全部沉于底部，无法形成稳定体系，这是因为淀粉粒内部形成的氢键阻止了淀粉溶解于水。但淀粉在冷水中仍存在轻微的吸水而膨胀，颗粒吸收水分会达到一个极限量，但当降低温度时，膨胀又是可逆的。对淀粉乳加热到一定温度，这时候水分子进入淀粉粒的非结晶部分，与一部分淀粉分子相结合，破坏氢键并对其水化，随着温度的升高，淀粉粒内结晶的氢键被破坏，淀粉吸入大量水分，体积大幅度膨胀，高度膨胀的淀粉颗粒间互相接触，变成半透明的黏稠糊状，即淀粉糊。这种现象称为糊化作用。工业和生活消费所用的淀粉，其主要来源是谷类的种子、块茎和根。我们不仅在硬果、种子和水果中找到淀粉，而且还能在植物的髓和叶中发现它。简而言之，淀粉在合成后是以密实的微小团粒（粒径 $2\sim150~\mu m$）贮存于植物中，它部分是晶态，因而不溶于水，便于分离和加工。然而，在淀粉的使用中，通常团粒结构先被破坏，导致团粒润胀，形成淀粉分子的水合和溶解。这些过程称为淀粉的糊化过程，通常也可用直接将淀粉团粒加热使其在水中溶胀的方法来实现，除了对淀粉在这方面的糊化作用进行研究外，还发现许多非水溶剂，如液态氮、甲醛、甲酸、氯乙酸、二甲亚砜。由于它们能破坏团粒中分子间的氢键，或与淀粉形可溶性配合物，从而也可以使淀粉发生糊化作用。除此之外，我们还发现某些化学物质，如碱、盐、糖、类脂物、醇、有机酸及其盐等，也能降低或提高淀粉糊化作用的幅度或影响糊化作用进行的程度。例如，在碱性条件下，淀粉可在较低温度下糊化。这个特点适用于作制作瓦楞纸箱的黏结剂，因为随着纸板在整个生产过程中的传递，淀粉团粒必须能迅速糊化，而产生将纸板粘贴在一起所需要的黏性。盐（氯化钠、硫酸钠）可用于提高淀粉衍生物糊化作用的温度，而糖和类脂物（包括表面活性剂）与淀粉结合使用，可以保持食品的结构，引起淀粉糊化温度的升高或降低的阳离子或阴离子对含水的淀粉结构也呈现出相同的作用。同样，糖可以提高凝胶化温度，表明它能和水形成一种结构，并与水缔合。Osten 将淀粉看作是一种弱离子交换剂，即阳离子可以稳定淀粉的结构，而阴离子却能促进氢链的断裂。温度为 $50\sim85℃$ 时即可能产生热逆变。淀粉分子沉淀而形成称为球晶的部分结晶团粒（$10\%\sim40\%$，X 射线衍射法测定）。用激光光散射法检测淀粉团粒所获得的数据可以清楚表明淀粉团粒中球晶的特征。

淀粉糊冷却后观察，发现淀粉颗粒的外形已发生了变化，该糊状物即使静置，淀粉也无法再沉降下来。糊化作用的本质是淀粉中有序（结晶）和无序（非结晶）态的淀粉分子间的氢键断裂，淀粉分子分散在水中形成亲水性的胶体溶液。因此淀粉糊中不仅有高度膨胀的淀粉颗粒，还有溶解态的直链分子，分散的支链分子和部分微晶束。淀粉浆中淀粉发生膨胀时颗粒的偏振光十字仍然存在，但发生糊化现象后，颗粒的偏振光十字消失了。糊化温度也是根据这一现象确定的，当淀粉乳试样温度升高至淀粉颗粒偏振光十字开始消失时，此时的温度就是糊化开始温度，随着温度的升高，更多淀粉颗粒的偏振光十字消失，约 98% 的淀粉颗粒偏振光十字消失时的温度为糊化完成温度。各类淀粉在糊化过程中表现出来的性质见表 1-16。

表 1-16　淀粉的糊化性质

项目	玉米淀粉	马铃薯淀粉	木薯淀粉	小麦淀粉
糊化温度/℃	62~72	56~66	59~69	5~64
黏度（50 g/L 峰值范围/BU 单位）	300~1 000	1 000~5 000	500~1 500	200~500
黏度平均值/BU 单位	600	3 000	1 000	300
膨胀力（95℃）/倍	24	1 153	71	21
溶解度（95℃）/%	25	82	48	41
临界浓度/%	4.4	0.1	1.4	5.0

淀粉的临界浓度是指 95℃ 条件下完全吸收 100 mL 水需要该淀粉的最小质量（干基计），此时淀粉形成均匀的糊，无游离水存在。溶解度是指在一定温度下（如 95℃）在水中加热 30 min 后，淀粉样品分子的溶解质量百分数。

膨胀力是在一定温度下（如 95℃）在水中加热 30 min 后，淀粉体积相对于原体积的倍数。各类淀粉中马铃薯淀粉的膨胀能力最强，最大达 1 153，小麦淀粉仅 21。黏度峰值通常与达到峰值时的温度无关，蒸煮过程必须越过此峰值才能获得实用的淀粉糊。通常还用 95℃ 黏度反映淀粉蒸煮的难易程度；95℃、1 h 后的黏度反映蒸煮期间糊的稳定性，用 50℃ 时黏度测定热糊在冷却过程中发生的回凝；用 50℃、1 h 后的黏度表示使用条件下的糊的稳定性。以上数据都可以从布拉班德淀粉糊化标准曲线上获得。

三、淀粉的回生

淀粉回生是指糊化淀粉分子由无序态向有序态转化的过程。在加热糊化过程中，淀粉分子因其额外能量的补充使分子链溶胀而呈现高能无序态；在降温过程中，淀粉分子与淀粉分子以及淀粉分子与水分子在空间构象上相互匹配重排，达到体系平衡的有序稳定态。

1. 淀粉回生过程　1987 年，Bulkin 等人采用拉曼光谱研究了淀粉分子链 C—H 伸缩振动与回生淀粉的构效关系，并根据淀粉回生重结晶动力学性质将淀粉回生过程划分为 4 个阶段：①单纯淀粉链构象变化；②晶核诱导形成阶段；③晶体增长过程；④完美晶体形成阶段。在此基础上，研究者引用了淀粉回生时间来定义淀粉回生过程，即根据回生时间长短将淀粉回生过程划分为：①短期回生阶段和②长期回生阶段。淀粉短期回生过程主要涉及直链淀粉的重结晶，一般在以小时计的单位内完成；长期回生阶段则是由支链淀粉有序化重排所致，具有热可逆性，即长期回生的淀粉晶体加热至 55～75℃ 则可以消除回生。此外，两个回生阶段之间也存在一定的关联性，短期回生阶段，直链淀粉所形成的晶核为支链淀粉回生提供了晶种源，从而支链淀粉结晶区以该晶核为中心增长并形成完美晶体。

2. 淀粉回生的影响因素

（1）不同品种淀粉回生性质　淀粉回生作用与淀粉的来源、直链淀粉与支链淀粉含量之比、支链淀粉侧链的链长、糊化淀粉冷却储藏温度、溶液的 pH 和无机盐含量等因素有关。

①淀粉的种类：Orford 等人研究证实在水分含量 70% 条件下，不同种类淀粉短期回生速率：玉米淀粉＞马铃薯淀粉＞大米淀粉＞小麦淀粉；长期回生速率：马铃薯淀粉＞玉米淀粉＞大米淀粉＞小麦淀粉。

②直链淀粉与支链淀粉含量之比：在淀粉糊中，直链淀粉分子链易于取向凝沉；而支链淀粉则主要取决于侧链的长短，并在局部形成结晶区。因而高直链玉米淀粉较糯玉米淀粉和糯米淀粉易于回生老化。

③支链淀粉侧链的链长：Vandeputte 等人研究发现支链淀粉侧链葡萄糖单元聚合度 DP 小于 6 或者 DP 大于 25，淀粉回生速率较低；若 DP 在 12～22，淀粉回生焓则显著增加。这主要归因于淀粉形成双螺旋所需最低葡萄糖聚合度 DP 为 6，若 DP 过高，分子迁移阻力增加，亦不利于支链淀粉侧链取向重排。

④淀粉冷却储藏温度：在 4℃ 条件下，淀粉回生有最大的晶体成核速率；在 25℃ 条件下，更有利于淀粉重结晶晶体增长；在 4～25℃ 变温储藏，则抑制淀粉回生过程并显著提高淀粉的慢消化性。

⑤溶液 pH 与无机盐含量：pH5～7 有利于淀粉回生，过低或过高的 pH 抑制淀粉回生速率。无机盐则主要是降低淀粉回生速率，作者推测无机盐溶液可能阻碍了淀粉链的有序化取向，不利于结晶区的形成。

（2）脂类、糖类、淀粉酶对回生的影响

①脂类对淀粉回生的影响：单甘酯和卵磷脂等乳化剂是目前食品工业中通常采用的抗老化剂，抗老化效果显著；而且此类乳化剂的抗老化机理都已经得到全面阐述。Keetel 等人研究认为，单甘酯等乳化剂在淀粉体系中主要与直链淀粉相互作用形成淀粉-脂质凝聚体（图 1-23），该凝聚体延缓了淀粉短期回生过程，使支链淀粉重结晶晶种源浓度降低，从而延缓淀粉回生整个过程。

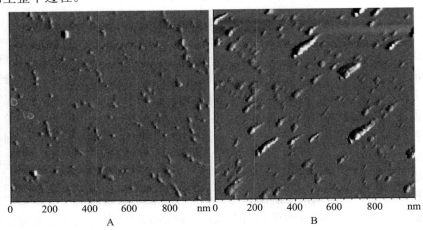

图 1-23　原子力显微镜图

在 25℃冷却的 A. 糊化直链淀粉凝聚体　B. 糊化的直链淀粉-单甘酯复合物凝聚体

（from Tang et al. 2007）

②糖类对淀粉回生的影响：单糖、二糖、寡糖等小糖分子对淀粉回生特征有显著影响，对其机理的认识逐渐深入。研究者首先通过水化层来解释小分子糖促进淀粉回生机理，他们认为，水化层的形成间接提高了淀粉糊实际浓度，有利于淀粉链迁移，从而促进淀粉重结晶过程。然而，这与实际情况不符，则相继提出了小分子糖的降塑理论，认为小分子糖作为降塑剂增强了淀粉链与链间的次价键，降低了分子链的迁移速率，从而抑制淀粉有序化重结晶。这种理论还是无法全面解释，作为降塑剂的不同单糖抑制淀粉回生效果有着显著差异的现象，后继发展了相容性理论。该理论认为若小分子糖与淀粉结构相容，则小分子糖形成水化层，降低了淀粉微相区淀粉浓度，从而降低了分子链重排行为；若两者结构不相容，则导致微相区淀粉浓度升高，加速回生过程。

③淀粉酶对淀粉回生的影响：Palacios 等人将 α-淀粉酶喷涂于米饭表面，对米饭回生起到显著的抑制作用，并将该抑制机理归因于支链淀粉侧链 DP 为 6～9 的短链增多，从而降低支链淀粉回生度。然而，有关不同淀粉酶对淀粉回生影响的显著差异以及系统的抑制或促进淀粉回生机制则没有定论。这主要由于淀粉酶水解规律性较差，导致淀粉水解产物多样性，而且各种水解产物抑制或促进淀粉回生，导致分析淀粉酶抑制或促进淀粉回生机制复杂化。

3. 淀粉回生机理　淀粉回生机理主要涉及淀粉分子链在淀粉-水混合体系中的迁移、水分的再分布和糊化淀粉的重结晶动力学行为。国内外此领域的研究成果主要集中在 20 世纪 80～90 年代。然而，淀粉回生影响因素众多、体系复杂、过程不明，导致国内外近 10 年在该领域的研究进展缓慢。

（1）淀粉回生过程中的分子链重排　淀粉重结晶是分子链不断堆积的结果，这一过程在支链淀粉重结晶过程中体现在其外部侧链的重排结晶，形成了淀粉结晶区与无定型区交互排列的空间结构。直链淀粉的迁移则主要在其熔融温度（120～130℃）以下完成，在此温度区间以上，分子链处于无序态。作者推测，这可能是通常直链淀粉以双螺旋形式存在的主要原因。淀粉分子链的迁移速率取决于分子链所处体系的相变化学位差以及淀粉链迁移过程中的阻力。这里引用适用于高弹态分子链迁移行为的 WLF 方程来描述淀粉分子链迁移动力学特征。

$$\lg[(\eta/\sigma T)/(\eta'_g/\sigma'_g T'_g)] = -\{C_1(T-T'_g)/[C_2+(T-T'_g)]\}$$

式中，η 和 σ 分别为 T 时混合体系的黏度和密度；η'_g 和 σ'_g 分别为 T'_g 时体系的黏度和密度；C_1 和 C_2 为通用常数。

该方程适用于淀粉/水混合体系处于高弹态，并通过该方程可以计算分子链在温度 T 时刻的迁移速率与 T_g 基准温度时刻的相对迁移速率关系。在特定温度下分子链迁移绝对速率的计算由于淀粉链有序化测定及迁移过程中能量变化检测技术缺乏，目前未见相关报道。

（2）淀粉回生过程中的水分分布　如图 1-24 所示，在差示扫描量热（DSC）和热重（TGA）测定过程中，原淀粉样品与水以 45:55 的质量比混合均匀，混合体系含水量约为 60%（原淀粉初始含水量为 10%）。淀粉悬浮液加热的初始温度为 A 点的 25℃，升温至 B 点的 T_g，此刻淀粉分子链处于半高能态开始迁移，体系相态由玻璃态向高弹态过渡。升温至 C 点，达到原淀粉晶体熔化温度，晶体开始破解；至温度 100℃，混合体系完全糊化，含水量约为 60%。对体系降温至淀粉糊最大冻结浓度玻璃化转移温度 T_g（约−4℃），温度继续下降，则混合体系处于玻璃态。若混合体系由高糊化态降温至 E 点的 25℃，则淀粉重结晶晶体不断形成，水分析出；升温至 Q 点 T_c，淀粉重结晶晶体开始熔化回到状态 I 点，继续升温，淀粉重新处于高能糊化态。若糊化淀粉样品在 25℃ 储存至 P 点，于 L 点 32℃ 干燥，体系中的水分浓度降低至 M 点，对体系加热淀粉重结晶晶体在 N 点的 T_c 开始熔化，继续升温直至水分完全蒸发。

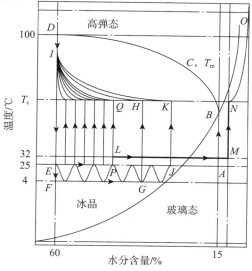

图 1-24　糊化淀粉回生过程中的湿热曲线

（田耀旗. 2011. 淀粉回生及其控制）

处于高弹态的淀粉-水糊化体系，若温度高于 T_m，分子链剧烈运动，淀粉中支链淀粉组分则以无定形态分布；然而温度低于 T_m，高于 T'_g，则分子链处于热力学非平衡状态，从而不同分子链在相互匹配重排过程中达到体系的热力学平衡，形成了完美结晶；若淀粉-水体系温度低于 T'_g，混合体系处于玻璃态，淀粉链冻结，仅在较长时间内观察到分子链的定向迁移。

此外，高弹态淀粉糊体系的水分含量若低于 27%，水分在 A 型和 B 型晶体中的分布以结合水形式存在。在 A 型晶体单斜晶系内，水分主要参与淀粉链双螺旋的构建，通过水分子与淀粉分子相互作用，在氢键力和静电力主导下维持稳定的 A 型晶体构象。在 B 型晶体六角形晶系中，水分除了完成构建淀粉双螺旋结构，还独立分布于淀粉链与链所形成的空腔内（图 1-25b），但这部分水的存在与否及其分布形式还未经证实。

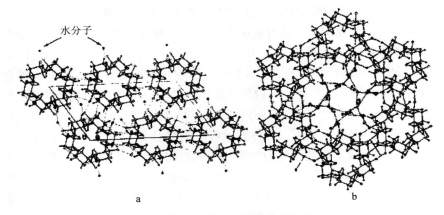

水分子

图 1-25　晶胞结构中的水分分布

(a. from Imberty et al. 1987；b. from Imberty et al. 1988)

a. A 型单斜晶系　b. B 型六角形晶系

（3）回生淀粉的重结晶过程与晶体形态　淀粉重结晶过程经历 3 个阶段：（Ⅰ）晶核生成，（Ⅱ）晶体增长，（Ⅲ）形成完美晶体。通常，在最大冷冻浓度玻璃态转化温度 T'_g 条件下，淀粉-水体系有最大的晶核成长速率；而在晶体熔化温度 T_m 时刻，晶体增长速率最高。若混合体系处于 $T'_g \sim T_m$ 变温储藏，一定程度上抑制淀粉重结晶。研究者也热衷于研究温控对淀粉回生速率的影响，其一是为了研究淀粉回生机理，其二是为了建立淀粉回生温控曲线。利用 DSC 法、淀粉酶法、X 射线衍射法和核磁共振法均可获得淀粉重结晶动力学 Avrami 方程，即

$$1 - \theta = \exp(-kt^n)$$
$$\ln[-\ln(1-\theta)] = \ln k + n\ln t$$

式中，θ 为淀粉结晶程度；n 为 Avrami 指数，是 $\ln[-\ln(1-\theta)]$ 对 $\ln t$ 所作曲线斜率，取值与成核方式有关；k 为淀粉重结晶常数，是 $\ln[-\ln(1-\theta)]$ 对 $\ln t$ 所作曲线的截距，与晶核密度及晶体一维生长速率有关。

通过计算储藏不同时间段的淀粉回生程度，即可获得淀粉重结晶成核指数和等温结晶速率常数，不同成核指数 n 的取值，直接反映淀粉重结晶晶核或晶体成长模式。

稀淀粉糊放置一定时间后会逐渐变浑浊，最终可产生不溶性的白色沉淀，而将浓的淀粉

分散液冷却，可迅速形成有弹性的胶体，这种现象称为淀粉的回生（retrogradation），也称为淀粉的老化或凝沉。因此，回生是指淀粉基质从溶解、分散成无定型游离状态返回至不溶解聚集或结晶状态的现象。凝沉淀粉为结晶结构，不溶于水，具有 B 型 X 射线衍射图样。淀粉糊或淀粉溶液的回升具有下列效应：黏度增加；显现不透明和浑浊；在热糊表面形成不溶解的结膜；不溶性的淀粉粒沉淀；形成胶体；脱水收缩。

（4）淀粉回生控制　国内外目前主要研究脂类、糖类和淀粉酶对淀粉回生的影响及其机制，尽管研究对象种类繁多，相应的机理也逐步完善，然而真正实现工业化应用的回生控制技术颇为单一，主要是添加作为抗回生剂的单甘酯和卵磷脂等脂类。

4. 淀粉回生度测定方法　淀粉回生是多组分参与和多因素影响的复杂过程，在实际淀粉回生度测定过程中单一测定方法很难反映淀粉回生度准确趋势。目前，淀粉回生度测定方法主要包括差示扫描量热法（DSC）、淀粉酶法、X 射线衍射法（XRD）、光学显微镜法、红外或近红外法、核磁共振法、原子力电镜法、浊度法等，然而每种方法有其自身的缺陷与不合理性。通常广泛采纳的有差示扫描量热法、淀粉酶法和 X 射线衍射法。

（1）差示扫描量热法　差示扫描量热法（DSC）与差温分析（DTA）在原理上有一定差别，前者是测定热流变化计算焓变（ΔH），后者则是测定样品与参照体的温度差。两者都可以提供准确的淀粉回生信息，广泛地用来研究淀粉晶体熔化温度、熔化焓、淀粉重结晶动力学和多种因素对淀粉回生的影响。研究表明，大米和小麦等谷物原淀粉在水分含量 60% 条件下，糊化温度在 60～70℃，回生过程中所形成晶体的熔化温度为 50～60℃，所形成的直链淀粉晶体熔化温度约在 130℃。若将样品加热到 130℃，淀粉-水体系糊化膨胀，易导致坩埚"漏气"，因此若测定直链淀粉晶体熔化焓需要采用品质高和密封性较好的坩埚。通常采用淀粉重结晶晶体熔化焓计算淀粉回生度，主要有下列两种表达形式，即

$$\text{I} : X(t) = (\Delta H_t - \Delta H_0)/(\Delta H_\infty - \Delta H_0)$$
$$\text{II} : X(t) = (\Delta H_t - \Delta H_0)/\Delta H_n$$

式中，$X(t)$ 为储藏 t 时刻淀粉样品回生度；ΔH_0 为糊化淀粉样品的回生焓变，一般取值 $\Delta H_0 = 0$；ΔH_t 为储藏 t 时刻样品回生焓变；ΔH_∞ 为回生极限样品焓变；ΔH_n 为原淀粉晶体熔化焓变。

采用上述两种 DSC 测定方法均可准确反映支链淀粉或直链淀粉回生度趋势，但很难同时检测淀粉整个回生过程。此外，淀粉回生焓在测定过程中与样品含水量密切相关，即水分含量在 40%～50%，回生焓有最大值，因而样品中水分添加量势必影响最终测定结果。

淀粉在糊化或老化过程中，将发生相转变和热转变，晶体的崩解或结晶温度、晶体崩解或结晶时的放热量或吸热量、玻璃化转变温度等都可以通过 DSC 检测出来。Zobel 等认为，淀粉在糊化过程中同时伴有玻璃化转变和晶体的崩解过程。Yuan 等用 DSC 研究不同糯型玉米支链淀粉的精细结构和在不同水分（10%，30%）下糊化与老化热特性时，认为在老化过程中，较长链长或较高水分的支链淀粉的老化焓较高，较长链长的支链淀粉的结晶较严重，其晶体崩解温度范围较宽，老化程度较高。老化后支链淀粉的结构较天然淀粉松弛，因其吸热焓和晶体起始崩解温度 T_0 较低。Zhang 等用液相色谱与 DSC 相结合研究了不同相对分子质量对老化的影响，认为分子较小、线性链分布较窄、分支点数较少的支链淀粉在存放初期的老化速度较高，但不同相对分子质量淀粉的终点老化程度相似。由此可以断定，支链淀粉的精细结构对淀粉的老化速度有较大影响，而对老化的最终程度影响不大。

（2）淀粉酶法 淀粉酶法主要基于淀粉酶对结晶淀粉的抗性导致酶无法与淀粉结晶区相互作用，该法可以弥补 DSC 法的不足，可以同时测定淀粉短期回生和长期回生过程。在回生度测定过程中通常采用稳定性较好的 α-淀粉酶；此酶与其他淀粉酶相比，测定结果偏高，即 α-淀粉酶＞β-淀粉酶＞葡萄糖糖化酶。然而淀粉酶法在测定过程中，除淀粉外的其他组分对碘的络合反应影响较大，因而该法也只是粗略测定淀粉回生度。

（3）X 射线衍射法 X 射线衍射法是研究结晶特性的最直接和最有效的方法。天然淀粉晶体的结晶度、晶体结构、微晶尺寸以及糊化淀粉的再结晶现象等，都可以采用 X 射线衍射法进行研究。谷类天然淀粉的 X 射线衍射通常为 A 型图谱（即在 $2\theta = 15.20°$、$17.0°$ 或 $23.6°$ 附近有明显衍射峰），而块根类植物淀粉则为 B 型图谱（即在 $2\theta = 5.6°$、$17.0°$、$22°$、$24°$ 附近有明显衍射峰）。糊化后晶体结构消失，在一定条件下存放，则会产生自组织现象，形成结晶。Zobel 等用 X 射线衍射法和 DSC 研究马铃薯、普通玉米和糯玉米的结晶性和热特性，得出天然马铃薯淀粉具有 B 型晶体结构，玉米则为 A 型晶体结构，在较高水分（45%～50%）下于 66～70℃ 加热糊化后，淀粉的晶体基本消失，而在较低水分下于 126℃ 加热，马铃薯淀粉的晶体结构仍未消失（玉米 175℃），只是晶型发生了转变。糊化后淀粉向玻璃态转变。采用缓慢加热的热处理方式，使淀粉分子有时间进行一定程度的径向取向、韧化和分散，从而形成另一种晶体。

X 射线衍射适用于研究有重复单元的淀粉晶体，对于谷物（小麦、大米和玉米）原淀粉通常显示明显 A 型晶体峰；对于块茎、水果、高直链玉米淀粉则显示 B 型晶体峰；C 型淀粉为 A 型和 B 型淀粉的中间形态，主要存在于豆类种子淀粉中。对于回生淀粉样品，若水分含量较低，显示 A 型晶体峰；若水分含量较高，则显示 B 型晶体峰。若回生淀粉显示 V 型峰，为淀粉-脂质复合物所产生，在储藏过程中，这类不稳定性 V 型晶体逐步向稳定型的 B 型晶体转化。通常在 X 射线衍射图谱上对晶体峰和非晶峰进行面积积分，以晶体峰面积与衍射峰总面积之比反映淀粉的回生度。然而，X 射线衍射法灵敏度较低，而且是否进行样品水合等前处理，对回生度的测定结果影响较大。

（4）核磁共振（NMR）法 淀粉在糊化过程中将产生水合作用，淀粉的糊化通常要经历非结合水（游离水）到结合水的转变。糊化后的淀粉与水的结合变得更加紧密，在老化过程中，淀粉分子的持水能力下降，与水的结合力减弱，部分结合水转变为游离水。通过核磁共振，可以研究淀粉与水的结合情况、水分在体系中的分布情况等。Dasilva 等曾用 NMR 研究小麦淀粉的糊化度和糊化动力学特性，得出糊化速度常数为 0.017～0.064 min^{-1}，与含水量和加热温度有关，糊化能在含水量为 45%（质量分数）时有最小值（28.42kJ/mol），与化学方法的测试结果相似。Ruan 等在用 NMR 对小麦面包的老化特性进行研究时发现，面包的硬度随存放时间延长而增加，面包硬度与水分流动性密切相关，而且随存放时间延长，内部水分分布变得内低外高，流动性高的水分的含量逐渐增加，认为这是面包体系中淀粉的持水能力下降所至。候彩云等用核磁共振研究不同类型稻米（籼稻、粳稻和糯稻）糊化过程的水分结合情况，认为不同品种稻米的弛豫特征相似，稻米在浸泡、蒸煮过程中存在游离水（纵向弛豫时间 $T_1 > 290$ ms）、构造水（50 ms < T_1 < 290 ms）和结合水（$T_1 < 50$ ms），品种对蒸煮过程中的 T_1 有较大影响，蒸煮后粳稻中的水分结合均为构造水，糯稻含有一定数量的结合水和部分构造水，籼稻的水分结合较为松弛，有大部分的游离水、少量的构造水和微量的结合水。

（5）普通光学显微镜法　天然淀粉颗粒的三维影像、生长环等可被普通光学显微镜观察到。糊化淀粉可与碘发生呈色反应、反应程度与淀粉的分子特性、糊化或回生情况有关。淀粉糊在存放过程中产生的自组织现象、淀粉糊中直链淀粉胶体连续相的散射光斑点、支链淀粉颗粒（团块）的分散相等都可以通过光学显微镜观察到。用光学显微镜研究淀粉糊物系特性和老化特性，可以观察到淀粉糊在老化过程的散光和凝聚现象，以及支链淀粉在老化过程中胶体网络的形成和发展。这些研究表明，淀粉糊物系中存在直链淀粉和支链淀粉的独立区域，直链淀粉在溶液中均匀分散，分子间产生胶体，支链淀粉则在分子内部产生网络结构。直链淀粉和支链淀粉还会相互作用，导致凝聚加速。

（6）黏度法　淀粉浆通常为胀塑性流体。在淀粉的糊化过程中，淀粉分子柔性增加，淀粉-水体系将向假塑性流体转变。在老化过程中，淀粉分子的刚性增加，流体力学特性发生变化。因此通过流变学特性的研究，可以了解淀粉糊化和老化特性。常用的仪器有旋转黏度仪、布雷班德黏度计、平板黏度计和毛细管黏度计等。其中旋转黏度计是研究淀粉浆（或糊）流变学特性的最有力的工具。Lii 等对籼稻、糯稻等不同直链淀粉含量的稻米淀粉的流变学特性进行研究，认为影响淀粉流变学特性的主要原因是淀粉的颗粒结构、成分和直链淀粉的溶出量，随直链淀粉含量增大，糊化淀粉的弹性模量 G' 增加，膨胀力下降。Yuan 等（1998）将 3 种糯性稻米淀粉胶在 4℃下存放 25d，进行老化试验，发现在存放的前 4d 内，老化速度（G'上升）很快。Yuan 等认为具有相似的黏性行为的淀粉的热特性（焓变）却有较大差异。焓变与支链淀粉的聚合度（20～30）有关。Biliadehs 等对天然淀粉、直链淀粉（小麦）和支链淀粉（糯玉米）的流变学特性和热特性进行研究，认为直链淀粉的弹性模量 G' 在存放早期迅速上升，但对温度不敏感。在支链淀粉胶中，支链淀粉分子的网络结构随存放时间的延长而不断发展，并认为这是其外链结晶的结果。天然淀粉胶中，直链淀粉和支链淀粉形成独立的微区，支链淀粉分子内部产生结晶，在用 DSC 测试老化的结果中，发现支链淀粉产生大量结晶，而天然淀粉中的结晶却较弱。研究还表明 DSC 测试对淀粉的分子结构较敏感，而黏性法（小应变振动仪）则难以观察到淀粉分子结构的特性或差异。

（7）扫描电子显微镜法　扫描电子显微镜法是研究淀粉的质构特性的重要工具。扫描电镜可以观察到淀粉颗粒具有平滑、连续（无小孔或破裂）的光滑表面。淀粉在糊化过程中经历的颗粒膨胀（有最大膨胀粒径）、收缩和破裂等现象都可用扫描电子显微镜清晰地观察到。

（8）其他测试法　淀粉的碘蓝值（blue value，BV）、胶稠度（gel consisteney）、碘结（亲）合力（iodine affinity，IA）、膨胀力（swelling power，SP）、酶解力（enzyme hydrolysis ability，EH）都是淀粉特性的常规测试方法。通过这些方法，可以了解淀粉的糊化度、柔软性和级分组成等特性。淀粉遇碘后，碘分子将被包进以大约 6 个葡萄糖单位为一圈形成的螺旋结构之中，而显现蓝色或紫红色。碘与淀粉所形成的复合物的颜色深浅与淀粉分子特性有关，直链淀粉的链长较长，显蓝色，而支链淀粉仅外链与碘作用，由于外链通常仅 10 个左右的葡萄糖单位，遇碘显紫色或紫红色。天然淀粉的显色与直链淀粉含量有关，直链淀粉含量较高者蓝色较深。淀粉的碘蓝值与其糊化程度也有关系，糊化度愈高，碘蓝值愈大。老化后的淀粉与碘的成色反应会随其老化程度升高而减弱。天然结晶态的淀粉较难被淀粉酶水解。随糊化进程进行，淀粉变得易被淀粉酶水解，酶解力增强。而在老化过程中，淀粉被酶水解的能力又会逐渐减弱。胶稠度在很大程度上反映了淀粉分子的柔软性。胶稠度大和支链淀粉含量高的淀粉的柔软性通常都较大。天然淀粉在糊化过程中颗粒将会膨胀，其膨胀程度与直链淀粉含量有较大关系。直链淀粉含量高的淀粉颗粒的膨胀度通常都较大。不同来源的淀粉的理化特性有较大差异。支链淀粉的精细结构对其理化特性也有较大影响。

四、淀粉的其他物理性质

1. 淀粉的密度 密度是指单位体积的质量，用比重瓶测量法可以对淀粉颗粒密度进行准确的测量。用水测定的实际是浸没容积或视比容，即 1 g 淀粉加到过量的水中后净增的容积，视比容的倒数称为干淀粉的密度。用此法测得玉米淀粉的视密度为 1.637，马铃薯淀粉的视密度为 1.617。不同植物来源的淀粉密度有所不同，造成这种结果的原因是颗粒内结晶和无定形部分结构上的差异，以及杂质（灰分、类脂和蛋白质等）的相对含量不同。用有机溶剂测定所获得的值与用水测定有一定差别，因为有机溶剂不能大量渗入淀粉颗粒并使之润胀，所得的密度值低于用水测定方法，玉米淀粉为 1.50，马铃薯淀粉为 1.45。

干淀粉分子链的堆聚不是很密集的，颗粒中有许多微小空隙，用水测定时水分子可以渗入其中，只引起较小体积的增长，吸收约 10% 水分后，所有空隙都填满了，进一步吸水将使颗粒每吸收 1 g 水体积增大 1 cm³ 左右。干燥淀粉充分吸水后，其含水量会大大提高，马铃薯淀粉的含水量可达 33%，玉米淀粉的含水量可达 28%，小麦淀粉吸水量大致为干基的50%，淀粉完全水化物密度要比干淀粉低，如小麦干淀粉的密度为 1.6 g/cm³，完全水化物密度只有 1.3 g/cm³。通常，含水量 10%～20% 的淀粉密度是以 1.58 g/cm³ 折算的。

2. 淀粉的溶解度 淀粉的溶解度是指在一定温度下，在水中加热 30 min 后，淀粉样品分子的溶解质量百分比。淀粉粒不溶于冷水，把天然干燥淀粉置于冷水中，水分子只是简单地进入淀粉粒的非结晶部分，与游离的亲水基相结合，淀粉粒慢慢地吸收少量水分。淀粉润胀过程只是体积增大，在冷水中，淀粉粒因润胀使其比重加大而沉淀。天然淀粉不溶于冷水的原因：①淀粉分子间是经由水分子进行氢键结合的，犹如架桥，氢键数量众多，使分子间结合特别牢固，以至不再溶于水中；②由淀粉颗粒的紧密结构所决定的，颗粒具有一定的结构强度，晶体结构保持一定的完整性，水分只是侵入组织性最差的微晶之间无定形区。受损坏的淀粉粒和某些经过化学改性的淀粉粒可溶于冷水，并经历了一个不可逆的润胀过程。

虽然天然淀粉几乎不溶于冷水，但对不同品种淀粉而言，还是有一定差别的。马铃薯淀粉颗粒大，颗粒内部结构较弱，而且含磷酸基的葡萄糖基较多，因此，溶解度相对较高；而玉米淀粉颗粒小，颗粒内部结构紧密，并且含较高的脂类化合物，会抑制淀粉颗粒的膨胀和溶解，溶解度相对较低。淀粉的溶解度随温度的变化而变化，温度升高，膨胀度上升，溶解度增加。由于淀粉颗粒结构的差异，不同淀粉品种随温度上升其溶解度的速度的变化有所不同（表 1-17）。

表 1-17 不同温度淀粉颗粒的溶解度（%）

淀粉样品	65℃	70℃	75℃	80℃	85℃	90℃	95℃
玉米淀粉	1.14	1.50	1.75	3.08	3.5	4.07	5.50
马铃薯淀粉	—	7.03	10.14	12.32	65.28	95.06	—
豌豆淀粉	2.48	3.61	6.84	8.30	11.14	12.28	—

需要指出，淀粉颗粒的胶束组织是十分坚固的，淀粉在 95℃ 左右蒸煮 1h，仍然保持有一定数量的、高度膨胀的水合淀粉聚集体。淀粉蒸煮至完全溶解对块茎、块根和蜡质淀粉大约是 100℃，普通玉米淀粉 125℃，直链玉米淀粉大约为 150℃。提高淀粉溶解度的原则：①引入亲水基团，这些亲水基团与淀粉分子上的葡萄糖残基中的羟基形成酯键，增强亲水力与保水力；②改变淀粉的固有结构，使淀粉颗粒结构破坏，结晶区域不再存在；③淀粉经不同方法降解，分子变小，此时淀粉虽仍以颗粒存在，但当将其混于水中时，结构脆弱，会发生部分溶解。

3. 淀粉对碘的吸附作用　在讨论直链淀粉结构时，我们已初步介绍了淀粉与碘的反应。淀粉遇碘的呈色反应，本质不是化学反应，而是物理吸附作用。直链淀粉和支链淀粉对碘的吸附能力明显不同，呈螺旋结构的直接淀粉平均每个螺旋可吸附一个碘分子，被吸附的碘在螺旋内部呈链状排列，碘分子的长轴与螺旋轴平行。直链淀粉吸附碘形成的络合物，随葡萄糖链的增长，其颜色从无色变为黄、红、紫、蓝紫、蓝的不同色调，呈现蓝色时要求直链淀粉的聚合度在 40 以上；支链淀粉只能吸收少量的碘，与碘结合后呈现的颜色与分子外侧单位链的链长和分支化度有关，随分支化度的增加和外侧单位链链长的变短，与碘反应的颜色由红紫色转为红色，甚至棕色。淀粉与碘形成蓝色复合体溶液，加热至 70℃，蓝色消失，这是由于加热使淀粉分子链伸直，形成的络合物解体，冷却后络合物重新形成，又呈蓝色。干淀粉遇碘呈暗棕色，加少量水立即转为蓝色，水可使干燥淀粉多糖链的结构发生改变，取位能最低的较原来伸展链的构象，从而使更多的碘进入双螺旋内。

淀粉颗粒内同时含有直链、支链两种淀粉分子，Hizukuri 指出马铃薯淀粉，当碘的浓度很小时，碘只被直链淀粉吸附；当碘浓度达到 3×10^{-5} mol/L 时，直链淀粉与碘可完全反应；当碘浓度升至 1×10^{-4} mol/L 时，支链淀粉分子开始吸附碘。在低碘浓度下，主要是直链淀粉组分起作用，每 100 mg 淀粉最高可吸收碘 4～5 mg，含此量碘的淀粉可产生 B 型 X 射线衍射图。随着碘吸收水平提高，逐渐失去 B 型结晶图谱，当每 100 mg 淀粉吸收碘 8.9 mg 时，完全呈现无定形图像，但将碘除去仍能恢复 B 型图像，多数颗粒仍有偏光十字，说明淀粉颗粒结构已开始受到侵害。当每 100 mg 淀粉吸收碘量达 12～14 mg 时，脱碘颗粒只能重现很弱的 X 射线图，部分颗粒还有偏光十字，但许多颗粒已溶胀和糊化。当每 100 mg 淀粉吸收碘达 18.4 mg 时，脱碘的淀粉颗粒也只能显示无定形 X 射线图，说明淀粉颗粒结构已被破坏，呈完全糊化状。

一些淀粉的碘结合值见表 1-18，淀粉吸收碘的曲线由图 1-26 给出。全淀粉的碘结合值多在 4～5，而直链淀粉的碘结合值基本是 19～20，支链淀粉的碘结合值多在 0.5～1.0，个别淀粉略有偏离或降低。

表 1-18　每 100 g 淀粉的碘结合值

淀粉	全淀粉	直链淀粉组分	支链淀粉组分
大米	5.08	20.3	1.62
高直链淀粉	9.31	19.4	3.60
玉米	5.18	20.1	1.10
小麦	4.86	19.5	0.98
木薯	—	20.0	—

（续）

淀粉	全淀粉	直链淀粉组分	支链淀粉组分
西米 LV	5.16	19.9	0.43
HV	4.97	20.0	0.12
马铃薯	—	20.5	—

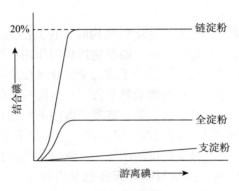

图 1-26　淀粉吸附碘的曲线

五、淀粉的化学性质

淀粉的化学性质与葡萄糖有共性，但它又是由许多葡萄糖通过糖苷键连接而成的高分子化合物，具有自己的独特性质。

1. 水解　淀粉与水一起加热即可引起分子裂解。当与无机酸一起加热时，可彻底水解成葡萄糖，水解过程是分几个阶段进行的：淀粉→可溶性淀粉→麦芽糖→葡萄糖。

淀粉酶在一定条件下也会使淀粉水解。根据淀粉酶的种类（α-淀粉酶、β-淀粉酶、葡萄糖淀粉酶及异淀粉酶）不同，可将淀粉水解成葡萄糖、麦芽糖、三糖、糊精等成分。在淀粉水解过程中，会有各种不同的相对分子质量的糊精产生，它们的特征列于表 1-19。

表 1-19　各种糊精的特性

名称	与碘反应	比旋光度	沉淀所需乙醇浓度
淀粉糊精	蓝色	＋190～＋195	40%
显红糊精	红褐色	＋194～＋196	60%
消色糊精	不显色	＋192	70%乙醇，蒸去乙醇即生成球晶体
麦芽糊精	不反应	＋181～＋182	不为乙醇沉淀

2. 淀粉与试剂的化学反应　淀粉分子中除 α-1，4 糖苷键可被水解外，它还具有醇羟基，分子中葡萄糖残基的 2、3 及 6 位羟基在一定条件下都能发生一系列的化学反应，生成各种淀粉衍生物。

淀粉的氧化作用　淀粉氧化因氧化剂种类及反应条件不同而变得相当复杂，轻度氧化可引起羟基被氧化得到氧化淀粉，或 C_2 和 C_3 间键的断裂等。次氯酸和高碘酸氧化反应最具代表性：次氯酸将 C_2 的羟基氧化为酮基，高碘酸则将淀粉转变为二醛淀粉。

3. 淀粉衍生物 淀粉可与一些试剂作用生成衍生物：与醋酸酐作用生成醋酸淀粉；与环氧乙烷作用生成羟乙基淀粉；与氯乙酸作用生成羟甲基淀粉；与二乙基氨基乙基氯作用生成二乙基氨基乙基淀粉（图 1-27）。

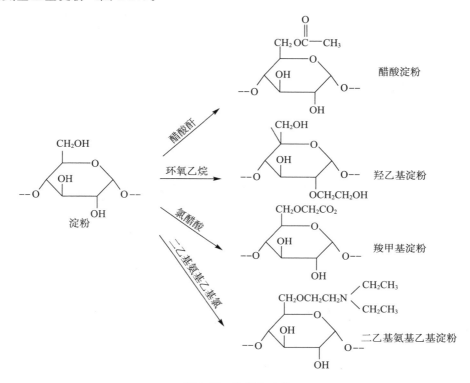

图 1-27 淀粉衍生物

淀粉与环氧氯丙烷作用生成交联的甘油二醚衍生物（图 1-28）。

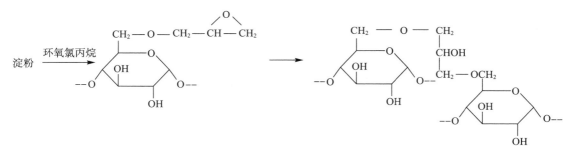

图 1-28 淀粉与环氧氯丙烷的反应

六、淀粉颗粒的性质

淀粉的来源不同，颗粒的大小和形状也不同，通过显微镜或电子显微镜扫描都可以看出玉米和糯玉米淀粉呈圆形和多边形；大米淀粉呈多边形；高粱淀粉呈圆形或多边形；小麦淀粉呈圆形和扁豆形；马铃薯淀粉呈椭圆形；木薯淀粉呈圆形，截头在 $5\sim25~\mu m$，较大的有马铃薯淀粉在 $15\sim100~\mu m$ 范围。淀粉的密度因含水量不同而不同，含水量在 $10\%\sim20\%$ 范围的密度大约是 $1.5~g/cm^3$，相对密度约为1.5。其他主要特性见表1-20。

表 1-20   淀粉颗粒的性质

	玉米淀粉	马铃薯淀粉	木薯淀粉	小麦淀粉
颗粒形状	圆形、多边形	椭圆形	圆形、截头圆形	圆形、扁豆形
直径范围/μm	$5\sim25$	$15\sim100$	$5\sim25$	$2\sim35$
比表面积/（m^2/kg）	300	110	20	500
密度/（g/cm^3）	1.5	1.5	1.5	1.5
每克淀粉颗粒数目/$\times10^6$	1 300	100	500	2 600

第三节   淀粉合成的生物化学与分子生物学基础

一、影响玉米淀粉生物合成的关键酶

目前，研究淀粉合成过程中的各种酶在生物合成途径中的位置主要是以玉米作为模式生物的。影响玉米淀粉生物合成的主要关键酶有 4 种：腺苷二磷酸葡萄糖焦磷酸化酶（adenosine diphosphate glucose pyrophosphorylase，AGP）催化合成淀粉合成的前体腺苷二磷酸葡萄糖；淀粉合成酶（starch synthetase，SS）通过 α-1，4 糖苷键形成线性葡聚糖；淀粉分支酶（starch branching enzyme，SBE）及去分支酶（debranching enzyme，DBE）。淀粉的合成最初是在 ADPG 焦磷酸化酶的催化作用下，以 ADP-葡萄糖（ADPG）起始，酶促反应以 ADPG 为底物，由淀粉合成酶催化形成 α-1，4 线性链。淀粉分支酶催化分支链的形成，淀粉分支酶催化内部的 α-1，4 断裂转移或减少 C_6 的羟基末端而形成新的 α-1，6 键。据推测，可溶性淀粉合成酶和淀粉分支酶可非随机地产生支链淀粉（Ap）线性的结构，去分支酶能够水解分支链，研究表明 DBE 的突变可在 Ap 上产生较多的分支及水溶性多糖。淀粉合成酶、淀粉分支酶及去分支酶存在于所有的植物中，进化的保守性表明它们在淀粉代谢中起着独一无二的作用（表1-21）。

表 1-21   编码淀粉生物合成酶的基因

（Hannah L C. 2005）

基因	酶	参考文献
Ae（amylose-extender）	branching enzyme	Fisher et al.（1993）
Bt1（brittle1）	adenylate transporter	Sullivan et al.（1991）
Bt2（brittle2）	AGP small subunit	Hannah and NELSON（1976）
Du（dull）	starch synthase	Gao et al.（1998）
Sh2（shrunken2）	AGP large subunit	Hannah and Nelson（1976）
Sul（sugary1）	isoamylase	James et al.（1995）

（续）

基因	酶	参考文献
Su2 (sugary2)	starch synthase	Zhang et al.（2004）
Wx (waxy)	GB starch synthase	Nelson and Rines（1962）
Sbe1a	branching enzyme	Yao et al.（2004）
Sbe2a	branching enzyme	Blauth et al.（2001）
Zpu1	pullulanase	Dinges et al.（2003）

1. 腺苷二磷酸葡萄糖焦磷酸化酶　腺苷二磷酸葡萄糖焦磷酸化酶是淀粉生物合成途径中的限速酶，主要存在于胚乳的细胞质中，催化葡萄糖-1-磷酸和 ATP 形成腺苷二磷酸葡萄糖和焦磷酸。腺苷二磷酸葡萄糖焦磷酸化酶在大肠杆菌到马铃薯及玉米胚乳中多糖的合成都起着至关重要的作用，在玉米胚乳中由两个基因编码：shrunken2（Sh2）编码大亚基而小亚基由 brittle-2（Bt2）编码。关于 AGP 的亚细胞定位现在仍存在争议，早期的研究结果表明 AGP 存在于菠菜的叶绿体质体中和马铃薯的造粉体中。但近期研究表明 AGP 在光合器官中定位在质体中，但在储藏器官中的定位尚不清楚。

2. 淀粉合成酶　淀粉合成酶利用 ADPG 作为糖基供体延长线性链而催化形成新的 α-1，4 键，而腺苷二磷酸葡萄糖是这些酶的主要作用底物。植物中有 5 种淀粉合成酶：颗粒型淀粉合成酶 GBSS 及可溶性淀粉合成酶 SSS I、SSS II、SSS III 和 SSS IV/V。玉米中 waxy（Wx）最先被克隆到，它编码颗粒型淀粉合成酶，若其无活性则不能形成直链淀粉。有研究结果显示直链淀粉可能来自于支链淀粉，表明直链淀粉可能不是支链淀粉合成的底物。SSS 参与淀粉中 Ap 直链的延伸，有遗传学研究分析表明至少 3 种 SSS（SSS I、SSS II、SSS III）在淀粉生物合成中起着独一无二的作用。

3. 淀粉分支酶　淀粉分支酶通过裂解直链内的 α-1，4 键形成 α-1，6 键，同时将释放的末端转移到 C_6 羟基端。已知的 SBE 有两种类型：SBE I 和 SBE II，与 SBE II 相比，SBE I 转运较长的葡聚糖。在谷类作物中有两个密切相关的 SBE II 亚型：SBE II a 和 SBE II b。而在玉米胚乳中有 3 种形式的淀粉分支酶 SBE I a、SBE II a 和 SBE II b，分别由 Sbe1a、Sbe2a 和 Ae（amylose-extender）编码。SBE I 和两种 SBE II 酶在玉米胚乳中有活性，但 SBE II b 特异性存在于胚乳中。体外分析表明 SBE II 转移的链比 SBE I 转移的短。SBE II b 突变可使淀粉中 Am 的含量增加，因此称这类突变为 Ae。在种子内，淀粉合成过程中 SBE II b 比 SBE I 及 SBE II a 研究的清楚。玉米、小麦和水稻中的 SBE II a 在淀粉颗粒形成开始和中期合成时表达，然而在研究玉米中编码 SBE II a 的基因突变时发现：缺少该酶对淀粉的组成或 Ap 的结构并不起显著作用。这就表明 SBE II a 可能在胚乳 Ap 合成中并不起决定作用，或者由于 SBE II b 对其起补偿作用所致。研究分析编码 SBE I 的基因突变时有微妙的缺陷，同时延长 Ap 链，表明 SBE I 可能在淀粉粒形成中起到一定的作用。SBE I a 或 SBE II a 单独缺失的突变体对胚乳中淀粉结构无太大影响，说明 Sbe1a 和 Sbe2a 在胚乳淀粉分支过程中的作用不大。在 Ae 突变体中 SBE II b 的功能缺失会引起胚乳中支链淀粉的葡聚糖链增长，但每个簇中的分支数变少。Yao 的研究结果表明缺失 SBE II b 和 SBE I a 可增加每个簇的分支，但葡聚糖链变短，推测 SBE I a 活性的丧失可能抑制 SBE II a 的活性。Tetlow 等在小麦中关于淀粉分支酶复合体的最新研究发现，存在于胚乳的造粉体中的 SBE 有 3 种，而存在叶绿体中的两种 SBE 是被磷酸化的。Tetlow 等认为，可能是在小麦胚乳造粉体中 ADPG 合成淀粉时，ATP 是刺激相关的支链淀粉合成而不是直链淀粉的合成造成的。大量的后续实验也证明磷酸化的 SBE 是必要的。进一步的研究表明如果蛋白质被磷酸化，则形成蛋白质的复合体所涉及的 SBEⅡb、SBEⅠ和淀粉磷酸化酶的活性就加强。James 等人的研究结果解释了上述复合物的组成，即在 Ae 玉米突变体中缺失 SBEⅡb 则会导致 SBEⅠ活性的部分丧失。

4. 淀粉去分支酶　在玉米及其他植物中研究编码淀粉去分支酶（starch debranching enzyme，DBE）的基因突变时，结果表明，淀粉合成的关键步骤是 DBE 选择性切除 Ap 前体的分支。植物体内存在两种类型的淀粉去分支酶：支链淀粉酶（pullulanase）和异淀粉酶（isoamylase）。两种酶均能水解 α-1，6 键，但作用于不同的特异底物。Pan 等在 sugary1（Su1）突变的研究中发现淀粉的分支活性降低；玉米中编码 isoamylase 型的 DBE ISA1 的基因 sugary1（Su1）突变后，导致糖类及水溶性多糖（water soluble polysaccharide，WSP）的增加，同时淀粉积累显著降低。Su1 的突变同样造成 pullulanase 型 DBE 的活性降低。这些 Su1 的突变研究结果与其他物种中的研究结果相似，表明 isoamylase 型的 DBE 是直链淀粉晶体产生所必需的。James 等人通过 Mu 插入克隆得到 Su1，并证明 Su1 编码异分支酶。玉米中 pullulanase 型的 DBE PU1，由 Zpu1 编码，这类淀粉去分支酶可能在淀粉降解时起主要作用，在种子内，淀粉生物合成中 PU1 也有与 ISA1 相同的作用。PU1 是一种内切酶，只切除非常小的分支链，容易被氧化还原状态的变化激活，同时抑制产生高浓度的糖。因此，它在淀粉合成过程中与 isoamylase 型的去分支酶作用不同。

5. 籽粒淀粉积累与淀粉合成关键酶活性关系　关于籽粒淀粉积累以及相关酶活性变化，国内外已做了大量的研究。姜东等（2003）研究表明，SS、AGPase、SSS 活性与支链淀粉积累量呈极显著正相关，SS、AGPase、SSS、GBSS 与直链淀粉呈极显著相关。表明 SS、AGPase 在籽粒淀粉合成过程中起重要作用。李友军等（2006）研究不同类型小麦籽粒灌浆期糖类代谢及相关酶活性，结果表明，随着灌浆的进行，不同类型小麦籽粒直、支链淀粉及总淀粉含量均呈增加趋势；不同类型小麦籽粒腺苷二磷酸葡萄糖焦磷酸化酶（AGPP）、尿苷二磷酸葡萄糖焦磷酸化酶（UGPP）和可溶性淀粉合成酶（SSS）活性的变化均呈单峰曲线。赵俊晔等（2004）研究结果表明，灌浆中后期，腺苷二磷酸葡萄糖焦磷酸化酶（ADPGPPase）、尿苷二磷酸葡萄糖焦磷酸化酶（UDPGPPase）活性较低的品种（低直链淀粉组），籽粒直链淀粉含量较低，说明 ADPGPPase、呈单峰曲线，且 SS 活性与淀粉积累速率呈极显著的正相关。刘霞等（2005）研究籽粒淀粉积累与淀粉合成酶活性关系，认为籽粒中淀粉积累速率及其组分积累量的高低与 SS、SPS、SSS 和 GBSS 单个酶活性的高低并不存在必然联系，而与 ADPGPPase 活性和籽粒中蔗糖合成与降解的平衡密切相关。闫素辉等（2007）比较两个直链淀粉含量不同的小麦品种籽粒淀粉合成酶活性与淀粉积累特征，试验结果表明，同时具有 3 个 waxy 蛋白亚基的不同品种，waxy 蛋白亚基表达量（GBSS 活性）的差异可能是导致品种间籽粒直链淀粉含量较大差异的一个关键原因。王文静等研究结果表明，3 个品种籽粒灌浆过程中支链淀粉的合成均与直链淀粉的合成同时进行，灌浆中后期支链淀粉的合成比直链淀粉的合成快，籽粒中腺苷二磷酸葡萄糖焦磷酸化酶（AGPP）、尿苷二磷酸葡萄糖焦磷酸化酶（UGPP）、可溶性淀粉合成酶（SSS）、淀粉粒结合的淀粉合成酶

（GBSS）、淀粉分支酶（SBE）活性变化均呈单峰曲线。

6. 淀粉合成的关键酶及相应酶基因表达　小麦籽粒淀粉合成主要在造粉体中进行，它的合成路线见图 1-29。光合产物首先以蔗糖的形式运输到淀粉合成器官的胚乳细胞中，然后水解形成葡萄糖-1-磷酸（G-1-P），进入造粉体内，腺苷二磷酸葡萄糖焦磷酸化酶（ADP-Glcpyro phosphorylase，AGPase）催化其 ATP 反应生成腺苷二磷酸葡萄糖（ADP-glucose，ADPG）参与淀粉的合成。在造粉体内淀粉合成的最后阶段还有 3 个关键调控酶：淀粉合成酶（starch synthase，SS）、淀粉分支酶（starch branching enzyme，SBE）、淀粉去分支酶（starch debranching enzyme，DBE）。

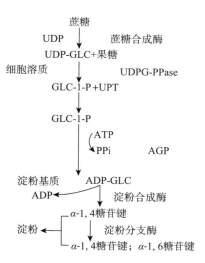

图 1-29　小麦胚乳淀粉生物合成过程

（1）AGPase 及 AGPase 基因表达

1）AGPase 的结构和功能　AGPase 分为胞质型与质体型两种，在植物细胞中的分布具有组织特异性。在大多数植物细胞中，AGPase 主要是质体型，然而在禾本科植物的胚乳中，AGPase 主要是胞质型。AGPase 是最大的外质体，占细胞溶质的 85%～95%。AGPase 是一个异源四聚体，由两种组成和结构不同的亚基组成，其中两个小亚基的相对分子质量为 50 000～55 000，两个大亚基的相对分子质量为 51 000～60 000。两种亚基之间的 DNA 序列及推测的氨基酸顺序表现为同源性。比较一些作物 AGPase 的大小亚基序列后发现小亚基的同源性比大亚基高。在功能上，大亚基是酶活性的调节中心，而小亚基则是酶活性的催化中心，是酶别构效应的关键部位。AGPase 催化葡萄糖-1-磷酸和 ATP 形成焦磷酸和 ADPG（ADP-葡萄糖），ADPG 是淀粉生物合成的最初葡萄糖基供体，是淀粉合成酶的底物，该底物的浓度直接影响淀粉的合成速率和效率，从而调节淀粉的合成。在籽粒灌浆过程中 AGPase 活性变化与籽粒淀粉积累存在着密切的对应关系，其酶活性与淀粉积累量均呈显著或极显著正相关。说明，AGPase 是贮藏器官中控制淀粉积累的关键酶。

2）AGPase 基因表达与淀粉合成关系　AGPase 两种大小亚基都由不同的基因编码，这些编码基因已从几种植物中被克隆出来。AGPase 基因的表达具有高度专一性，在小麦中，AGPase 的两个大亚基基因的表达仅限于叶片、根和胚乳中；大豆中 AGPase 小亚基的两个 cDNA 克隆已被识别，一个仅表达于叶中，另一个则表达于叶和子叶内；同样玉米中被识别的 AGPase 的两个小亚基基因，也表现不同组织的专一性。AGPase 基因通过编码 AGPase，控制籽粒淀粉积累速率。水稻胚乳中 AGPase 基因的 mRNA 转录物在花后 4～5d 开始表达，15d 达到最高水平，与此时淀粉积累速率最高相一致。马铃薯块茎中，AGPase 活性与小亚基的 mRNA 水平一致。编码 AGPase 大小亚基基因若发生突变，AGPase 活性下降，淀粉含量也相应地减少。玉米胚乳 *shrunken2* 和 *brittle2* 突变体（分别为 AGPase 大小亚基基因的突变体）AGPase 活性下降了 90%～95%，淀粉含量仅占野生型玉米的 25%～30%。AGPase 受变构调节，被 3-磷酸甘油酸、二价阳离子 Mg^{2+}、Mn^{2+} 变构激活，而被无机磷酸抑制，在烟草和马铃薯中转入对无机磷抑制不敏感的大肠杆菌的 AGPase 基因，结果培养基中烟草细胞中淀粉含量提高 300%，马铃薯细胞中淀粉含量增加 60%。将含有多种点突变（这些点突变具有亚基互作稳定性、降低 Pi 抑制作用等优点）的玉米 AGPase 基因转入大麦，对部分转基因大麦植株进行分析，发现转基因植株能更稳定地表达有活性的 AGPase 基因，同时每株的籽粒产量和整个植株的生物产量分别增加了 38% 和 31%。表明，把对 Pi 抑制不敏感的外源 AGPase 基因转入植物中，会成为提高淀粉含量的有效途径。但若转入反义 AGPase 基因，AGPase 活性下降，淀粉含量也相应地减少。在马铃薯中转入 AGPase 反义基因，酶活性几乎被抑制，淀粉产量也降低。AGPase 基因除了影响淀粉含量外也会影响淀粉组分结构，豌豆胚芽突变体 *rb*，AGPase 活性比正常型下降 90%，淀粉含量下降 50%，同时支链淀粉所占的比例有所增加。以上说明 AGPase 基因表达与 AGPase 活性及淀粉积累存在着密切的对应关系。AGPase 基因在淀粉合成过程中起着关键的作用。通过基因工程改变 AGPase 基因表达，AGPase 活性和淀粉含量也发生相应的改变。

（2）GBSS 及 GBSS 基因表达

1）GBSS 的结构和功能　GBSS 紧密结合在淀粉粒上，在植物的不同组织中存在着一种或两种 GBSS（GBSSⅠ和 GBSSⅡ）的同工酶。GBSSⅠ和 GBSSⅡ的相对分子质量不同，前者的相对分子质量为 61 000 左右，后者的相对分子质量为 59 000 左右。GBSSⅠ以附着颗粒的形式存在，GBSSⅡ既能以附着颗粒的形式存在，也能以游离的形式存在。GBSSⅠ和 GBSSⅡ具有较高的同源性，但编码小麦 GBSSⅠ与 GBSSⅡ的同源性不足以使二者杂交，当使用 GBSSⅠ的 cDNA 为探针进行 southern 杂交时，没有发现特定的基因片段与 GBSSⅠ基因同源，在其他作物中进行类似的工作也只能得到一小段同源序列。不同物种植物的 GBSS 氨基酸顺序同源性较高，水稻与玉米同源性为 88%，水稻与大麦同源性为 87%，与马铃薯的 GBSS 同源性也较高。GBSS 通过 α-1，4-D 糖苷键将 ADPG 中的葡萄糖残基加到引物的非还原端，形成线性大分子（即直链淀粉）。GBSS 主要参与直链淀粉的合成，且 GBSS 活性与直链淀粉的积累速率呈极显著正相关。另外，GBSS 对胚乳中支链淀粉的合成也具有一定的作用，豌豆中 GBSSⅡ与支链淀粉的亲和性要高于直链淀粉。

2）GBSS 基因表达与淀粉合成关系　GBSSⅠ简称 waxy 蛋白，由 *Wx-A1*、*Wx-B1*、*Wx-D1* 3 个基因编码，分别位于 7AS、4AL 和 7DS 上。自 1990 年 Wang 等从水稻中克隆该基因后，现已获得了多种植物的 GBSSⅠ和 GBSSⅡ基因，如 GBSSⅠ基因已从玉米、小麦、水稻、马铃薯、豌豆中得到，且基因序列已经确定。GBSSⅡ基因已从马铃薯块茎、豌豆胚中得到，基因序列也已经确定。GBSS 异构基因具有组织表达专一性：GBSSⅠ基因主要在胚乳等贮藏器官中表达，例如，水稻 GBSSⅠ基因只在胚乳和花粉中表达，在胚乳中的表达量比在花粉中的高 50 倍，马铃薯块茎中 GBSSⅠ基因的 mRNA 表达量比叶片中高 10 倍；GBSSⅡ基因主要在非贮藏器官中表达，水稻 GBSSⅡ基因主要在叶片中表达而在胚乳中不表达，其蛋白紧密结合在叶片的淀粉颗粒上。这表明在叶片中直链淀粉的合成主要由 GBSSⅡ负责。对于 GBSSⅠ位点编码 GBSS 和决定直链淀粉的合成，有许多有力的证据，玉米胚乳中 GBSS 活性及直链淀粉含量随 GBSSⅠ基因拷贝数的增加而呈线形增加；水稻籽粒中表观直链淀粉含量随 GBSS 基因的拷贝数增加而线性增加。*Wx-A1*、*Wx-B1*、*Wx-D1* 3 个等位基因对直链淀粉含量作用的能力是不同的，携带 *Wx-B1b*（无效 *Wx-B1*）等位基因的基因型小麦品种，比其他两个分别携带 *Wx-A1a*、*Wx-D1d* 等位基因的小麦品种的直链淀粉含量低。野生型 *waxy* 等位基因控制合成直链淀粉的能力表现为

$Wx\text{-}B1 > Wx\text{-}D1 > Wx\text{-}A1$。当 3 种 *waxy* 亚基同时缺失时，胚乳中直链淀粉含量接近于零，完全由支链淀粉构成，这为研究糯稻、糯小麦、糯玉米等糯性作物提供了良好的理论依据。许多植物中第一内含子可增加 GBSS 基因表达量，如果第一内含子的碱基 G 突变为 T 后，GBSS 基因成熟 mRNA 的量减少，GBSS 活性及直链淀粉含量也相应地降低。马铃薯突变体 *amf* 缺失 GBSS 活性，仅含支链淀粉，若这种突变体转入野生型 *amf* 基因，又恢复直链淀粉的合成。但发育正常的颖果或块茎若转入反义 GBSS 基因，颖果或块茎中 GBSS 活性、直链淀粉含量会显著降低。GBSS 基因发生突变、缺失或转入反义 GBSS 基因，会使 GBSS 基因的 mRNA 量、GBSS 活性和直链淀粉含量明显下降。但转入正义 GBSS 基因会使得籽粒淀粉含量增加。

（3）SSS 及 SSS 基因表达

1）SSS 的结构和功能　SSS 主要分布在基质与淀粉粒之间的质体中，SSS 有许多同工酶，如玉米的 SSS 分为 SSSⅠ、ZSSⅠa 和 ZSSⅠb，马铃薯也至少有 SSSⅠ、SSSⅡ和 SSSⅢ 3 种。SSSⅠ和 SSSⅡ在植物中普遍存在，SSSⅢ只在少数植物中发现过。3 种 SSS 同工酶的分子质量分别至少为 68～76 ku、75～95 ku 和 135 ku。可见 SSSⅢ的相对分子质量显著高于 SSSⅠ和 SSSⅡ。SSSⅠ在不同植物之间差异不大，因而表明在进化中较为保守。SSSⅡ在水稻、豌豆、马铃薯中同源性较高。SSS 通过 1，4 糖苷键将 ADPG 中的葡萄糖加到侧链的非还原端，延长侧链。它虽然大部分与淀粉粒结合，但主要参与支链淀粉的合成。如杨建昌、盛婧等指出 SSS 活性与支链淀粉积累速率呈极显著正相关。其中，SSSⅠ在较高浓度的盐条件下（如柠檬酸钠），不要外加引物在体外就可催化葡聚糖合成；SSSⅡ酶活性需要外源引物的存在催化葡聚糖合成。任何一类同工酶活性的丧失都会引起支链淀粉结构的改变，SSS 各种同工酶具有特定的功能，SSSⅠ主要负责合成 10 个或 10 个以下葡萄糖基聚合度（*DP*）的短链淀粉，即负责延伸 A 和 B1 链。SSSⅡ主要负责中等长度的支链淀粉合成，SSSⅢ主要负责 *DP* 为 25～35 长链淀粉的合成。说明 SSS 也参与直链淀粉的合成，李春燕等研究表明，SSS 与直、支链淀粉积累速率呈极显著正相关。

2）SSS 基因表达与淀粉合成关系　在水稻、小麦和大麦中相继得到 SSSⅠ的基因组序列。SSS 基因在不同植物中表达的部位和时期具有专一性，小麦中 SSSⅠ基因只在发育的早中期胚乳中特异性表达；水稻中 SSSⅠ基因则在叶片和未成熟的种子中都有表达；马铃薯中 SSSⅠ基因主要在叶片中表达，而在块茎中表达较少。SSSⅡ基因在小麦的叶片、小花、胚乳中均能表达，其中在叶片和中后期的胚乳中表达最多；但在玉米中，SSSⅡ基因只在胚乳中特定的时间内表达，在根和叶中均不表达。SSSⅢ基因在小麦的叶片、小花、发育早中期的胚乳中均能表达，后期其表达量显著降低。SSS 基因若发生突变或转入反义 SSS 基因，其结构发生改变，酶活性下降，淀粉含量也相应地降低。玉米胚乳中 *Dul* 位点编码 SSSⅡ基因和 SBEⅡa 基因，若该基因发生突变，破坏由 SSS 基因、SBE 基因构成的酶复合体，进而影响淀粉的生物合成。在雷氏衣藻（*Chamydomonas reinhardii*）*st3* 突变体中缺失了与玉米胚乳 SSSⅡ基因部分同源的可溶性淀粉合成酶基因，它合成的淀粉仅占野生型中淀粉含量的20％～40％。Abel 等利用反义 RNA 技术转化马铃薯，SSSⅢ基因表达受抑制，SSSⅢ活性降低，引起淀粉形态发生巨大变化，共价结合的磷酸基增多。另外，Keeling 等认为，SSS 是淀粉合成的温度调节位点，20～25℃是该酶的最适温度，随着温度升高或下降，酶活性都有所降低。SSS 基因表达与 SSS 活性及淀粉积累存在着密切的对应关系。

（4） SBE 及 SBE 基因表达

1） SBE 的结构和功能　SBE 的相对分子质量一般在 70 000～114 000，主要分为两大类，SBE Ⅰ（或马铃薯和玉米的 B 类，豌豆的 A 类）和 SBE Ⅱ（或马铃薯和玉米的 A 类，豌豆的 B 类），在玉米中 SBE Ⅱ又分为 SBE Ⅱa 和 SBE Ⅱb。同工酶 a 和 b 的氨基酸序列具有高度的同源性，但同工酶 b 的 N-末端延伸与同工酶 a 的 C-末端延伸不同，延伸阶段 SBE Ⅱb 所转移链的长度短于 SBE Ⅱa，主要多出一个额外的 N-末端区域，通常以 3 个连续的脯氨酸结尾。SBE 通过水解直链淀粉的 α-1，4 糖苷键，把切下的短链转移到 C_6 氢氧键末端，形成 α-1，6 糖苷键，α-1，6 糖苷键连接形成支链淀粉的分支结构，所以 SBE 被认为影响植物淀粉的精细结构。另外，玉米同工酶的体外实验表明，SBE 各种同工酶在淀粉合成过程中具有特定的功能，SBE Ⅰ主要负责长链或中等长度链葡聚糖的合成，分支直链淀粉表现出较高的活性，分支支链淀粉的速率是分支直链淀粉速率的 10%；SBE Ⅱ主要负责短链葡聚糖的合成，分支支链淀粉的速率是 SBE Ⅰ的 6 倍。

2） SBE 基因表达与淀粉合成关系　小麦 SBE Ⅰ基因约有 10 个拷贝，大部分定位在第 7 号染色体上，原位杂交结果揭示其主效基因位于 7D 染色体的短臂末端。SBE Ⅰ和 SBE Ⅱ基因呈现时间和组织特异表达性。时间表达特异性表现为，Burton 等发现豌豆 SBE Ⅰ基因在胚发育早期表达量相对较高，而 SBE Ⅱ基因在胚发育较晚时期表达量相对较低。Morell 等发现小麦中 SBE Ⅰa 和 SBE Ⅰb 基因在胚乳发育后期表达。SBE Ⅱ基因则在早期（授粉后 5～10 d）表达较高，而其后则下降并呈现稳定表达水平。Mutisya 等研究发现大麦中 SBE Ⅰb 基因在花后 7 d 已检测到有许多转录子的存在，12 d 达到高峰，而后逐渐减弱，22 d 的表达量已非常弱，27 d 时已检测不到其转录体；SBE Ⅰa 基因的表达则迟于 SBE Ⅰb 基因，花后 15 d 开始表达，24 d 才达到高峰。SBE 基因组织表达特异性表现为：禾谷类植物中 SBE Ⅰ和 SBE Ⅱa 主要在胚乳和其他几种组织中表达，而 SBE Ⅱb 仅在胚乳和生殖器官中表达。但 Hiroaki Yamanouchi 等认为水稻中 SBE Ⅱb 基因则在所有器官中均能表达，这与上面观点不一致。玉米胚中 SBE Ⅱa 基因的 mRNA 水平高于胚乳组织的 10 倍，但胚和胚乳组织中 SBE Ⅱa 基因的 mRNA 水平则远低于 SBE Ⅱb 的水平。水稻中 SBE Ⅱa 基因在胚乳中特异表达，SBE Ⅱb 基因则在所有器官中均能表达。马铃薯中 SBE Ⅰ基因专一表达于块茎中，而 SBE Ⅱ基因则相对专一表达于叶片中。吴方喜等利用农杆菌介导法将水稻淀粉 SBE Ⅰ正、反义基因分别导入籼稻恢复系明恢 81 中，检测结果表明，转 SBE Ⅰ基因正向表达结构的明恢 81 直链淀粉含量明显下降，转 SBE Ⅰ基因反向表达结构的明恢 81 直链淀粉含量明显上升。柴晓杰等（2006）应用 RNA 干扰技术，发现玉米转基因植株中 SBE 基因的 mRNA 含量下降，SBE 活性及支链淀粉含量明显降低，但总淀粉含量基本没有改变，原因是直链淀粉含量提高了约 50%。说明 SBE Ⅰ基因在籽粒支链淀粉合成中起重要的调控作用。SBE 异构基因的突变呈现出明显的显性作用，Nishi 等（2001）研究发现水稻缺失 SBE Ⅱb 基因的突变体（amylose-extent，Ae）中，支链淀粉中 $DP \leqslant 13$ 的短链减少，尤其是 DP 为 8～11 链减少的最多，表明 SBE Ⅱb 基因与水稻短链淀粉的合成有关，并且这种作用不能被 SBE Ⅰ和 SBE Ⅰa 基因替代，但 Kasemsuwan 等（1995）分别用含有 0～3 个 Ae 的玉米突变体研究淀粉合成变化的结果显示，不同 Ae 基因剂量突变体所合成的淀粉具有相似的物理特征，淀粉粒呈不规则形态，突变体中分枝长度较长的支链淀粉含量远大于野生型，这与 Nishi 的研究结果不一致。当突变体内 SBE Ⅰ基因缺失时，支链淀粉体内 $16 \leqslant DP \leqslant 23$ 的中度类型链与

$DP \geqslant 37$ 减少，而 $DP \leqslant 12$ 类型的短链比例增多，表明 SBE Ⅰ 在中等长度支链淀粉的合成中发挥着重要作用。另外 Blauth 等（2002）研究发现，玉米 SBE Ⅰa 基因也可直接参与支链淀粉中短链的合成。SBE 与作物籽粒中支链淀粉的合成存在一定的关系。

（5）DBE 及 DBE 基因表达

1）DBE 的结构和功能　高等植物中 DBE 的相对分子质量为 83 000~500 000，但它们的性质及区别尚未知。DBE 根据其作用底物不同主要分为两大类：一类是异淀粉酶（isoamylase，ISA），另一类是极限糊精酶（Pullulanase；limit dextrinase；ZPU）。在高等植物中 ISA 呈现多态性，其相对分子质量变化于 83 000~95 000。水稻、玉米、马铃薯等植物中含有 3 种 ISA 同工酶（即 ISA-1、ISA-2、ISA-3），N 端均含有叶绿体靶向转移多肽，引导酶进入质体中，参与淀粉合成。最近研究发现，ZPU 是一种内切酶，只黏附在较短的支链上，改变氧化还原作用的方向可激活 ZPU，高糖浓度则抑制 ZPU 的活性。DBE 主要催化多糖链中 α-1-6 糖苷键的水解，在淀粉合成中起最后的修饰作用。改变 DBE 活性可改变直、支链淀粉的比例，而且还可改变支链淀粉的结构，形成分支程度不一的支链淀粉，从而赋予淀粉新的理化特性。它的两种同工酶的功能分别是：ISA 主要水解支链淀粉和糖原的 α-1，6 糖苷键，但不能作用于极限糊精，它在支链淀粉合成中起着主要作用。其中 ISA-1 和 ISA-2 具有相似的催化活性，它们构成一个复合体，共同分枝可溶性葡聚糖，而 ISA-3 所起的作用与它们不同，可能主要参与淀粉的运转。ZPU 主要水解极限糊精，但不能作用于糖原，它在淀粉合成过程中起着某种程度的补偿作用，与 ISA 的功能并不重叠。

2）DBE 基因表达与淀粉合成关系　在水稻、玉米、小麦等植物中 sugary1（Su1）位点编码 ISA，Rahman 等（1998）研究表明，在玉米中 Su1 基因位于 4S 染色体上。Mary 等研究发现玉米单拷贝 ZPU 基因位于其第二染色体上，在水稻和拟南芥中 ZPU 被一个单基因所编码。ZPU 基因的 mRNA 只特异存在于胚乳，而不存在于根和叶中，说明 ZPU 基因的表达具有专一性。Su1 位点突变或转入反义 ISA 基因，会造成 ISA 或 ZPU 活性严重下降或丧失，支链淀粉含量下降，可溶性葡聚糖及藻糖原积聚。但将小麦正义 ISA 基因转入水稻 Su1 突变体中，胚乳中植物糖原转化为支链淀粉，甜胚乳转变为正常胚乳。大麦中 notch2 位点编码 ISA，notch2 位点的显性突变引起 ISA 的活性降低，胚乳中支链淀粉的合成减少，藻糖原积聚。在拟南芥中，DBE1 基因编码 ISA，该基因的突变限制了叶内淀粉的正常积累，且只影响 ISA，这与水稻、小麦中 Su1 位点突变影响 ISA 的同时还影响 ZPU 不同。这些都说明了正义结构的 ISA 基因直接参与支链淀粉的合成，如果此基因发生突变或转入反义基因，支链淀粉的合成会严重受阻。另外，ISA 基因对植物淀粉粒的结构与品质也有一定的影响，Fujita 等发现在 ISA 反义表达的转基因植株胚乳内，ISA 蛋白质含量下降了 94%，支链淀粉转变成水不溶性支链淀粉（water-insoluble modified amylopectin）和水溶性多聚糖（water-soluble polyglucan，WSP）。ZPU 基因表达于 ISA 缺失型中，可产生野生型中未发现的植物糖原，表明 ZPU 活性受 ISA 基因表达的影响，且 ZPU 基因的表达属转录后调控。Jason 等（2003）研究了由于插入突变而无正常功能的玉米 ZPU 基因，结果发现，突变纯合体。体 ZPU 不能转运和储藏淀粉，发育中的 ZPU 积累了不存在于野生型中的分支寡聚糖，这说明 ZPU 基因与淀粉的合成与分解代谢均有关系。DBE 基因除了对支链淀粉的合成起作用，还对淀粉最终结构的形成起着非常重要的作用。

二、影响水稻淀粉生物合成的关键酶

胚乳淀粉合成和积累是在水稻种子发育的特定阶段，在淀粉体中通过一系列的酶反应合成的。蔗糖是合成淀粉的主要原料。整个淀粉生物合成途径可分为 3 个主要相关的过程：①ADP-葡萄糖的产生；②支链淀粉的合成和淀粉粒的形成；③直链淀粉的合成。

1. 淀粉合成底物——ADP-葡萄糖的来源　在水稻胚乳中，合成淀粉的最初原料来自叶片光合作用合成的蔗糖或淀粉降解产生的蔗糖，它通过韧皮部长距离运输至胚乳细胞。在胞液中，蔗糖在蔗糖合成酶作用下分解为果糖和 UDP-葡萄糖，果糖在果糖激酶的作用下形成 6-磷酸果糖，再在磷酸葡萄糖异构酶的作用下形成 6-磷酸葡萄糖，也可在葡萄糖磷酸变位酶的催化下形成 1-磷酸葡萄糖。而 UDP-葡萄糖继而也可形成 1-磷酸葡萄糖。1-磷酸葡萄糖在 ADP-葡萄糖焦磷酸化酶（AGPP）的催化下形成 ADP-葡萄糖。ADP-葡萄糖在淀粉合成酶、分支酶和脱分支酶的作用下进一步合成淀粉。可见 ADP-葡萄糖（ADPG）是淀粉生物合成的直接供体。

已有研究表明，AGPP 控制淀粉生物合成的速率。Yano 等报道水稻突变体 *shrunken 1*（*Shr1*）、*shrunken2*（*Shr2*），*Shr2* 突变发生在编码 ADP-葡萄糖焦磷酸化酶小亚基基因内，但 *Shr1* 突变体的 ADP-葡萄糖焦磷酸化酶大、小亚基都正常，*Shr2* 基因对 AGPP 调控机制还不清楚。但两个突变体 ADP-葡萄糖焦磷酸化酶活性都降低到野生型的 20% 以下，它们胚乳中淀粉含量都明显减少，而蔗糖增多。叶片中的 AGPP 是一个受变构调节的酶，被 3-磷酸甘油酸、二价阳离子 Mg^{2+}、Mn^{2+} 变构激活，被无机磷（Pi）抑制，而在种子中的 AGPP 则对变构调节不敏感。对水稻叶片的 AGPP 免疫分析表明它是由 2 个不同的亚基（43ku 和 46ku）组成的，而水稻胚中的 AGPP 只由一个亚基（50ku）组成。用水稻 AGPP cDNA 作探针进行 Northern 杂交显示叶片 AGPP mRNA（2.1kb）比胚乳组织的 AGPP（1.9kb）稍大一点，水稻胚乳和叶片 AGPP 都是组织特异性表达的（图 1-30）。

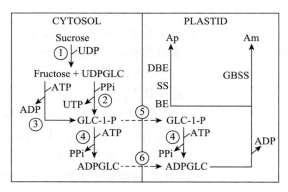

图 1-30　蔗糖降解与淀粉合成的可能途径

(from Myers et al. 2000)

1. 蔗糖合成酶　2. UDP-葡萄糖焦磷酸化酶　3. 葡萄糖磷酸变位酶等糖解酶　4. ADP-葡萄糖焦磷酸化酶
5. 己糖磷酸转移载体　6. ADP-葡萄糖转移载体

注：并不是所有植物都同时包含上述的载体和 ADP-葡萄糖焦磷酸化酶。1-磷酸葡萄糖（GLC-1-P）的转移只是一个可能的例子，并不表示己糖磷酸转移载体是这种分子的特异载体。Ap：支链淀粉；Am：直链淀粉。

基因组 Southern 分析，结果表明水稻 AGPP 基因至少有 3 个拷贝，因此 AGPP 是由一个小的基因家族编码，就限制性酶切片段差异而言，这一基因家族至少可分为 2 类。但 Nakamura 等从水稻发育胚乳中鉴定出了 6 个多肽，相对分子质量都约为 50 000，研究还表明水稻胚乳的 AGPP 是由带有相似氨基酸（AA）结构的亚基组成的四聚体，可能是一个多基因家族编码的产物，这些不同形式的 AGPP 在水稻胚乳淀粉积累过程中可能起到不同的作用。Anderson 等分离得到水稻胚乳特异表达的 AGPP，并对其基因结构序列进行分析，结果发现这一 6kb 序列中有 10 个外显子和 9 个内含子。对种子发育中基因表达的分析表明 AGPP 的 mRNA 转录物在开花后 15 天达到最高水平，与此时淀粉积累速率最高相一致，这也证明该基因的表达与淀粉积累速率相关。而且 AGPP 是同时通过种子发育过程中转录水平调控和酶水平的变构来调控淀粉合成的。由于淀粉是种子光合产物的主要库物质，通过调节 AGPP 的基因工程研究在马铃薯淀粉含量的调节上已有报道，若将 AGPP 基因导入水稻，在水稻种子的发育过程中表达，可使更多碳源流向淀粉合成。

2. 支链淀粉的合成　蔗糖降解生成的淀粉合成直接底物 ADP-葡萄糖，还必须在另外 3 类关键性酶的共同作用下才能最终合成直链淀粉和支链淀粉。这 3 类酶分别是淀粉合成酶、淀粉分支酶和淀粉脱分支酶。其中，淀粉合成酶按水溶解性不同可分为两种，即颗粒性结合淀粉合成酶（GBSS）和可溶性淀粉合成酶（SSS）。颗粒性结合淀粉合成酶与直链淀粉的合成有关，而可溶性淀粉合成酶则与支链淀粉的合成有关。另外，淀粉分支酶（SBE）、淀粉脱分支酶（DBE）在支链淀粉生物合成中也起到重要作用。参与支链淀粉合成的每一类酶都存在许多同工型（isoform）。例如，淀粉分支酶有 SBE1、SBE3 和 SBE4 等 3 种同工型，可溶性淀粉合成酶有 SSSⅠ、SSSⅡ和 SSSⅢ等同工型。这些同工型在淀粉合成过程中功能是不同的。

可溶性淀粉合成酶主要存在于质体的基质中，与分支酶一起参与支链淀粉的合成。在叶片和贮藏器官中 SSS 有多种同工型，不同 SSS 活性表达需要的条件不同，有的是需要外源引物；有的只要在高浓度的盐条件下（如柠檬酸钠），不要任何外源引物就可催化葡聚糖的合成。

水稻可溶性淀粉合成酶至少有 3 类同工型，即 SSSⅠ、SSSⅡ、SSSⅢ。Baba 等（1993）从水稻未成熟种子的可溶性提取物中用阴阳离子交换层析法分离出 3 种 SSS 蛋白，相对分子质量分别为 55 000、57 000 和 57 000。利用从 GBSS 制备出来的抗血清进行 Western 杂交，结果表明 3 种蛋白质的氨基酸序列同源性很高，只是 55 ku 的蛋白质在氨基末端缺少 8 个氨基酸残基，推测这 3 个蛋白质是同一基因的产物。1995年 Tanaka 等成功地分离了该基因的序列，并命名为 SSS1。SSS1 包含 15 个外显子和 14 个内含子。用合成的寡核苷酸探针从未成熟种子中分离出 SSS1 基因的 cDNA 克隆，推断的氨基酸序列含 Lys-X-gly-gly 保守序列，该序列是淀粉和糖原合成酶结合 ADPG 的位点。SSS1 酶的前体含有 626 个氨基酸，包括 N 末端 113 个残基的转运多肽，成熟 SSSⅠ的序列同 GBSS 和 E. coli 糖原合成酶的相似性很低，但 3 个酶许多区域如底物结合位点等是高度保守的。SSS1 基因是单拷贝的，位于水稻第 6 染色体上，与 Wx 基因距离 5 cM。SSS1 在叶片和未成熟种子中均表达，开花后 5～15 d mRNA 含量最丰富。程方民等认为在 37℃ 条件下，水稻 SSS 活性仍较高，但小麦相反，随温度升高酶活性下降。

水稻淀粉合成相关基因见表 1-22。

表 1-22　大米淀粉生物合成相关基因

基因	染色体	表达组织	功能	NCBI 登记号
Wx	6	胚乳	直链淀粉链的延长	AF031162
Sss			支链淀粉链的延长	
Sss1	6	胚乳和叶片	A 链	D16202
*Ss*Ⅱ*-1* 或 *Ss*Ⅱ*b*	10	胚乳、叶片和根	中等长度链?	AF383878
*Ss*Ⅱ*-2*	2	叶片	中等长度链?	AF395537
*Ss*Ⅱ*-3* 或 *Ss*Ⅱ*a*	6	胚乳	A、B₁ 链	AF419099
*Ss*Ⅲ*-1*	4	胚乳，其他?		AF432915
*Ss*Ⅲ*-2*	8	胚乳，其他?		AY100469
*Ss*Ⅳ*-1*	1	胚乳，其他?		AY100470
*Ss*Ⅳ*-2*	7	胚乳，其他?		AY100471
Sbe			形成分支	
Sbe1	6	叶片、胚乳和根	B₁、B₂~₃链	AY302112
Sbe3	2	胚乳	A 链	D16201
Sbe4	4	叶片和胚乳	突变不影响淀粉结构	AB023498
Dbe			去分支	
Isa	8	胚乳，其他?	突变时形成植物糖原	AB015615
Pul	4	胚乳，其他?	功能可以被 *Isa* 代替	D50602

近年来，水稻全基因组序列测定加速了其他可溶性淀粉合成酶基因的克隆，至今又有 7 个可溶性淀粉合成酶基因被分离和测序（表 1-23）。Jiang 等研究发现水稻可溶性淀粉合成酶 SSSⅡ 由 3 个基因编码，它们存在下列特点。第一，水稻 SssⅡ-1、SssⅡ-2 和 SssⅡ-3 相互之间的氨基酸同源性为 51%～64%，与玉米、豌豆、小麦、拟南芥和马铃薯 SssⅡ 之间存在 53%～73% 的同源性。第二，水稻 SssⅡ 蛋白包括一个淀粉合成合酶的保守区域，即与 ADP-葡萄糖结合的 KXGGL 位点。第三，所有的 SssⅡ 都具有催化淀粉合成的功能。第四，表达特点不同。*Ss*Ⅱ*-1* 在胚乳、叶片和根中都表达，*Ss*Ⅱ*-2* 只在叶片中表达，*Ss*Ⅱ*-3* 主要在胚乳中表达。同时他们还发现 *Ss*Ⅱ*-2* 和 *Ss*Ⅱ*-3* 之间同源性很高，但它们与 *Ss*Ⅱ*-1* 同源性较差，推测这 3 个 *Ss*Ⅱ 基因可能是经过两次复复制形成的。第一次复制形成两个基因，一个是 *Ss*Ⅱ*-1*，另一个再复制一次形成 *Ss*Ⅱ*-2* 和 *Ss*Ⅱ*-3*。Jiang 等报道的 *Ss*Ⅱ*-3* 基因与 Umemoto 等研究报道的 *SS*Ⅱ*a*、高振宇等报道的糊化温度 *ALK* 是同一个基因。不同水稻品种间该基因的序列存在差异，基因编码区内存在碱基替换，如 G264-C264 引起了 Glu264-Asp264 或 GACGAG259～264-AGCTTA259～264 导致 Asp87Glu88-Ser87Leu88 的变化，这些氨基酸的改变可能造成了 SSSⅡ 酶活性的改变，从而影响支链淀粉的中等长度分支链的合成，使晶体层结构改变，最终表现为 GT 改变，这也是籼、粳亚种间稻米支链淀粉结构不同的主要原因。此外，*Ss*Ⅲ*-1*、*Ss*Ⅲ*-2*、*Ss*Ⅳ*-1*、*Ss*Ⅳ*-2* 基因的 DNA 序列也都有报道，但它们的表达特点、编码的蛋白酶功能还未清楚。

3. 淀粉合成相关基因结构的比较　AGPP、GBSS、SSS、SBEⅠ 和 SBEⅢ 是淀粉合成中的关键酶，编码它们的基因在结构和表达上存在一些相同的地方。首先，内含子多且第一或第二内含子很大。AGPP 基因有 9 个内含子，GBSS 和 SBE I 基因都有 13 个内含子，它们的第一、第二内含子都很大，这种结构在参与淀粉合成的酶的基因中很普遍。如 *Sbe1* 基因的内含子 2 长达 2.2kb，与 *Sbe1* 基因内含子 2 相似的大内含子在向日葵中编码花药特异蛋白基因中也存在，并且这个基因也含有一个转运多肽。这种大内含子在含有转运多肽编码区域的基因中可能是很常见的。内含子多可能在基因表达调控上有重要意义。*Wx* 基因转录后加工尤其第 1 内含子从前体 mRNA 切除效率可以调控不同水稻品种中胚乳直链淀粉的含量。*Sbe1* 内含子的 GC 富集区能形成稳定的二级结构，从而抑制了剪切，故要有效剪切可能要有其他因子参与。第二，重复序列。*Wx* 基因第一个内含子剪切位点上游 55 个 bp 处存在 $(CT)_n$ 重复序列；*Sss1* 基因 5′UTR 存在 $(ACC)_n$ 微卫星，以及与其串联在一起的 AC 和 TC 等多个重复序列；*Sbe1* 基因第二个内含子存在 $(CT)_n$ 微卫星。这些微卫星虽然与稻米淀粉理化特性存在相关性，但它们影响基因表达的机制还不清楚。第三，淀粉合成酶结构。①4 类淀粉合成酶的羧基端包含几个保守区域，其中有 3 个序列较短的 domain I、II、III。Domain I 包括 KXGGL 保守序列，它是 ADP-葡萄糖结合位点。Domain II 和 III 位于羧基末端。4 类淀粉合成酶的在 domain I 到羧基末端区域氨基酸序列非常一致。但是 3 类可溶性淀粉合成酶的氨基端序列差异较大，被称为变化臂（flexible arm），但 GBSS 没有此变化臂。②它们都编码转运多肽。由于蛋白质由核基因编码，而淀粉的合成是在淀粉体中，可见蛋白质要运进质体，就必须有转运多肽。SSS 的转运多肽与其他酶明显不同，它的氨基末端和梭基末端分别带有正、负电，而其他转运多肽都只带正电。这可能是 SSS 的转运多肽要同时具有运到淀粉体和叶绿体的双向功能，因为编码 SSS 的基因既在种子中表达又在叶片中表达。当然在玉米上也有与此假说不一致的报导，以后还应进一步研究转运肽在淀粉合成中的功能。第四，表达时期。它们都在开花后 4～5 d 开始表达，10～15 d 表达量达到最大，以后又迅速下降或不再表达。具体而言，SSS 表达量最早达到峰值，其次是 AGPP，再其次是 SBE，最迟达到峰值的是 GBSS。这说明花后 4～15 d 是各种酶最活跃的时期（蛋白质合成可能要滞后一点），淀粉的含量和结构与该时期酶的活性密切相关，并且可能是表达时期的微小差异就决定了支链淀粉精细结构的差异，而进一步影响稻米淀粉品质。

思考题

1. 淀粉的基本构成单位是什么？
2. 试述直链淀粉和支链淀粉的分离纯化步骤。
3. 淀粉分子质量测定方法有哪些？
4. 直链淀粉的螺旋结构是什么？
5. 支链淀粉的分子结构是什么？
6. 试述淀粉颗粒的晶体结构。

第二章　玉米淀粉的生产工艺与设备

第一节　玉米淀粉的生产原料与工艺

一、玉米概述

玉米学名玉蜀黍，俗名棒子、包谷、包米等，属于禾本科。玉米是古老的作物之一，在我国已有 500 多年的栽培历史。

我国玉米分布区域很广，南到海南岛，北至黑龙江，东至台湾，西至新疆，均有玉米种植。但主要产区集中在东北、华北及西南地区，形成从东北到西南的一条斜带。玉米具有生长期短、耐高温、适应性强、产量高、经济价值高等特点。玉米可以长期储存，具有很高的淀粉含量。

1. 玉米的品种

（1）按国家标准分类　按中国国家标准（GB 1353—2009）的规定，玉米分为以下几类：

①黄玉米。种皮为黄色，或略带红色的籽粒不低于95％的玉米。

②白玉米。种皮为白色，或略带淡黄色或粉略带红色的籽粒不低于95％的玉米。

③混合玉米。不符合①或②要求的玉米。

（2）按粒形、硬度及用途分类　根据玉米的粒形、硬度及用途的不同，将玉米分为普通玉米和特种玉米两类：

①普通玉米。

马齿型：籽粒呈头齿形，胚乳的两侧为角质，中央和顶端均为粉质。

硬粒型：籽粒呈圆形或短方形，胚乳周围全是角质。

中间型：马齿型和硬粒型各占一半。

硬偏马型：硬粒型占75％左右。

马偏硬型：马齿型占75％左右。

②特种玉米。特种玉米是指具有特殊用途的各种玉米的总称。

高赖氨酸玉米：高赖氨酸玉米是指籽粒中赖氨酸含量较普通玉米有较大提高的一种玉米。其特点是籽粒蛋白质中玉米醇溶蛋白质比例下降，优质的玉米谷蛋白比例相应提高，其结果使籽粒赖氨酸含量提高。目前，人工栽培的高赖氨酸玉米的籽粒赖氨酸含量已达0.35％，色氨酸达0.20％，高出普通玉米1～2倍。由于玉米籽粒醇溶蛋白含量减少，高赖氨酸玉米籽粒多为不透明的粉质胚乳，色泽灰暗，充实度较差，其加工品质较低。目前已有半硬粒型的高赖氨酸玉米杂交种，上述不良性状有所改善。

高直链玉米：高直链玉米的特点是淀粉中的直链淀粉含量特别高，普通玉米中的直链淀粉含量为 25％左右，而高直链玉米淀粉的直链淀粉含量达到 80％。与普通玉米相比，高直链玉米的蛋白质和脂肪含量比较高，但淀粉的含量较低，为 58％～66％；淀粉的颗粒较小并且形状不规则，湿法加工淀粉出粉率较低。高直链玉米淀粉需进行加压糊化，其淀粉膜特性很好。

高油玉米：高油玉米是籽粒具有较高脂肪含量的一类玉米的总称。籽粒油分高达 8％～15％，甚至更高。高油玉米的油分，85％集中在籽粒胚中，因此，高油玉米都具有大胚特性。

甜玉米：甜玉米是指在乳熟期或蜡熟期，籽粒中含有较多可溶性糖的一类玉米。这类玉米在乳熟期采收，较普通玉米含有更多的低聚糖和水溶性多糖（WSP），因而食之较甜，加上 WSP 较黏，构成了甜玉米的特有风味。乳熟期的甜玉米可以用来鲜食或加工成罐头，因此又称为果蔬玉米。

爆裂玉米：爆裂玉米是指那些籽粒在常压条件下容易被膨爆成玉米花的玉米类型。爆裂玉米属硬粒型，籽粒较小，产量较低，角质胚乳比例很高，能够在常压下加温膨胀形成玉米花，且其膨胀倍数远远大于普通玉米。

糯玉米：糯玉米又称蜡质玉米，起源于我国，是普通玉米的突变类型。其特点是籽粒淀粉构成中几乎 100％是支链淀粉。糯玉米的食用品质和糯米相当，能够代替糯米制成多种食品。

2. 玉米的主要物理特性

（1）玉米的相对密度、孔隙度和千粒重

①相对密度。玉米相对密度的大小，取决于玉米的化学成分和结构紧密程度。一般种植土壤肥沃，累积光照时间长，则玉米粒成熟充分而粒大饱满，相对密度大于成熟度差、粒小而不饱满的玉米。玉米的相对密度一般为 1.15～1.35，是评定玉米质量的一项重要指标。在净化玉米中可根据玉米的相对密度小于沙石的相对密度，清除玉米中的沙石。

②玉米的孔隙度。孔隙度表示粮堆中粮粒之间的紧密程度。粮堆中孔隙体积占粮堆总体积的百分率称为孔隙度。当粮堆占有一定的容积时，粮粒并非充满整个容积的全部。粮粒间的排列并非十分紧密，而是存在着大小不等的孔隙。孔隙度的大小主要取决于粮食的类型、品种、粒形、粒度、均匀度、表面状态、饱满程度、含杂情况，以及储存环境与方式等因素。玉米孔隙度为 40％～45％。在玉米湿法加工中，玉米浸泡时常用玉米孔隙度来计算玉米粒浸泡水的用量。

③千粒重。千粒重是衡量粮粒质量的一项指标，表示 1 000 粒玉米的质量，常以 g 来表示。玉米千粒重一般是指自然晒干的玉米粒。玉米千粒重为 150～600 g，平均约为 350 g。在估算粮食作物的单位面积产量时，常用单位面积种植作物株数乘以每穗粒数，再乘以千粒重进行计算。

（2）玉米粒散落性和悬浮速度

①散落性。玉米从高处自由落至平面时，有向四周流散并形成一圆锥体的性质，称为玉米的散落性。圆锥体的斜边与水平面的夹角称为静止角（亦称为休歇角、自然坡角、内摩擦角）。散落性的大小，通常用静止角来表示，静止角愈大，表示玉米的散落性愈差。散落性的大小与玉米水分、形状、粒度和杂质的特性及含量有关。玉米静止角一般为 27°左右。

玉米在某种材料的斜面上自动滑下（自流）的最小角度，称为玉米粒对该材料的自流角，与散落性有关。在玉米的仓储中，根据静止角设计筒仓锥顶角度以及计算上部锥部仓容。根据自流角，设计锥底放料和玉米溜管的角度。

②悬浮速度。悬浮速度是指玉米自由落下时受相反方向流动空气的作用，既不能被流动

空气带走，也不能向下降落，即呈悬浮状态。玉米悬浮速度的高低，与颗粒形状、大小、相对密度等因素有关。颗粒饱满、粒径大、相对密度大的悬浮速度就高；反之则低。玉米的悬浮速度一般在 $11\sim14$ m/s，它是设计玉米气力输送风网的重要依据之一。

（3）玉米粒导热性 物体传递热量的性能称为导热性。粮堆中的热移动，主要有粮粒间直接接触的传导和粮粒空隙中空气的对流两种方式，以对流为主。由于粮堆内空隙阻力较大，空气对流缓慢，空气和粮粒的热导率都不高，因此粮堆是热的不良导体。粮堆的导热性能与粮堆的形式、大小、孔隙度、密闭情况及含水量有关。其中含水量影响最大，所以储存水分不宜过高。含水量超过 14％ 的玉米储存时间不宜过长。玉米粒导热性两个比较重要的热力学参数是导热率和比热容。导热率是指单位时间内以传导的方式所传递的热量。比热容是指单位质量的某种物质温度升高（或降低）1℃ 吸收（或放出）的热量。

由于玉米细胞的呼吸放热，可使玉米水分温度升高而发生霉变，所以玉米较大量的储存，要加测温装置和强制通风降温设施。

3. 玉米的结构组成 成熟的玉米（种子）是独特的、组织完善的统一体，它是专为繁衍后代而存在的。对其结构与组成的了解将有助于理解湿磨加工中造成的破裂过程。

玉米是由胚、胚末端的冠、壳皮、糊粉层及角质和粉质胚乳所组成（图 2-1）。玉米各个部分的组成比例，因其品种而不同。

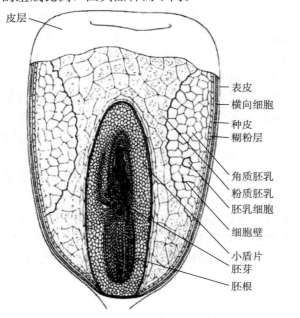

图 2-1 玉米粒结构

（1）胚乳 胚乳是玉米的主要组成部分，占粒重的 79％～85％。淀粉和蛋白质主要分布在胚乳中。胚乳又分粉质胚乳和角质胚乳。粉质区：角质区平均约为 1：2，但因籽粒中的蛋白质含量不同，这个比值也有相当大的变化。粉质胚乳分布在籽粒内部胚芽周围，其中的淀粉呈松散状；角质胚乳则靠近种皮，其中的淀粉被蛋白质紧紧包裹着。胚乳是种子发芽的能源，玉米初始加工的主产品玉米淀粉就是从胚乳中提取出来的。

（2）胚芽 胚芽是玉米中唯一的活性部分，占玉米粒总重的8%～14%，含有促使玉米粒生长的遗传因子、酶、维生素和矿物质。胚芽主要由脂肪（玉米油）组成，脂肪约占胚芽重的50%。玉米油主要含亚油酸（不饱和脂肪酸），具有很高的营养价值。胚芽是玉米加工中主要副产品。胚芽制品——玉米油为玉米深加工带来了较大的附加值。

（3）种皮 种皮是玉米的外壳（主要含纤维），占粒重的5%～6%。种皮可防水和水汽，抗虫和微生物的侵蚀，保护玉米粒不变质。玉米粒的外壳亦称为外皮，外皮内层裹着胚乳的薄层称为内皮。

（4）根帽 根帽是玉米粒不被种皮覆盖的部分，占玉米粒的0.8%～1.1%。在玉米湿法加工中，根帽与种皮通过筛理而被分出，成为淀粉渣。由于含有大量的纤维素，一般作为动物纤维饲料，经过深加工后可作为膳食纤维食品的优质原料。玉米皮也可用纤维素酶进行水解，获得各种糖类后进行再利用。

4. 玉米的主要化学组成 玉米主要含淀粉，含量约占干物质的72%；除淀粉外，还含有蛋白质、脂肪、灰分及可溶性糖类（表2-1）。

表 2-1 玉米的主要化学组成及分布（%）

分布	组成					
	淀粉	脂肪	蛋白质	灰分	可溶性糖	纤维与其他成分
胚乳	87.6	0.8	8.0	0.3	0.62	2.7
胚芽	8.3	33.2	18.4	10.5	10.8	8.8
种皮	7.3	1.0	3.7	0.8	0.34	86.7
根帽	5.3	3.8	9.1	1.6	1.6	78.6
整粒	73.4	4.4	9.1	1.4	1.9	9.8

（1）蛋白质 玉米籽粒中蛋白质含量为干物质的10%～14%。玉米中醇溶蛋白一般占总蛋白质的40%以上。玉米醇溶蛋白是不完全的蛋白质，因为它不含有必需氨基酸赖氨酸和色氨酸。玉米蛋白质中与醇溶蛋白同时存在的还有白蛋白、球蛋白及谷蛋白。这几种蛋白质都属于完全生物价蛋白质，因为它们都含有必需氨基酸。

玉米籽粒中各种蛋白质在各部位的分布是不均匀的。胚芽里集中了约70%的球蛋白。其余部位主要含醇溶蛋白和谷蛋白。胚芽蛋白质的生物价比表皮及胚乳中蛋白质的生物价高，这是因为含在胚芽中的球蛋白和谷蛋白含有重要的营养氨基酸，如色氨酸和赖氨酸。

玉米及其各部分蛋白质的氨基酸组成是不相同的。玉米蛋白质中几乎含有全部氨基酸：精氨酸、组氨酸、赖氨酸、酪氨酸、苯丙氨酸、亮氨酸、缬氨酸、谷氨酸、丙氨酸、脯氨酸及其他氨基酸。这些氨基酸主要含在胚芽和胚乳的蛋白质中。玉米籽粒中的蛋白质和脂肪的含量成正比例关系。蛋白质含量高的玉米通常在胚芽中同时含有大量的脂肪。

（2）糖类 玉米一般含淀粉70%～72%。玉米淀粉按其结构可分直链淀粉和支链淀粉。普通的玉米淀粉直链淀粉占23%～27%，支链淀粉占73%～77%。直链淀粉遇碘呈蓝色，支链淀粉遇碘呈紫红色。直链淀粉分子大约含有200个葡萄糖基，支链淀粉含有300～400个葡萄糖基。

纤维素主要存在于玉米的皮层。用玉米生产淀粉时，纤维素是构成粗渣和细渣的主要成分。粗渣、细渣是生产饲料的主要原料。玉米中总纤维含量8.3%~11.9%，平均为9.5%。

玉米中可溶性糖含量1.0%~3.0%，平均为2.58%，其中，蔗糖2.0%，棉籽糖0.19%，葡萄糖0.10%，果糖0.07%。

（3）脂肪　玉米中脂肪含量为3.5%~7.0%，主要存在于胚芽中（胚芽的脂肪含量占玉米籽粒的80%）。其次在糊粉层中，而胚乳和种皮中含脂肪量很低，只有0.64%~1.06%。其中98%以脂肪酸的形式存在，而且脂肪酸中含有大量人体需要的不饱和脂肪酸，亚油酸含量就高达60%左右，油酸占30%，饱和脂肪酸仅占1.45%左右。所以玉米油是最好的食用油之一。

（4）矿物质　矿物质在玉米籽粒中的分布是不均匀的，皮层、胚芽中含量较高，胚乳中含量很低。玉米籽粒中矿物质主要由钙盐、钠盐、钾盐、镁盐、铁盐等成分组成。

二、玉米淀粉加工工艺

国内外玉米淀粉生产工艺的流程见图2-2和图2-3。

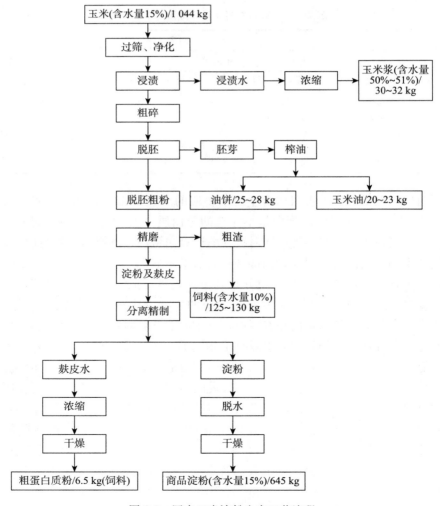

图 2-2　国内玉米淀粉生产工艺流程

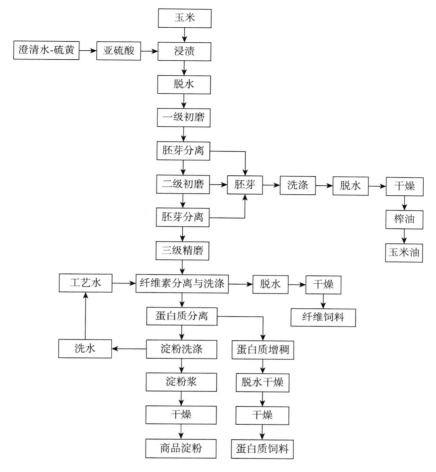

图 2-3　国外玉米淀粉生产工艺流程

　　玉米淀粉的生产时采用湿磨法。其基本原理是玉米浸泡后进行湿磨以分离淀粉，将玉米各组成部分分离，得到淀粉和各类副产品。世界各地工厂所用机械设备和生产流程略有差异，这是因为产品产量、设备选择、自动化程度和建厂年月各有所不同。

　　玉米被分成淀粉、胚芽、蛋白质、纤维和玉米浆等组分，副产品也可以再混合而配制出一系列动物饲料产品。玉米湿磨提取淀粉基本生产过程，可用"泡、磨、分"概括。

　　泡：泡是指玉米首先用亚硫酸水浸泡，从而使各组成部分疏松并削弱相互间的作用，尤其使蛋白质网得到破坏，从而使淀粉与蛋白质得到分离。同时玉米粒内的矿物质等可溶物质被萃取在浸泡水中，玉米浸泡水经浓缩加工制成玉米浆。

　　磨：分粗磨和细磨。粗磨的目的是将玉米胚芽分离出来。由于浸泡后的玉米得到软化，玉米胚芽具有弹性、不易破碎，所以玉米经粗磨胚芽易分离。但为保证胚芽的完整与分离的彻底，在实际生产中往往采用二级粗磨，头道磨破碎粒度大于二道磨碎粒度，只有这样才能使胚芽分离彻底而减小碎胚芽的产生。粗磨亦称破碎或脱胚。

　　细磨的目的，是将分出胚芽后的玉米渣内的淀粉和纤维及其他组分（主要是麸质）分开。由于粗磨分胚后的渣粒度较大，淀粉和纤维及其他组成部分还牢固地联结在一起，只有经过细磨，才能进一步减小各组分体积，使之容易分开。由于细磨是在湿态下进行，所以细磨后的物料是含有淀粉、纤维、麸质等部分混合均匀的稀浆状物质，要得到各种产品，还需要进一步进行分离。细磨亦称三级磨。

分：分是指一分胚芽、二分纤维和三分麸质。一分胚芽指浸泡软化玉米经粗磨破碎后，利用胚芽分离设备分出胚芽。二分纤维指分胚后的渣浆经细磨后，利用筛分设备分出纤维。三分麸质指分出纤维后的浆料，利用高效分离设备使淀粉与麸质分离。淀粉与麸质的分离是淀粉生产中的主要过程。

由于在粗磨过程中部分淀粉和麸质已得到释放，粗磨分出来胚芽仍粘连着少量淀粉与麸质，所以经胚芽分离设备出来的胚芽还要进行洗涤。同样细磨筛分出来的纤维也粘连着淀粉和麸质，也要进行纤维洗涤。淀粉与麸质经过高效分离设备后，也不是绝对分离，为降低淀粉浆中的蛋白质（麸质和可溶蛋白质）含量，仍要进行淀粉乳的洗涤，才能得到精制淀粉乳。故玉米湿磨生产基本过程，也有"一泡、二磨、三分、四洗"的说法。

第二节　玉米的净化与浸泡

一、玉米的净化

1. 玉米净化的目的　在收购的玉米（商品玉米）中大都含有绳头、玉米芯、玉米穗花、秕粒等有机杂质，泥沙、石子等无机杂质，铁钉、铁皮、螺丝等金属物。各类杂质给玉米加工带来了不少的麻烦。如绳头会使管道发生堵塞；金属硬物会将磨盘打碎、管道磨损；泥沙会增加淀粉中灰分含量等。在加工前必须将商品玉米进行清理。在实际生产中收购进厂的玉米称为毛玉米，经清理后的玉米称为净玉米。

2. 杂质的种类

（1）按有机物和无机物分类

①无机杂质。无机杂质是指混入玉米中的泥土、沙石、煤渣碎块、金属物及其他无机物质。

②有机杂质。有机杂质是指混杂在玉米中的根、茎、毛、野生植物的种子、异种粮粒、鼠雀粪便、虫蛹、虫尸及无食用价值的有病斑、变质玉米粒等有机杂质。

（2）按粒度大小分类

①大杂质。大杂质一般指留存在直径 14 mm 圆形筛孔以上的杂质。

②并肩杂质。并肩杂质是指通过孔径 14 mm 圆形筛孔、留存在直径 3 mm 圆形筛孔以上的杂质。

③小杂质。小杂质是指通过 3 mm 圆形筛孔的筛下物。

（3）按相对密度大小分类

①重杂质。重杂质一般指相对密度大于玉米的杂质。

②轻杂质。轻杂质一般指相对密度小于玉米的杂质。

3. 清理的依据和方法

（1）筛选　根据玉米和杂质的粒形与大小不同采用筛选法。粒形大小不同主要是指玉米和杂质在长、宽、厚方面存在差别。筛选就是利用玉米和杂质宽度和厚度的不同，利用筛孔分离大于（或小于）粮粒的杂质或把玉米进行分级的一种方法。

双层圆筒筛：毛玉米从小端进入内层筛面后，随筛筒一起转动，在离心力的作用下玉米随转动流向大端。在此行程中，粒度大于玉米的杂质（如玉米芯、石块）截留在筛面上从大端排出，含有小粒度杂质的玉米落入外层筛面，玉米截留在筛面上从大端排出（外筛较内筛短一些），小杂质从筛下收集后排出，从而使毛玉米中粒度大于或小于玉米粒的杂质分离，达到清理的目的。

平面回转组合振动筛：平面回转组合振动筛是由多层振动筛组合而成，平面回转筛面一般有8～10层。其特点是多路并行筛路，在保证清理去杂的同时提高了产量。

（2）相对密度分选　在筛选过程中，有些杂质如石子、沙子、煤块等，在粒形大小上与玉米相似（俗称并肩石），利用筛选法难以清理出去。但是它们在相对密度方面却存在着明显的差别。这种差别的存在，就给玉米和并肩石的分离造成有利的条件，利用相对密度不同分离玉米中杂质的方法称为相对密度分选法。

（3）风选　玉米和杂质由于大小、相对密度不同，所以它们的悬浮速度也不同。利用玉米和杂质在气流中悬浮速度不同进行除杂的方法称为风选法。按照气流的运动方向，风选形式可分为3种：垂直气流风选、水平气流风选和倾斜气流风选。

（4）磁选　玉米中的金属杂质，除极少数铜、铝外，绝大多数是磁性金属物，它们有较强的导磁性，而玉米则没有导磁性。利用这一磁性不同的特点通过磁筒或磁选来清除粮食中金属杂质的方法称为磁选法。

（5）清理工艺流程　在玉米浸泡前段，采用清理工艺对玉米进行清理，可去除影响玉米输送的大型杂质、影响工人身体健康的灰尘及易于去除的大中小型杂质。玉米清理对于安全储存玉米、减少工艺水用量、提高后续设备清理效果、安全生产、提高产品纯度具有非常重要的意义。玉米清理工艺一般如图2-4所示。

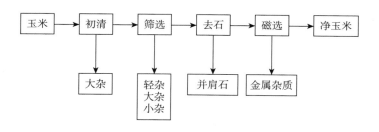

图2-4　玉米清理工艺

二、玉米的浸泡与亚硫酸制备

1. 浸泡　玉米浸泡是湿磨制取淀粉的首要过程。湿磨前玉米必须经过浸泡过程达到软化，这个过程是专门为获得最佳磨碎并分离玉米的各个组分而设计。浸泡并不是玉米简单的水浸，它要求水流量适当而均衡，温度、二氧化硫浓度及pH都要维持在正常范围内，浸泡质量直接影响着各类产品的产率和质量。浸渍是为了破坏或者削弱玉米粒各组成部分的作用，破坏胚乳细胞中蛋白质网，使淀粉和非淀粉部分分开，游离出玉米粒中的可溶性物质；

抑制玉米中微生物的有害活动，防止生产过程物料腐败，使玉米软化，降低玉米粒的机械强度，便于之后的工序操作。玉米一般要在 49～53℃ 浸泡 40～60 h。

（1）浸泡过程的理论基础　玉米浸泡过程可分为 3 个阶段：①乳酸作用阶段。在这一阶段新玉米与含高浓度乳酸的浸泡水（老浆）接触，此时 SO_2 含量与 pH 都较低，可抑制玉米带来的微生物的有害活动，同时高浓度乳酸作用在玉米胚乳上形成坑洞，浸泡水易于渗入玉米粒内部。② SO_2 扩散阶段。在这一阶段玉米与浓度较高的 SO_2 和较低浓度乳酸接触。SO_2 将通过上一阶段形成的坑洞，扩散至籽粒内部，发挥其作用。③ SO_2 作用阶段。在这一阶段 SO_2 扩散进入玉米粒内部，降解蛋白质。高浓度的 SO_2 可保证在其扩散时，有足够的 SO_2 存在于浸泡水中。此阶段浸泡水中的乳酸和固形物含量都比较低。根据浸泡 3 个阶段的原理，逆流浸泡是比较科学合理的。

（2）玉米浸泡的要素　玉米的浸泡温度、时间及浸泡水中 SO_2 浓度，通常称为浸泡三要素。

①温度。超过乳酸菌承受最高温度 54℃ 和低于 48℃ 时，都会产生对浸泡不利的因素，所以浸泡温度应不低于 48℃、不超过 54℃，实践证明这一点是正确的。

②时间。水分多由根冠借毛细管作用沿籽粒四周，通过凹陷区很快进入有孔的胚乳。实践证明，在 49℃ 时，4 h 胚芽变湿，8 h 胚乳变湿，但使籽粒完全软化及纤维性组分水化却是较慢的，一般为 12～18 h。烘干玉米由于蛋白质的变性，减少了水分的结合点，所以软化时间还要适当加长，温度适当提高。

渗入玉米的稀浸泡水是一种复杂溶液，主要成分有多肽、各种氨基酸、乳酸以及各种阳离子。在 12 h 内乳酸随水进入籽粒很快杀死胚芽内活细胞，使细胞膜成为多孔物质。可溶糖、氨基酸、蛋白质、矿物质以及活细胞生长产生的多种有机分子都沥滤进入浸泡水，在 12～18 h 的抽提速度较快，但籽粒内部蛋白质与 SO_2 反应生成的可溶物渗出速度较慢。

水分渗入玉米的软化时间，乳酸与 SO_2 进入籽粒内与蛋白质发生反应生成可溶物的时间，籽粒内可溶性物质、无机盐溶出的时间加在一起不低于 36 h。具体时间还要看玉米品种、干燥方式以及浸泡温度与浸渍剂浓度。一般硬质玉米或人工干燥玉米浸泡需要时间较长。适当提高浸泡温度可缩短浸泡时间，浸渍剂浓度也会影响浸泡时间。

③浸渍剂。根据用醋酸、盐酸、乳酸浸泡玉米的实验，用亚硫酸浸泡玉米效果最好。

亚硫酸对蛋白质网的破坏主要是 HSO_3^- 的作用。为稳定电离式中的 HSO_3^-，在亚硫酸水中加定量的 NaOH 可有利于玉米浸泡，其反应过程化学方程式：

$$H_2SO_3 + NaOH \longrightarrow NaHSO_3 + H_2O$$

$$NaHSO_3 \longrightarrow Na^+ + HSO_3^-$$

在生产中往往采用 NaOH 溶液，NaOH 溶液的浓度以 15% 为宜，且均匀加入充分搅拌混合。

玉米浸泡时发生的物理化学过程改变着玉米的化学成分，约 70% 的无机盐类（灰分）、42% 的可溶性糖类及 16% 的可溶性蛋白质从玉米籽粒向浸泡水中转移。玉米里的淀粉、脂肪、纤维素、戊聚糖的数量大致上没有改变；但与未浸泡的玉米相比，其百分含量稍有增长，浸泡的玉米中 7%～10% 干物质转移到浸泡水中，其中约有一半数量的可溶性浸出物是从胚芽中浸出的。玉米浸泡前后成分变化见表 2-2。

表 2-2 玉米浸泡前后成分比较

玉米成分	组分含量（干物质）/%	
	浸泡前	浸泡后
淀粉	69.80	74.70
蛋白质	11.23	8.42
纤维素	2.32	2.48
脂肪	5.06	5.40
戊聚糖	4.93	5.27
可溶性糖类	3.51	1.73
灰分	1.63	0.52
其他物质	1.52	1.48

（3）亚硫酸的作用　玉米湿法工艺普遍采用亚硫酸水作为浸泡液。亚硫酸在一定的浓度和温度条件下，具有较好的氧化还原和防腐作用。玉米皮是由半渗透膜组成，要使玉米粒内部的可溶性物质渗透出来，必须将半渗透变成渗透膜，亚硫酸具有这种功能。亚硫酸能将玉米粒的蛋白质网破坏，使被蛋白质包裹的淀粉颗粒游离出来，从而有利于淀粉与蛋白质分开；同时还可把部分不溶性蛋白质转变成可溶性蛋白质。

亚硫酸对蛋白质网的破坏，主要是对二硫键的破坏。

第一，SO_2 在水中溶解时产生 SO_3^{2-} 和 HSO_3^{-} 两种离子，产生下列平衡：

$$H_2SO_3 \rightleftharpoons H^+ + HSO_3^- \qquad K_a = 1.54 \times 10^{-2}$$

$$HSO_3^- \rightleftharpoons H^+ + SO_3^{2-} \qquad K_a = 1.02 \times 10^{-7}$$

HSO_3^- 和 SO_3^{2-} 这两种离子对二硫键都有还原能力，只是玉米粒的 pH 条件将决定哪个反应占优势，据有关报道 pH 在 3.6～4.0，将有利于 HSO_3^- 的反应。

据亚硫酸盐或亚硫酸氢盐同胱氨酸巯基的反应实验，反应结果可使二硫键被还原，得到一个含有半胱氨酸上的—SH 的蛋白质碎片（P'）和其上附有半胱氨酸的硫代衍生物的第二个蛋白质碎片（P"），其化学方程式：

$$P'S—SP'' + HSO_3^- \longrightarrow P'SH + P''SSO_3^-$$

由于二硫键的破坏和蛋白质碎片（P"）的离子特性，硫代衍生物的生成永久性增加了蛋白质的溶解度。

从以上分析可以看出，亚硫酸在浸泡中的作用，实质上是 HSO_3^- 和 SO_3^{2-} 的作用，SO_3^{2-} 的还原作用与 pH 有关，pH 在 5 的时候反应速度最大。一般玉米粒内的 pH 在 4.09～4.50 比较有利于还原反应。

据估计，浸泡中使用二氧化硫只有 5.7% 为玉米吸收，其中 45% 在胚乳蛋白质内，2% 在淀粉内，40% 在胚芽内，吸收的二氧化硫中只有 12% 与蛋白质反应。

此外，亚硫酸还可将玉米粒内部的无机盐溶解，从而释放在浸泡水中。同时还能抑制霉菌、腐败菌及其他微生物的生命力，具有防腐作用。亚硫酸能促使乳酸杆菌的繁殖和生长，产生乳酸，也是它的特殊作用。

（4）乳酸的作用　在浸泡过程中玉米难免带进一些微生物，最初加入的浸泡水中 SO_2 的浓度可以阻止各种微生物的生长，但在浸泡的中期 SO_2 的浓度降到0.05％左右。从而引起乳酸发酵。乳酸的具体作用为：乳酸作用于玉米胚乳细胞壁上形成洞或坑，使浸泡水进入籽粒内部，作用于蛋白质网；乳酸的生成可降低浸泡水的 pH，抑制其他微生物的生长。但乳酸量过大、pH 过低，也会使乳酸菌受到抑制；乳酸能促进玉米蛋白质的软化及膨胀，还能使分子质量相对大的可溶蛋白质发生水解，从而减少浸泡水蒸发浓缩过程中泡沫的产生和胶体沉淀；乳酸不易挥发而留在浓缩液中，从而能保持玉米浓缩液中的钙、镁离子含量，从而减少加热管的结垢。但乳酸量不宜过大，因为乳酸量过大时蛋白质溶解度也随之提高，蛋白质的溶解不利于淀粉与蛋白质的分离。

（5）玉米的浸泡方法 玉米入罐多采用水力输送，水力输送具有较好的卫生环境，可清洗玉米；缺点是损伤玉米并从中洗涤出1％的干物质，其中包括淀粉。为预防管路堵塞，可按1∶（2.5～3）的比例加水，以0.9～1.2 m/s 的速度，用宽型开式泵输送玉米。在浸泡时，为防止玉米体积增大，破坏浸泡罐，在装料前应在罐内先加入 1/5～1/4 的浸泡水，其余的水在装料过程中加入。玉米装罐不易过满，距罐顶 75～100 cm，浸泡水高于料层约20 cm。

玉米浸泡方法分为静止浸泡法和逆流扩散浸泡法。

①静止浸泡法。静止浸泡法属于单罐玉米浸泡，即各罐的浸泡水不相互输送。静止法浸泡玉米很少应用。这是因为需要用温热的、浓度为0.2％～0.25％的亚硫酸溶液浸泡新入罐的玉米。这种溶液在浸泡过程中几乎全部要用自吸式离心泵输送。至浸泡结束时，水中可溶性物质的浓度达到 5％～6％，把这些液体用泵排出，再加入新的温水（45～50℃）浸没玉米，洗涤玉米 4～6 h。用这种浸泡方法，玉米的可溶性物质在最初阶段能最强烈地转移到浸泡水中，因为只有在这个阶段，玉米与浸泡水中含的可溶性物质的浓度差才达到最大值。随着浸泡的进行，这个浓度差逐渐缩小，至浸泡终点浓度差更小，可溶性物质的转移速度也变得最慢。在浸泡水中的干物质浓度一般并不高。这是静止法浸泡玉米的最大缺点，因为以后在蒸汽浓缩浸出液时要消耗许多蒸汽，因此静止法在经济上的效益很小。

②逆流扩散浸泡法。逆流扩散浸泡法也称为扩散法或多罐串联逆流法，它是把若干个浸泡罐、泵和管道串联起来。根据逆流浸泡的原理，亚硫酸浸泡水不像静止法那样与新鲜玉米一起打入罐内，而是打入已经浸泡时间最长的玉米罐内，循环以后用泵将浸泡水打入稍短时间浸泡的玉米浸泡罐，这样将浸泡水逆着新进玉米的方向依次从一个罐打入另一个罐。亚硫酸倒罐流动的方向和玉米投料的方向相反，也就是玉米中可溶性干物质含量降低的方向与浸泡水中可溶性干物质浓度提高的方向相反，故称为逆流浸泡。逆流扩散浸泡法的优点是玉米中及浸泡水中可溶性物质始终保持一定的浓度差，因而促进可溶性干物质向浸泡水中转移。随着浸泡水从一个浸泡罐移向另一个浸泡罐，水中干物质的浓度也随着增长。用这种方法浸泡玉米，浸出物的浓度可达到 7％～9％，因此浸泡水浓缩时所消耗的蒸汽量就比静止法少得多。

用逆流扩散浸泡法浸泡过的玉米中可溶性物质的含量降低较多，所以在洗涤淀粉时就容易将残余的可溶性物质彻底排除。玉米在进行连续浸泡时是用离心泵输送浸泡水的。浸泡水的输送具有很重要的意义，因为在浸泡水移动过程中加速了可溶性物质从玉米粒向溶液中的转移。因此循环输送浸泡水应连续进行，并保证有一定的输送能力。逆流扩散浸泡法工艺如图 2-5 所示。

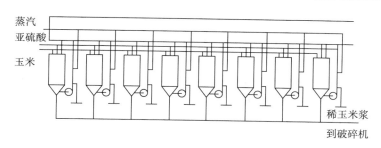

图 2-5　逆流扩散浸泡法工艺流程

③其他浸泡方法。

高压管道浸泡：玉米由高压管道一端压入，亚硫酸管道从另一端高压进入，二者逆流流动，从相反方向排出，在逆流接触过程中完成浸泡任务。

酶法浸泡：用温水泡软玉米或进行破碎，按一定料液比例添加适量酶，通过酶的作用破坏玉米粒内蛋白质网，此法的关键在酶的研究应用。

分解技术：用高压物理分解技术取代亚硫酸浸泡工艺。该方法是用泵将玉米与水在高压下使其通过特别的分解阀门，通过此阀的物料压力突然降低而形成很高的速度。造成相当大的冲力和机械力，从而使籽粒内部结构疏松。此法在 $1\sim2$ h 可使玉米含水 $40\%\sim50\%$（相当于亚硫酸浸泡 12 h 以上）。试验证明，当压力在 1.5 MPa 时，胚乳充分膨胀且具有弹性，当压力在 10.5 MPa 时，5 min 可使玉米含水量达 35% 以上。

（6）浸泡过程的工艺条件控制　影响玉米逆流浸泡的因素为浸泡时间、浸泡温度、细菌的类型和活力、玉米类型和等级、SO_2 最初浓度、工艺水的组成、浸泡水排出率和罐的数量等，这里只对主要因素进行讨论。

①浸泡温度。乳酸菌所能承受的最高温度为 54℃，限制酵母生长的最高温度为 48℃，低于此温度酵母菌会大量生长，将糖分解为 CO_2 和乙醇。考虑到浸泡过程的不稳定性，一般温度选择为 $49\sim53$℃为宜。温度过高，淀粉水解严重，影响淀粉收率和质量，所以一定要避免温度过高。温度对玉米膨胀速度也有很大的影响，随着温度的提高，玉米籽粒的膨胀速度显著增大，而最终膨胀程度实际上并没有改变。过于干燥或病变、腐烂、发芽率低于浸泡的玉米浸泡温度为 $51\sim54$℃。

②浸泡时间。质量正常的玉米，只需浸泡 50 h 左右；未成熟的玉米或过于干燥的玉米需要浸泡 $55\sim60$ h；而含水量高的玉米浸泡时间为 $40\sim50$ h。通常玉米浸泡一个周期为 $60\sim70$ h。装料 $1\sim2$ h，浸泡 $48\sim54$ h，排玉米浆 1 h，洗涤 $4\sim6$ h，卸料 $6\sim7$ h，装料前准备 $0.5\sim1$ h。硬质玉米需要较长的浸泡时间，同一浸泡批次最好选用同一品种的原料，若加工的玉米为混合品种，则不易控制浸泡时间。储存时间久的玉米较新鲜的玉米难浸泡。玉米籽粒在浸泡 $12\sim14$ h 时达到最大的含水量，继续浸泡，含水量有所降低，很显然，这是由于蛋白质从不溶解状态转变为溶解状态而引起的。浸泡时间对膨胀程度也有影响。

③SO_2 的影响。现在普遍使用的浸泡剂为二氧化硫，其价格便宜、杀菌力强，能防止有害细菌的作用，对于蛋白质基质具有较强的分散作用。但是 SO_2 也有缺点，如挥发性强，易散布于空气中产生不良气味有害人体健康；系酸性物质，对于设备有腐蚀性；降低淀粉黏度。

我国目前使用的浸泡水的 SO_2 浓度为 $0.2\%\sim0.25\%$。含有 0.15% SO_2 的浸泡水 pH 2.5 左右，但它在 pH 4 左右有轻微缓冲作用。当浸泡水与浸泡时间最长且含有 SO_2 的玉米粒接触后，其 pH 为 3.5 左右，排出的稀玉米浆的 SO_2 含量 $0.01\%\sim0.03\%$。由于发酵产生的乳酸的补偿，浸泡水 pH 保持在 4 左右。浸泡过程 $4\sim6$ t 玉米用 $1.2\sim1.4$ m^3 亚硫酸水，玉米吸收 0.5 m^3，使玉米含水量从 16% 升高到 45%，剩余 $0.7\sim0.9$ m^3 作为稀玉米浆排出。

④乳酸发酵。玉米浸泡过程不仅是物理扩散过程，更重要的是乳酸发酵过程，乳酸菌的繁殖好坏直接关系到浸泡后玉米浆的质量。菌种发育的最佳温度是 48℃，介质 pH 在弱碱性或中性时发酵最为顺利。新加入的浸泡水中没有乳酸，但 SO_2 浓度逐渐降低，降到 0.05% 以下时，即开始乳酸合成，大约使存在的糖分的一半转变成乳酸。乳酸有抑制其他微生物繁殖的作用，故乳酸菌一旦繁殖旺盛后，其他微生物都灭亡了，可以有效地防止浸泡水中腐败物的产生。但乳酸过多，对蛋白质有分解作用，使蛋白质转变成可溶解物质，不易与淀粉分离。

稀玉米浆从浸泡罐中排出后，可能需经一定时间的发酵。在温度 $46\sim48$℃时，加氨将 pH 维持在 4.5 左右时，发酵可进行得最快。达到要求的乳酸生成程度所需用的时间决定于各厂具体条件，但一般不短于 4 h。

⑤玉米的性质。玉米在储存期间发霉或使用过高温度干燥的玉米，玉米籽粒内水分分散缓慢，浸泡时蛋白质难于分散，并且分散的部位不均匀，造成淀粉与蛋白质不易分离，淀粉的产率和质量都受影响。有条件的企业应该进行玉米发芽率试验，用于淀粉生产的玉米发芽率不应低于 30%。

不同品种的玉米吸水膨胀能力也不相同，粉质品种的玉米吸收水分的强度及数量均比角质玉米大。较小的和未成熟的玉米籽粒比大的和成熟的玉米籽粒膨胀得快，吸收的水分也多。含水量高的玉米籽粒比过于干燥的玉米籽粒膨胀和浸泡速度要快。

⑥浸泡水。浸泡水在浸泡罐组内的停留时间，根据排放量而变化。排出的稀玉米浆要进一次发酵，一般排放量为 $0.45\sim0.9$ m^3/t，这个数据随淀粉洗水及工艺用水而变化，但也与玉米含水量有关。

在通常的逆流浸泡系统中，所有多余的水都被送去制酸，过程水中含 1% 左右（$0.8\%\sim1.6\%$）可溶物，随玉米一起进入浸泡罐，为避免浪费和处理问题，应调整排放量以保证系统的平衡。由于玉米吸收水分，如排水量为 0.6 m^3/t，对应于平均亚硫酸水流量为 1.09 m^3/t。玉米从浸泡罐卸出时水分约 45%，并含有少于 2% 的可溶物，籽粒软化，排出的稀玉米浆含有 $5\%\sim10\%$，对应于玉米中 $6.5\%\sim7\%$ 可溶物被溶出。每千克玉米吸收 $0.2\sim0.4$ g 二氧化硫。

玉米浸泡工艺路线基本是固定的，工艺参数需要根据不同的情况进行调整，一般每周调整检测 1 次，或在出现问题时进行检测。正常情况下测定的结果应该是：亚硫酸浸泡水通过浸泡罐组一半路程时 SO_2 含量低于 0.06%，排出的稀玉米浆 SO_2 含量低于 0.02%；除新加亚硫酸的第一罐外，其各罐的 pH 保持在 4 左右；波美度平稳升高到 4 或更高，对应的干物质含量不少于 6%。

第三节　玉米破碎与胚芽分离

一、破　　碎

胚芽是玉米籽粒中的一个重要组成部分，胚芽中含有 40% 左右的脂肪和 15%～20% 的蛋白质。玉米淀粉生产中，提高玉米胚芽收率不仅可以多提玉米油，还可综合利用提油后的玉米胚芽饼，提高玉米的综合利用率和经济效益。玉米油平均收率较低的主要原因是胚芽分离不好，提取率低，还有玉米浸泡质量的问题，也有玉米破碎和胚芽分离的工艺和设备问题。研究和掌握玉米破碎和胚芽分离的基本原理和工艺，对提高淀粉质量和胚芽提取率具有非常重要的意义。

玉米经过浸泡后，胚芽、皮层和胚乳之间的联结减弱。玉米胚乳中蛋白质与淀粉之间的联结也减弱。浸泡后玉米胚芽含水量约为 60%，因此胚芽具有很大的弹性，并且在破碎时很容易从玉米粒中分离出来。除此之外，在破碎时胚乳大部分也被磨成碎粒，并从中释放出 25% 左右的淀粉。玉米破碎的目的是使胚芽与胚乳分开，并释放出一定数量的淀粉。

浸泡好的玉米，排出浸泡液，用 45～50℃ 的温水经玉米泵先送入沙石捕集旋流器去除沙石，然后送入重力曲筛，分出输送水回用，玉米进入玉米料斗中以备进入破碎机破碎。玉米破碎一般采用两次破碎的方法，即：

玉米→一次破碎→胚芽分离→二次破碎→胚芽分离

（1）玉米破碎基本原理　玉米经过浸泡后，其物理、化学特性发生了变化。浸泡后玉米的含水量较高（40%～45%），体积增大，强度降低，特别是胚芽含水量更高，韧性很强，破碎时容易与其他部分分开。而胚乳淀粉含量高，抗压强度低，易于破碎。

（2）玉米破碎工艺条件控制　影响玉米破碎效果的因素如下：

①玉米品种和浸泡质量。玉米品种与破碎效果有很大关系。粉质玉米质软易破碎；而硬质玉米质硬难破碎；小粒玉米也不易破碎，往往从齿盘缝隙中漏出。

玉米的浸泡质量显著影响着玉米的破碎效果，若玉米浸泡得好则胚乳软，蛋白质基质分散好，容易破碎；若浸泡不好或浸泡后玉米用冷水清洗输送，会使玉米变硬，胚芽失去弹性而变得易被磨碎，影响胚芽分离和物料质量。

②破碎机工作情况。破碎机型号与生产能力要匹配。齿盘安装应平行，应根据物料情况调节齿盘间距，以保证最佳破碎效果。

③进料固液比。进入破碎机的物料应含有一定数量的固体和液体，固体和液体之比约为 1∶3。若物料含液体量不足，物料浓度和黏度增高，造成粘磨，降低物料通过破碎机的速度，导致胚乳和部分胚芽的过度粉碎，影响胚芽的分离和产率。若物料含液体过多时会迅速通过破碎机，出现流磨，造成胚芽粘粉、粘皮等弊病，使后续工段浓度低，胚芽不能很好分离，功率消耗增大，生产效率降低。

④破碎质量控制。一般都采用二次破碎工艺，即一次破碎后分离一次胚芽，二次破碎后再分离一次胚芽。其质量控制指标为：

进一次破碎机物料的干物质含量为 25%～30%；

一次破碎后玉米粒度：整粒率≤1%，游离胚芽率85%；

二次破碎后玉米粒度：不得有整粒，游离胚芽率15%，联结胚芽率60.5%。

二、胚芽的分离和洗涤

胚芽中含有35%～40%的脂肪，可以用胚芽制取高营养玉米油。胚芽磨碎会导致淀粉生产工艺过程半成品中以至淀粉产品中脂肪含量的增加。这样也会引起机器的工作面及筛分设备的过滤布被油弄脏，浆料磨碎的质量下降，在筛分设备从渣滓中洗涤出淀粉发生困难，因而降低了筛分设备的生产能力，增加了渣滓中携带的淀粉的损失。同样，在分离器上分离淀粉和蛋白质悬浮液时，麸质所带的淀粉的损失也随之增加。因此，要尽可能地从浆料中把胚芽完全分离出去。

分离胚芽的设备主要是胚芽旋流分离器，胚芽洗涤采用重力曲筛。

（1）旋流分离器工作原理　旋流分离器是由带有进料喷嘴的圆柱室、壳体（分离室）、液状物料（胚芽）接收室、上部及底部排出喷嘴组成。

玉米籽粒经破碎后得到稀浆，稀浆包括固体和液体两种。固体中包括各种不同形状和大小的胚芽、胚乳粗粒、细渣和淀粉细粒，液体中则是水和其他可溶性物质。稀浆由离心泵在约0.5 MPa压力下送入胚芽旋流分离器的切向入口，在旋流分离器中稀浆和其他各个组成部分按螺旋线旋转运动，产生离心力，然后下行至圆锥部分。稀浆中的各微粒因各自的相对密度、形态大小不同，在离心力作用下分离。受离心力作用较大的胚乳粗粒和较重微粒（浆料）被甩向外围，在离心力作用下抛向设备的内壁，与蛋白质和淀粉的悬浮液一起随着外层螺旋流下，降到小口处形成底流。受离心力作用较小的胚芽和玉米皮壳相对密度较小，被集中于设备的中心部位随内层螺旋流回转上升，由上端经溢流管涌出，形成溢流，经顶部出口排出（图2-6）。

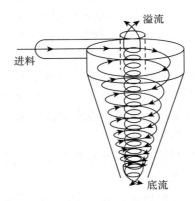

图2-6　胚芽旋流分离器工作原理

胚芽从破碎物料中分离的过程进行得很快，几乎是在瞬间完成。因此，只能通过保持进入旋流分离器的物料的相对密度和稠度（在真空条件下，1 L物料过滤得到的过滤沉淀物中的干物质质量，单位为g/L）和调节底流及溢流出口阀门开启的大小来调节胚芽分离的质量。

（2）重力曲筛工作原理　带有液状物料的胚芽与淀粉乳一起从旋流分离器中排出。胚芽与淀粉乳的分离采用重力曲筛筛分法。

物料经过进料口进入料斗，经过溢流阻板溢流下来，沿着弧形筛的表面往下流。在弧形筛表面运动的物料受离心力和重力的作用，物料中的液体经筛缝流走，而在切线方向力的作用下，筛上的胚芽则沿筛面向下移动。淀粉乳收集在接收器中，经管路排出。筛上分离出的胚芽进入漏斗，从设备排料口排出。

（3）玉米破碎、胚芽分离工艺流程　大型玉米淀粉厂多采用二次破碎、二次分离胚芽的方法。胚芽分离流程见图2-7。

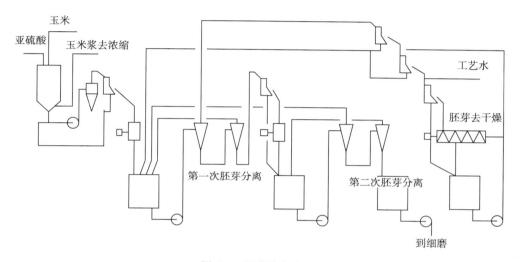

图2-7　胚芽分离流程

浸泡过的玉米用温水送入捕集旋流分离器，分离出石子，然后进入破碎机前的漏斗中。向漏斗中送入第一次胚芽洗涤时得到的一部分淀粉悬浮液，其余的悬浮液则送入破碎后的物料收集器。

为了保持物料最佳破碎条件，破碎后产物应含有25%的干物质。第一次破碎玉米后磨下物含整粒玉米量不应超过1%，即用手接一把磨下物，其中有2～3个整粒玉米。

破碎的物料用离心泵送至第一次胚芽分离的第一级"A"旋流分离器。"A"旋流分离器的顶流为胚芽。旋流分离器的顶部出口排出胚芽，其与携带的淀粉乳进入重力筛。筛滤出的淀粉乳返回第一台破碎机，而胚芽则在重力筛上经过3次逆流洗涤。"A"旋流分离器的底流送到"B"旋流分离器，它的顶流回入第一道破碎磨下，底流则在缝隙为1.6～2.0 mm的重力筛上过滤，然后筛上物进行第二次破碎，筛下物到磨下收集槽。

二次破碎的作用在于彻底地释放出相联结的胚芽，为此，物料要破碎得更细些。经这次破碎之后，浆料中不应含整粒的玉米，联结的胚芽量不应超过0.3%。这些浆料进入收集器，再用泵从收集器送到第二次胚芽分离的第一级"A"旋流分离器。"A"旋流分离器的顶流回到第一道破碎磨下，底流进入"B"旋流分离器，它的顶流回入第二道破碎磨下，而底流进入下一道精磨系统。

胚芽经第一、二次筛洗后的淀粉乳送至破碎系统，一部分与浸泡过的玉米一起送至第一台破碎机，其余部分送至第一台破碎机的收集槽。第三次筛洗得到的稀淀粉乳加上胚芽挤干机脱水的淀粉乳，都会用于第二道重力筛胚芽的洗涤。

麸质分离工段澄清的麸质水用作最后一级洗涤水，供最后胚芽洗涤用，其用量为玉米质量的 1～3 倍。当所用洗涤水过量时能很好地把淀粉从胚芽中洗涤出去，但这样就稀释了悬浮液，因而影响了悬浮液在分离器中的分离。当洗涤水量不足时，胚芽洗涤得不好，会含有许多淀粉。洗涤后胚芽中游离淀粉的最高允许量为 1.5%，结合淀粉的最高允许量为5%～8%。

（4）胚芽分离和洗涤工艺条件的控制

①浆料浓度。胚芽在浆料内漂浮起的速度依赖于它们之间的相对密度差异。适宜的浸泡条件下，胚芽的密度是恒定的，而液体的密度主要由悬浮于其内的淀粉决定，这在一定范围内是由调节胚芽洗涤水的量来控制。不同的部位它的密度是不同的，一般通过测量第一道胚芽洗筛筛下料，即去除粗固形物的第一次"A"胚芽旋流分离器的溢流的波美度来判断浆液浓度是否合适，浆液浓度应为 8～9 波美度（15.5℃）。如果太低就不能正常漂浮胚芽，很可能漂浮起非胚芽固形物，干扰分离过程。

②压降。胚芽旋流分离器的压降是指旋流分离器进口压力与溢流口压力的差值。底流压力通常比溢流口压力高68.6 kPa。满足分离所需要的流速决定于某一最小压降，对 152 mm 旋流分离器，压降为 28～32 kPa，对应的"A"旋流分离器流量为 18 m³/h，对应的"B"旋流分离器流量为 27 m³/h。"A"旋流分离器用于高纯度胚芽分离，进口和溢流口直径为 25 mm；"B"旋流分离器用于大量分离，其进口和溢流口直径为 38 mm。每级旋流分离器的数量可根据生产要求进行调整，但一般工艺中一个"B"旋流分离器对应两个"A"旋流分离器。

③溢流进料比。溢流所占的比例影响分离质量，可以用溢流进料比（O/S）来衡量。此比值可以通过"A"旋流分离器的溢流阀和"B"旋流分离器的底流阀进行调节。若要得到高纯度的胚芽，此比值应较低；若要得到较高的胚芽收率，此比值应较高（表 2-3）。

表 2-3　工艺流程推荐数值

项目	O/S	
	第一次分离	第二次分离
"A"旋流分离器	20%	20%
"B"旋流分离器	30%	30%～50%

④浸泡质量和破碎机工作状况。玉米浸泡的不好或者浸泡后用冷水输送，玉米破碎就会发生困难。在这种情况下会残留许多与胚乳相连的胚芽，碎胚芽也较多，不容易分离。

破碎机工作应满足质量控制指标。均匀地供料有利于保障破碎机与后面各道工序操作的协调，使工艺过程稳定平衡，因此相应地也可保证胚芽分离的效果。

⑤胚芽洗涤。胚芽洗涤一般采用 3 道 50°重力曲筛，筛孔为 1 mm，30 cm 宽的筛面，每小时可处理16～20 m³物料。第三道筛的加水量为1.3～3.1 m³/t，以回收所有的淀粉和蛋白质到主系统。洗水采用过程水，加 SO_2 约0.08%以保持筛面清洁。

⑥胚芽回收。洗涤过的胚芽，放入 12 波美度的盐水中，轻轻搅拌后观察分层情况，用

于诊断不正常的工艺情况。大量的漂浮物说明胚芽分离系统的悬浮液相对密度太低，或第二次分离的旋流器流量太小。大量的下沉物说明浸泡不够，即没有充分地将胚芽中的可溶物溶出；如果沉下的胚芽上带有胚乳，可能是浸泡不好或破碎的不好。过量的破碎胚芽说明第二道破碎磨的齿盘间距太小。有整粒玉米（不包括小粒玉米）说明第二道破碎磨的齿盘间距太大。

（5）典型设备介绍

①沙石捕集器。原料经清理后，还带有体积与玉米颗粒差不多的沙石（并肩石）和非磁性金属物。玉米淀粉生产中采用湿法离心去石，去石装置采用沙石捕集器。沙石捕集旋流器用在玉米淀粉生产中，主要作用是在玉米浸泡后进破碎机前清除并肩石及金属物，有效地保护后道设备免遭损坏。

沙石捕集器主要结构如图 2-8 所示。它主要由分离室和集石室组成。分离室内主要零部件为涡流芯管和耐磨锥体。在工作时，玉米与水混合物切向进入分离室的圆柱筒部分形成下旋涡流，由于离心力的作用，较重的沙石及金属物移向锥体内壁，经锥体出口进入集石室，而液体与较轻的玉米则移向中心形成反向涡流向上运动经溢流口由导向管排出，从而使玉米与较重的沙石或金属物分离。由于锥体底部进行直接排放，集石室内充满了水。在集石室下部装有反冲水切向进口，其压力与上部压力接近，这样耐磨锥体出口处顶住玉米而只让较重的物质（沙石、金属物）落进集石室，所以在集石室的下部可以只排放较重的沙石，而不排出玉米。为防止磨损过快，锥体往往选用耐磨不锈钢或采用陶瓷材料铸造成型。锥体小端直径有几种不同尺寸，供生产操作时选用。在集石室最底部装有排石阀，隔一定时间开启阀门可以排除石子。

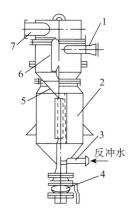

图 2-8　沙石捕集器结构

1.进料口　2.贮石斗　3.反冲水口　4.排石阀　5.耐磨锥体　6.溢流口　7.导向管

②玉米脱胚磨。玉米脱胚磨是一种用于湿法玉米淀粉生产的粗破碎设备，主要用于浸泡后玉米的第一次粗破碎和经提胚后的玉米粗块的二次破碎，以使胚芽与皮和胚乳彼此分离。

齿盘式脱胚磨主要由动齿盘、定齿盘、主轴齿盘间隙调节装置、主轴支撑结构、电机、机座、进料装置、出料装置等组成，见图 2-9。

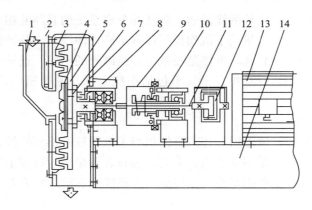

图 2-9　脱胚磨结构

1.进料管　2.机盖　3.定齿盘　4.拨料轮　5.动齿盘　6.转盘　7.机壳　8.前支撑架
9.齿间距离调节机构　10.后支撑座　11.传动轴　12.可移动联轴器　13.电机　14.机舱

③胚芽分离旋流器。胚芽分离旋流器是用于玉米破碎后分离胚芽的专用旋流分离设备，具有分离效率高、占地面积少、操作方便、维修量少等特点。

胚芽分离旋流器是由多个旋流管组合装配而成，其外形结构和组装尺寸如图 2-10 所示。

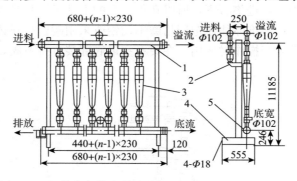

图 2-10　胚芽分离旋流器外形图及组装尺寸（单位：mm）

1.溢流出料管　2.进料管　3.旋流管　4.支架　5.底流出料管

注：n 为旋流器个数。

④胚芽洗涤重力筛。

A. 主要技术规格和技术参数。重力筛是用于玉米分水、胚芽洗涤的主要设备。不同用途时重力筛的筛缝选择参照表 2-4，重力筛可按工艺要求单台或多台并联、串联使用，并联增加筛分能力，串联增加筛分效果。

表 2-4　重力筛筛缝选择

项目	用途		
	玉米脱水筛	胚芽过滤及洗涤筛	二道磨前的滤筛
筛缝宽度/mm	3.0	0.7，1.0，1.2	1.6

B. 主要结构特点。物料由进料管进入接料室后，经溢流堰和压力活门使物料散布于整个筛面。物料沿筛面（弧形面）作圆弧运动时产生离心力，在离心力和重力的作用下液体或细小的微粒从筛缝中漏下形成筛下物，而在惯性力和筛条阻力的作用下，粗粒从筛上沿筛面滑下形成筛上物，从而完成筛分过程（图 2-11）。

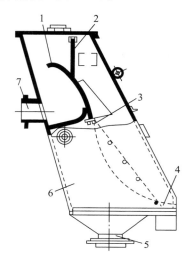

图 2-11　重力筛结构

1.溢流堰　2.压力门　3.筛面　4.筛上物出口　5.筛下物出口　6.筛框　7.进料口

⑤螺旋挤压脱水机。螺旋挤压脱水机主要用于胚芽和纤维的挤干，将胚芽或纤维中携带的水分尽量减少，以利于干燥系统减少蒸汽耗量。

单螺旋挤压脱水机（图 2-12）主要由带减速器的传动机构、挤压螺旋轴、筛筒或榨笼、壳体、出料口、进料斗和接液槽等部分组成。螺旋挤压脱水机的螺旋轴的叶片呈圆柱形螺旋状，筛筒是由筛板或笼条排成的榨笼。用于纤维脱水的螺旋挤压脱水机的螺旋轴的叶片呈圆锥形螺旋状。筛筒是钻有筛孔的圆锥体。

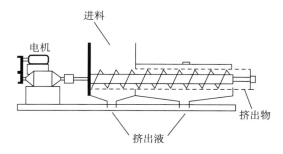

图 2-12　单螺旋挤压脱水机结构

⑥管束干燥机。管束干燥机是用于玉米胚、纤维、蛋白质粉等干燥的设备。高温蒸汽在管束内，被干燥的湿物料在管束外，当物料由进料绞龙送进机内后被固定在管束外周的抄板抄起，然后落到管束之间，湿物料与高温管束接触。由于抄板安装带有轴向倾角，所以它把物料抄起的同时，也将物料向前推动。湿物料从进料端进入机内后，被抄板多次抄起落入高

温管束之间，到出料端而得到干燥。干燥过程中水汽从机盖由排风机排出或直接排出。当进料口与蒸汽进口设置在干燥机一端时称为顺流干燥，当进料口与蒸汽进口设置在干燥机两端时称为逆流干燥。

管束干燥机（图 2-13）主要由旋转的管束、两端轴承及轴承座、抄板、外壳、保温层、底架及传动部分的大小链轮（齿轮）、摆线针轮减速器等部分组成。

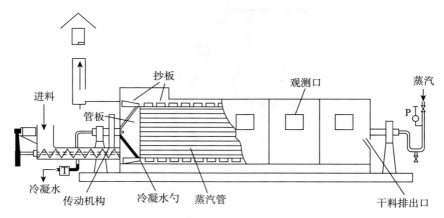

图 2-13　管束干燥机结构

电动机通过摆线针轮和链轮传动系统带动管束旋转，物料通过进料绞龙从侧面的进料口进入机内。装在管束外周的抄板，一面把物料抄起，一面推动物料前进，从进料端一直推进到另一端的出料口出来为止。机内抄板可自由调整，故对物料在机内停留时间可随意调整。蒸汽从一端蒸汽接头进入，冷凝水从另一端蒸汽接头排出。设备装有蒸汽动密封装置，外壳有保温层，冷凝水出口装有疏水阀，可有效地避免蒸汽的逸出或泄漏，因此热能损耗很低。

第四节　玉米精磨与纤维分离

玉米经过破碎和分离胚芽之后，含有胚乳碎粒、麸质、皮层和部分淀粉颗粒。大部分淀粉包含在胚乳碎粒及皮层内，必须进行精细磨碎，才能最大限度地释放出淀粉、蛋白质和纤维素，为以后各组分的分离创造良好的条件。精磨的目的是破坏玉米碎块中淀粉与非淀粉成分的结合，使淀粉最大限度地游离出来，分出纤维渣，并使胚乳中蛋白质与淀粉颗粒分开，以便进一步分离和精制。

纤维分离主要是将释放出淀粉后的纤维渣经过多次洗涤，使其含有较少的游离淀粉和结合淀粉。洗涤后的纤维经过挤水、烘干成为干渣。

一、精磨与纤维洗涤的基本原理

（1）精磨的基本原理　经过破碎分离出胚芽的碎玉米块中，玉米籽粒的种皮及角质层与胚乳仍连在一起，为打破淀粉和非淀粉部分的结合，并将胚乳中的淀粉颗粒与蛋白质颗粒分开，必须将碎玉米块进一步细磨（即生产流程中的第三级磨）。细磨的主要目的是使淀粉最大限度游离出来而将纤维（淀粉渣）分离，亦称精磨。

细磨目前国内外均采用冲击磨，主要装有棒式针的动盘和定盘。物料随动盘旋转而抛向四周，在动针、定针的间隙中进行相互冲击而磨碎。由于动盘、定盘的磨针是主要工作部件，所以冲击磨又称为针磨。为增加冲击磨磨细效果，进料前要进行一次筛分，分离出粗磨中游离出来的淀粉，以提高进料稠度，筛下淀粉乳称为一次淀粉乳，进磨前的筛称为取浆筛。经细磨后，淀粉与非淀粉部分已经分开，淀粉颗粒与蛋白质颗粒也呈游离状态。根据它们之间的颗粒差异（淀粉 5～2 μm，麸质 1～2 μm，细纤维 65 μm）进行筛理。细磨后的物料颗粒都比较小且均匀混合，呈乳浊液体。目前，国内外普遍采用压力曲筛进行筛理。首先用筛缝 50 μm 的压力曲筛将纤维分离，筛下淀粉乳（二次淀粉乳），与一次淀粉乳进入下一步工序进行淀粉与麸质的分离，筛上则为纤维浆。

（2）纤维分离与洗涤的基本原理　物料磨碎之后形成悬浮液，其中含有游离淀粉、麸质和细小颗粒和纤维（细渣和粗渣）。为了得到纯净的淀粉，要把悬浮液分离成各组成成分。粗渣、细渣与淀粉悬浮液的分离是在筛分设备上进行的，通常采用压力曲筛对纤维进行分离洗涤，压力曲筛筛缝不易堵塞，能作出精确的筛分，很少维修，生产效率高，占地面积小。

压力曲筛是一种依靠压力对低稠度湿物料进行液体和固形物分离及分级的高效筛分设备。压力曲筛工作原理如图 2-14 所示。运行时，湿物料用高压泵打入进料箱，物料以 0.3～0.4 MPa 压力从喷嘴高速喷出。在 10～20 m/s 的速度下从切线方向引向有一定弧度的凹形筛面，高的喷射速度使浆料在筛面上受到重力、离心力及筛条对物料的阻力（切向力）作用。由于各力的作用，物料与筛缝成直角流过筛面，楔形筛条的锋利刃口即对物料产生切割作用。在料浆下面，物料撞在筛条的锋利刃上，即被切分开通过长形筛孔流入筛箱中，筛上物继续沿筛面下流时被滤去水分，从筛面下端排出。进料中的淀粉及大量水分通过筛缝成为筛下物、而纤维细渣则从筛面的末端流出成为筛上物。淀粉颗粒与棱条接触时，其重心在棱的下面从而落向下方成为筛下物。纤维细渣与棱条接触时，其重心在棱的上面从而留在上方成为筛上物。压力曲筛由于其分级粒度大致为筛孔尺寸的一半，所以排入筛下的颗粒粒度比筛孔尺寸要小得多，从而减少了堵塞的可能性。筛条的刃口将进料抹刮成薄薄的一层而使水和细料均匀分散，从而使物料易于分级，同时整个筛面得到自行清理。曲筛工作时，穿过筛缝的筛下物的数量在很大程度上决定于浆液同筛面是否能很好地保持接触。曲筛所进行的按颗粒大小的分离取决于楔形筛条之间空隙的大小及物料在曲筛筛向上的流速。筛孔越小，对流速的要求越高。

图 2-14　压力曲筛工作原理

二、精磨与纤维分离、洗涤工艺流程

精磨与纤维分离、洗涤工艺流程应根据生产规模、原料特性、产品质量和生产工艺要求而定。一般采用1~2级精磨，5~7级逆流洗涤工艺流程。图2-15为1级精磨6级逆流洗涤工艺流程，该工艺具有淀粉收率高、洗涤效果好的特点。

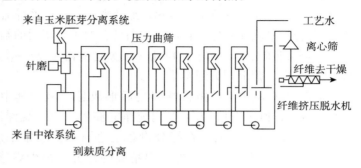

图 2-15 精磨及纤维洗涤流程

从脱胚系统送来的物料，其主要成分为淀粉、蛋白质和纤维。物料首先通过一道 $50\ \mu m$ 筛缝的压力曲筛，将已游离出的淀粉和蛋白质分离出来，筛上物料进入精磨进行细破碎，经过精磨的打击作用将颗粒状的胚乳完全破碎，并将胚乳上黏附的胚乳全部打下来。皮层纤维含淀粉量极少。磨下物料用泵送到筛洗系统。第一道筛采用 $50\ \mu m$ 筛缝，分离出稀淀粉乳，以后各道筛采用 $75\ \mu m$ 筛缝，对纤维进行洗涤。洗涤水采用工艺水，从最后一道加入，纤维与洗涤水逆流而行，经过洗涤的纤维挤压脱水后进行干燥。纤维洗涤槽是有助于纤维洗涤的重要设备，在水流的搅动冲击下，更有利于洗净纤维。

三、精磨与纤维洗涤的工艺条件控制

（1）进行精磨的物料浓度 精磨时物料的浓度需用稀浆或工艺水加以调节，使含水保持在 $75\%\sim79\%$ 的范围，如进料的含水量增高到 80% 以上，会使精磨的效果明显变差。

（2）压力曲筛筛面选择 压力曲筛用于精细分离时，筛缝间隙为 $75\ \mu m$；用于纤维逆流洗涤时，筛缝间隙为 $75\ \mu m$；用于纤维的初脱水时，筛缝间隙为 $100\sim150\ \mu m$；用于磨前物料增稠，筛缝间隙为 $50\ \mu m$。在逆流洗涤工艺中，为确保淀粉的质量（淀粉乳中的含渣量小于 $0.1\ g/L$），前面曲筛筛缝宽度选用 $50\ \mu m$；为了确保细渣中的游离淀粉含量小于 5%，后面洗涤曲筛筛缝宽度选用 $75\ \mu m$。

（3）纤维中淀粉含量 筛洗后渣中游离淀粉的含量应小于 5%，淀粉收率比其他研磨设备提高 1% 左右。

（4）进料压力 进入压力曲筛的物料，只有在一定的速度下在筛面上作弧线运动，才能保证良好的分层和分离。进料压力高，筛分效率高，生产能力大；进料压力低，则相反。但压力过高，同样不利于筛分。压力一般应控制在 $0.2\sim0.4\ MPa$，精筛的进料压力 $0.3\sim0.4\ MPa$，洗涤筛的进料压力控制在 $0.2\sim0.3\ MPa$。

（5）压力曲筛进料 筛分物料不能磨得过细，否则会增加淀粉乳中的细渣含量。每 $100\ kg$ 绝干玉米的洗涤水用量控制在 $210\sim230\ L$，洗涤水中应加适量的亚硫酸水。

四、典型设备介绍

（1）棒式针磨　棒式针磨（图 2-16）由机架、驱动装置、主机三大部分组成，驱动装置和主机均装在机架上，机架经地脚螺栓与机器的基础相连接。机器的驱动采用带齿的、窄的皮带传动，并装有皮带紧度调整装置。主机包括进料槽、传动组件、动盘组件、静盘、静针、齿盘和出料斗等零部件。进料槽连接均匀送料装置，均匀送料装置与进料系统连接，出料斗连接下级管道使经机器粉碎后的物料进入下级处理装置。进料槽的两侧各有一通气活门，调整其开启程度可保证机器内有足够的空气流通。

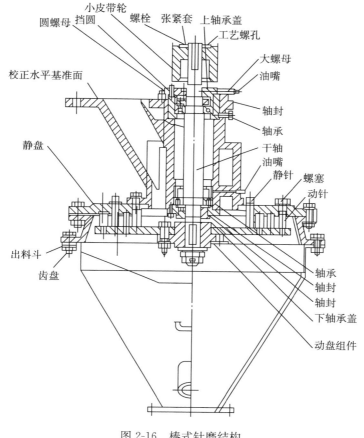

图 2-16　棒式针磨结构

（2）卧式冲击磨　卧式冲击磨是由进料机构、转子（包括转盘和动针）、液力耦合器、传动齿轮、机座等部分组成。

电机通过液力耦合器与主机相连，由于液力传动的"软"特性，只有当电机转速达到额定值后，耦合器才开始传递力矩，驱动主轴与转盘。在工作时，若冲击磨超载，液力耦合器能自行卸荷，实现对电机的过载保护。卧式冲击磨结构如图 2-17 所示。

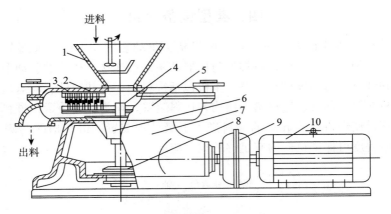

图 2-17　卧式冲击磨结构

1.供料器　2.上盖　3.定针盘　4.转子　5.机体　6.上轴承座　7.机座　8.低轴承座　9.液力耦合器　10.电机

（3）压力曲筛　压力曲筛是一种高效筛分设备，主要用于细淀粉乳的提取和纤维的洗涤。它主要由筛面、给料器、筛箱、出料口等部分组成，见图 2-18。

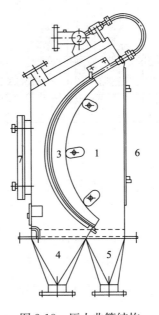

图 2-18　压力曲筛结构

1.壳体　2.给料器　3.筛面　4.淀粉乳出口　5.纤维出口　6.前门　7.后门

为适应不同生产能力的需要、减少生产设备投资，有的淀粉设备厂将一道标准型号的压力曲筛改制为两道压力曲筛使用，即在同一筛体内将筛面、喷嘴隔成两半，进料、出料管各做成两套。这样小型玉米淀粉厂在投资额不大的情况下也可采用压力曲筛作筛分设备。

第五节　淀粉与麸质分离及淀粉洗涤

分离纤维后的细淀粉乳还含有较多的蛋白质、脂肪、灰分等非淀粉类物质，特别是蛋白质含量较高，必须将其分离才能得到较纯净的淀粉。

一、细淀粉乳特性

在精制筛上过滤的淀粉悬浮液含有许多杂质（按干基计）：原浆中干物质的化学组成（按干基计算）如下：淀粉89%～92%，蛋白质6%～8%（N×6.25），脂肪0.5%～1%，可溶物0.1%～0.3%，灰分0.2%～0.3%，细渣≤0.1%。

原浆中固形物主要是淀粉、麸质（不溶性蛋白质）和细渣，各具有不同的粒径和比重。粒径：淀粉5～26 μm，麸质1～2 μm，细渣65 μm；密度：淀粉1 610 kg/m³，麸质1 180 kg/m³，细渣1 130 kg/m³。

二、麸质分离与淀粉洗涤基本原理

细淀粉乳中所含的淀粉及麸质在相对密度、粒径等方面有很大差别，利用这些差别，采用不同的方法可将其分离。目前，淀粉与蛋白质的分离按原理及操作方法不同分为3种。

（1）离心分离法　在离心力作用下，淀粉与麸质的相对密度差增加了几倍，这时分离的速度和质量有很大提高。所以大中型淀粉厂都采用离心分离法来分离淀粉与麸质。

①离心分离机分离法。淀粉离心分离机是一种高速旋转、连续出料的碟片喷嘴式分离机，主要是由转鼓、喷嘴、立轴、横轴、传动机构和进出料管构成（图2-19）。转鼓内有一组用不锈钢制成的碟片，碟片均匀重叠。碟片间有一薄层空间（0.9～1.0 mm）。常用分离机转鼓的外缘有8～12个喷嘴。含有麸质的淀粉乳由离心机上部的进料口送入转鼓，进入碟片沉降区后，高速旋转的转鼓带动物料旋转产生很大的离心力，在强大的离心力场作用下，淀粉、麸质、纤维和脂肪等由于相对密度的差异较大，故所受离心力也不同，从而产生加速或滞后现象。其中，相对密度较小的麸质、纤维和脂肪等由于所受浮力大于所受离心力，在碟片之间的薄层沉降区内沿碟片随水流上行向中心移动，通过收集室由向心泵排出机外；密度较大的淀粉颗粒，由于受较大的离心力的作用，其离心力大于所受浮力和摩擦力作用，并足以克服其中的涡流的影响，故沿碟片向大端流动，被抛向转鼓的内壁，最后通过喷嘴排出机外。

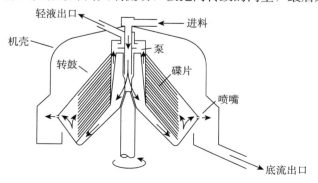

图 2-19　离心机工作原理

②旋流器分离法。旋流器主要用于淀粉洗涤。旋流器是由圆柱体和圆锥体两部分组成，圆柱体顶部装有深入到圆柱体内部的溢流排料管。旋流器的工作原理是在离心力作用下使颗粒大小和相对密度不同的淀粉和麸质得到分离。物料在压力作用下沿切线方向进入旋流器，沿圆周方向高速旋转，由于离心力的作用，相对密度较大的淀粉颗粒具有较快的沉降速度，被甩向旋流器壁随螺旋流下降至底部出口，通过底流口排出，这部分物料称为底流。而相对密度小的蛋白颗粒和液体具有较慢的沉降速度，在内层绕中心轴线随螺旋流上升至顶部出口，从溢流口排出，这部分物料称为溢流（图 2-20）。10 mm 旋流器的分割点直径 d_{50} 为 3～7 μm。

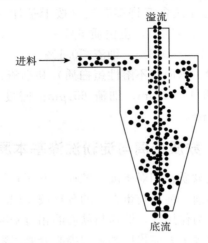

图 2-20　淀粉洗涤旋流器工作原理

淀粉洗涤旋流器的类型有两种，直径分别为 10 mm 和 15 mm，每种又分为 A 和 B 两种类型。10 mm A 型的进口直径为 2.5 mm，顶流口直径为 2.5 mm，底流口直径为 2.3 mm，锥度为 6°，这是典型的淀粉洗涤旋流器类型，其液体分离比例为 60∶40。10 mm B 型的进口直径、顶流口直径与 A 型相同，但其锥度为 8°，底流出口直径为 2.4 mm，其液体分离比例为 70∶30。B 型旋流器主要用于淀粉洗涤的最后一级，以增加底流的固形物含量。每级旋流器由几十至几百个小直径的旋流管组成。

（2）气浮分离法　气浮分离法的工作原理是向淀粉悬浮液中吹入一定量的气体，气体呈气泡状上浮并将蛋白质及其他轻的悬浮粒子快速浮起通过溢流挡板排走，从而达到分离的目的。

淀粉生产中，气浮分离法可以用于麸质分离和麸质浓缩。目前，气浮分离法主要用于初级离心分离机排出的麸质水中蛋白质的浓缩，并回收其中含有的少量淀粉。初级分离机排出的麸质水浓度较低，分离机进行初级分离得到的轻相液物料浓度为 0.6%～0.8%。悬浮液体中的干物质主要由麸质和淀粉组成。悬浮液含干物质 8 g/L，其中 60%～80% 是蛋白质。在气浮槽中充入空气，使麸质形成泡沫而浮在水面上，最后从溢流口排出，而淀粉则沉入分离室底部。从底部排出，并作为过程水返回到工艺中。麸质经气浮浓缩到 15 g/L 左右。然后进入麸质浓缩机进一步浓缩或用沉淀池处理。

麸质液是呈高度分散状态的悬浮液。麸质中带有很微小的淀粉颗粒，大小为 2～10 μm，麸质是大小为 1～2 μm 的蛋白质微粒。在澄清过程中这些微粒相互黏合在一起时，形成达

140 μm 的聚集物而沉淀下来。然而，由于麸质的相对密度不大（约1 180 g/L），并很易吸收水分，即具有亲水性（含水量可达85％），悬浮液的沉积要经过缓慢的过程。在降低温度时沉淀过程变慢，这是因为系统的黏度提高了。二氧化硫浓度低于0.035％时，物料沉淀也会受到不良影响。这是因为在物料加工过程中会有微生物滋生。在精心操作的情况下，一次加工浓缩的麸质的干物质含量达8％～10％，麸质中携带的淀粉损失为5％～10％。在澄清的麸质水中悬浮干物质的含量约0.1％。

空气形成的气泡大小为0.5～30 mm。在相同的空气量时，气泡越小，液体与空气接触的表面积就越大，就越能有效地利用泡沫进行脂肪和蛋白质的分离。气泡大小取决于输入空气的数量，也取决于悬浮液的数量、浓度和黏度。

（3）沉降分离法　沉降操作是依靠重力的作用，利用分散物质与分散介质的密度差异，使之发生相对运动而分离的过程。依靠地球引力的作用而发生的沉降过程称为重力沉降。淀粉生产中，是利用麸质与淀粉之间的密度差，使得它们可以通过沉淀速度差而分离。其淀粉的沉淀分离是将淀粉悬浮液置于沉淀池或长槽中，经过一段时间沉淀，有一层黄色的麸质沉淀在白色的淀粉层上面，这时通过冲洗就可以使二者分离。

三、麸质分离与淀粉洗涤工艺流程

根据以上分离方法，淀粉与麸质分离的工艺流程有两种，即：分离机分离流程、分离机-旋流器分离流程。

（1）分离机分离工艺流程　我国有很多中型淀粉厂采用全分离机分离流程，全分离机分离流程中多采用四五台分离机串联的方法，见图 2-21。

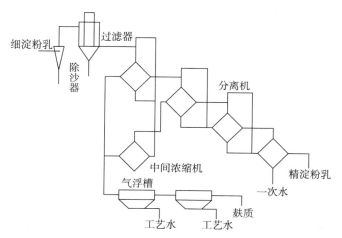

图 2-21　分离机分离工艺流程

该生产工艺是将细淀粉乳先送到除沙器除去细沙，然后再经过过滤器过滤出大于喷嘴孔的杂质，以免磨损分离机的碟片和喷嘴，堵塞喷嘴，影响产量及分离效果。经过处理后的淀粉乳和中间浓缩机的底流合并，送入第一级分离机分离。在分离机中用过程水或第二级分离机的部分溢流作洗涤水。经第一级分离后得到的溢流即为麸质水（黄浆），浓稠的底流被第三级分离机的溢流稀释后，进入第二级分离机，分离后底流进入第三级、第四级分离机。一次净水从最后一级进入，逐级往前返，达到逆流洗涤的效果，由于这种工艺流程把第二级分离机的部分溢流返回第一级分离机，实际上会降低分离机的分离生产能力。为了提高生产能力，可提高进料淀粉乳的浓度。第一级分离机的轻液和中间浓缩机的轻液合并后进入气浮槽，经过两级气浮分离得到工艺水回用。麸质进行脱水干燥。

该工艺各机控制参数见表 2-5。

表 2-5 分离机分离工艺各级工艺控制参数

机号	进料浓度/波美度	重液浓度/波美度	轻液浓度/波美度	流水量/（m³/h）	中间品蛋白质含量/%
1	4.5~6	16~18	<0.2	4~5	3~4
2	7~9	17~19	<2	4~5	1.5~2
3	8~10	17~19	<4	3~4	0.7~1
4	10~11	18~20	<4	3~4	0.4~0.6

（2）分离机-旋流器分离工艺流程 由于玉米蛋白质微粒亲水性强，易聚集成团，采用分离机对粗淀粉乳进行初级分离时，既分离了麸质，浓缩了淀粉乳，同时也对淀粉乳中的蛋白质聚集团进行了碎解。然后再采用旋流器进行精制，更有利于保证产品的质量。因此，目前国内外一般采用分离机-旋流器分离工艺流程（图 2-22）。分离机-旋流器生产工艺比较灵活，根据产量的要求可选择多台分离机并联或将大型号的分离机和旋流器组合。

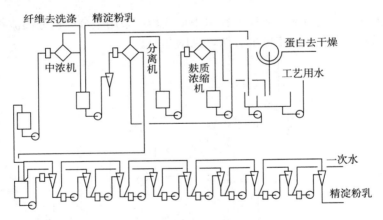

图 2-22 分离机-旋流器分离工艺流程

在这种生产工艺中，细淀粉乳先进入第一级分离机分离麸质。分离麸质后的淀粉乳浓度为 11~13 波美度，然后和第二级旋流器的顶流混合后，用泵送入第一级旋流器，第一级旋流器的溢流进入中间浓缩机，分离出麸质和细淀粉乳。麸质和第一级分离机分离出的麸质混合后进入麸质处理工序，细淀粉乳回到第一级分离机前的细淀粉乳罐。第一级旋流器的底流和第三级旋流器的溢流混合后用泵送入第二级旋流器。底流顺次将淀粉乳送入最后一级旋流器，溢流顺次将麸质返回到中间浓缩机。洗涤水用于最后一级旋流器进料的稀释，旋流器将进料分离为相对重的淀粉底流和轻的顶流用于前一级进料的稀释。因此，淀粉逐级被洗涤水稀释并且可溶性物质被送回前面，在每一级，不溶性的蛋白质和纤维性物质伴随少量的淀粉和可溶物从第一级顶流排出。精淀粉乳从最后一级底流排出，精淀粉乳浓度 20~22 波美度。

旋流器由几十至几百个小直径的旋流管组成，进口、溢流出口和底流出口分别隔成 3 个部分。溢流为含麸质和可溶物的轻相液，底流主要为淀粉乳。旋流器一般使用 9～12 级的，其管道逆流相接。为了达到物料平衡的目的，各台旋流器使用的旋流管数量有多有少，一般前级多后级少，后级多余的孔可用盲管堵塞。洗涤后淀粉乳中蛋白质含量可达 0.4% 左右（干基），严格操作亦可达到 0.3%～0.35%；淀粉乳浓度可达 22～23 波美度。

四、麸皮质分离与淀粉洗涤工艺条件控制

①温度。温度升高，淀粉乳黏度下降，蛋白质与麸质易于分离。因此，进入分离机的细淀粉乳应保持适宜的温度才能提高分离效率。细淀粉乳最适宜的进机温度为 40～45℃，进分离机的洗涤水也加热至 40℃ 左右，可大大提高分离效率。

②进料浓度。淀粉乳浓度增高，相对密度增大，麸质在淀粉乳中易于上浮，有利于麸质分离，提高产量。浓度过高，溢流中含淀粉增多，影响淀粉收率和麸质的质量；浓度过低，在分离时底流中流出呈泡沫状的浓稠物，溢流浓度很低，排麸质极少。第一级分离机进料浓度保持在 6～7.5 波美度较好。浓度低时可将第三级分离机底流返回粗浆罐进行调整，浓度过高时可加稀浆调节。

③喷嘴的选择。喷嘴大小决定了分离机底流的流量，根据底流浓度可以计算出干物质含量，即分离机的产量，再根据溢流流量和溢流浓度可计算出溢流的淀粉含量。喷嘴孔径与底流流量的关系见图 2-23。各级分离机对溢流的淀粉量有一定要求，根据这一要求及分离机底流干物质含量和进料浓度可以计算出分离机的进料流量。

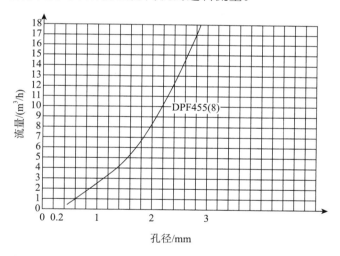

图 2-23　喷雾孔径与流量关系〔分离机型号：DPF445（8）〕

分离机的生产能力与选用的喷嘴孔径有关。喷嘴孔径应根据悬浮颗粒的大小、进料流量和浓度、溢流和洗水的流量和浓度以及底流的浓度来确定。喷嘴排出物流量可按下式计算

$$q_v = \frac{q_{v1}(\rho_1 - \rho_4) + q_{v2}(\rho_2 - \rho_4)}{\rho_3 - \rho_4}$$

式中，q_v 为底流流量（m³/h）；q_{v1} 为进料流量（m³/h）；q_{v2} 为洗涤水流量（m³/h）；ρ_1 为进

料固形物含量（g/100 mL）；ρ_2为洗涤水固形物含量（g/100 mL）；ρ_3为底流固形物含量（g/100 mL）；ρ_4为溢流固形物含量（g/100 mL）。

进料量也应根据进料浓度的高低随时进行调整。进料量和浓度成反比关系，也就是说浓度高时减少流量，浓度低时增大流量。因此，为了及时根据浓度调整流量，在分离机的进料管路上安装浓度测量装置是很有必要的。

分离机的底流浓度与进料浓度之比称为浓缩比，一般分离机的浓缩比为2.4～1.25，浓缩比的高低应根据分离机在分离工艺中所处的位置来决定，前级分离机浓缩比较高，后级分离机浓缩比较低。进料浓度在比较稳定的情况下，底流浓度也应严格控制。浓缩比过高，麸质中带走淀粉增多；浓缩比过低，分离麸质减少，也会影响淀粉的质量。

④洗水。分离机的洗水主要有3个作用：一是降低中空主轴上轴承和水密封口因高速摩擦而引起的升温，二是清洗淀粉并使之为乳浆状喷出，三是调节分离室内液体的流动状态。

通过控制分离室中液体的流动状态即向上或向下流动，可控制蛋白质的分离状况。若冲洗水的用量大于底流中的含水量，则分离室中发生上流现象，即分离室中的液体向上流动。在上流的情况下，溢流中含淀粉量高，因为有较多的淀粉被裹带到溢流中去。若洗水的用量小于底流中的含水量，则分离室中发生下流现象，即分离室中的液体向下流动。在下流的情况下，溢流中含淀粉较少，但底流含蛋白质较多。上流的量愈大，则溢流麸质水所含淀粉的量愈多，而底流含蛋白质量愈低，淀粉质量愈好，这正是最后一台分离机所需要的，而溢流则返回到前级分离机管路中去。下流的量愈大，则溢流中所含淀粉量愈少。如果底流含蛋白质较多，还可以再进入后面的分离机再次分离，而溢流麸质水中含蛋白质量高，可获得高质量的蛋白质粉，这正是第一级分离机所承担的分离任务。

⑤麸质水中蛋白质含量与淀粉损失。在淀粉生产工艺中，麸质的分离都是在分离工序的初级阶段进行。第一级分离设备溢流中麸质和淀粉含量的高低，直接影响到淀粉的收率高低和蛋白粉的质量好坏。麸质水中的蛋白质含量和淀粉含量成反比，与淀粉的收率成正比，因此麸质水中的淀粉含量应严格加以控制。如果麸质水中淀粉含量高，则可能是进料量太大、洗涤水用量过多、底流浓度过高或喷嘴堵塞等因素所造成的，应即时查找原因加以调整。

蛋白质中淀粉含量的简易测定方法为：采集蛋白质样品，测定样品的含水量（ω）。倒入10 mL蔗糖溶液（63%）于15 mL有刻度的试管中，称取一定量的样品（m）放入试管中与蔗糖混合均匀，将试管放入试验离心机中，在2 835 r/min下离心10 min，测定试管内淀粉体积（V）。淀粉质量（m_1）为0.67 V，淀粉含量计算公式为

$$淀粉含量 = m_1 / [m(1-\omega)] \times 100\%$$

⑥分离机的工艺指标。分离机在生产工艺中所处的位置不同，其作用及任务也不相同。一级、二级或中间浓缩机的主要任务是把淀粉和麸质分开，分离出纯度较高的麸质水；三级或四级分离机的主要任务是把初级分离后的淀粉乳再进行洗涤、精制，除去大部分可溶性物质及蛋白质，达到商品淀粉的质量要求。

洗涤水压力为0.05～0.10 MPa，最大不超过0.15 MPa。洗涤水温度约40℃。进料压力为0.05～0.2 MPa，压力必须保持稳定。

五、旋流器洗涤工艺指标控制

①进料量。进入洗涤系统的物料量与破碎量、回流量和淀粉产量有关。淀粉产量按干玉

米的 $66\%\sim69\%$ 计算。进料量是产量和回流量之和。进料的浓度为 $17\sim20$ 波美度，一般为 19 波美度（15.5℃）。

②喂料量。在稳定的压力下，每个旋流器通过的流量也是稳定的，只是随着进料浓度的变化而有微小变化。一旦流量确定，每级旋流器的旋流管数也就可以计算出来了。如果进料量小于理想流量，也必须保证每级进料的淀粉含量。

③波美度分布。每一级旋流器的底流波美度在一定的进料浓度下是自我限定的。由于第一级进料浓度较低，底流浓度为 21 波美度（15.5℃）；最后一级选用 B 型旋流器，底流浓度为 23 波美度（15.5℃）；其余各级为 22 波美度（15.5℃）。最后一级顶流的浓度为 $8\sim10$ 波美度（15.5℃）；第一级顶流的浓度受其他参数的控制，通常固定在 $2\sim50$ 波美度（15.5℃）；中间各级顶流浓度应稳定逐级增加。

④温度。温度高低影响淀粉乳的黏度，即影响分离效果。淀粉乳在高速离心分离过程中因摩擦而使温度升高，温度过高会使淀粉颗粒膨胀甚至糊化而堵塞旋流器，这在生产中是不允许的。最适宜的洗涤温度为 $49\sim52$℃。

⑤进料浓度。淀粉乳的浓度是影响旋流器的主要因素。浓度过高，黏度增加，影响分离效果，同时溢流的浓度也相应增加，影响收率；浓度过低，生产能力降低。根据旋流器的级数不同，进料浓度一般控制在 $11\sim17$ 波美度。

⑥压力。旋流器的进料压力高低直接影响分离效果。一般进口与溢流口之间的压力差为 $0.45\sim0.65$ MPa。要保持这样高的压力差，进口压力不得低于 0.6 MPa。但是，如果压力过高，也会影响分离效果，因为压力高离心力大，溢流和底流浓度差加大，溢流中蛋白质含量减少，影响洗涤效果。同时压力过高，设备耗能增加，设备使用周期也会受到影响。

⑦回流量。为了最大量地去除不溶性的蛋白质和纤维性物质，必须有一定量的淀粉通过第一级溢流进入中间浓缩系统，实验证明其数量应为进料量的 $20\%\sim28\%$。其流量控制由间接控制最终淀粉流量来实现。

⑧洗涤水。洗水必须是经过除沙、软化处理的净水，硬度低于 1.43 mmol/L。洗涤水温度应预先加热到 $41\sim43$℃，和整个系统的淀粉乳温度一致。洗涤水量对洗涤效果影响也很大，它与洗涤级数、进料浓度、进料压力及分离效率有关。一般洗涤水用量与绝干淀粉的比在生产中可根据实际情况灵活调整（图 2-24）。

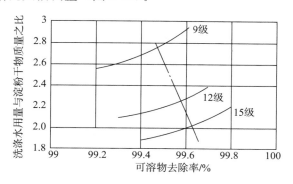

图 2-24　淀粉洗涤可溶物去除率

⑨旋流器的工艺指标。旋流器所装旋流管的型号不同，工作压力不同，其用途也不同。

旋流器串联的级数为9～15级，2～3级初级旋流器用于回收麸质和可溶物，4～12级用于淀粉洗涤。

淀粉洗涤旋流器系统很容易受到各种因素的影响，特别是旋流管的破裂、堵塞、密封、渗漏等，需要定期或在出现问题时对系统进行测定。测定项目包括：压力降，每一级的顶流、底流和进料浓度，系统进料的流量和浓度，第一级的顶流和最后一级的底流流量、洗水量等。测定浓度时应将温度记下，矫正到15.5波美度。

回收率（REC）是指进料固形物通过底流的数量，它是评价该系统稀释浓缩作用的主要指标。计算公式为

$$REC = \frac{q_v / q_{v1} \cdot UB}{FB}$$

式中，q_v 为底流流量（m³/h）；q_{v1} 为进料流量（m³/h）；UB 为底流浓度（波美度）；FB 为进料浓度（波美度）。

某一级回收率比设定值小时，表明旋流管堵塞或破裂，或者是压力降太小，或者是进料波美度太高；总回收率太高，说明进料波美度太低。在极端情况下，如某一级的顶流波美度为零，所有的淀粉都进入底流，在这种情况下，在这一级及以后的各级不可能去除不溶性蛋白质等。

六、典型设备介绍

（1）除砂旋流器　除砂旋流器在使用中常将两级并联来提高生产能力，再与一级串联来提高分离效果。

本设备主要由除砂和砂子收集两大部分组成，圆锥部分采用耐磨不锈钢或陶瓷材料制造，见图2-25。

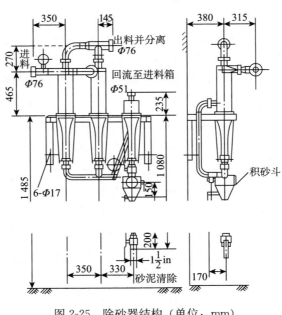

图 2-25　除砂器结构（单位：mm）

注：1 in（英寸）＝2.54 cm

（2）分离机 分离机是一种碟式喷嘴离心分离到连续出料的分离设备，它对于含固体较少而又不易分离的悬浮液或乳液都有较高的分离效果。玉米淀粉生产中用于对含有麸质的淀粉乳进行麸质分离，及对含有可溶蛋白的淀粉乳进行洗涤分离。

分离机主要由转鼓和机座两个部分组成。转鼓内有一组用不锈钢制成的碟片，碟片均匀重叠，相互间有一薄层空间。转鼓外缘装有 8 个喷嘴，喷嘴的孔径有 $\Phi 1.3$ mm、$\Phi 1.4$ mm、$\Phi 1.45$ mm、$\Phi 1.6$ mm、$\Phi 1.8$ mm、$\Phi 2.0$ mm、$\Phi 2.2$ mm、$\Phi 2.25$ mm、$\Phi 2.5$ mm等 9 种规格。机座上装有电机，电机水平轴通过齿轮传动将主轴增速，从而带动主轴上的转鼓高速旋转。在机座上半部设有进料管、溢流（轻相）出口、底流（重相）出口及机盖，在机座下半部设有供洗涤水用的离心泵（底泵）及电动机的启动与刹车装置。分离机主要结构如图 2-26 所示。

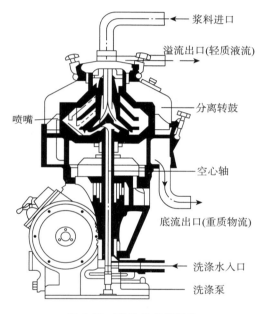

图 2-26 碟片分离机结构

（3）三相分离机 SDA 系列的三相分离机是德国韦斯伐里亚公司于 20 世纪 90 年代开发出的专门用于淀粉加工的新型分离机，并在欧洲、美国和世界其他地区的玉米、小麦、马铃薯和木薯淀粉加工行业，作为淀粉分离、澄清和洗涤离心机，得到广泛的应用。

与目前广泛使用的两相碟片喷嘴分离机相比，三相分离机有 1 个进料口、3 个出料口，即除了底流和溢流外，增加了中相，中相的相对密度介于底流和溢流之间，对于玉米淀粉加工来说，底流是浓度为 18～19 波美度的淀粉乳，溢流是澄清后的工艺水，中相是蛋白质和细纤维类的物质，但浓度比两相分离机的高很多倍。

可以理解为三相分离机是两台起不同作用的分离机结合在一台离心机内工作，第一台分离机是一台澄清离心机，50％的水被分离出来，并作为溢流，这部分工艺水经过碟片的澄清作用，含有的悬浮固体很低，而可溶性物质含量比较高，完全能满足工艺水的品质要求。而中相是麸质，它的浓度在 5％～7％（干基）（取决于进离心机的浓度），比两相分离机的溢流要高得多。

与两相分离机一样，三相分离机也是由碟片、喷嘴、转鼓进料系统、向心泵等主要部件组成，只是在转鼓内为中相额外设置了一个通道，并增加了一台向心泵。由于离心力的作用，混合物中的淀粉组分在进入高速旋转的转鼓后，立刻聚集在转鼓的最大外径区域—喷嘴周围，从喷嘴中排出的相对密度比淀粉要小的细纤维和蛋白质，会聚集在淀粉区域的前方，通过碟片组上方的通道进入到中相的向心泵中。经过高速旋转的碟片的澄清作用，99％以上的不溶性固体都被离心力所捕捉到，从溢流口排出的液体是很清的。独立的洗涤水系统，将洗涤工艺水直接输送到喷嘴的淀粉聚集区域，达到置换洗涤的效果。维持恒定的洗涤水流量，此洗涤水的出口压力与淀粉的浓度成正比关系。

（4）淀粉洗涤旋流器　在玉米淀粉生产中往往采用9～12级旋流器构成的旋流器机组进行细淀粉乳的洗涤精制。在每级旋流器中淀粉乳用泵压入中心室，然后同时进入各个旋流管。高速进入圆锥分离室的浆液产生离心力，将较重的淀粉从底流口甩出；而较轻的麸质则从溢流口排出。浓缩了的淀粉乳用下一级旋流器排出的溢流稀释，形成整个系统的逆流洗涤。新鲜水只在最后一级加入，溢流逐级向前直至从第一、二级溢流口排出。淀粉洗涤旋流器结构见图 2-27 和图 2-28。

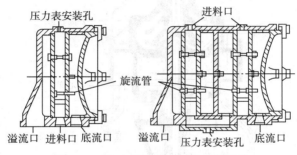

图 2-27　XLQ 型淀粉洗涤旋流器结构

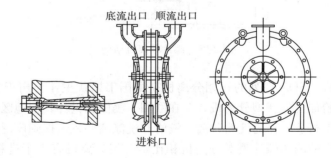

图 2-28　哈壳式淀粉洗涤旋流器结构

第六节　淀粉乳脱水与湿淀粉干燥

精制淀粉乳除直接用于深加工外，多数还要经脱水、干燥后保存和运输。干淀粉是由淀粉乳经机械脱水和气流干燥得到的。干淀粉一般含水量在 12％～14％。机械脱水方法比较便宜，用加热方法排除水分的费用是机械方法的 3 倍，因此，要尽可能地用机械方法从淀粉中排除更多的水分。但是，机械方法脱水也受到限制，实际上用离心机进行玉米淀粉的机械脱水只能达到34％的水分脱除。利用真空过滤机进行脱水后淀粉含水量为40％～42％。用机械方法脱水的淀粉乳，能排除总水分的73％，用干燥方法能排除15％，还有大约12％的水分残留在干淀粉中。

一、淀粉乳脱水

淀粉机械脱水通常采用离心机、虹吸离心机、真空吸滤机等。

淀粉机械脱水基本原理：用来从悬浮液中分离出淀粉颗粒的设备称为离心机，是利用惯性离心力的作用进行分离。离心机的主要工作部件为一快速旋转的转鼓。转鼓安装在竖直或水平的轴上，由电机带动。料浆送入转鼓内随转鼓旋转，在惯性离心力作用下实现分离。有孔的鼓内壁面覆以滤布，则液体被甩出而颗粒被截留在鼓内，从而实现分离。由于在惯性离心力场中可以得到较强的推动力，用惯性离心力进行分离较重力作用下的分离速度高且效果好。惯性离心力场强度与重力场强度之比称为分离因素，它是反映离心机分离性能的重要指标。淀粉行业离心机的分离因素一般为400，淀粉乳脱水3 000。

（1）淀粉机械脱水工艺流程　如图2-29所示，原料淀粉乳收集槽通常位于淀粉车间，淀粉乳来自淀粉洗涤旋流器的最后一级底流。淀粉乳用泵送到位于离心机上部的高位槽，高位槽上部装有溢流管，下部出口用管道与离心机相连，管道上装有阀和观察窗，通过观察窗可以看到供料情况。淀粉乳经脱水后，湿淀粉送到气流干燥机，滤液回到淀粉麸质分离工段。

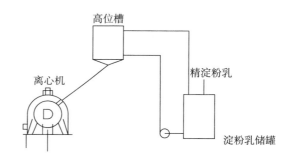

图2-29　淀粉机械脱水工艺流程

（2）淀粉机械脱水工艺条件控制

加料：加料可分为两个阶段，第一阶段为加满阶段，可进行4～6次加料，每次时间为2～3 s，每加一次料的间隔时间为6～10 s。第二阶段为满溢阶段，待料加满后还需要再加1～2次，每次加料时间为2 s左右，间隔约10 s。

分离：待料外溢后进行1.5～2 min的脱水分离过程。

卸料：脱水结束后即可提刀卸料，为了防止刮破滤网，一般应控制剩余料层厚度在10～15 mm。

卸料结束便完成了一个操作循环。

二、湿淀粉干燥

1. 淀粉干燥方式　干燥是利用热能除去淀粉中水分的操作工序。淀粉干燥时采用气流干燥方式，即利用高速的热气流将湿块状物料分散成淀粉颗粒状而悬浮于气流中，一边与热气流并流输送，一边进行干燥。淀粉气流干燥器的特点是：

①干燥强度大。这是由于干燥时物料在热风中呈悬浮状态，每个颗粒都被热空气所包围，因而使物料最大限度地与热空气接触。除接触面积大外，由于气流速度较高（一般达20～40 m/s），空气涡流的高速搅动使气-固边界层的气膜不断受冲刷，减小了传热和传质的

阻力。尤其是在干燥管底部因送料器叶轮的粉碎作用，效果更显著。

②干燥时间短，干燥时间只需 $1\sim2$ s，因为是并流操作，所以特别适宜于淀粉物料的干燥。

由于干燥器具有很大的容积传热系数及温差，对于完成一定的传热量所需的干燥器体积可以大大减少。

③由于干燥器散热面积小，所以热损失小，热效率高。

④结构简单，易维修，成本低。操作连续稳定，适用性强。

⑤缺点是由于全部物料由气流带出，气流大，全系统阻力大，动力消耗大，干燥管较长。

2. 淀粉干燥基本原理 干燥进行的必要条件是物料表面的水汽的压强必须大于热空气中水汽的分压。二者的压差愈大，干燥进行得愈快，所以干燥介质应及时地将汽化的水汽带走，以便保持一定的传质推动力。若压差为零，则无水汽传递，干燥也就停止了。由此可见，干燥是传热和传质相结合的过程，干燥速率同时由传热速率和传质速率所支配。

当颗粒最初进入干燥管时，其上升速度等于零，气体与颗粒间有最大的相对速度。然后，颗粒被上升气流不断加速，二者的相对速度随之减小，至热气流与颗粒间的相对速度等于颗粒在气流中的沉降速度时，颗粒不再被加速而进入等速运动阶段，直至到达气流干燥器出口。也就是说，颗粒在气流干燥器中的运动，可分为开始的"加速运动阶段"和随后的"等速运动阶段"。在等速运动阶段，由于相对速度不变，颗粒的干燥与气流的绝对速度关系很小，故等速运动阶段的对流传热系数是不大的。此外，该阶段传热温差也小。因为这些原因，所以此阶段的传热速度并不大。但在加速运动阶段，因为颗粒本身运动速度低，颗粒与气体的相对速度大，因而对流传热系数以及温差均大、所以在此阶段的传热和传质速率均较大。

3. 淀粉干燥工艺流程 淀粉干燥工艺有多种类型，其主要形式为正压气流干燥和负压气流干燥。

正压气流干燥（图 2-30）装置中，风机位于换热器和干燥管之间，干燥管内的气体为正压，被干燥的湿淀粉首先送入风机内，在高速旋转的风机叶片打击作用下，将湿物料破碎并送入干燥管，干燥后的物料经刹克龙卸料器收集，排放的空气再经过收集塔回收淀粉。该工艺可以较好地保证淀粉细度，但风机叶片磨损较大。

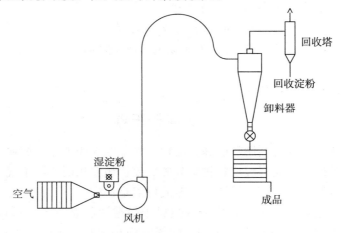

图 2-30　淀粉正压气流干燥流程

负压干燥见图 2-31 装置中，风机安装在最后端，不与物料接触，干燥管内的气体呈负压。需干燥的湿淀粉由扬升器送入干燥管，经干燥后的物料由卸料器收集，湿空气经风机后排空。

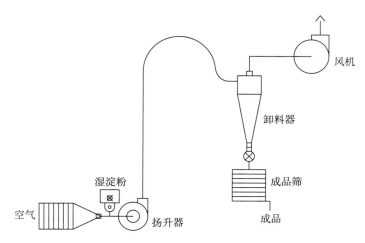

图 2-31　淀粉负压气流干燥流程

4. 淀粉干燥工艺条件控制

（1）风速　一般在 14～24 m/s，常选用 17～20 m/s。风速过低，大块湿料不能被风带走，易使产品受热损坏；风速过高，系统阻力增加太大，且产品水分也不易控制。采用脉冲式干燥，一般扩大管的风速可取 6～10 m/s。

（2）风量　气固质量流量比为 5～10 时，干燥器能比较好地正常运行，适当增加风量，对于增加干燥效果及干燥能力有好处。

（3）蒸发水分量　淀粉干燥时蒸发的水量用下式计算

$$q_{m1} = q_{m2}(\omega_1 - \omega_2)/(100 - \omega_1)$$

式中，q_{m1} 为干燥质量 m 的淀粉蒸发的水分量（kg/h）；ω_1 为淀粉含水量（%）；ω_2 为干淀粉含水量（%）；q_{m2} 为干淀粉产量（kg/h）。

（4）干燥时间　一般在 1～2 s，由此可计算出干燥管的直径和长度。适当延长干燥管道可提高去湿量，但过长，则阻力增加并且占地面积增大。

（5）空气温度　通过加热器后，空气的温度可提高到 140～160℃。应尽量提高进气温度，这样做对产品质量没影响，因干燥器属并流操作，即使干燥温度高达 200℃以上，物料表面的温度也只有 45～50℃，而且在干燥后期，空气的温度降至 60℃左右，不会使淀粉糊化。

（6）风压　气流干燥管的压力损失包括摩擦阻力损失、位头损失、颗粒加入和加速所引起的压力损失，以及气流干燥管的局部阻力损失。

5. 典型设备介绍

（1）卧式刮刀离心机　卧式刮刀离心机（图 2-32）主要由转鼓、机座、门盖组件、液压系统、进料系统、离心离合器、电机等部分组成。

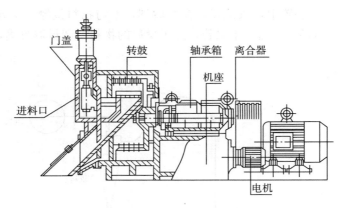

图 2-32　卧式刮刀离心机结构

（2）虹吸式刮刀离心机　虹吸式刮刀离心机是利用离心力和虹吸抽力的双重作用来增加过滤推动力，从而使过滤加速，可缩短分离时间，获得较高的产量和较低的滤渣含湿量。与卧式刮刀离心机相比，虹吸式刮刀离心机具有如下特点：由于过滤推动力大，缩短了分离时间。其单位时间的分离能力可提高 50% 以上，而且显著降低了滤饼的含湿量；过滤速度可任意调节，使物料能均布在过滤介质上，大大减少了振动和噪音。

虹吸式刮刀离心机（图 2-33）主要由刮刀组件、机壳门盖组件、回转组件、虹吸管组件、机体组件及液压系统等组成。

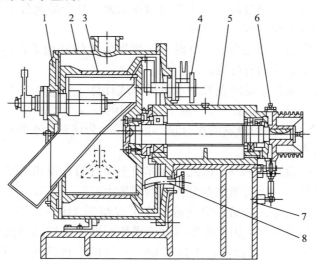

图 2-33　虹吸式刮刀离心机结构
1. 门盖组件　2. 机壳组件　3. 转鼓组件　4. 虹吸管结构　5. 轴承箱　6. 制动器组件　7. 机座　8. 反冲装置

机座与轴承箱用螺栓连接在一起，轴承箱通过主轴承支撑回转组件。主轴与转鼓连接在一起。转鼓包括内转鼓（过滤转鼓）和外转鼓（虹吸转鼓），内转鼓为带加强圈的开孔薄壁圆筒，加强圈支撑在外转鼓壁上，使内、外传鼓之间形成轴向流体通道。内转鼓内铺设衬网和滤布，滤布两头用 O 形橡胶条压紧。外转鼓壁上不开孔。内、外传鼓之间的转鼓底上对称开有斜孔，作为转鼓与虹吸空间的流体通道，整个回转组件悬臂支撑在轴承上。主轴后段套装三角皮带轮，通过三角胶带与主电机上的液力耦合器相连。轴承箱除支撑回转组件外，其大背板上部连接安装有虹吸管组件，下部装有反冲管。机壳与门盖之间以门框相连接，门盖上装有刮刀组件。

（3）淀粉气流干燥机　淀粉气流干燥机（图 2-34）主要由换热器、喂料装置、风管、卸料刹克龙、闭风器、风机等部分组成。

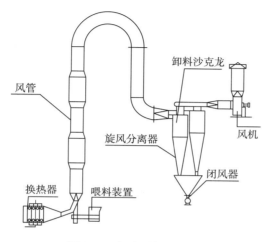

图 2-34　气流干燥机结构

第七节　玉米淀粉生产副产品的综合利用

玉米湿法加工的最大优势是将玉米的各个组成部分有效地分离，根据其不同的特性进一步利用。玉米淀粉生产的副产物主要有玉米浆（浸泡液）、胚芽、玉米纤维、蛋白粉等。

一、玉米浆的处理和综合利用

从浸泡罐排出的浸泡水中含有很多的玉米可溶物、乳酸发酵物及其一些不溶性物质。浸泡水通常浓缩到干物质含量 40%～45%，然后与纤维混合干燥成蛋白质饲料，也可用作特种配料，或用作工业发酵营养源。因此，浸泡水应在浸泡温度下发酵 12 h。保持温度很重要，不能低于 49℃，否则引起酵母发酵，生成酒精和二氧化碳，造成损失。

（1）玉米浆生产工艺及设备　生产中所有过剩的水都应该用于浸泡工段，并且最后以稀玉米浆的形式排除，其团形物含量由于水的多少而变化，一般为 5%～10%。

稀玉米浆然后被蒸发到固形物含量为 40%～45% 后出售，或与纤维混合生产蛋白饲料。为达到最大的蒸发效率，一般采用三至五效的蒸发器。

玉米浆中含有大量的蛋白质，易于使蒸发器产生结垢，需定期用碱液蒸煮去除。如果在浸泡过程中乳酸发酵不充分，稀玉米浆中的蛋白质在加热的时候很容易聚集，很难保证蒸发管不结垢。

蒸发出的冷凝水的 pH 较低，难于处理及再使用，一般都被排送到污水处理系统。

①三效真空蒸发器。如图 2-35 所示，新蒸汽进入一效加热器，使进入其中的浸泡液沸腾，部分水变为蒸汽，气流进入蒸发罐，液体回流到加热器循环蒸发，汽化的蒸汽经分离后再进入二效加热器作为加热蒸汽。因二效真空度高于一效，故其中水的沸点比一效低，所以可借一效的二次蒸汽加热而沸腾。同理，二效汽化的蒸汽再进入三效加热器，三效汽化的蒸汽则进入冷凝器。稀玉米浆进入一效，浓缩后由底部排除，依次进入二效和三效被连续浓缩，浓缩液被末效的底部排除。

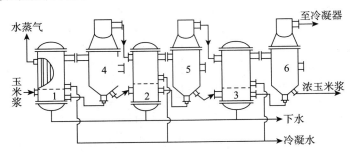

图 2-35　DZF 型三效真空蒸发设备流程

1. 一效蒸发器　2. 二效蒸发器　3. 三效蒸发器　4. 四效蒸发器　5. 五效蒸发器　6. 六效蒸发器

②降膜蒸发器。降膜蒸发器是采用降膜式蒸发原理将稀溶液加热沸腾使其中部分水分汽化从而达到浓缩溶液的目的。机组采用连续式生产过程，一个加热室和一个汽液分离室组成一效蒸发器，一般采用 3 效或 4 效蒸发器，可采用顺流连续加料法或逆流连续加料法。

图 2-36 所示为逆流连续加料法工艺流程图，第一效采用升降膜蒸发器，其余三效采用降膜蒸发器。它适宜于把稀玉米浆浓缩。用蒸汽加热第一效，原料从第四效进入，由于前效溶液的沸点较后效为高，因此进入前效的物料即成过热状态而自蒸发，同时前效的冷凝水进入后效亦可自行蒸发，可以产生更多的二次蒸汽。蒸发出的蒸汽作为下一效的热源，以此类推。各效之间的温度差由调节最后一级的真空度来保持。最后一效的蒸汽送入管式冷凝器冷凝，收集固形物。采用蒸汽喷射泵保持冷凝器的真空度。最后一效的真空度为 84～88 kPa。

一般处理黏度较低的物料采用顺流连续加料法，最终产品温度较低；对高黏度产品，如将稀玉米浆浓缩到干物质含量 50%，最好采用逆流连续加料法，以避免温度低时黏度高、传热效果差的问题。在采用逆流连续加料法的同时可采用强制再循环工艺，如图 2-36 所示。

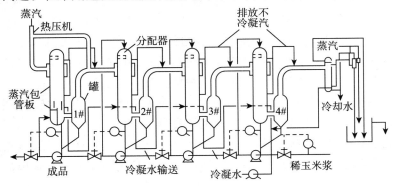

图 2-36　逆流连续加料法工艺流程

（2）玉米浆的特性　玉米浆中总"蛋白质"含量为 $44\%\sim48\%$（干基）；酸含量以乳酸表示，为 25% 左右。

作为饲料配方，玉米浸泡水是一种高蛋白、高能量营养物，同时含有丰富的维生素 B 和矿物质。浓缩玉米浆与纤维混合生产高蛋白饲料。美国饲料研究者对玉米皮和浸泡水混合饲料进行了牛和鸡的饲养试验，说明玉米淀粉厂的玉米皮和浸泡水混合以后，是良好的牛和鸡的饲料。可以直接以湿料喂饲，也可干燥以后使用，但湿的效果更好。其配合比例是玉米皮 2/3，浸泡水 1/3。由于玉米浸泡水含有丰富的高活性氨基酸和各种生物素，所以被发酵工业广泛用作为营养源。为了储运方便，必须将玉米浸泡水浓缩至含固形物 70% 左右，称为玉米浆。玉米浆在国内比较大的使用单位是生产抗生素和味精的企业，但由于近年来玉米淀粉生产增长较快，所以玉米浆的出路也成了问题，特别是玉米淀粉厂比较集中的产区，还得寻找玉米浆的新用途。玉米浆除了直接浓缩后掺入玉米纤维蛋白饲料以外，也可以从中提取菲汀和饲料蛋白质。

二、胚芽的处理和综合利用

玉米胚是很好的油源，随着湿法玉米淀粉工业的发展，获得的副产品玉米胚可用于制取玉米油。分离出的胚芽进胚芽挤干机脱水，由管束干燥机干燥到水分含量 $2\%\sim4\%$，达到榨油车间。

玉米胚中含量最高的是脂肪。整个玉米籽粒脂肪的 80% 以上存在于玉米胚中。玉米胚含油达 40% 左右，含蛋白质 13% 左右，含淀粉 12% 左右；而玉米粒其他部分的脂肪含量很少，如淀粉中只含脂肪 0.6%，蛋白质中只含脂肪 1%，纤维中含脂肪 $1\%\sim1.3\%$。玉米脂肪含有 72.3% 的液体脂肪和 27.7% 的固体脂肪，所以是半干性油，还含有少量的蜡，据研究，这种蜡碘价为 42，皂化值 120，非皂化物 26.4%。

（1）胚芽榨油生产工艺及设备　玉米胚和其他油料一样，油脂制取可采用机械压榨、溶剂浸出和超临界提取的方法。浸出法制油是近代先进的制油法，出油率高，其饼粕的利用效果也好。但是由于一般淀粉厂分离出来的玉米胚，相对来说量较小，所以玉米胚制油大部分采用压榨法。除非能集中相当量的玉米胚芽，才适于建立一定规模的浸出法玉米油厂。

玉米胚榨油工艺流程：玉米胚→清理→软化→轧胚→蒸炒→压榨→毛油→水化脱胶→碱炼→水洗（二次）→脱水脱色→过滤→脱臭→精炼玉米油。

①清理。进入制油车间的玉米胚一般比较干净，不需要再筛理，但应进行磁选处理除去磁性金属碎屑，保护榨油设备。

②软化。软化是对玉米胚进行适宜的温度和水分调节，使其塑性发生变化，从而利于轧胚。

③轧胚。轧胚可以使玉米胚受到压应力，由此产生的相互挤压和摩擦使部分蛋白质进一步变性，部分细胞结构特别是细胞膜受破坏，造成油容易流出。胚芽压扁后，增加了表面积，缩短了油路，有利于蒸炒时调节水分、吸收热量以及浸出时溶剂的渗透，有利于细胞中胶体结构的最大破坏和油滴的聚集及流出。

④蒸炒。蒸炒的目的是破坏细胞壁，使蛋白质充分变性和凝固，同时使油的黏度降低，使油滴进一步凝集，以利于油脂从细胞中流出。热处理的效果受水分、温度、加热时间、速度等因素的影响，其中最主要的因素是水分和温度。经热处理的料温在进入压榨机以前，争

取达到 100℃。

⑤压榨。压榨机有间歇和连续两种，现在均采用连续螺旋压榨机，靠压力挤压出油。最常用的是 95 型螺旋榨油机和 200 型螺旋榨油机。压榨后得到毛油和胚芽饼，以下的工序为玉米油精炼。

⑥水化脱胶。由于玉米油中含有游离脂肪酸、磷脂结合的蛋白质、黏液质等非甘油酯杂质，以胶体形态存在于玉米油中。这些胶状物质在加热过程会产生泡沫，在碱炼过程会使油脂和碱液乳化，影响玉米油的精炼。所以玉米油在碱炼以前，首先进行水化脱胶处理。水化是在玉米油加热到 80℃ 的情况下，加入油量 3% 的水或通入蒸汽。加水的同时，必须进行搅拌，并加入适量的食盐。在水化过程中，胶体膨胀并溶入水中，然后将含有胶体的沉淀物和油离心分离，达到水化脱胶的目的。

⑦碱炼。碱炼是把油加热到 82℃ 用 10% 的氢氧化钠处理，碱用量一般是中和脂肪酸的量再多 0.15%；中和后形成游离脂肪酸的钠盐，然后用离心法分离出清油，再用热水去除清油中残留皂脚。

玉米油（毛油）往往含有大量的游离脂肪酸，酸价一般在 6 左右，有的高达 10。碱炼过程使游离脂肪酸和碱生成絮状肥皂，并吸附油脂中的杂质，使油脂进一步净化，这对于玉米油下一步的脱色或进行氢化有重要的影响。一般碱炼时采用烧碱，用烧碱脱酸效果好，同时还能提高油脂的色泽。但缺点是会发生少量的皂化。如采用碳酸钠碱炼，能防止中性油脂的皂化，但所得油脂色泽较差。碱炼设备小型厂采用开口式反应罐，碱液喷淋式加入油脂中，经过碱炼，游离脂肪酸含量能降至 1% 以下。碱炼过程产生皂脚，沉降于碱炼罐的底部。很容易分离。

⑧脱色。碱炼以后的玉米油还要用白土脱色，白土具有吸附作用。脱色过程除吸附色素以外，也能将油脂中少量的皂脚等胶体物质除去。脱色工艺一般要求在 70～80℃ 加入白土，然后升温到 110～120℃。脱色 10～20 min，白土用量对油脂为 1.5%。脱色过程也是微量水的脱除过程，因此脱色是在真空下进行。适当提高脱色过程的温度能提高效果，但过高的温度会使油脂酸价上升，所以应按照实际情况选择合适的操作温度和脱色时间，以取得最好的脱色效果。

⑨冬化。玉米油中含有少量的蜡，会影响透明度，为此在脱色以后还需进行冬化。冬化是把油冷却到 4℃，保持几小时或几天，使蜡结晶析出，然后将沉淀物滤除。但不是所有的玉米油均必须进行冬化处理。

⑩脱臭。玉米油经过脱胶、碱炼、脱色以后，游离脂肪酸、磷脂、蛋白质、黏液质、色素等大部分均被除去，外观黄色透明，但是还保留有一种玉米胚芽油特有的异味，主要是一些萜烯、醛、酮等可挥发性物质造成的。因而玉米油不经脱臭处理，风味、口感较差，即使有较好的营养价值也不受消费者的欢迎。为此在玉米油的精炼中，脱臭是必不可少的。

为了有效地脱除玉米油中的异味，可采用高温、高真空、蒸汽汽提的办法，一般温度 180℃，真空度 1 000 kPa 能达到比较理想的效果。

玉米油经过水化、碱炼、脱色、脱臭，获得精炼玉米油。精炼损耗率 10% 左右。

（2）玉米油和胚芽饼的特性 提过油的玉米胚芽饼一般用于生产蛋白质饲料，胚芽饼蛋白质比整粒玉米具有更好的营养价值。浸出提油的胚芽饼主要组成为：蛋白质 25%（干基），油 1.5%（干基），水分 10%。如采用机械压榨法，含油量为 6%～10%。

（3）玉米油和胚芽饼的利用　玉米油的不饱和脂肪酸含量达 85% 以上，主要有油酸和亚油酸，人体吸收率达 97% 以上。玉米油中含有谷固醇，具有抑制胆固醇增加的作用。玉米油还富含维生素 E，对于人体细胞分裂、延缓衰老有一定作用。所以，玉米油是理想的食用油脂，特别对于老年人来说是一种保健油。氢化玉米油是将玉米油中的不饱和脂肪酸的双键，通过氢化饱和减少一部分（表现为玉米油的碘值下降），从而达到高度不饱和的亚油酸被氢化饱和，转化成油酸或硬脂酸的目的，从而提高了稳定性，延长了保存期限；通过氢化，使油由液态转变成固态，具有可塑性、便于储运、包装、加工；进一步改善色泽和风味，以适应食品工业加工多种风味食品的需要。

玉米胚芽饼是一种以蛋白质为主的营养物质，是较好的营养强化剂，但由于玉米胚芽饼中往往来有玉米纤维，特别是胚芽饼有一种异味，所以一般均作为饲料处理。

三、蛋白粉的处理和综合利用

蛋白粉是玉米湿法加工的重要副产品，其蛋白质含量高达 50%～70%，主要作为生产高蛋白饲料的原料，也可用来发酵醇溶蛋白等其他工业品。

（1）蛋白粉生产工艺及设备　蛋白粉生产工艺有 3 种类型：

①采用气浮槽两次飘浮浓缩。板框压滤机脱水，滤饼用破碎机破碎后气流干燥。

②分离机预浓缩，卧式螺旋分离机浓缩，气流干燥。

③麸质浓缩机浓缩，真空过滤机脱水（图 2-37），气流干燥。

蛋白粉的干燥也可采用管束干燥机。

（2）麸质转鼓真空过滤机　本机主要由转鼓、槽体、分配阀、转动装置、洗涤调整装置等组成。

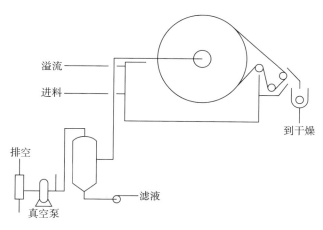

图 2-37　麸质转鼓真空过滤机工艺流程

转鼓：该机根据过滤面积的不同，在整个转鼓周长上可分成 12、16、24 个过滤区，每个过滤区各有 1～2 个排液管设在转鼓转动方向的前沿部分，滤液流过排液管后直接进入分配头。这种滤液排放管结构设计简单合理，既可保持滤液排出畅通，又能避免下料区出现滤液"反吐"现象。转鼓上的滤板采用聚丙烯材质，滤网可根据过滤浆料的不同而采用不同的材料、不同的网目数。整个转鼓采用焊接结构，材质为不锈钢。

在转鼓内部设有一冷凝水收集器，若转鼓内部有液体，则会通过吸滤管经轴颈排出。此收集器具有自动漏斗的功能，能够从转鼓内部排出冷凝水或其他液体；还提供了一种检验内部管道泄漏的方法，因为它的作用如同一个通风装置通往大气。

槽体：根据滤饼的过滤特性确定转鼓的浸没率为 25%～35%。槽体内浆料液位利用溢流堰来控制。槽体两侧板下部各开一个备用口，在槽体底部开有两个排放口。该槽体除盛装浆料外，还是整个设备的支撑，本机所有零部件的重量全部落在槽体上。槽体的支撑板不设地脚螺栓，它与基础上的预埋扁钢采用焊接式连接。槽体的材质采用不锈钢。

分配阀：该机分配阀采用平面接触式。分配阀上的小区与转鼓面上的分区相一致，在整个圆周上分为真空区和死区。在正常工作时，除死区外，分配头上全是真空区，保证浆料都紧紧吸附在转鼓网面上。分配头上的死区在方位上设在滤布离开转鼓时的位置以下，液面以上。这样主要是为了避免空气进入转鼓内，影响真空度。分配头体采用不锈钢材质，分配头体与轴颈之间的接触面（动盘与静盘）采用酚醛胶木，其接触面之间的压力靠外端面的弹簧来调节。

洗涤调整装置：洗涤调整装置包括滤布的清洗装置、纠偏装置和带式排放装置。

滤布清洗装置：滤布在连续工作中免不了会被细小颗粒所堵塞，因而滤布的洗涤再生就必不可少。因此在洗涤槽上部备有两根装有高冲击力喷嘴的清洗滤布用的喷射管，从内外两侧冲洗滤布，使滤布获得再生。

纠偏装置：滤布在运行过程中经常偏离中心位置，因而在运行期间必须随时修正。本装置的作用是卡住滤布的导向边缘，并在滤布的左右边缘施加相等的拉力，使滤布保持在正常的工作位置。

带式排放装置：当过滤浆料的颗粒比较小、黏性比较大时，此种卸料方式特别有用。

本装置由舒展辊、张紧辊、导向辊和一个弯管组成。舒展辊上有左右螺纹，起展开滤布的作用。张紧辊位置上下可调，用来调节滤布的张紧程度，提供正常的滤布拉力。导向辊安装在冲洗格内侧自动调节轴承上，改变滤布行走方向。弯管用来支撑、展开滤布，消除滤布褶皱，同时还起破碎滤饼、调整滤布在转鼓中心段的水平位置的作用。

（3）蛋白粉的特性　玉米籽粒一般约含 10% 蛋白质，其中胚芽中含 20%，胚乳中含 76%。玉米的蛋白质可分为 4 种，即白蛋白、球蛋白、醇溶蛋白、谷蛋白。根据其溶解度的不同，可分别从玉米中分离出来。首先用水浸提，溶出的是白蛋白；再用盐水浸提，溶出的是球蛋白，再用 70% 的酒精浸提，溶出的是醇溶蛋白；最后用稀碱浸提，得到的是谷蛋白。

玉米醇溶蛋白水解后含有较多的谷氨酸和亮氨酸，但缺少色氨酸和亮氨酸。醇溶蛋白在玉米中含量约 4%，是谷物类所共有的一种蛋白质。其特点是不溶于水，而溶于醇类水溶液，如 70%～80% 的酒精，也溶于十二烷基硫酸钠水溶液。

玉米谷蛋白占玉米蛋白质的 40%，等电点在 pH 6.45。谷蛋白也是玉米中的主要蛋白质、约占玉米质量的 4%，主要是由二硫键连接起来的各种不同多肽所组成的高分子化合物。能溶于稀碱液，不溶于水也不溶于盐和醇溶液。

白蛋白、球蛋白是生物学价值较高的蛋白质，但在玉米中含量极少，不到 2%，主要分布在玉米胚芽中。

一般蛋白粉的蛋白质含量为 50%～60%。某种蛋白质粉的分析数据如下：蛋白质 69%（干基），淀粉 19%（干基），类黄素 110～245 mg/kg，水分 10%～12%。

（4）蛋白质粉的综合利用　30 g 的玉米醇溶蛋白可溶解于 100 mL 60％的酒精中。在食品工业中，醇溶蛋白可以作为被膜剂，即以喷雾方式在食品表面形成一个涂层，可防潮、防氧化，从而延长食品货架期。喷在水果上，还能增加光泽。现在日本、美国、英国均有玉米醇溶蛋白生产。制取醇溶蛋白有两条工艺路线：一种是先用烯烃除去玉米蛋白粉中所含的脂肪和部分色素，然后用醇类萃取、分离、精制；另一种是直接用异丙醇萃取，亦称为一步法。

四、玉米纤维的处理和综合利用

玉米纤维是玉米湿法加工的重要副产物，干的玉米纤维用作饲料，也可用于发酵。

（1）玉米纤维的特性　玉米纤维的化学组成见表 2-6。

表 2-6　玉米纤维的化学组成

成分	含量/%
纤维素	55
蛋白质	22
淀粉	14
脂肪	6
其他	3
合计	100

（2）玉米纤维的综合利用　玉米纤维与浓缩玉米浆混合干燥可以生产高蛋白饲料，玉米纤维也可以水解制作饲料酵母，玉米纤维还可以生产膳食纤维等。

思考题

1. 简述玉米籽粒各部分主要化学成分及其与淀粉加工的关系。
2. 湿法提取玉米淀粉的工艺原理是什么？举例说明该工艺可以将玉米转化成哪些产品。
3. 玉米浸泡的原理是什么？为什么通常选择亚硫酸浸泡玉米？
4. 叙述玉米破碎、胚芽分离的工艺流程。
5. 分离机-旋流器分离麸质的原理是什么？

第三章　薯类及其他谷类淀粉生产工艺

在世界淀粉产品中，玉米淀粉占77%，马铃薯淀粉占10%，木薯淀粉占8%，小麦淀粉占4%，其余各种淀粉只占1%。马铃薯淀粉的应用仅次于玉米淀粉，属于一种优质淀粉，拥有一系列独特功能。它具有高黏性，能调制出高稠度的糊液，进一步加热和搅拌后黏度快速降低，能生产透明柔韧的薄膜，具有黏合力强、糊化温度低的特点。

马铃薯淀粉的口味相当温和，不具有玉米、小麦淀粉那样典型的谷物味。它虽然也含有直链淀粉，但由于其直链部分的大相对分子质量及磷酸基的取代作用，马铃薯淀粉糊很少出现凝胶和退化现象。上述原因使得马铃薯淀粉的价格虽然比其他淀粉要高，却仍能以较快的速度发展。木薯淀粉的价格相对较低，它在许多性质上可代替马铃薯淀粉使用。

第一节　马铃薯淀粉生产工艺

一、概　　述

马铃薯原产于南美洲西海岸的智利和秘鲁的安第斯山区，当地人栽培历史达千年以上。现在世界各国栽培的马铃薯都是从南美洲引进经过选择的后代，基本上属于马铃薯栽培种。马铃薯在世界上最早栽培于1536年。西班牙人在1570年将马铃薯由南美洲引入西班牙，18世纪末至19世纪初马铃薯从欧洲引入北美、非洲南部、澳大利亚。美国于1719年由爱尔兰引入栽培。马铃薯现在已经发展成为全世界栽培面积较大的粮食作物之一。我国栽培马铃薯的时间是在17世纪20～50年代，由荷兰引进，故有荷兰薯之称。

马铃薯又名土豆、洋芋、山芋蛋、荷兰薯。在非谷物类农作物中是最好的粮食作物之一，具有高产、早熟、用途广、分布种植面广、既是菜又是粮食等特点。它的块茎中含有12%～26%的淀粉和对人类极为重要的营养物质（蛋白质）、糖类、矿物质、盐类和维生素B_1、维生素B_2、维生素C等。马铃薯不但是人类的食物，并且是轻工业加工的主要原料。它可以制作淀粉、糊精、酒精、合成橡胶、人造纸、电影胶片、糖浆等多种工业产品，它还是多种家畜和家禽的优良饲料。

二、马铃薯块茎结构、化学组成及贮藏

1. 块茎结构　马铃薯是块茎类作物，其形状通常呈圆形、椭圆形、长椭圆形、扁圆形及柱形等，其表皮上有若干小芽眼。由周皮、外皮层、内皮层、维管束环、外髓、内髓等组成（图3-1）。

马铃薯块茎的主要物质含量随品种、土壤、气候条件、耕种技术、贮存条件及贮存

时间等因素的不同而变化。鲜马铃薯含水量为$70\%\sim80\%$，块茎的干物质含量为$20\%\sim30\%$，而淀粉又占干物质量的80%。早熟马铃薯品种块茎中所含淀粉比晚熟品种多，干旱期间生产的马铃薯，块茎中积累的淀粉相对也较多。同一品种马铃薯各块茎的淀粉含量也不相同，一般情况是中等块茎（$50\sim100\ g$）含有的淀粉较多，大块茎和小块茎淀粉含量较少。

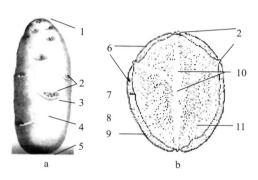

图 3-1　马铃薯块茎结构

a. 外观结构　b. 剖面结构

1. 茎端　2. 芽眼　3. 叶痕　4. 皮孔　5. 远端轴　6. 皮层　7. 维管束　8. 表皮　9. 周皮　10. 内髓　11. 外髓

2. 化学成分

（1）淀粉和糖分　在马铃薯块茎中，维管束环附近淀粉含量最多，从维管束环向外、向内淀粉含量逐渐减少，皮层比外髓部多，外髓部比内髓部多，块茎基部比顶部多，顶部的中心淀粉含量最少；马铃薯淀粉中的支链淀粉占总量80%，直链淀粉具有高聚合度，说明其直链淀粉的相对分子质量要比大多数其他淀粉高得多。马铃薯块茎中的糖分占总量的1.5%左右，主要是葡萄糖、果糖、蔗糖，新收获的块茎含糖量少，经过一段时间的贮藏，糖分增多。

（2）含氮物　包括蛋白质和非蛋白质含氮物两部分，以蛋白质为主，占含氮物的$40\%\sim70\%$，主要由盐溶性球蛋白和水溶性蛋白质组成，其中球蛋白约占 2/3。淀粉含量低的块茎含氮物多，不成熟的块茎含氮物尤多。用这样的马铃薯加工淀粉，常常会形成黏液，蛋白质在溶液中形成絮状物，促使大量泡沫生成，增加废水中淀粉的含量，很难保证淀粉质量，对于这种情况要进行化学处理，以减少淀粉乳的腐败发酵。蛋白质在马铃薯淀粉生产中应作为杂质除去。

（3）脂肪　马铃薯块茎中脂肪含量为$0.04\%\sim0.94\%$，平均0.20%，主要由三酰甘油、棕榈酸、豆蔻酸及少量亚油酸和亚麻酸组成。马铃薯淀粉中脂类化合物含量低，对保证淀粉的质量有很大好处。

（4）有机酸　块茎中的有机酸含量为$0.09\%\sim0.03\%$，主要有柠檬酸、草酸、乳酸、苹果酸等，其中，主要是柠檬酸。马铃薯酸价由磷酸、柠檬酸及其他一些酸决定，腐烂的马铃薯酸价升高，并使生产淀粉过程中的杂质很难分离和沉淀。

（5）维生素　以维生素 C 最多，此外，还有，维生素 A、维生素 B_1、维生素 B_2、维生素 B_3、维生素 B_6、维生素 PP、维生素 H、维生素 K 和维生素 R 等，主要分布在块茎的外层和顶部。

（6）酶类　马铃薯中含有淀粉酶、蛋白酶、氧化酶等，特别是酪氨酸酶，接触空气中的氧能生成有色物质，使薯汁呈红色，若有铁离子存在，酪氨酸可被氧化成黑色颗粒状物质，影响淀粉的色泽，在制作淀粉时，用 SO_2 水溶液清洗，可以防止这种现象发生。

（7）茄素　茄素是一种含氮配糖体，有剧毒，由茄碱和三糖组成，以未成熟的块茎为多，占鲜重的 $0.56\%\sim1.08\%$，块茎中的含量以外皮最多，髓部最少，品种不同茄素含量亦不同，用含茄素高的马铃薯块茎生产淀粉，会影响淀粉质量和副产品的利用。

（8）灰分　灰分占块茎中干物质总量的 $0.4\%\sim1.9\%$，天然马铃薯淀粉因为存在磷酸盐基团，灰分比谷物淀粉要高出 $1\sim2$ 倍，灰分的主要成分是磷酸钾、磷酸镁铜、磷酸钙和磷酸镁盐。磷含量与淀粉黏度有关，含磷越多，黏度越大。

（9）纤维素　马铃薯块茎的纤维素含量为 $0.2\%\sim3.5\%$，当加工含有大量纤维素的马铃薯时，会产生许多渣滓，这就给洗涤过程带来困难，同时也增加了淀粉在生产过程中的损失。

3. 贮藏特性　由于马铃薯含水量高，因此，贮存和运输较为困难，常常遇到腐烂、黑斑及发芽等问题。腐烂是由于外伤或雨冻，使细菌侵入，从而导致腐败，当温度在 10℃ 以上时，腐败较快，温度低时也会缓慢腐败。

黑斑往往是由于在运输和装卸操作过程中使块茎组织受到损伤而发生酶性转变，并导致组织变黑，尤其在低温下碰伤更易产生黑斑。此外，马铃薯在 35℃ 或更高温度下以及高速率呼吸，二氧化碳浓度增加，也会使马铃薯变为黑心。马铃薯在适宜温度下能够发芽，使其工艺品质发生劣变。

马铃薯在贮存过程中，淀粉会不断转变为还原糖，糖分的积累是由于淀粉的分解，而糖分的降低，则是由于块茎的呼吸及糖重新转变为淀粉的结果，所有这些过程都是在复杂的酶系统作用下进行的。

通常情况下，淀粉加工用马铃薯最适宜的贮存温度为 $3\sim5$℃，在贮存过程中，块茎中含有的水分部分挥发，使马铃薯自然减重，但总的含氮量及矿物质含量在贮藏过程中大致不变。为了防止马铃薯发芽，在控制空气中水分及温度的基础上，通常可采用各种化学物质及 γ 射线对块茎进行处理，然后认真分类，堆放贮存，马铃薯在以上条件下可存放 4 个月以上。

三、马铃薯淀粉生产工艺流程

马铃薯淀粉生产的基本原理是在水的参与下，借助淀粉不溶于冷水以及在相对密度上同其他化学成分有一定差异的基础上，用物理方法进行分离，在一定机械设备中使淀粉、薯渣及可溶性物质相互分开，获得马铃薯淀粉。工业淀粉允许含有少量的蛋白质、纤维素和矿物质等，如果需要高纯度淀粉，必须进一步精制处理。

马铃薯淀粉厂的工业生产主要流程由以下几部分组成：原料的输送与清洗、马铃薯的磨碎、细胞液的分离、从浆料中洗涤淀粉、细胞液水的分离、淀粉乳的精制、细渣的洗涤、淀粉的洗涤、淀粉乳的脱水干燥等，总体工艺流程图见 3-2。

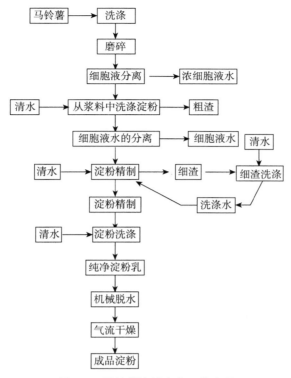

图 3-2 马铃薯淀粉生产工艺流程

1. 离心筛法马铃薯淀粉生产工艺 离心筛法是一种具有代表性的生产工艺,流程见图 3-3。首先进行马铃薯的清理与洗涤,由清理筛去除原料中的杂草、石块、泥沙等杂质,然后用洗涤机水洗薯块,磨碎机将薯块破碎后,经离心机去除细胞液,所得淀粉浆中的纤维和蛋白质分别用离心筛和旋流器除去,淀粉浆洗涤后用真空吸滤机脱水并经气流干燥处理得马铃薯淀粉成品。

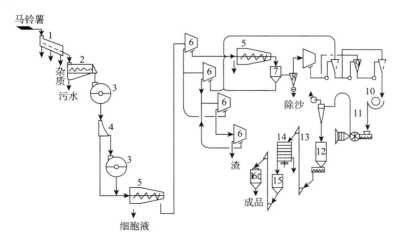

图 3-3 离心筛法马铃薯淀粉生产工艺流程

1.清理筛 2.洗涤机 3.磨碎机 4.曲筛 5.离心机 6.离心筛 7.过滤器 8.除沙器
9.旋流器 10.吸滤机 11.气流干燥 12.均匀仓 13.提升机 14.成品筛 15.成品仓 16.自动秤

2. 曲筛法马铃薯淀粉生产工艺 曲筛法的生产工艺流程见图3-4。洗净的薯块在锤片式粉碎机上破碎，得到的浆料在卧式沉降螺旋离心机上分离出细胞液，然后用泵从贮罐中送入纤维分离洗涤系统，洗涤按逆流原理分为7个阶段进行，开头两个阶段依次洗涤分离去细胞液的浆料，洗得的粗粒经锉磨机磨碎，然后在曲筛上过滤出粗渣和细渣，再依次在曲筛上按逆流原理进行4次洗涤。

淀粉乳液进一步过滤，在除沙器里将残留在乳液中微小沙粒除去，送入多级旋液分离器洗涤淀粉得精制淀粉乳，脱水干燥后得成品。

这种粗渣和细渣同时在曲筛上分离洗涤的工艺，可大大降低用于筛分工序的水耗、电耗，简化工艺的调节，改进淀粉质量，提高淀粉收率。

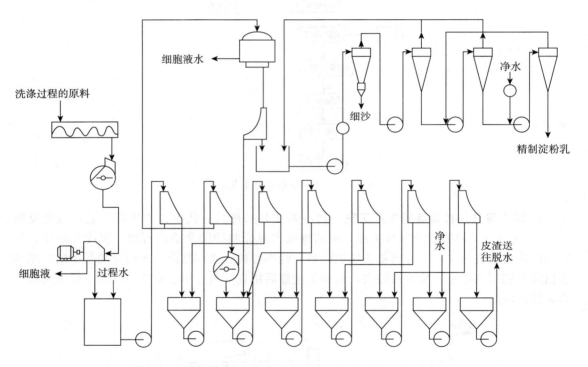

图3-4 利用曲筛和多级旋流分离器的马铃薯淀粉生产工艺流程

3. 全旋液分离器法马铃薯淀粉生产工艺 全旋液分离器法的生产工艺流程见图3-5。薯块经清洗称重后进入粉碎机磨碎，然后浆料在筛上分离出粗粒进入第二次破碎，之后用泵送入旋液分离器机组，旋液分离器机组一般安排成13～19级，经旋液分离后将淀粉和蛋白质、纤维分开。

这一生产工艺特点是，不用分离机、离心机或离心筛等设备，而是采用旋液器，相比之下这是最有效的现代化淀粉洗涤设备，采用这一新工艺只需传统工艺用水量的5%，淀粉回收率可达99%，节省生产占地面积，还为建立无废水的马铃薯淀粉生产创造了条件。

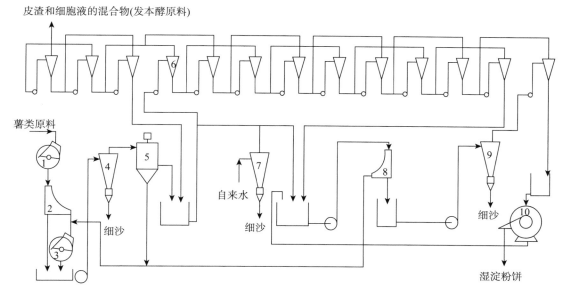

皮渣和细胞液的混合物(发本酵原料)

薯类原料

自来水

细沙

细沙

细沙

湿淀粉饼

图 3-5　采用旋流分离器生产马铃薯淀粉的流程

1、3. 磨碎机　2、8. 曲筛　4、7、9. 脱沙旋流分离器

5. 旋流过滤器　6. 旋流分离器　10. 脱水离心机

四、原料预处理

1. 原料的选择　根据生产和最终产品对原料的要求选择马铃薯，以达到加工方便、提高得率、降低成本、增加效益的目的。生产淀粉用马铃薯的要求是：淀粉含量要高，表面较光滑、芽眼不深且数量较少，皮薄，其他干物质成分含量不高。

2. 原料的输送　原料的输送有两种方法，一种是机械输送系统，原料贮存在带有强制通风系统的贮窖内，用皮带输送机械和提升机将马铃薯送至清洗机内。另一种是靠流水输送槽来完成，鲜薯的输送一般采用此法，流水输送槽由具有一定倾斜度的水槽及水泵组成，槽宽 23~27 cm，深 30~33 cm，槽底倾斜度为 1%~2%，水流速度为 1 m/s，槽中操作水位为槽深 75%，用水量一般为物料重的 3~5 倍，流水途中可除去 80% 的石块和泥土。

3. 马铃薯的洗涤　洗涤一般采用鼠笼式清洗机（图 3-6）或螺旋式清洗机。鼠笼清洗机由鼠笼式滚筒、传动部件和机壳 3 部分组成。圆柱形鼠笼由扁钢或圆钢条焊接而成，每两根钢条间距为 20~30 mm，隔条两端焊接在轮毂上，轮毂通过键或其他方法装在轴上，轴通过轴承支撑在机座上，鼠笼内部由扁钢焊接成螺旋线导板。

鼠笼一般长 2~4 m，直径 0.6~0.8 m，螺距 0.2~0.25 m。工作时，鼠笼直径的 1/3 左右浸在水池中，物料由一端喂入。在机器转动时，浸泡在水中的薯块一方面沿螺旋线向另一端运动，另一方面与隔条撞击，且相互间碰撞、摩擦，从而洗去泥沙，泥沙沉积池底，定时从排污口排除。

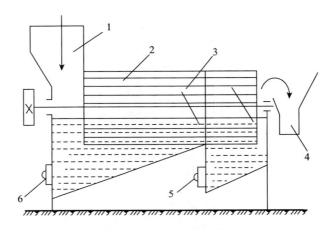

图 3-6　鼠笼式清洗机
1.加料口　2.滚筒　3.螺旋导板　4.出料口　5、6.排污口

螺旋式清洗机有两种形式，即水平式和倾斜式，可以同时完成清洗和输送物料的任务。螺旋式清洗机主要由螺旋输送器和清洗槽两部分组成（图 3-7），清洗槽与螺旋叶片轴呈一夹角，物料与冲洗水成逆流方向运动，故能清洗得更干净。

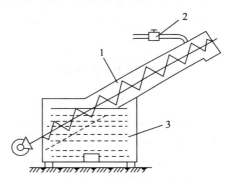

图 3-7　螺旋式清洗机
1.螺旋输送机　2.进水管　3.清洗槽

五、破碎及细胞液分离

1. 破碎　马铃薯粉碎的目的在于尽可能地使块茎细胞破裂，并从中释放出淀粉颗粒。薯块的粉碎不充分、过粗，则会因细胞壁破坏不完全，使淀粉不能充分游离出来，降低淀粉得率；粉碎过细，会增加粉渣的分离难度。目前常用的破碎设备有锉磨机、粉碎机。

（1）锉磨机　锉磨机的工作是通过旋转的转鼓上安装的带齿钢锯对进入机内的马铃薯进行粉碎操作。它由外壳、转鼓和机座组成，转鼓周围安装有许多钢条，每 10 mm 有锯齿 6～7 个，锯齿钢条被固定在转鼓上，钢条间距 10 mm，锯齿突出量应不大于 1.5 mm，在外壳下部设有钢制筛板，筛孔为长方形（图 3-8）。鲜薯由进料斗送入转鼓与压紧齿刀间而被破碎，破碎的糊状物穿过筛孔送入下道工序处理，而留在筛板上的较大碎块则继续被刨碎，通过筛孔。

锉磨机的效率常用游离系数表示。游离系数是指淀粉被游离的百分数，即

$$游离系数 = \frac{游离淀粉量}{薯类原料所含有的淀粉量} \times 100\%$$

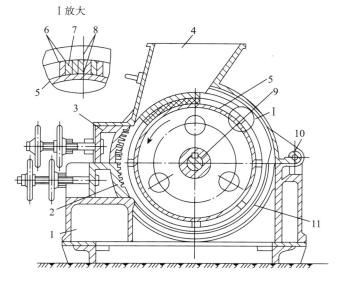

图 3-8 锉磨机

1.机壳　2、3.压紧装置　4.进料斗　5.转鼓　6.齿条
7.楔块　8.楔　9.轴　10.铰链　11.筛网

加工鲜马铃薯时，淀粉游离系数应达到 90%～92%。游离系数与转鼓转速、齿条锯齿数和筛孔大小等因素有关，转速越高，齿数越多，筛孔越小，则游离系数越大，但动力消耗也会相应提高。高速锉磨机的转速一般在 40～50 r/s。

锉磨机是破碎鲜薯的高效设备，生产效率高，动力消耗低，被粉碎的薯末在显微镜下呈丝状，淀粉得率高，缺点是设备磨损快。近年来国外开始用针磨机粉碎马铃薯块茎，物料被定盘和动盘上高速运动着的针柱反复撞击粉碎，使淀粉游离出来，而纤维却不致过碎。

（2）锤式粉碎机　锤式粉碎机是一种利用高速旋转的锤片来击碎物料的机器，具有通用性强、调节粉碎程度方便、粉碎质量好、使用维修方便、生产效率高等优点，但动力消耗大，振动和噪音较大。锤片式粉碎机按其结构分为两种形式，切向进料式和轴向进料式，薯类淀粉加工厂使用的全为切向进料式，结构见图 3-9。

锤架板和锤片组成的转子由轴承支承在机体内，上机体内安有齿板，下机体内安有筛片，齿板和筛片包围着整个转子，构成粉碎室。锤片用销子销在锤片架板周围。锤片之间的销轴上装有垫片，使锤片彼此错开，

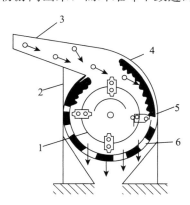

图 3-9 锤片式粉碎机

1.喂料斗　2.机体　3.转盘　4.锤片　5.齿板　6.筛片

并沿轴向均匀分布在粉碎室。

工作时，物料从喂料斗进入粉碎室，首先受到高速旋转的锤片打击而飞向齿板，然后与齿板发生撞击又被弹回。于是，再次受到锤片打击和跟齿板相撞击，物料颗粒经反复打击和撞击后，就逐渐成为较小的碎粒，从筛片的孔中漏出，留在筛面上的较大颗粒，再次受到锤片的打击，和在锤片与筛片之间受到摩擦，直到物料从筛孔中漏出为止。

粉碎后，薯块细胞中所含的氢氰酸会释放出来，氢氰酸能与铁质反应生成亚铁氰化物，呈淡蓝色。因此，凡是与淀粉接触的粉碎机和其他机械及管道都是用不锈钢或其他耐腐蚀的材料制成的。此外，细胞中的氧化酶释出，在空气中氧的作用下，组成细胞的一些物质发生氧化，导致淀粉色泽发暗，因此，在粉碎时或打碎后应立即向打碎浆料中加入亚硫酸遏制氧化酶的作用。

2. 细胞分离　薯块在粉碎时，淀粉从细胞中释放出来，同时也释放出细胞液，细胞液是溶于水的蛋白质、氨基酸、微量元素、维生素及其他物质的混合物。天然的细胞液含 $4.5\% \sim 7.0\%$ 干物质，占薯块总干物质含量的 20% 左右。

薯块粉碎后立即分离细胞液有两点好处，一是可降低以后各工序中泡沫形成，有利于重复使用工艺过程水，提高生产用水的利用率，降低废水的污染程度；二是防止细胞液的物质遇氧在酶作用下变色，影响淀粉质量。分离细胞液的工作主要由卧式螺旋卸料沉降离心机完成（图3-10）。

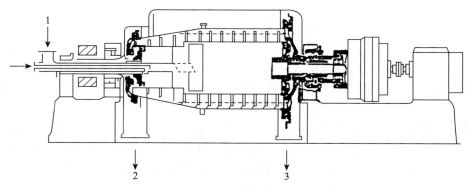

图 3-10　卧式螺旋卸料沉降离心机
1.淀粉乳　2.淀粉　3.清液

卧式螺旋卸料离心机简称为卧螺，它造价低，对来料清洁度要求不太严格，特别适于马铃薯淀粉生产工厂使用。卧式螺旋离心机有一个整体机座，上面横装着同心的圆锥形内、外转鼓。内转鼓上装有框架式的单、双线螺旋，螺旋外形与外转鼓内壁形状相似，两者间有 1 mm间隙，借助齿轮箱中的传动装置，使内、外转鼓保持一定的转速差。内、外转鼓由电机通过齿轮带动运转。

转鼓小头的支承轴是空心的，进料管则由空心轴插入转鼓内。当液料通过进料管进入内转鼓后，因受离心力的作用，便沿转鼓内壁形成环状，液料中的淀粉等重液分别粘贴在外转鼓的内壁上，而水和其他轻液（包括细胞液）分别浮于淀粉表层形成环状带。淀粉由螺旋向转鼓小端推移，直至排出机外。分离出淀粉后的清液，通过螺旋框架的空间，流向转鼓大头，由溢流口排出。通过分离可使沉淀物中干物质含量为 $32\% \sim 34\%$，分离的细胞液中含淀粉0.5～0.6 g/L。

六、纤维的分离与洗涤

马铃薯块茎经破碎后，所得到的淀粉浆，除含有大量的淀粉以外，还含有纤维和蛋白质等组分，这些物质不除去，会影响成品质量，通常是先分离纤维，然后再分离蛋白质。常采用筛分设备把以淀粉为主的淀粉乳和以纤维为主的粉渣分离，较大的淀粉加工厂主要使用离心筛和曲筛。筛分工序包括筛分粗纤维、细纤维和回收淀粉。

1. 离心筛分离粉渣　锥形离心筛主要由筛体、筛网、外罩、喷浆嘴和喷浆管组成（图3-11）。转动锥体筛为基础结构，由不锈钢板卷制而成。筛体的面上有许多长形筛孔，筛孔大小视生产需要而定。外罩是包在筛体外面的圆筒形壳体，从筛网甩出的淀粉乳在此腔内集中，由出浆口输出。离心筛是借助离心力分离纤维的设备，工作原理是使磨碎的马铃薯浆液由进料口加速后，均匀撒向筛体底部，由于离心筛离心力的作用，物料沿筛体主轴线向上滑移，淀粉和水通过筛孔甩离筛体，汇集于机壳下部排出；而含纤维的渣子滑向筛体大端，中间再用水喷淋洗涤，将纤维夹带的淀粉充分地洗涤下来。纤维在网面上移动过程中不断脱水，最后由筛体大口滑出，甩离筛体，排出机外，这样就将浆液分成淀粉乳和粉渣两部分。

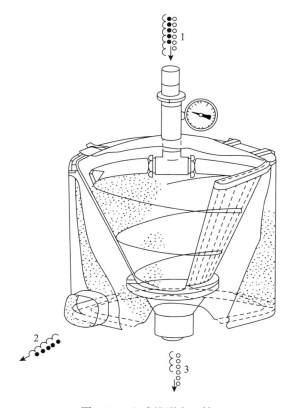

图 3-11　立式锥形离心筛
1.原料　2.粉乳　3.粉渣

离心筛按其筛体主轴线位置可分为立式和卧式两种。按运动方法可分为 3 种：锥形筛体旋转，喷浆嘴固定；筛体固定，喷浆嘴旋转；二者均固定，物料由喷浆嘴沿圆锥切线方向切入。我国多采用卧式、筛体旋转、喷浆嘴固定方式的离心筛。

图 3-12 是喷淋式锥形离心筛。转子上装有中通的锥体，将筛子固定在锥体上，粉浆被送入料管，并经喂料器进入锥体筛的顶部，粉浆分布在筛面上并逐渐向锥体筛的基部移动，水由喷水器轴用于供水的内腔流入喷射器，经喷头不断喷淋筛上物，以洗涤附着筛上物的游离淀粉，筛上物料沿着筛面移动并抛入接收室，淀粉悬浮液则经过筛网孔进入出浆口排出。

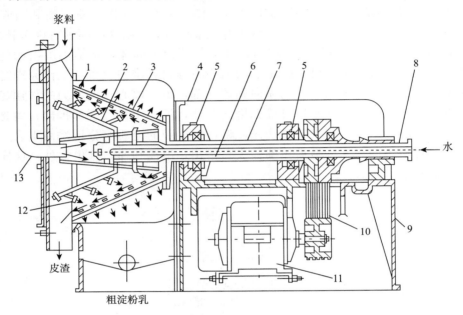

图 3-12　喷淋式锥形离心筛
1.转子　2.喷射器　3.转鼓筛　4.外壳　5.轴承　6.喷水器轴　7.转鼓筛轴
8.喷水器轴用于供水内腔　9.机座　10.三角带传动　11.电机　12.喷嘴　13.进料管路

实际生产中使用离心筛多是四级连续操作，中间不设贮槽，而是直接连接，粉浆靠自身重力自上而下逐级流下，对留在筛上的物料进行逐级逆流洗涤。破碎的浆料先经粗渣分离筛，孔宽 125～250 μm，筛下含细渣的淀粉乳送至细渣分离筛，孔宽 60～80 μm，这种粗、细渣分开分离的方法，可以减少粗、细渣上附着的淀粉并改善浆料的过滤速度。

纤维分离洗涤的质量取决于原料的数量和质量、冲洗水的数量等因素。浆料过浓，则洗涤不完全，大量的淀粉被渣子带走；浆料过稀，则增加了筛的负荷。因此，用水调节进入筛前的浆料浓度十分重要。一般一级筛进料浓度为 12%～15%，二级筛进料浓度为 6%～7%，三、四级筛进料浓度为 4%～6%。

2. 曲筛分离纤维　此工段是在七级曲筛上进行，筛分工序的操作条件如表 4-1 所示。在第一次和第二次浆料洗涤时用 46 号卡普隆网；在第一至第四次渣滓洗涤时用 43 号卡普隆网；第一及第二次浆料洗涤得的淀粉乳进入三足式下部卸料自动离心机分离出细胞液水，然后用清水稀释在 64 号卡普隆网曲筛上精制，筛上细渣返回到浆料磨碎后浆料收集器中，再次经过洗涤分离。

七、淀粉乳的洗涤

筛分出来的淀粉乳中，除淀粉外，还含有蛋白质、极细的纤维渣和土沙等，所以它是几种物质的混合悬浮液。依据这些物质在悬浮液中沉降速度不同，可将它们分开。分离蛋白质有多种方法，比较先进的是离心分离法和旋液分离法。

在分离蛋白质前，先要对淀粉乳液过滤，以去除残留在乳液中的杂物，自净式过滤器可将固体物质与乳液分离。乳液进入进口压力为 0.15~0.2 MPa 的旋流除沙器，将乳液中的微小沙粒除去，使淀粉乳液更加纯净，然后进入淀粉精制工艺。

1. 离心分离法　它除利用淀粉与蛋白质密度的差异进行分离外，还借助分离机高速旋转产生很大的离心力，使淀粉沉降，而与蛋白质等轻杂物质分离。由于马铃薯淀粉乳中蛋白质含量比玉米淀粉乳要少，因此，一般只采用二级分离，即用两台分离机顺序操作。

以筛分后的淀粉乳为第一级分离机的进料，所得底流（淀粉乳）为第二级分离机进料。两台分离机的型号是一样的。第一级分离主要是去除蛋白质和杂物，第二级分离主要是浓缩淀粉乳，因此，这种二级分离法的操作原则是保持第一台分离机能产生好的溢流（蛋白质含量多，淀粉含量少），底流的品质则无关紧要，因为一级分离的底流还要经过二级分离。而二级分离应以产生好的底流为主（淀粉含量高，蛋白质含量少），通过控制回流和清水的量，可获得理想的分离效果。

进入第一级离心机的淀粉乳浓度为 13%~15%，进入第二级离心机的淀粉乳浓度为 10%~12%。送入精制工序的淀粉乳中的细渣含量按干物质计 4%~8%，经一级精制段的淀粉乳含渣量不高于 1%，经二级精制的含渣量不高于 0.5%。

2. 旋液分离法　旋液分离器是此法主要设备。由于马铃薯淀粉原料中蛋白质含量较低，而且淀粉颗粒也比玉米、小麦淀粉粒要大一些。因此，可有效地使用旋液分离器分离淀粉乳中蛋白质和其他杂质。为了保证使淀粉乳中的蛋白质和其他杂质的含量降到规定值以下，生产玉米淀粉，至少需 9~12 级旋液器串联使用，生产薯类淀粉应不少于 7 级。

旋液分离器中的第 1~3 级用来作淀粉、蛋白质与渣的分离；第 4~8 级为淀粉乳浓缩用；第 9~19 级为淀粉乳洗涤用。精制淀粉乳的浓度为 22.5 波美度，蛋白质含量可达 0.5% 以下。

由于进料泵的好坏直接关系到旋液器的工作质量，要求进料泵必须有足够的工作压力，一般应在 0.45~0.60 MPa，同时进料的淀粉乳中不应含有大于 0.8 mm 的杂质。由于分离时淀粉乳中的固体颗粒不断旋转趋向器壁，内壁容易磨损，尤其下半锥体段因直径逐渐减小，颗粒与内壁的相对速度加快，磨损更为剧烈。因此，旋液器内壁应光滑、耐磨、耐腐蚀。

利用旋流分离器一套系统就可以完成渣浆分离、蛋白质分离和淀粉洗涤，破碎后的马铃薯浆液无须设置分离细胞液装置，直接泵入旋流分离器，经分离洗涤后分别输出淀粉乳、薯渣和细胞液混合物，从而大大地减少了分离设备数量，简化了工艺流程。制得的淀粉乳纯度 99.7%~99.9%，蛋白质含量在 0.3% 以下，含干物质 34%~40%。

八、淀粉乳的脱水与干燥

经过精制的淀粉乳含水量为 50%~60%，不能直接进行干燥，应先进行脱水处理。同玉米淀粉生产一样，脱水处理的主要设备是转鼓式真空吸滤机或卧式自动刮刀离心脱水机，经脱水后的湿淀粉含水量可降低到 37%～38%。

为了便于运输和储存，对湿淀粉必须进一步干燥处理，使含水量降至安全水分以下。中小型淀粉厂广泛使用的带式干燥机，用不锈钢或铜网制成输送带，带有许多小孔，孔径约0.6 mm，输送带安装在细长烘室内，湿淀粉从输送带一端进入，以很低的速度前进，在烘室内被热空气干燥，达到规定含水量后，从烘室尾端卸出。

烘室被分成许多间隔，用风扇将热风通过传送带和淀粉，各间隔的热风温度不同，从进口一端起，温度逐渐升高，在最后一段通入冷风，冷却淀粉。大型淀粉厂普遍使用与玉米淀粉干燥相似的一次加热、二级气流干燥工艺，但干燥不同淀粉有不同的温度和时间要求，马铃薯淀粉干燥温度一般不能超过 55～58℃，温度超过此范围，会造成淀粉颗粒局部糊化、结块，外形失去光泽，黏度降低。

九、淀粉生产副产品的综合利用

马铃薯淀粉厂的副产品主要是粉渣、细胞液水，经过加工后主要作为饲料使用。

1. 粉渣和细胞液水 生产每吨马铃薯淀粉可得干粉渣0.18～0.2 t。粉渣的主要成分为：水分4.5%、淀粉54.6%、蛋白质5.9%、粗纤维15.6%以及糖醛酸酐、果胶等。马铃薯细胞汁液的组成与生产工艺及用水量有关，一般汁液中干物质为 1%～3%。

干物质的成分为：蛋白质32.8%、淀粉6.6%、葡萄糖6.6%、纤维0.2%、灰分16.4%、其他37.4%。生产每吨马铃薯淀粉可得汁液0.2～0.3 t。粉渣在利用前需用离心机脱水，再经压榨机脱水到含水量为 75%～80%。细胞液则需要用蒸汽加热，使蛋白质凝结，称为热凝聚法。具体操作为先将汁液酸化到 pH 5.5或以下，再加热到99℃以上，用板框压滤机压滤，然后在滚筒干燥机中干燥。

2. 饲料的制取 将脱水粉渣和浓细胞液水混合即为营养价值很高的湿饲料，但这种饲料不宜贮存，极易腐败。将细胞液分离出的热凝结蛋白泥和脱水粉渣混合，再经加热干燥，成为方便贮存和运输的干饲料。

将细胞液经蒸汽加热后与粉渣混合，再用蒸汽加热至 110～120℃，起到灭菌和蛋白凝结的作用，然后冷却至 62～64℃，接入大麦芽进行糖化，糖化时间 2 h 左右，糖化后的混合料，再加温至 70～80℃，经压滤机过滤，滤渣干燥为干蛋白饲料，滤液经蒸发浓缩则成为糖-蛋白水解物，是浓而不透明的暗棕色液体，含葡萄糖、蔗糖、麦芽糖和各种氨基酸，可在发酵工业上用作微生物的培养基。

第二节　木薯淀粉生产工艺

一、概　　述

木薯也称为树薯、木番薯，世界三大薯类（木薯、甘薯、马铃薯）之一，为大戟科多年生灌木类作物，主要生长在南北回归线之间的赤道地区。木薯起源于热带美洲，约有4 000年的栽培历史。16 世纪末传入非洲，18 世纪传入亚洲。中国于 19 世纪 20 年代引种栽培，已分布到淮河秦岭一线以南的长江流域，广东和广西的栽培面积最大，福建和台湾次之，云南、贵州、四川、湖南、江西等省亦有少量栽培。

在中国木薯主要用作饲料和提取淀粉。木薯淀粉可制酒精、果糖、葡萄糖、麦芽糖、味精、啤酒、面包、饼干、虾片、粉丝、酱料以及塑料纤维塑料薄膜、树脂、涂料、胶黏剂等化工产品。作为饲料，木薯粗粉可代替所有谷类成分，与大豆粗粉配成禽畜饲料，为一种高能量的饲料成分。

二、木薯淀粉生产工艺

木薯淀粉生产一般以鲜薯和木薯干为原料，两者的工艺过程略有不同。以鲜木薯为原料的生产工艺过程为：木薯→洗涤→去皮→磨碎→筛分→除沙→精制→浓缩→脱水→干燥→成品淀粉；以木薯干为原料的生产工艺过程为：干薯片→洗涤→磨碎→浸泡→二次碎解→筛分→除沙→精制→漂白→浓缩→脱水→干燥→成品淀粉。

1. 原材料的清洗去皮

（1）生产原料　木薯的块根呈圆筒形，前端较尖，长度可达 100 cm 以上，一棵木薯块根在 30～50 kg。木薯的块根可分为表皮、皮层、肉质和薯心 4 个部分，块根上没有芽眼（图 3-13）。木薯的化学组成为：淀粉及其他糖类 27％、纤维素 4％、蛋白质 1％、水分 65％、其他 3％。主要成分的含量幅度为淀粉 10％～30％、水分 60％～80％。

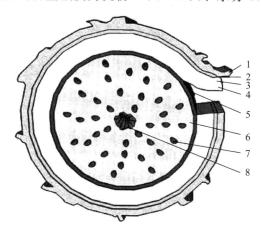

图 3-13　木薯块根横截面结构
1. 周皮　2. 厚壁组织　3. 皮层薄壁组织　4. 韧皮部　5. 形成层　1～5 构成外皮
6. 薄壁组织（淀粉贮存组织）　7. 木质部维管束　8. 中央脉管束

木薯含有一种有毒物——氰配糖体，在酶作用下，可水解成丙酮氰酸，进一步分解成有剧毒的氢氰酸。氰配糖体与水中铁离子可结成蓝色的亚铁氰化物，使淀粉着色，因此，在分离淀粉时应避免使用铁制设备。作为提取淀粉的原料，要求木薯淀粉食量高、整齐度好、适时收获。

过早收获的木薯中淀粉未达到最高含量，同时，其中的蛋白呈黏液状，阻碍淀粉的分离；过熟的木薯薯块容易木质化，致使淀粉含量降低。木薯收获后必须快速处理，一般要求 24 h 内进入加工车间。

木薯干片的平均成分为：淀粉 68％、纤维素 8％、蛋白质 3％、水分 13％、其他 8％。木薯干片应干爽，不霉，不变质，无虫蛀。

（2）原料输送和清洗去皮　使用集薯机、输送机将木薯输送到清洗机，在输送过程中，要特别注意防止铁块、铁钉、石头、木块等杂物混入。清洗机为滚筒式清洗去皮机，分粗洗区、沐浴区、净洗区。

鲜薯由加料口进入清洗机一端，通过电机带动滚筒不停地转动，鲜薯不断向前翻动，与滚筒内壁上的螺旋线胶条、轴上旋转浆相互摩擦、碰撞，木薯与木薯间也会发生碰撞，以水为介质（水和木薯的比例为1∶4），经喷洒、冲洗、沐浴、锉磨、清洗、除皮，将木薯块根的泥土、沙石、薯皮等去掉，清洗的杂物从滚筒上的排渣孔排出，经过冲洗及部分去皮的木薯从机器的另一端出来送往下一工序。

木薯的清洗必须彻底，所有细微污物都应洗净。因为木薯淀粉颗粒的旁边有一凹处，生产中污物容易附着于淀粉颗粒凹处，在以后水洗时不易除掉，影响淀粉的色泽和品质。木薯的皮层含有较多的氰化物，洗净的木薯在破碎前应去皮，滚筒清洗机的去皮率可达80%以上。

2. 碎解　粉碎是木薯淀粉生产的关键工序。粉碎的目的是破坏木薯的组织结构，使薯根中细胞破裂，从而把淀粉从块根中分离出来。常用的碎解设备有锤式粉碎机、刨丝机、棒式粉碎机等，以锤式粉碎机使用最多。该机依靠高速运转，使锤片飞起与锤锷、隔盘、筛板等在机内对连续喂进的木薯进行锤击、锉磨、切割、挤压，从而使木薯碎解，使淀粉颗粒不断分离出来。

目前，普遍采用二次碎解工艺，第一级筛网采用较大孔眼，孔径8.0 mm左右，第二级筛网采用较小的条形孔，孔径1.2～1.4 mm。通过二次碎解可使木薯组织的解体更充分、更细小，淀粉颗粒与纤维分离更容易，对提高抽提率更为有利。在碎解时，以水为介质，木薯与水比例为1∶1.2，将碎解的木薯加工成淀粉原浆。

3. 筛分　经碎解后的稀淀粉原浆需进行筛分，从而使淀粉乳与纤维分开。同时，淀粉乳需精筛除去细渣，纤维需进行洗涤回收淀粉，通过筛分，达到分离、提纯淀粉的目的。磨碎的薯糊可用离心筛、平摇筛或曲筛分离粉渣。目前，主要采用120°压力曲筛及立式离心筛配合使用，以曲筛筛分和洗涤纤维，以立式离心筛精筛除去细渣，普遍采用多次筛分或逆流洗涤工艺。

曲筛要求淀粉浆进入压力为0.2～0.3 MPa，筛网一般呈120°弧形立式放置，网间隙为50～100 μm，曲筛上端设有3～5个喷嘴，喷嘴直径$\Phi 15 \sim \Phi 24$。通过筛分、洗涤，薯渣（干基）含淀粉在35%以下，其中游离淀粉小于5%；淀粉乳浆浓度为5～6波美度，含纤维杂质小于0.05%。

4. 漂白、除沙和分离　漂白是保证木薯干片淀粉产品质量的重要环节，其作用为调节乳浆pH，以控制微生物活性及发酵、糖化；加速淀粉与其他杂质分离；除去淀粉颗粒的外层胶质，使淀粉颗粒洁白。

除沙是根据比重分离的原理，将淀粉乳浆用压力泵抽入旋流除沙器，经旋流、底流除沙，顶流过浆，达到除沙的目的。经过除沙，不仅可以除去细沙等杂质，而且可以保护碟片分离机。

分离作用是从淀粉乳浆中去除蛋白、脂肪及细纤维等杂质，从而达到淀粉乳洗涤、精制、浓缩的目的。根据水、淀粉、黄浆蛋白的密度不同，可用碟片分离机进行分离。一般是将2台碟片分离机串联使用，第一级的主要目的是除去淀粉中黄浆水及其他可溶性杂物，进浆浓度5～6波美度，出浆浓度12～15波美度，再稀释至8～10波美度为第二级进浆浓度，第二级主要是将淀粉浆浓缩到20～22波美度，供后工序使用。

5. 脱水和干燥　经分离工序的浓乳浆仍含有大量水分，因而必须进行脱水，以利干燥。脱水多采用卧式刮刀卸料离心机进行固、液分离，要求脱水后湿淀粉含水率低于38%。然后将湿淀粉输送至气流干燥机中，常用负压脉冲气流干燥系统，这是连续高效的流化态干燥方法，干燥后的产品淀粉含水量小于15%。

在木薯淀粉的生产工艺过程中，工艺水中含有少量的二氧化硫，用来控制微生物并作为生产过程辅助剂使用。现代工厂里也尝试在用于生产工艺之前，在水中加入絮凝剂、氯化剂和助滤剂对水进行预处理。在生产工艺中产生的废水在排放之前要进行实地处理以达到环保要求。副产物得到充分的利用，因此，在生产过程中没有废物的产生。纤维用于饲料添加，皮层和经处理后的沉淀物可以作为木薯种植或其他农业用途的有机肥料。

第三节　甘薯淀粉生产工艺

甘薯，又名红薯、白薯、地瓜、番薯、红苕、山芋等，属旋花科，一年生植物。红薯原产南美洲，16世纪末传入我国，最初在福建、广东一带栽培，以后向长江、黄河流域传播。如今，除青藏高原地区外，我国大江南北皆有其踪迹。红薯品种颇多，形状有纺锤形、圆筒形、椭圆形、球形之分；皮色有白、淡黄、黄、红、紫红之别；肉色有黄、杏黄、紫红诸种。

甘薯营养丰富，是我国人民喜爱的粮菜兼用的天然滋补食品。甘薯中含有多种人体需要的营养物质。每500 g红薯约可产热能2 659 kJ，含蛋白质11.5 g、糖14.5 g、脂肪1 g、磷100 mg、钙90 mg、铁2 g、胡萝卜素0.5 mg，另含有维生素B_1、维生素B_2、维生素C与尼克酸、亚油酸等，其中维生素B_1、维生素B_2的含量分别比大米高6倍和3倍。甘薯含有丰富的赖氨酸，而大米、面粉恰恰缺乏赖氨酸。

生产甘薯淀粉原料可以是鲜甘薯和甘薯干，原料的差异所采用的工艺亦有差别。鲜甘薯由于不便运输，贮存困难，必须及时加工，季节性强，一般只能在收获后两三个月内完成淀粉生产，采用的方法也多为作坊式生产。以薯干为原料，可采用机械化常年生产，技术也相对比较先进。

一、鲜甘薯淀粉的加工方法

生产原料因产地和品种的不同，组成成分相差甚大，鲜薯块根中水分占总质量60%～80%、淀粉占15%～20%、蛋白质占2%、粗纤维0.4%及少量脂肪、无机盐等。与其他淀粉类原料相比，甘薯含蛋白质和脂肪较少。此外，甘薯中还含有一些不利于淀粉加工的物质，如酚类物质受到氧化酶作用时形成的黑色素、果胶等胶体物质能影响淀粉颗粒与纤维、蛋白质的分离，淀粉酶能使淀粉转化为糖影响收率。用于淀粉生产的甘薯要求块根淀粉量高，可溶性糖、蛋白质、纤维和多酚类物质少，薯皮光洁完整，无损伤，无虫蚀，无病斑，肉质坚实。

待加工的鲜薯用流水槽输送到车间，将薯块送入清洗机中，清洗机是一个宽0.6 m的长槽，槽底是半圆形的网筛结构，清洗机搅拌叶转速为30 r/min，洗净沥干的物料送到磨碎工段。分两次磨碎，第一次破碎采用锤片粉碎机把甘薯破碎成约 2 cm×2 cm 的碎块，第二次破碎采用冲击磨或金刚砂磨加水磨成薯糊。

为了使淀粉乳容易沉淀，可在磨碎时加入少量石灰水，磨碎细度以每毫升淀粉乳中含有直径超过 2 mm 以上的大颗粒不超过 5～8 粒。第一次破碎应有 80％的游离淀粉产生，第二次破碎应有 90％的游离淀粉产生。

分离纤维时采用压力曲筛，一般采用两次以上的筛分，并进行充分的洗涤，最终使粉渣中游离淀粉含量小于 5％。将筛分后得到的淀粉浆经旋流除沙器除去沙石后，用碟片分离机分离蛋白质，要求进料浓度在 5 波美度以上，底流在 6～18 波美度，采用串联组成的二级分离工艺，除去蛋白质可达 80％以上，产品含蛋白质小于 0.2％。湿淀粉经机械脱水，干燥机处理，淀粉含水量达 14％以下即为成品淀粉。

二、薯干淀粉的加工方法

薯干的清理分为干法和湿法两种。干法是采用筛选、风选及磁选设备净化薯干，然后破碎，再进行浸泡；湿法是薯干经过筛选后，置于容器中整片浸泡，然后再进行粉碎。浸泡时要在浸泡水中加入 0.02 mol/L 的饱和石灰水，使浸泡液 pH 在 10 左右，浸泡时间 12 h，温度控制在 35～40℃，浸泡后甘薯片含水量约 60％，然后用水淋洗，洗去色素和尘土。

用石灰水处理甘薯片的作用是：使薯片中纤维膨胀，便于破碎后与淀粉分离，淀粉颗粒被破碎的也较少；使薯片中色素容易渗出，提高淀粉白度；钙可降低果胶类物质黏性，使薯糊易于筛分；保持碱性，抑制微生物活性；淀粉易于沉淀，易和蛋白质分离，回收率增高。

浸泡以后的薯片进入下道工序，其后的加工过程与鲜薯基本相同。即用锤式粉碎机破碎，曲筛分离和洗涤纤维，碟片离心机除去蛋白质，卧式刮刀离心机脱水，经气流干燥得成品。

第四节 小麦淀粉生产工艺

一、简 介

小麦的种植始于史前时代，面包作为源于小麦的主要食物，自从有史料记载开始就已经是人类的主食了。尽管不能确定人们什么时候开始知道淀粉是一种单独物质的，但毫无疑问的是最初被分离出来的淀粉就是小麦淀粉。最早利用小麦生产淀粉的作坊始建于古埃及和古希腊。小麦淀粉的工业生产大约起源于 16 世纪的英国。

小麦为全世界 66 亿人口提供了超过 20％的能量，在为持续增长的人口提供食物上将继续保持主导地位小麦在五大洲广泛种植，在其中 108 的国家里居于当今谷物生产、消费和交易的首位。小麦的种植区域从北半球的芬兰延伸到南半球的阿根廷。最大的种植区在北半球的温带地区，位于北纬 30°～60°，稍小点的区域在南半球的南纬 27°～40°。小麦可能是世界上唯一能在一年四季都有地方在收获的谷物。

小麦的用途可以分为 4 类：食品，饲料，种子和工业用途。食品是小麦的主要用途，约占总产量的 67％，饲料和种子的用途分别占 20％和 7％，小麦的工业用途，包括湿法生产淀粉和面筋，约占总产量的 6%。

我国小麦淀粉年产约 400 万 t 左右，生产小麦淀粉的原料有小麦和小麦粉，国内多数以小麦粉为原料生产小麦淀粉。将小麦面粉经过深加工后可以得到小麦淀粉和活性小麦面筋粉。

活性小麦面筋粉又称为谷朊粉，主要成分是小麦谷蛋白和胶蛋白，蛋白质含量为 75%~85%，脂肪含量为 1.00%~1.25%，蛋白质为高分子亲水化合物，当水分子与蛋白质的亲水基团互相作用时就形成水化物湿面筋。水化作用由表及里逐步进行，具有很强的吸水性和持水性，复水后具有很强的黏弹延伸性、薄膜成型性、热凝固性、吸脂乳化性，同时面筋粉又具有较高的营养价值，因而得到广泛应用。从面筋获得的重要副产物为小麦分离蛋白、质构化、分级分离、脱酰氨基、还原化、络合、季铵化及水解后的小麦面筋，主要用于食品、饲料、造纸及化妆品工艺。它是一种天然的面粉品质改良剂，在制作面包时添加 2%~3%面筋粉，能增加面团的筋力，便面包体积增大，气孔均匀，柔软，具有天然口味。在生产面条中添加 0.5%~2.0%面筋粉，可增强面条韧性，不易断条，减少烧煮损失，滑爽，有咬劲。面筋粉又是制作鱼、肉食品的最佳黏接剂、填充剂。高档水产类饲料中，添加小麦面筋粉，可以增加鱼虾等饲料产品的营养价值，吸水后的悬浮性、黏弹性，可以提高饲料在水中的利用率，减少对水源的污染。

在小麦淀粉市场应用中，用于食品和工业用途的是大颗粒淀粉、低水分淀粉、抗性淀粉和预糊化淀粉等物理变性淀粉及化学变性淀粉。小麦淀粉在面粉中占 60%~70%，密度为 1.63 g/cm³，颗粒为圆形和椭圆形。粒度差别很大，为 2~30 μm，大颗粒只占总数 20%。它在水中分散，很少溶解，黏性不大。小麦淀粉分成 A 级淀粉和 B 级淀粉，A 级淀粉是大颗粒淀粉，通常指精制淀粉；B 级淀粉是小颗粒淀粉，它往往与细小的蛋白质混黏在一起，比较难以分离。

小麦淀粉糊具有低热黏度、低糊化温度的特性，糊化后黏度的热稳定性较好，经长时间加热和搅拌黏度降低很少，冷却后结成凝胶体的强度很高，被广泛应用于食品、轻工、纺织、制药、造纸等行业。生产的小麦淀粉可进一步转化为高附加值产品，如变性淀粉、糖浆或作为发酵原料生产味精、柠檬酸等。

二、小麦淀粉的生产工艺

1. 生产工艺概述　20 世纪 80 年代之前，主要采用面包粉生产小麦淀粉和小麦面筋；但由于新型分离技术的引入和经济因素，硬质小麦、软质小麦、春小麦和冬小麦现在都用于淀粉的生产。通常的工艺是用干磨法将小麦麸皮、胚与胚乳分离开，磨成面粉。如果采用短时间磨碎工艺可以提取 72%或更高的面粉，营养增强剂与漂白剂随后加入面粉中。适合湿法生产工艺的小麦粉应该为蛋白质高（>11%），淀粉损失极少，灰分低（低麸皮），无 α-淀粉酶，且价格低廉。另外，面粉中的谷物蛋白在过量水中应易于凝聚，从而形成富含蛋白质的颗粒。具有适当硬度的饮用水是工业中分离面筋和淀粉的另一个主要因素。生产工艺中没有亚硫酸（二氧化硫）、硫酸钠、碱和有机酸等化学试剂的使用。有时添加具有半纤维素酶或戊聚糖酶活性的酶，用来促进淀粉与面筋的分离，减少生产时间，增加产品纯度，增加面筋和淀粉产量，以改善小麦面粉生产工艺使用的木聚糖酶用量受木聚糖酶活力和面粉中抑制剂含量的影响。

在设计和管理小麦淀粉工艺的过程中，Barr 总结出 4 项应考虑的主要因素：原料、产品、成本及可操作性。从产品角度来说通常要求小麦粉富含蛋白质，生产工艺要在不影响淀粉和面筋的前提下适用于由卖家提供的各种各样的原料。A-淀粉、小麦面筋、B-淀粉和副产物的品质和用途必须要认真的考虑。最后，产量、用水量和污水处理也需要工厂认真对待。与玉米湿法淀粉生产工艺不同的是，现在的小麦淀粉湿法生产工艺不需要在温水中浸泡一定的时间。因此，与玉米淀粉不同，工业化生产的小麦淀粉不是韧化后的淀粉。

以小麦颗粒为原料的工艺流程去除了干磨粉碎的成本，但需要对麦粒进行浸泡。整麦的湿法工艺保留了整个胚乳区，对淀粉没有损伤。但这种工艺也有很多缺点，分离的淀粉白度低，麸皮残留量高，流程中产生大量低浓度的污水，甚至含有加入的酸。另外一个缺点是，在麸皮从胚乳中分离之前一些面筋就会发生凝集，从面筋中分离纤维困难。因此，面筋容易被过多的麸皮污染，颜色、纤维含量、灰分及脂肪含量等方面的品质下降，并且湿麸皮干燥能耗高。整麦湿法工艺在工业生产中应用少，与湿法工艺相比，干磨法工艺中的淀粉损失只有 6%～7%。

尽管工业小麦淀粉生产的主要目标是精制的 A 级淀粉，精制 B 级淀粉因为有独特的用途，生产也有很高的商业价值。在欧洲，发明了一种将 B 级淀粉分成高纯度小颗粒淀粉和饲料用途两部分的新工艺，工艺流程主要包括酶处理，之后高压处理，再利用细筛、分离器和卧式螺旋分离器精制。

大部分分离出来的小麦淀粉利用传统的喷雾干燥法和闪蒸干燥法工艺干燥会产生糊化淀粉。闪蒸法干燥的速度最快，淀粉利用热空气流干燥，然后在旋流器中收集。速食或预糊化小麦淀粉可以通过传统的滚筒干燥法制备。

2. 制造小麦淀粉的原料选择　小麦淀粉的制造，不只是生产淀粉，同时也是制造面筋的过程，因此，在选择原料时，对二者都要兼顾。原料选择的原则是：①用硬质小麦和软质小麦作为制造小麦淀粉的原料各有优缺点。硬质小麦作为原料时，通常小麦粉的蛋白质含量多，面筋收率高，但在生产中，当加水捏和形成湿面团时，面筋的网状结构会变得很牢固，很难将淀粉全部洗出来，得到淀粉颗粒较小者占比例高，淀粉总收率降低。软质小麦淀粉含量高，淀粉的大颗粒部分比较多，淀粉的收率高，但从湿面团洗出淀粉后，面筋筋力较差，容易散开，因此，二者以一定比例配合使用为好。②应选择灰分少的面粉为原料，一般要求不大于 1%，因为只有在灰分低的条件下，才能得到较纯净的小麦淀粉和小麦面筋粉。③麸皮是一种纤维物质，在面粉中占 2% 左右，小麦粉中的细菌数一般取决于粉中混入的麸皮量，要选择麸皮含量低的面粉作原料。④面粉中水溶性的糖类和蛋白质会造成淀粉废水负荷增高，增加处理废水难度，并影响淀粉和面筋的总得率。⑤筋率不应低于 24%，如果筋率过低，面筋粉的得率必然会减少，影响经济效益。⑥在制粉过程中要特别注意减少面粉中损伤淀粉的含量，如果面粉中损伤淀粉含量过高，则湿处理过程中吸水量增多，淀粉和面筋粉的得率会降低。

3. 小麦粉为原料生产淀粉的工艺选择　以小麦粉为原料，湿法生产小麦淀粉、谷朊粉的方法有马丁（Martin）法、巴特（Batter）法、菲斯卡（Fesca）法、拉西奥（Rasio）法、旋流法（KSH）、高压分离法（HD）等多种。目前，我国小麦淀粉厂多数采用马丁法，近年来先后从国外引进旋流法工艺和拉西奥法工艺。

三、马丁法生产工艺

马丁法又称为面团法，加工工艺包括和面、洗出淀粉、面筋干燥、淀粉精制和淀粉脱水干燥等工序。

1. 调制面团　分批次地将面粉与水按一定比例在和面机内揉成面团，面粉和水的比例大约为 2：1。硬质小麦面粉能和成弹性很强的面团，需要的水要比软质小麦多，水温控制在 20～25℃。如小麦粉的筋力较低，可适当加入些食盐（约0.5％），能起到紧缩面筋的作用，和好的面团要在机内静置一段时间（15～25 min），使蛋白质充分水合形成面筋。

2. 分离鲜面筋　在面团的洗涤过程中，不需要将面筋破碎成小碎片，就可以从面筋中直接分离出淀粉。常用设备为面筋洗涤机，如图 3-14 所示。这种设备外壳呈 U 形槽，其底部为双弧形的桶体，下部设有两个并列的带螺旋形的搅拌叶片，它们分别以不同的速度朝相反方向旋转。

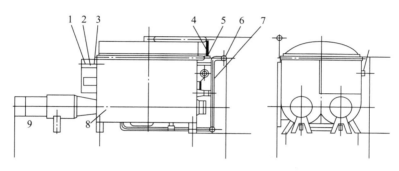

图 3-14　面筋洗涤机结构

1.开关　2.点动　3.停机　4.阀门开关　5.喷淋开关　6.进水开关　7.护罩开关　8.面筋桶　9.减速电机

当面团放入面筋洗涤机后，由于槽内两个螺旋搅拌叶片的搅拌作用，借助于槽体两边的槽壁而产生推进和搅拌作用，便面团从前后左右向中间推挤。面团受到揉搓和挤压，保证了搅拌的均匀性。在洗涤面筋的同时，还要保持面团以一定速度连续地进入搅拌机，使搅拌机的螺旋叶片周围有充足的面团存在。清水或过程水沿着槽底或槽壁喷入槽体的洗涤搅拌室，洗涤水和悬浮的淀粉液从槽体上部溢流排出。当面筋被洗到含水量约 70％、面筋含蛋白质70％～80％时，就从底部的出料口连续地排出。

3. 分离麸质　从面筋分离后所得到淀粉浆中大约含有 10％的固形物，采用振动筛分离得到一些面筋碎片，这些面筋碎片同面团洗涤机的湿面筋混合，一起进行环式气流干燥，制备谷朊粉。经振动筛分离后的淀粉乳是纤维与淀粉的混合物，用离心筛通过转鼓快速旋转产生的离心力将纤维与淀粉分离。一般采用一级或三级串联除麸，直到麸渣中小样加清水搅拌后无明显白浆，淀粉乳小样经沉淀无麸质时为止。

4. 分离可溶物　分离可溶物采用自然沉淀法，将筛分的淀粉乳送入沉淀池内，自然静止沉淀，上清液中包括可溶性蛋白质、细纤维等杂质，抽吸去上清液，沉淀后的淀粉浆浓度为 16～18 波美度。因为沉淀池占地面积大，沉淀效率低，生产周期长，卫生指标难以保证，也可将筛分的淀粉乳用碟片离心机进行分离和洗涤。

5. 脱水干燥　沉降或离心分离得到的精制淀粉浆喂入三足离心机脱水，将得到的含水量约 40％的淀粉滤饼送入干燥机干燥成小麦淀粉，对 B 级淀粉小作回收。

四、拉西奥法生产工艺

面粉通过计量与水按一定比例制成面糊，在高压均质机中均质后进入三相卧螺，一次把面粉的各成分按比重不同分成 3 个组分，重相是 A 级淀粉浆和纤维，中相是湿面筋和 B 级淀粉浆，轻相是戊聚糖浆与水可溶物。除去纤维后的 A 级淀粉浆在一组旋流器中洗涤后送入脱水机脱水，滤饼送入干燥机干燥，成 A 级淀粉。

中相面筋经过凝聚成团，在面筋筛上与 B 级淀粉分离后进入面筋干燥机干燥成回筋粉。对 B 级淀粉浆中的 A 级淀粉通过碟片离心机或旋流器加以回收。B 级淀粉浆通过由卧螺与高速碟片离心机组成的浓缩脱水系统后进入 B 级淀粉干燥机干燥成 B 级淀粉。对轻相中的戊聚糖浆回收并入到纤维中作为饲料出售（图 3-15）。

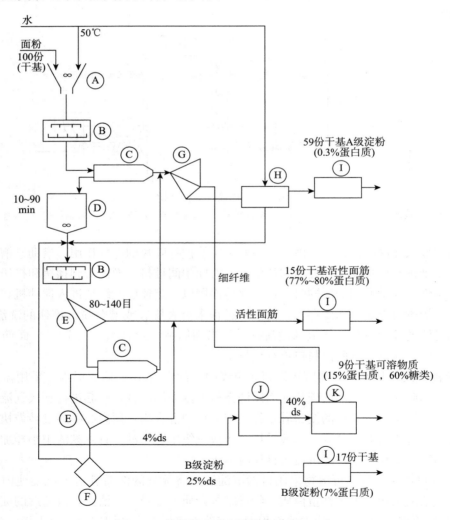

图 3-15　拉西奥法小麦淀粉和面筋加工法

A. 搅拌机　B. 针磨　C. 倾析器　D. 熟化器　E. 筛子　F. 固体物排出离心机

G. 曲筛　H. 两级倾析器　I. 干燥器　J. 三效蒸发器　K. 鼓式干燥器

五、旋流法生产工艺

旋流法分离工序如图 3-16 所示。工艺过程可分以下几步：

1. 进料、成团及面筋成型 原料面粉计量后与水按一定比例进入混合机，水温控制在 40℃ 左右，形成浆状面团，泵入面筋成型罐，在成型罐内再加水稀释面团，并通过不停地搅拌分散成可自由流动的面浆，使面筋从面团中分离出来，形成线状或丝状悬浮在淀粉液中。

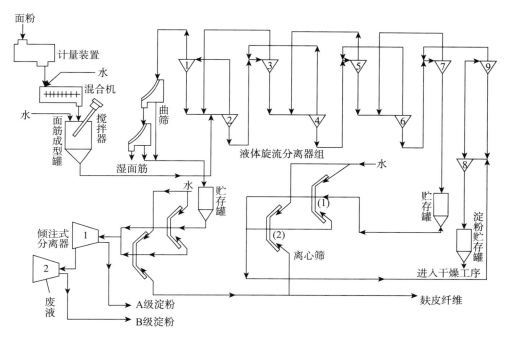

图 3-16 旋流法小麦淀粉生产工艺

2. 面筋和淀粉的分离 面浆通过泵打入多级旋流机组。液体旋流分离器是分离、洗涤、浓缩优质淀粉的专用设备，由九级旋液分离器组成，面浆先泵入旋液分离器的第二级，由于面筋比较轻，所以面筋和次淀粉从第一级溢出，优质的 A 级淀粉的重相在第二级至第七级之间经反复分离、洗涤、浓缩后，在第七级析出进入贮存罐。再经过两道离心筛除去麸皮纤维，筛下的 A 级淀粉此时已被稀释，因而再经过第八、第九级旋液分离器，使淀粉进一步浓缩和净化，然后送至 A 级淀粉贮存罐。

3. 面筋、次淀粉及麸皮的回收 在旋液分离器中，第一级溢出物由面筋、次淀粉、戊聚糖浆和麸质组成，经过两道筛孔为 $350 \sim 370 \ \mu m$ 的曲筛筛理后，筛上物为面筋，送入干燥机干燥成面筋粉。筛下物液体进入贮存罐，再经过两道离心筛处理，离心筛处理时的筛上物为麸质纤维，与第七级旋液分离器分出的麸质合并经干燥后，用作饲料。离心筛处理时所得筛下物为次级淀粉，经两道倾注式离心机分离，前道分离出来的是较 A 级淀粉稍差的 B 级淀粉，后道分离出来的是 B 级淀粉。

第五节　稻米淀粉生产工艺

一、概　　述

水稻属于禾本科（Poaceae 或 Gtamineae）稻亚科（Oryzoideae）稻属（*Oryza Linnaeus*），一年生草本植物。人类食用部分为颖果，俗称大米。

世界上栽培稻有两个种，即亚洲栽培稻（*Oryza sativa* L.，又称为普通栽培）和非洲栽培稻（*Oryza glaberrima* Steud.，又称为光身稻）。前者普遍分布于全球各稻区，后者现仅在西非有少量栽培。据统计，全世界有 122 个国家种植水稻，栽培面积常年在 $1.40 \sim 1.47$ 亿 hm^2，90% 左右集中在亚洲，其次在美洲、非洲、欧洲和大洋洲。世界稻谷总产 5 亿 t，其中 90% 是在亚洲生产和消费的。中国为世界上最大的稻米生产国和消费国，水稻年种植面积约 2 860 万 hm^2，占全球水稻种植面积的 1/5；年产稻米 1.85 亿 t，占世界稻米总产量的 1/3；单位面积产量达到 6.35 t/hm^2，比全球平均产量高 65%。中国还是稻作历史最悠久、水稻遗传资源最丰富的国家之一，浙江河姆渡、湖南罗家角、河南贾湖出土的炭化稻谷证实，中国的稻作栽培至少有 7 000 年以上的历史。

水稻含有 7%～11% 的蛋白质，62%～66% 的淀粉，1%～2.5% 的脂肪和 4.5%～6% 的矿物质。精米的淀粉含量占干物重的 90%，糖分占 0.37%～0.53%。

二、稻米淀粉生产工艺

全世界稻米淀粉的产量大约为 25 000 t。为了节约成本，稻米淀粉的生产一般采用碎米。目前，稻米淀粉的生产有两种方法：传统工艺和现代机械工艺。

1. 传统生产工艺　传统的稻米淀粉的生产方法需要利用碱液溶解谷蛋白，稻米中的谷蛋白大约占总蛋白质含量的 80%。这种方法在大多数稻米淀粉生产工厂中使用，产出的淀粉蛋白含量小于 1%。这种工艺生产出的副产物蛋白质有明显的异味，不适合作为食品添加剂使用。

在碱性加工工艺中，碎米用 0.3%～0.5% 的氢氧化钠溶液浸泡大约 24 h，温度从室温条件到 50℃。浸泡工艺软化了谷粒，影响了蛋白质的溶解作用。浸后谷粒在氢氧化钠溶液中进行湿磨，释放出淀粉生成淀粉浆。淀粉保持悬浮状态储存 10～24 h 进一步溶解蛋白质。过滤去除细胞壁物质，用水洗涤淀粉浆去除蛋白，中和后干燥。为避免淀粉发生糊化，工厂中使用的干燥工艺初始干燥温度要低，在干燥过程中可能引起微生物滋生，需要做好监控。碱性加工工艺的优点是生产出来的稻米淀粉有利于变性作用，因为多数淀粉的变性作用是在高 pH 下进行的；缺点是产生碱性废水对环境污染大，所得的蛋白不能作为食品用途。

2. 机械分离法　稻米淀粉生产的机械加工法是湿磨工艺，可以选择性地去除糙米中的蛋白质。在这一工艺中蛋白质无需溶解，而是采用物理法将淀粉颗粒和蛋白质通过机械分离法从粉质胚乳中释放出来后进行分离。释放出的淀粉存在于直径为 10～20 μm 的团块或小聚集体中。用这种工业方法可以生产出蛋白含量在 0.25%～7% 的产品。除掉蛋白质后的淀粉与采用传统工艺生产的淀粉相似，但成糊特性与功能性有差别。与碱性加工工艺不同，利用机械法工艺获得的蛋白质有利用价值，因其具有良好的风味品质可以用于食品工业。

机械加工法生产工艺的好处是可以生产具有不同蛋白质和脂肪含量的产品，分别具有特色的功能性。另外，机械加工法的废水对环境没有不良的影响，可以用于农业用途。

3. 三相分离机生产工艺　威斯伐利亚公司开发了一种利用三相分离机从碎米分离淀粉的工艺，三相分离机是淀粉洗涤中的关键设备。工艺中的第一步是将碎米在氢氧化钠溶液中浸泡约 12 h，这可以使营养组织更有弹性，易于破碎分离。利用破碎设备将营养组织碎解进入淀粉悬浮液中。接下来的分离步骤中，将粗纤维从悬浮液中分离出来，在悬浮液中只含有淀粉离子、细纤维和残留的蛋白质。粗淀粉乳经除沙和杂质分离后，引入到三相分离机中进行浓缩后再用三相喷嘴分离机将悬浮液分成纯净淀粉乳、细纤维和蛋白质溶液 3 个组分。使用沉降离心机对淀粉乳进行脱水。为提高产量，利用筛分分离细纤维后的淀粉乳重新应用到洗涤工艺中。从洗涤工艺中获得的蛋白质组分进一步处理后制取蛋白质。稻壳和分离出来的纤维可以作为动物饲料。

思考题

1. 马铃薯薯块的化学成分有哪些？
2. 简述马铃薯淀粉生产工艺流程。
3. 卧式螺旋卸料离心机的工作原理是什么？
4. 锥形离心筛的工作原理是什么？
5. 简述木薯淀粉的生产工艺流程。
6. 简述小麦淀粉的生产工艺流程。

第四章　淀粉制糖

第一节　概　　述

以含淀粉的粮食、薯类等为原料，经过酸法、酸酶法或酶法制取的糖，包括葡萄糖、麦芽糖、果葡糖浆、低聚糖和糖醇等，统称为淀粉糖。

淀粉糖在中国的发展历史悠久，杜康酿酒就是利用淀粉糖的发酵。淀粉糖比甘蔗糖和甜菜糖早得多，根据文献记载，有2 000多年生产淀粉糖的历史，统计表明，1990年中国生产的淀粉糖仅为20万t，1999年还不到60万t。然而，进入21世纪以来，中国的淀粉糖行业积极不断引进国外先进技术，规范产业管理，淀粉糖生产关键技术和设备的研究有突破性进展，使生产成本大幅降低，产量逐年上升，品种逐年增多，出现了单价低于蔗糖的新情况，淀粉糖市场才逐渐扩大，成为食糖市场的重要补充。2010年我国淀粉糖工业提高到900万t，中国这一行业的生产企业都通过了ISO 9000认证，其中多数企业还通过了ISO 14000、HACCP、GMP、QS认证。企业规模增大，新产品开发加快及品种多样化，产品质量显著提高，同时在节约资源、环境保护、节能减排等方面也达到国家规定的标准及要求。

目前，我国消费食糖的消费水平远远低于世界平均水平（2012年，世界人均每年消费24 kg，我国人均每年消费8.3 kg，约为33%），我国生产的糖品不能满足消费者需求，还需要大量进口，因此，淀粉糖的生产在未来一段时间内还有较大的发展空间。淀粉糖工业是农业产业化和粮食深加工的重要途径之一。国内较大规模的生产厂家主要集中在我国北方，特别是主要的玉米产区，如吉林、山东、河北，其中，山东淀粉糖的产量最大，占全国淀粉糖总产量的40%，其次是河北，第三位是吉林。随着淀粉糖产业的不断扩大，其在所有食糖替代品中所占的份额也越来越大，推动了无糖食品、功能食品、饮品等食品原料的发展。

淀粉糖主要涉及的行业有糖果、冷饮和饮料、植脂末和植脂奶油、发酵和着色、饼干和糕点、制药和保健品、酿酒等诸多行业。淀粉糖在食品生产中具有许多优点。淀粉糖应用于饮料生产中具有口味清爽的特点，用在焙烤食品中具有松软不板结和着色均匀稳定等特点，它可用于各种食品，也可用于以淀粉糖为原料的发酵工业和化学合成工业等。例如，用淀粉糖浆替代麦芽糖浆生产啤酒，降低了啤酒生产成本。结晶葡萄糖产品还是新型环保表面活性剂烷基糖苷的重要原料，可用于生产高效洗涤剂和化妆品，市场前景十分看好。利用山梨醇裂解技术生产玉米化工醇，代替石油化工醇生产纤维聚酯、树脂橡胶等。淀粉糖产业在国民经济发展中发挥着越来越大的作用。

淀粉的水解在淀粉制糖工业中称为转化，淀粉糖的水解程度或糖化程度通常用葡萄糖值（DE值）和葡萄糖实际含量（DX值）表示。葡萄糖值（DE值）是用标准的斐林试剂滴定糖液中还原糖的含量，还原糖含量占干物质的百分率，把所测得的还原糖量完全当作葡萄糖来计算。葡萄糖实际含量（DX值），是指糖液中葡萄糖含量占干物质的百分率。随着淀粉水解反应的进行，糖化液的还原性增加，由于糖浆中的麦芽糖和其他低聚糖也具有一定的还原性，所以糖浆中的葡萄糖实际含量（DX 值）低于葡萄糖值（DE 值）。

一、淀粉糖种类

随着科学技术的发展，对于糖品要求越来越高，来适应食品品种的多样化和产品色、香、味、型、质的要求，改善食品品质，提高产品质量；不仅要具有甜度，还要同时满足如黏度、渗透压、溶解度、吸湿保湿性、冰点、结晶性、化学稳定性、发酵性、抗氧化性等多方面的要求，以适应不同年龄、不同体质、不同嗜好的人群的需求。淀粉糖与甘蔗糖、甜菜糖相比较，淀粉通过工艺条件和转化途径的改变，使淀粉糖产品中各种糖的比例不同，满足食品加工的需要。淀粉糖种类多，性质不尽相同，各种种类的淀粉糖具有不同的营养特性和功能特性，这是普通甜味剂难以实现的。良好的应用性成为淀粉糖产业迅速发展的真正原因。

淀粉糖品种繁多，分类方法也各不相同，通常按糖浆组成成分或生产工艺不同进行分类，分类汇总如图 4-1 所示。括号中内容是按工艺不同进行的分类。

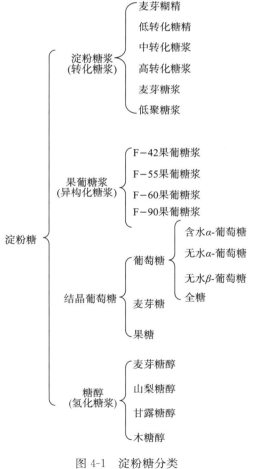

图 4-1　淀粉糖分类

（李浪．1996．淀粉科学技术）

1. 淀粉糖浆（转化糖浆）　淀粉糖浆是淀粉经过不完全水解后获得的包括葡萄糖、麦芽糖、低聚糖和糊精等多组分组成糖浆。糖浆不需要糖的组分分离，根据不同的水解方法获得的各种糖的比例不同。根据淀粉的转化程度不同，分为麦芽糊精（*DE* 值＜20％）、低转化糖浆（*DE* 值 20％～38％）、中转化糖浆（*DE* 值 38％～58％）和高转化糖浆（*DE* 值 60％～70％）；按麦芽糖含量不同，将麦芽糖浆（含麦芽糖 35％～45％）、高麦芽糖浆（含麦芽糖 45％～70％）和超高麦芽糖浆（含麦芽糖 70％～90％），结晶麦芽糖是从高麦芽糖浆中结晶分离所得；由 2～10 个单糖通过糖苷键连接形成的糖浆称为低聚糖浆（寡糖），有些低聚糖具有生理功能，有抑制肠道内腐败菌生长的低聚糖，有促进肠道内有益菌双歧杆菌繁殖的低聚糖，有防龋齿、抗菌、抗肿瘤的低聚糖，功能性低聚糖浆是目前研究的热点。

2. 果葡糖浆（异构化糖浆）　果葡糖浆是淀粉水解为高转化糖浆后，再将高转化糖浆的一部分葡萄糖经葡萄糖异构酶催化转化成果糖，糖浆包括果糖和葡萄糖的混合糖浆，称为果葡糖浆。果葡糖浆按其生产的发展和产品组分质量分数不同划分为 3 代，20 世纪 60 年代生产第一代果葡糖浆，简称 42 糖（F-42），在糖分组成中，果糖、葡萄糖、低聚糖分别占42％（以干基计，以下同上）、52％和 6％，其固形物为 71％，甜度与蔗糖相近；20 世纪 70年代末期生产第二代果葡糖浆，简称 55 糖（F-55），在糖分组成中，果糖、葡萄糖、低聚糖分别占 55％、40％和 5％，其固形物含量为 77％，甜度约为蔗糖的 1.1 倍；无机分子筛分离果糖和葡萄糖技术生产第三代果葡糖浆也称为高果糖浆，简称 90 糖（F-90），在糖分组成中，果糖、葡萄糖、低聚糖分别占 90％、7％和 3％，其固形物为 80％，甜度为蔗糖的 1.4倍；结晶果糖是从果糖含量 95％以上的高果糖浆中结晶分离所得。

3. 结晶葡萄糖　葡萄糖是淀粉经酸法或酶法完全水解的产物。按生产工艺可分为结晶葡萄糖和全塘。结晶糖是利用结晶方法从葡萄糖浆（含葡萄糖 95％～97％）中提纯出来的固体糖品。从高转化葡萄糖浆中通过结晶方法可以得到结晶葡萄糖，主要品种中有含水 α-葡萄糖、无水 α-葡萄糖、无水 β-葡萄糖和全糖；全糖的组分是葡萄糖和少量麦芽糖、低聚糖等的混合糖。

4. 糖醇（氢化糖浆）　淀粉糖浆中的糖分（葡萄糖、麦芽糖、低聚糖等）通过氢化反应对糖还原性羰基加氢后获得化学性质稳定的糖醇。氢化反应以后糖组分的还原性完全消失，稳定性有很大提高，氢化糖浆的甜度得到提高（除山梨醇外）。

二、淀粉糖的性质与应用

淀粉糖是淀粉深加工的重要产品。不同淀粉糖在应用过程中，性质存在很大差异，其甜度、黏度、渗透压、溶解度、冰点、结晶性、吸湿保湿性、化学稳定性、发酵性、代谢性质、抗氧化等性质非常重要，与应用密切相关。根据生产的实际需求来选择不同种类的淀粉糖，关系到各种产品的质量和品质。

1. 甜度　甜度是糖品的重要性质。糖品的甜度受浓度和温度等因素的影响，特别是浓度对其影响最大，浓度增加甜度增大。为了对不同品种糖的甜味进行评价，规定蔗糖的甜度为1.0，其他种类的糖品与蔗糖甜度相比较，用相对甜度来评价其甜度。表 4-1 为不同糖品的相对甜度。

表 4-1　不同糖品的相对甜度

(李浪. 1996. 淀粉科学技术)

糖品	相对甜度	糖品	相对甜度
蔗糖	1.0	淀粉糖浆 42DE	0.5
果糖	1.5	淀粉糖浆 52DE	0.6
葡萄糖	0.7	淀粉糖浆 62DE	0.7
麦芽糖	0.5	淀粉糖浆 72DE	0.8
乳糖	0.4	果葡糖浆 42 型	1.0
麦芽糖醇	0.9	果葡糖浆 55 型	1.1
山梨醇	0.5	果葡糖浆 60 型	1.2
木糖醇	1.0	果葡糖浆 90 型	1.4
甘露醇	0.7		

淀粉糖浆的甜度随转化程度的增高而增大。低转化程度（DE 值 < 20%）的产品甜味微弱甚至无甜味。果葡糖浆的甜度随异构化率的增高而增大。浓度为 15% 时，异构化率 16% 的果葡糖浆甜度为蔗糖的 80%；异构化率 42% 的果葡糖浆甜度与蔗糖相等，更高异构化率的果葡糖浆甜度高于蔗糖，如 55%、60%、90% 果葡糖浆。

2. 黏度　淀粉糖随着转化率的增高而降低。淀粉糖浆黏度较高，葡萄糖、果糖的黏度较蔗糖低，一般来说 DE 值越低，糖浆黏度就越高。但对于不同的生产方法，即使 DE 值相同，糖浆的成分组成及含量也不同，黏度也不同。应用淀粉糖的食品，黏度发挥重要的性质，用来提高产品的稠度和适口性。

在冷冻食品（如雪糕、冰淇淋等）中应用淀粉糖浆，特别是低转化糖浆，可提高产品黏稠性和适口性。

3. 渗透压力　糖液的渗透压大小与其分子质量及浓度有关。糖的相对分子质量越小、浓度越高，渗透压就越大。葡萄糖和果糖的渗透压比蔗糖高；单糖的渗透压为双糖的两倍，因为相同的浓度下，单糖分子数量等于双糖的两倍；淀粉糖浆平均相对分子质量随着转化程度的增高而增高。果葡糖浆、葡萄糖和果糖都比蔗糖有较高的渗透压和食品的保鲜效果，50%～55% 的蔗糖溶液能够抑制酵母菌生长；但是要抑制霉菌和细菌需要提高浓度。

应用于食品储存中，糖可以起着保鲜作用，如果酱、蜜饯等。较高浓度糖液能抑制多种微生物的生长，因为产生的渗透压可以致使微生物失水，抑制生长。

4. 溶解度　各种糖的溶解度不同，DE 值在 10% 以上的产品能完全溶于水中，DE 值增大则溶解度增高。表 4-2 为 3 种糖品在不同温度下的溶解度。果糖溶解度最高，其次是蔗糖，葡萄糖的溶解度最低。室温下葡萄糖浓度约为 50%，浓度过高将结晶析出。工业上储存高浓度的葡萄糖溶液或淀粉糖浆一般是在较高的温度下存储，如在 55℃，70% 的葡萄糖不致结晶析出。

表 4-2　3 种糖品在不同温度下的溶解度

（余平. 2010. 淀粉与淀粉制品工艺学）

温度/℃	果糖		蔗糖		葡萄糖	
	饱和浓度/%	溶解度/(g/100 g)	饱和浓度/%	溶解度/(g/100 g)	饱和浓度/%	溶解度/(g/100 g)
20	78.94	374.78	66.6	199.4	46.71	87.67
40	84.34	538.63	70.01	233.4	61.88	162.38
60			74.2	287.3	74.7	295.26
80			78.4	362.1	81.3	434.76

5. 吸湿性和保湿性　吸湿性是指在较高的空气湿度下吸收水分的性质；保湿性是指吸收水分后在较低空气湿度下散失水分的性质。

不同糖品的吸湿性和保湿性不同。一般情况下，随着湿度的增高，糖品吸收水分增快。低、中转化糖浆比高转化糖浆和果葡糖浆吸湿性小；蔗糖、葡萄糖、麦芽糖和果糖中，果糖吸湿性最强，葡萄糖次之，麦芽糖再次之，蔗糖吸湿性最弱。

根据糖品的吸湿性差异，适用生产的食品不同。例如，硬糖果、饼干和核桃酥等食品需要吸湿性低的蔗糖、低转化糖浆或中转化糖浆；而软糖、面包和糕点等食品，需要保持一定水分和松软状态，可以选用吸湿性较大的高转化糖浆和果葡糖浆。葡萄糖经氢化后生成的山梨糖醇具有良好的保湿性质，广泛应用于食品、烟草、纺织等工业，保湿效果比甘油好。

6. 冰点降低　糖溶液冰点取决于糖浓度和糖的相对分子质量。浓度越高、相对分子质量越小，冰点降低越大。在生产冷冻食品时，利用冰点降低有利于节约能耗。生产时使用甜味剂，用葡萄糖冷冻温度要比用蔗糖低；使用低、中淀粉糖浆时，其冻结温度会比蔗糖高。所以，在冰淇淋、雪糕生产中常用淀粉糖浆代替部分蔗糖，以降低能量消耗和成本。

7. 结晶性　蔗糖易于结晶，晶体较大；葡萄糖易结晶，但晶体细小；果糖难结晶。淀粉糖浆是葡萄糖、麦芽糖、低聚糖和糊精的混合物，不能结晶，并能防止蔗糖结晶。

糖品的结晶性与应用有关，在硬糖果生产中，若单独用蔗糖，当熬煮到水分1.5%以下时，冷却后，蔗糖易结晶碎裂，不能得到坚韧透明的产品。而若用淀粉糖浆代替部分蔗糖，就可以避免由于结晶引起的口感发硬现象。现代工艺中硬糖果的制作方法是混合使用淀粉糖浆42DE，用量为30%～40%。淀粉糖浆中含有糊精，能增加糖果的韧性、强度和黏性，使糖果不易碎裂，并且淀粉糖浆的甜度较低，使产品甜味更温和可口。在烘烤食品中，由于蔗糖的结晶性，会造成产品口感发硬。如若采用淀粉糖浆、果葡糖浆或淀粉糖浆和蔗糖混合使用，产品质地疏松、柔软，不会出现产品口感发硬。

8. 化学稳定性　葡萄糖、果糖和淀粉糖浆都具有还原性。在中性和碱性情况下化学稳定性差，受热易分解，聚合生成有色和焦香气的物质，这种性质称为焦化性。果糖的焦化性比葡萄糖强，淀粉糖浆的焦化性随转化程度的增高而增大。若把淀粉糖和氨基酸、蛋白质类含氮物质一起加热，会发生美拉德反应，产生有色和特有风味的物质。由于美拉德反应的初始阶段是羰氢缩合，所以，相比之下葡萄糖比果糖易发生美拉德反应，高转化糖浆比低转化糖浆易发生美拉德反应。通过氢化反应将淀粉糖浆中各种糖转变成相应的糖醇，热稳定性大大提高，美拉德反应降低。焦化反应和美拉德反应对有些食品是有利的，而对有些食品是不利的。在烘焙食品加工中，淀粉糖的焦化性会使面包表面生成焦黄色的外壳和焦香风味，首选的糖浆为果葡糖浆或高转化糖浆；而在硬糖果生产中，颜色产生越少越好，这需要选用焦化性低的中转化糖浆、麦芽糖浆等。

9. 发酵性 酵母能发酵葡萄糖、果糖、麦芽糖和蔗糖等，但不能发酵分子质量较高的低聚糖和糊精。淀粉糖浆随转化程度增高葡萄糖和麦芽糖含量增高，发酵性也增强。

在食品生产中，有些食品需要发酵，有些不需要发酵，可以根据需要选择合适的淀粉糖品作甜味剂。如面包、糕点、格瓦斯等可选用发酵性强的糖品；而蜜饯、果酱等需要选择不易发酵的糖品。

10. 抗氧化性 糖液具有抗氧化性质，糖液中溶氧量比水中少得多，因此不容易被氧化。应用到食品中，果蔬汁饮料、水果罐头生产，有利于保持果蔬的风味、颜色和维生素 C，不至于因氧化反应而变化过大。

第二节　淀粉糖生产的原理

淀粉糖生产方法有 3 种：酸解法、双酶法和酸酶结合法；不同品种淀粉糖的生产方法有所不同。根据不同的生产原理选择生产不同品种的糖品，采用不同的方法，以适应现代工艺的需要。

一、酸　解　法

利用酸解法是淀粉水解生产淀粉糖的最早方法。此方法的优点是适用于任何品种的淀粉，由于其工艺简单，水解时间短，生产效率高，设备周转快，所得到糖化液过滤性能好。但其水解作用是在高温、高压和酸性条件下进行，要求生产设备具有耐高温、耐压力、耐腐蚀的能力。酸水解淀粉的水解产物不能定向控制；在酸水解过程中，会发生葡萄糖的复合反应和分解反应，由于副产物多，影响葡萄糖的产率，DE 值 90% 左右糖化液，精制困难。另外，酸水解 DE 值小于 30% 时，由于长的直链淀粉易于聚合沉淀，糖浆会出现凝沉现象；酸水解 DE 值大于 55% 时，葡萄糖复合、分解产品产生的产物，难以去除，产品颜色加深。

二、酸水解法制糖原理

利用酸作催化剂水解淀粉，同时发生 3 种化学反应，即淀粉的水解反应，葡萄糖的复合反应和分解反应。选择工艺条件应确保尽量减少复合和分解物产生，提高原料的利用率和产品的得率，有利于精制操作，使淀粉糖质量符合要求。

（一）淀粉的水解反应

淀粉颗粒由直链淀粉和支链淀粉组成。在酸作用下，颗粒结构被破坏，淀粉分子中的 α-1，4 糖苷键和 α-1，6 糖苷键断裂，淀粉最终被水解成游离态的葡萄糖，用化学反应式表示为：

$$(C_6H_{10}O_5)_n + nH_2O \longrightarrow nC_6H_{12}O_6$$

淀粉颗粒由结晶结构和无定型结构两部分组成，相对而言，无定型结构部分更易被水解。由于无定型结构主要由支链淀粉组成，所以淀粉颗粒中的支链淀粉较直链淀粉易水解。淀粉颗粒的紧密程度对酸水解作用有一定的影响，使得不同品种的淀粉酸水解的难易有所差别。马铃薯淀粉颗粒大、结构松散，较玉米、小麦、高粱等谷物淀粉易水解；谷粒淀粉中大米淀粉颗粒最小、结构紧密，对酸作用的抵抗力较强，酸侵入颗粒内部的速度较慢，相对于玉米淀粉、小麦淀粉更难于水解。

酸水解麦芽糖和异麦芽糖的速度比较试验表明，糖苷键的种类不同，酸水解的速度也不同。酸对 α-1，4 糖苷键的水解速度比 α-1，6 糖苷键快 3 倍多。

1. 糖化液的组成成分 淀粉水解产物称为糖化液。当加酸的淀粉悬浮液加热到糊化温度以上时，即开始迅速水解。水解过程并不是先生成糊精，再依次转化成较大分子的低聚糖、较小分子的低聚糖和单糖，而是糖苷键杂乱无章地断裂，在水解反应开始就有单糖（葡萄糖）、二糖、三糖等小分子糖生成，只是这些小分子糖所占百分率较低。随着反应时间的延长，早期水解得到的水分子糊精、低聚糖被进一步水解，糖分组分中的小分子糖比重逐渐上升，大分子糖比重有所下降。由此可见，淀粉水解所生成糖化液的糖分组成是很复杂的，各种糖分组成百分率有显著差别。以普通玉米淀粉为例，酸水解得到的糖化液在 DE 值为 18% 时，葡萄糖仅占 4.5%，二至四糖占 15.5%，五糖以上占 80%；DE 值为 63% 时，葡萄糖占 40%，二至四糖占 41.5%，五糖以上仅占 18.5%（表 4-3）。

表 4-3　玉米淀粉酸水解糖分组成

DE 值/%	糖的聚合度									
	1	2	3	4	5	6	7	8	9	＞9
18	4.5	5.0	5.0	5.5	5.0	4.0	3.5	3.0	2.5	62.0
30	9.5	9.0	8.5	8.0	7.0	6.0	5.0	4.0	3.5	29.5
42	17.5	14.0	11.5	10.0	8.0	6.5	5.5	5.0	4.5	17.5
55	30.0	18.0	13.5	9.5	7.0	5.0	4.0	3.5	3.0	6.5
63	40.0	20.5	13.0	8.0	5.5	4.0	2.5	2.0	2.0	2.5

一般情况下，DE 值达到 25% 左右，小分子糖占 30%；DE 值为 30% 以上时，葡萄糖成为糖液中的主要成分。淀粉糖化液中的单糖是葡萄糖，但二糖和其他低聚糖种类却很复杂。如 DE 值为 60% 的酸水解糖化液中，仅二糖就有 8 种，包括麦芽糖、异麦芽糖、曲二糖、纤维二糖、龙胆二糖、皂角糖、昆布二糖和海藻糖等。这些二糖是复合、水解反应生成的。

2. 无机酸的选择 从酸催化淀粉水解的机制可知，催化作用是由氢离子实现的化学反应。许多酸对淀粉均有催化作用，不同的酸有不同的氢离子浓度，因此对淀粉有不同的催化效能。工业上普遍使用的是效能高的盐酸及硫酸，有的也使用草酸。不同种类酸的相对催化效能见表 4-4。

表 4-4　不同种类的酸的相对催化效能

（余平. 2010. 淀粉与淀粉制品工艺学）

酸的种类	相对催化效能	酸的种类	相对催化效能
盐酸	100.0	亚硫酸	4.82
硫酸	50.35	醋酸	0.8
草酸	20.42		

酸的种类不同,水解工艺条件也有不同。

(1)盐酸 催化效能最高。用量为淀粉的0.1%～0.5%(pH 1.8～2.3),糖化后用NaOH或Na_2CO_3中和,生成的NaCl溶于糖液中会增加糖液的灰分,并且NaCl增加糖液盐分的味道,在制造结晶葡萄糖时会影响结晶、分离。但因盐酸的催化效能高,用量少,生成NaCl量有限,为催化剂。使用盐酸的缺点是对设备腐蚀性较强,需要加强水解设备的防腐保护。

(2)硫酸 催化效能略次于盐酸。其优点是对设备腐蚀性小,浓度大,运输、贮存和使用都比盐酸方便,而且价格比盐酸便宜。但用石灰中和时会使产品中溶有一定量的硫酸钙,在蒸发罐中糖化液加热时,在加热面上会生成锅垢,影响传热。用骨炭对糖化液脱色时,硫酸钙会沉淀于骨炭颗粒上,影响骨炭的再生使用,储存期间溶解在糖液中的硫酸钙会慢慢析出而变得浑浊,工业上称为硫酸钙浑浊。由于上述原因,工业上使用硫酸糖化并不多。阴离子交换树脂对硫酸吸附能力比较强,只有采用阴离子交换树脂精制工艺的工厂,才选择硫酸进行淀粉的酸水解。

(3)草酸 催化效能相对较低,只为盐酸的20.42%,使用量为淀粉的0.2%～0.5%。其优点是草酸催化的副反应少,糖液的色泽浅,而且糖化后用碳酸钙中和,生成的草酸钙沉淀能全部过滤除掉。但是草酸的价格较高,所以工业生产上较少使用。

由于淀粉所带杂质的影响,酸在淀粉糖化过程中的实际有效浓度要比理论上的浓度低,可以通过控制pH来确定酸的用量。

3. 化学增重 纯淀粉通过完全水解,每个脱水葡萄糖单位能转化成一个分子的葡萄糖,及葡萄糖的理论收率为111.11%。实际收率要比这个值低,仅有105%～108%。100份淀粉中有多少份淀粉转化成葡萄糖,称为淀粉转化率。转化率＝实际收率/1.11。水解反应的质量增加,在工业上称为化学增重。因为在淀粉酸水解所获得的糖液,包含有各种糖分,每种糖分的化学增重并不相同,1.000 0份的淀粉水解成麦芽糖(二糖)的化学增重为1.055 6,高糖(三糖)的化学增重1.032 4,糊精相对分子质量大,增重很少,一般看作是没有化学增重,这样就可以根据糖化液中葡萄糖、麦芽糖、高糖和糊精的含量计算不同葡萄糖值条件下淀粉糖化的化学增重(表4-5)。

表 4-5 淀粉糖化的化学增重

DE 值/%	化学增重因数	DE 值/%	化学增重因数
30	1.029 2	90	1.099 2
40	1.040 0	91	1.100 4
42	1.042 4	92	1.101 6
50	1.051 6	93	1.102 8
55	1.057 6	94	1.104 0
60	1.063 4	95	1.105 2
70	1.075 1	100	1.111 1
80	1.078 3		

表4-5中化学增重因数的计算是在假设淀粉纯度为100%的前提下获得的,使用此因数

是应将淀粉中杂质，如蛋白质、油脂、灰分等除掉，经过校正后使用。如含杂质0.9%，则所采用的因数应乘以0.991。

（二）葡萄糖的复合反应

在淀粉的酸糖化过程中所生成的一部分葡萄糖，在酸和热的催化作用下，会通过糖苷键相聚和，失掉水分子，相应的生成二糖、三糖和其他低聚糖等，这种反应称为复合反应。复合反应不能简单理解为水解反应的逆反应，因为两个葡萄糖分子通过复合反应相聚合时，主要由1，6糖苷键合成异麦芽糖和由1，6糖苷键聚合成龙胆二糖而不是经1，4糖苷键合成麦芽糖。水解反应是不可逆的，而复合反应却是可逆的，复合糖可再次经水解转变为葡萄糖。

1. 复合糖种类 葡萄糖通过复合反应生成的糖类很复杂的，均由二糖或三糖组成。一般复合糖中以二糖为主，夹有少量三糖，还没有发现有更高聚合度的复合糖。已发现的复合二糖见表4-6，表中所列的复合二糖中主要的是异麦芽糖和龙胆二糖。

表4-6　葡萄糖复合反应生成的二糖

种类	糖苷键	种类	糖苷键
异麦芽糖	α-D-1，6	曲二醇	α-D-1，2
龙胆二糖	β-D-1，6	槐糖	β-D-1，2
麦芽糖	α-D-1，4	α，α-海藻糖	α-D-α-D-1，1
纤维二糖	β-D-1，4	β，β-海藻糖	β-D-β-D-1，1
皂角糖	α-D-1，3	未确定的二糖	β-D-1，5
昆布二糖	β-D-1，3		

除复合二糖和复合三糖外，还会有相当数量的脱水葡糖糖生成。脱水葡糖糖是产生于某个葡萄糖分子内部的脱水反应，与葡萄糖分子之间的脱水复合反应有所不同。其结构为1，6-脱水-β-D-六环葡萄糖，属于内糖苷，是葡萄糖C_1碳原子和C_6碳原子间的羟基失掉一个水分子而成。在淀粉糖化液中，脱水葡糖糖的生成量随水解程度的增加而增高。酶法糖化淀粉所得的糖化液中不含有这种糖，因此分析糖化液中脱水葡糖糖的有无和含量多少，就可以区分糖化的方法是酸法、酶法还是酸酶结合法。

2. 影响复合反应的因素

（1）葡萄糖的浓度　葡萄糖浓度与复合反应关系很大，随着葡萄糖浓度的增高，复合反应也增加。表4-7为不同糖化程度复合糖生成量。

表4-7　不同糖化程度复合糖生成量（%）

复合糖种类	DE值						
	11.0%	15.0%	28.0%	33.0%	68.0%	82.0%	90.0%
异麦芽糖	0.00	0.00	0.00	0.02	0.26	1.64	2.00
龙胆二糖	0.00	0.00	0.00	0.02	0.26	1.64	2.00
海藻糖	0.00	0.00	0.00	0.08	0.18	0.64	
曲二糖	0.00	0.00	0.00	0.10	0.62	0.76	
槐糖、纤维二糖	0.00	0.00	0.00	0.15	0.59	0.79	

（续）

复合糖种类	DE 值						
	11.0%	15.0%	28.0%	33.0%	68.0%	82.0%	90.0%
皂角糖	0.00	0.00	0.04	0.15	0.70	1.09	1.00
昆布二糖	0.00	0.00	0.00	0.00	0.10	0.24	0.36
总计	0.00	0.00	0.04	0.19	1.65	6.00	7.37

　　葡萄糖值较低时，并没有复合糖产生，只有 DE 值达 28% 以后，才开始有复合糖出现，随糖化程度增高，复合糖出现的种类和数量也逐渐增多。复合糖中生成量最多的是异麦芽糖和龙胆二糖，其次是具有 α-1，3 键的皂角糖。分析葡萄糖值和葡萄糖含量，30%～90% 浓度葡萄糖溶液试验结果列于表 4-8。可以看出，因为复合反应有水分产生，使得复合反应平衡后浓度较葡萄糖溶液原来的浓度有所降低。复合反应发生程度与葡萄糖浓度密切相关，30% 葡萄糖溶液复合反应平衡后，葡萄糖值相当于原液的 88.8%，葡萄糖含量为原溶液的 81.6%；90% 葡萄糖溶液，复合糖生成增加，葡萄糖值相当原液的 43.7%，葡萄糖含量为原液的 28.1%。单从理论上分析，较低浓度淀粉乳可获得较高 DE 值糖化液，但同时也会加大设备体积，提高蒸发成本。目前工业上制造葡萄糖选取 10～12 波美度的淀粉乳，相当于干物质浓度 18%～21%，糖化液纯度为 90%～92%，复合糖为 8%～10%。

表 4-8　葡萄糖复合反应（pH 1.5，145℃）

葡萄糖原液浓度/%	复合平衡溶液浓度/%	DE 值/%	葡萄糖含量/%	比旋光度/%
30	29.26	88.8	81.6	56.8
50	49.03	79.3	66.6	62.6
60	57.41	73.5	50.1	65.9
70	66.53	65.8	50.1	69.9
80	75.37	56.4	39.6	75.1
90	84.34	43.7	28.1	80.8

　　（2）酸的种类和浓度　　不同种类酸对于葡萄糖复合反应的催化作用不同。以盐酸最强，其次为硫酸、草酸。酸浓度加大，复合反应程度增加。

　　（3）反应温度和时间　　在葡萄糖复合反应没有达到平衡之前，随着温度升高和加热时间延长，有利于复合反应的发生。表 4-9 是 1% 葡萄糖液用 0.165 mol/L 的 H_2SO_4 酸化，在 98℃ 条件下，2 h、5 h 和 10 h 时复合糖生成量。由表 4-9 可见，随反应时间延长，复合二糖和脱水葡萄糖都有一定程度的增加。

表 4-9　反应时间与复合糖生成量的关系

种类	复合糖生成量/%		
	2 h	5 h	10 h
异麦芽糖	0.052	0.074	0.105
龙胆二糖	0.032	0.053	0.071

（续）

种类	复合糖生成量/%		
	2 h	5 h	10 h
麦芽糖	0.021	0.040	0.054
纤维二糖	0.021	0.040	0.054
皂角糖	0.014	0.015	0.025
曲二糖	0.034	0.039	0.044
槐糖	0.034	0.039	0.044
海藻糖	0.034	0.039	0.044
昆布二糖	0.011	0.013	0.080
脱水葡萄糖	0.375	0.430	0.510
总计	0.539	0.664	0.817

（三）葡萄糖的分解反应

葡萄糖在酸和热的影响下发生脱水反应，生成 5-羟甲基糠醛。生成的物质不够稳定，会进一步分解成乙酰丙酸、甲酸或分子间脱水生成有色物质。

葡萄糖脱水反应生成 5-羟甲基糠醛的过程如下：

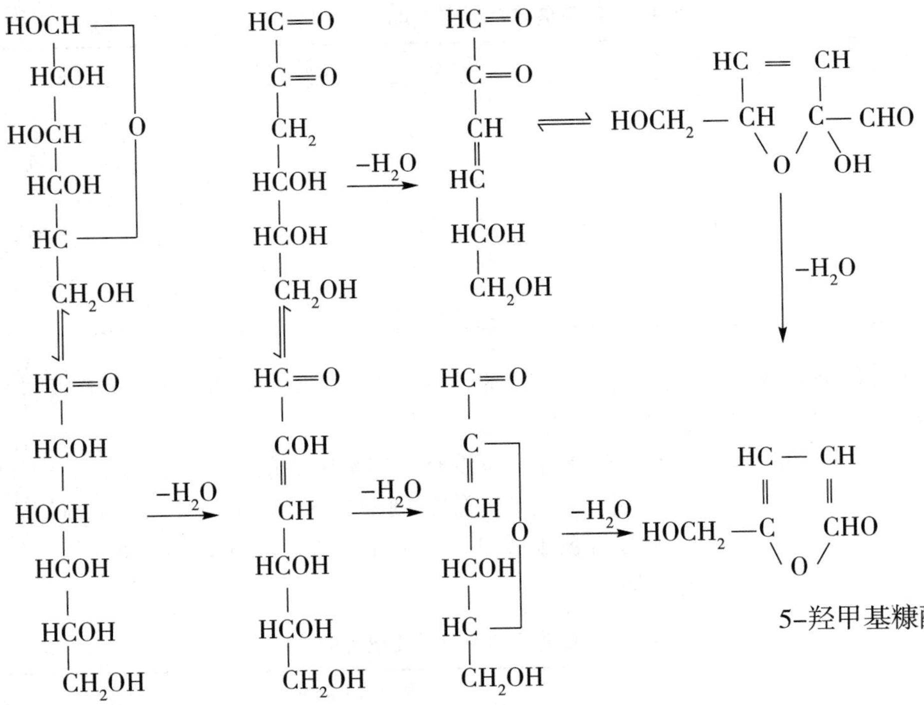

5-羟甲基糠醛

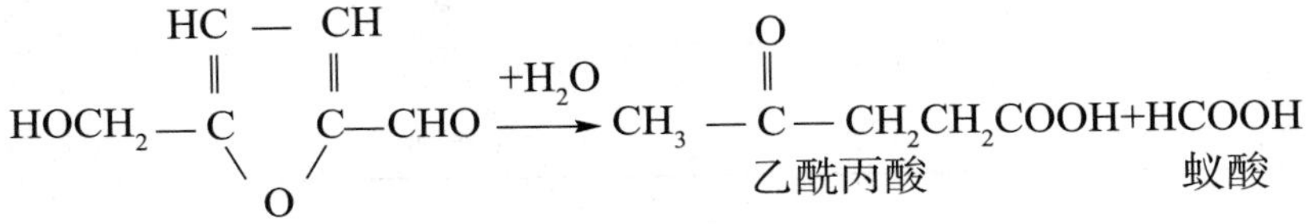

乙酰丙酸　　　　蚁酸

$$2n\mathrm{HOCH_2-\underset{\underset{O}{\|}}{C}-\underset{}{C}-CHO} \xrightarrow{-nH_2O} \left[\mathrm{CH_2-\underset{\underset{O}{\|}}{C}-\underset{\underset{O}{\|}}{C}-CH_2-\underset{\underset{O}{\|}}{C}-\underset{\underset{O}{\|}}{C}} \right]_n$$

5-羟甲基糠醛为淡黄色，其分解成乙酰丙酸的反应为一级化学反应。生成的乙酰丙酸性质稳定，在酸和热的作用下不会发生分解或聚合反应。葡萄糖因分解反应所损失的量不多，约在 1% 以下，但生成的有色物质会增加糖化液精制的困难。

5-羟甲基糠醛和有色物质的生成量随反应时间延长而增多，葡萄糖浓度的提高也会引起5-羟甲基糠醛生成量的增加。pH 对葡萄糖分解反应的影响比较复杂，pH 为 3.0 时降解速度最低，5-羟甲基糠醛和有色物质生成量最少，高于或低于此值都会增加葡萄糖分解反应。

三、酶酶法（双酶法）

酶是一类具有高度催化活性的特殊蛋白质，由许多氨基酸组成，称为生物催化剂。酶普遍存在于动物、植物和微生物中，通过采取适当的方法，进行提取、分离、纯化制取酶制剂。酶的特点：专一性强、催化效率高、作用条件温和。

能作用于淀粉的酶统称为淀粉酶。淀粉糖的生产中使用的淀粉酶主要是一些能水解淀粉分子中葡萄糖苷键的酶，属于淀粉酶的一种类型，即淀粉水解酶，习惯上简称为淀粉酶。淀粉糖工业生产中所使用的酶制剂有：α-淀粉酶、葡萄糖淀粉酶（糖化酶）、β-淀粉酶、脱支酶（异淀粉酶）、葡萄糖异构酶。

（一）α-淀粉酶

α-淀粉酶的国际统一编号为 EC 3.2.1.1，名称为 α-1，4-葡聚糖基水解酶。因为水解淀粉及其产物分子中的 α-1，4 糖苷键，生成产物的还原末端葡萄糖单位 C_1 碳原子为 α 构型，故称为 α-淀粉酶。

1. 酶的作用方式 α-淀粉酶属于内切型淀粉酶，作用于淀粉时是从淀粉分子的内部任意位置，切割分子中间位置的 α-1，4 糖苷键，使淀粉分子迅速降解，失去黏性和碘的呈色反应，水解次序没有规律称为液化作用。糖苷键水解过程中，相邻葡萄糖单位间的 C_1—O—C_4 键断裂，加上一个水分子，断裂处发生在 C_1—O 键上。由于水解作用于长链比短链更有活性，所以最初阶段水解速度较快，庞大的淀粉分子迅速断裂成小分子，此时淀粉浆的黏度随之急剧降低，失去黏性，水解物的还原力迅速增加，这个过程称为液化。液化作用的主要产物是糊精，随水解作用的继续进行，糊精由大变小，淀粉遇碘的颜色反应也由开始时的蓝色逐渐转变为紫、红、棕色。当小到一定程度时，遇碘不再变色，称为消色点。除遇碘显色的变化外，还原性也会随着分子变小而升高。在快速水解阶段完成后，酶对小分子的催化活性明显降低，进入一个缓慢水解过程。但是水解还继续进行，分子继续断裂变小。

α-淀粉酶对直链淀粉的水解过程分为两个阶段。第一阶段是快速地把直链淀粉分子水解成麦芽糖、麦芽三糖和较大分子的低聚糖。第二阶段是把麦芽三糖水解成葡萄糖和麦芽糖。α-淀粉酶对麦芽三糖中的 α-1，4 糖苷键水解作用十分困难，所以需要有一定的酶用量和较长的作用时间才能完成，而对麦芽糖中的 α-1，4 糖苷键则完全没有水解作用。α-淀粉酶水解直链淀粉的方式见图 4-2（1），图中圆圈表示葡萄糖单位，箭头表示水解作用。直链淀粉达到水解极限，则生成 13 份葡萄糖及 87 份麦芽糖。

α-淀粉酶水解支链淀粉的方式与直链淀粉相似，能水解支链淀粉中的 α-1，4 糖苷键。α-1，4 糖苷键被水解的先后没有一定次序，不能水解 α-1，6 糖苷键，也不能水解分支点附近的 α-1，4 糖苷键，可以越过 α-1，6 糖苷键继续水解其他 α-1，4 糖苷键，所以最终产物除葡萄糖、麦芽糖外，还有一系列 α-极限糊精（由 4 个或更多的葡萄糖残基所构成的带有 α-1，6 糖苷键的低聚糖），不同来源的 α-淀粉酶所产生的 α-极限糊精的结构不同。而具有 4％分支的支链淀粉达到水解极限时，则生成 73 份麦芽糖、19 份葡萄糖和 8 份异麦芽糖。

α-1，6 糖苷键的存在能使淀粉的水解速度降低，故该酶对支链淀粉的水解速度较直链淀粉慢。α-淀粉酶水解支链淀粉的方式见图 4-2（2）。

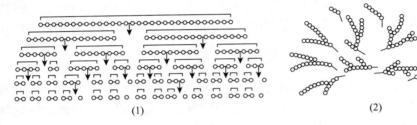

（1）　　　　　　　　　　　　　　　　　　（2）

图 4-2　α-淀粉酶水解直链、支链淀粉

2. 主要 α-淀粉酶来源　α-淀粉酶来源广泛，动物、植物和微生物都可作为酶源。工业上使用的 α-淀粉酶主要来源于微生物，特别是芽孢杆菌和曲霉菌。芽孢杆菌产酶的菌株很多，代表性的是枯草芽孢杆菌（*Bacillus subtilis*）和地衣芽孢杆菌（*bacillus licheniformis*），前者产中温 α-淀粉酶，后者产耐高温 α-淀粉酶。霉菌中的 α-淀粉酶（主要来自拟内孢酶 Endomycopsis）。

（1）枯草芽孢杆菌 α-淀粉酶　相对分子质量48 000，在 2 价锌离子的存在下形成二聚物，等电点 pI 为5.2，添加 EDTA 可使二聚体转换成单聚体，每摩尔酶最高活性和稳定性需 4 个 Ca^{2+}，酶自身没有二硫键，Ca^{2+} 可以连接酶分子起稳定作用。稳定 pH 在5.5～9.5，最适 pH 在5.5～6.5，最适温度为 80℃。

淀粉的水解速度与底物聚合度有关，相对分子质量愈小的底物愈难被水解；分支愈多的底物也愈难被水解；对愈靠近 α-1，6 糖苷键的 α-1，4 糖苷键也愈难水解；对于分支点 α-1，6 糖苷键邻近的 1～2 个 α-1，4 糖苷键几乎没有作用。在水解中等长度的麦芽低聚糖时，优先水解靠近还原末端的 α-1，4 糖苷键。

（2）地衣芽孢杆菌 α-淀粉酶　此酶相对分子质量62 000，突出特点是热稳定性高，最适作用温度在 90℃以上，在淀粉乳液化中应用的温度高达 110～115℃，可使淀粉间歇液化和连续液化。所需 Ca^{2+} 量很低，丹麦产 termanyl 酶就是一种地衣芽孢杆菌 α-淀粉酶，液化时只需要 5 mg/kg Ca^{2+}。相同情况下枯草芽孢杆菌 α-淀粉酶则要求 Ca^{2+} 在 150 mg/kg，相差 30 倍。对 termanyl 酶，淀粉乳中的 Ca^{2+} 就可满足要求，不需另外添加 Ca^{2+}，这样可在液化后的精制工序中省去除 Ca^{2+} 的工序。

（3）米曲霉 α-淀粉酶　属于非耐热性 α-淀粉酶，它作用于淀粉时先是从分子内部切开 α-1，4 糖苷键生成各种低聚糖，然后在长时间作用下将低聚糖水解成麦芽糖与麦芽三糖，因此也称为麦芽糖生成酶。在 50℃、pH 5.0～6.0时酶活力最高，对支链淀粉底物的作用效果不如直链淀粉，要求用 Ca^{2+} 增加酶的稳定性和活力。由于是内切酶，水解产物中不残留 β-

极限糊精，产品流动性好，常用于生产高麦芽糖浆。

3 种 α-淀粉酶的性质比较结果列于表 4-10 中。

表 4-10　主要 α-淀粉酶的性质比较

酶	来源	淀粉水解限度/%	消色点时水解度/%	热稳定温度/℃	最适反应pH	钙离子保护作用浓度/（mg/L）	主要水解产物
细菌常温 α-淀粉酶	枯草芽孢杆菌	35	13	80～85	5.4～6.4	150	G5,G2(13%),G6（麦芽六糖）
细菌耐热 α-淀粉酶	地衣芽孢杆菌	35	13	95～105	5.5～7.0	20	G6, G3, G2, G7
霉菌 α-淀粉酶	米曲霉	48	16	55～70	4.9～5.2	50	G2，G1（葡萄糖50%）

3. 影响因素

（1）温度　不同来源的 α-淀粉酶具有不同的热稳定性和最适反应温度，根据热稳定性的不同，α-淀粉酶分为两类：分别是耐高温 α-淀粉酶和普通 α-淀粉酶。耐高温 α-淀粉酶的酶源为地衣芽孢杆菌，其最适温度在 90℃以上，连续喷射液化工艺中，当液化温度达到 100～115℃时，仍可以发挥作用。普通 α-淀粉酶，酶源为枯草芽孢杆菌，最适温度为 80℃。

（2）pH　不同来源的 α-淀粉酶的稳定 pH 和最适 pH 都不同，多数 α-淀粉酶都不耐酸，当 pH 低于4.5时迅速失活。酶活力相对稳定的 pH 范围在5.5～8.0，最适反应 pH 为6.0～6.5，即在此 pH 条件下，酶的催化反应速度最快。另外酶的催化活力和酶的稳定性是有区别的，前者指酶催化反应速度的快慢，活力高反应速度快，反之则反应速度慢；而后者表示酶具有催化活力而不失活。酶最稳定的 pH 不一定是酶活力的最适 pH，反之，酶的最适 pH 不一定是酶最稳定的 pH。枯草杆菌 α-淀粉酶作用的最适 pH 为 5～7。各种不同的酶的最适 pH 可以通过实验测定，由于最适 pH 受底物种类、浓度、缓冲液成分、温度和时间等因素的影响，测定时必须控制一定的条件，条件改变可能会影响最适 pH。

（3）Ca^{2+} 的浓度　α-淀粉酶是一种金属酶，1 分子 α-淀粉酶中含 1 个钙原子，钙起着保持酶分子具有最适构象的作用，是维持最大活性与稳定性所必需的；钙与酶蛋白的结合非常牢固，只有在低 pH 条件下、有螯合剂 EDTA 存在时，方可将它从酶分子上剥离，除去钙的酶是基本上失活的酶蛋白，对热、酸、脲等变性因素极其敏感，重新加入钙，可使失活的酶恢复活性。耐高温 α-淀粉酶对于钙离子的依赖性较低，50～70 mg/kg 的 Ca^{2+} 浓度已足够，用自来水配料时不需要另外添加 Ca^{2+}。

（4）淀粉乳浓度　淀粉浓度对酶活力的稳定性有很大影响，随浓度提高，酶活力稳定性加强。以枯草芽孢杆菌 α-淀粉酶为例，在淀粉浓度 10%的情况下，80℃加热，1h 以后酶活力残余约 92%；在没有淀粉存在的情况下，酶活力残余约 25%，稳定性相差约 4 倍。淀粉乳浓度提高到 25%～30%时，稳定性进一步提高，煮沸以后酶活力也不至于完全失去。

（二）葡萄糖淀粉酶

葡萄糖淀粉酶的国际统一分类号为 EC 3.2.1.3，名称为 α-1，4-葡聚糖基水解酶，俗称糖化酶，葡萄糖淀粉酶是一种重要的淀粉酶，是国内产量最大的水解酶品种。广泛应用于酒精、酿酒、葡萄糖及果葡糖浆的生产中。

1. 酶的作用方式　大多数菌株生产的葡萄糖淀粉酶由两种同工酶组成，即葡萄糖淀粉酶I和葡萄糖淀粉酶II。葡萄糖淀粉酶是一种外切型淀粉酶，能从淀粉分子的非还原末端逐一水解 α-1，4 糖苷键，水解产物为 β-型的葡萄糖。水解过程中葡萄糖单位之间的 C_1—O—C_4 中的 C_1—O 键断裂，与 α-淀粉酶一样，也是作用于长链比短链催化活性大。

虽然葡萄糖淀粉酶能优先水解 α-1，4 糖苷键，但对 α-1，3 糖苷键、α-1，6 糖苷键也有一定活力，只是水解速度很慢，仅为水解 α-1，4 糖苷键的6.6%和3.6%。葡萄糖淀粉酶水解淀粉和糊精分子时作用方式为单链式，即淀粉酶水解完一个分子后，再去水解另一个分子；但水解较小分子的低聚糖时，作用方式为多链式，即水解一个分子几次后，与其脱离再水解另一个低聚糖分子。

葡萄糖淀粉酶水解速度还受底物分子排列上的下一个糖苷键的影响。对 α-1，6 糖苷键的水解的前提是只水解单个的 α-1，6 糖苷键，并且要求 α-1，6 糖苷键的 C_6 位葡萄糖残基上要结合其他葡萄糖基质。因此，该酶能够切断潘糖、普鲁兰糖、α-极限糊精中的 α-1，6 糖苷键，而不能切断麦芽糖、异麦芽三糖、异潘糖中的 α-1，6 糖苷键，如图 4-3 所示。

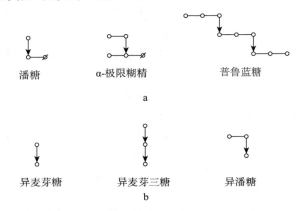

图 4-3　葡萄糖淀粉酶对 α-1，6 键基质的切断作用

a. α-1，6 糖苷键能被切断的基质　b. α-1，6 糖苷键不能被切断的基质

2. 主要葡萄糖淀粉酶及其特点

（1）主要葡萄糖淀粉酶　葡萄糖淀粉酶主要来自黑曲霉、根霉和拟内孢霉等真菌。理论上葡萄糖淀粉酶可将淀粉 100% 水解为葡萄糖，但实际上对淀粉酶的水解能力随微生物的来源不同而不同，分为 100% 和 80% 水解率两大类型。前者称为根霉型葡萄糖淀粉酶，后者称为黑曲霉型葡萄糖淀粉酶。

黑曲霉具有较高的糖化酶活力，酶活力稳定性也较高，能在较高温度下糖化，糖化温度快，可减少杂菌感染的危险性；能在较低 pH 条件下糖化，使葡萄糖稳定性提高，色泽浅；黑曲霉在液体与固体中培养都可以获得较高的酶活力，因此被广泛使用。我国生产的葡萄糖淀粉酶多来自黑曲霉及其变异株。黑曲霉的不足之处在于其生产的酶纯度不高，除了糖化酶外，常含有葡萄糖苷转移酶。此酶使葡萄糖基转移，生成含有 α-1，6 糖苷键的异麦芽糖、潘糖低聚糖，影响葡萄糖产率。根霉和拟内孢霉基本上不产生葡萄糖转移基酶。

（2）酶的复合反应性质　葡萄糖淀粉酶在一定条件下，可以催化葡萄糖的复合反应，形成含有 α-1，6 糖苷键或 α-1，3 糖苷键的异麦芽糖、潘糖。

用不同浓度的葡萄糖溶液在不同酶用量条件下进行试验，雪白根霉（*Rhizopus niveus*）的葡萄糖淀粉酶在 55℃、pH 在 5 时，作用于含 400 g/L 葡萄糖液，96 h 后反应液中含有 96％葡萄糖，1.3％ α-1，3 异麦芽糖和麦芽糖，2.2％异麦芽糖，0.5％其他低聚糖（主要是异麦芽三糖和潘糖）。用拟内孢霉的葡萄糖淀粉酶在同样条件下，产生 3.1％异麦芽糖，1.5％ α-1，3 异麦芽糖和麦芽糖，以及 0.5％低聚糖（主要是异麦芽三糖、潘糖和麦芽三糖）。用黑曲霉的葡萄糖淀粉酶实验也得到类似结果。

通过实验结果，葡萄糖淀粉酶对葡萄糖的复合反应具有催化作用，在葡萄糖的生产过程上是不同的，为了减少复合糖的生成量，工业生产上选择的淀粉浓度和酶的用量都不宜过高。

（3）酶的纯度　工业上生产的葡萄糖淀粉酶通常都含有少量其他杂酶，如葡萄糖苷转移酶、α-淀粉酶等，这对淀粉糖产率有影响。使生成的葡萄糖又经复合反应转变成异麦芽糖、潘糖等，降低葡萄糖产率。因此，工业上应用的糖化酶需经处理除去葡萄糖苷转移酶或使该酶失活也可以通过菌种选育，培育出不含或少含转移酶的菌种。葡萄糖淀粉酶中一般还会含有少量 α-淀粉酶，这对淀粉糖化是有利的，低聚糖水解成小分子，提高葡萄糖的产率。

（4）酶活力　在酶制剂产品中酶活力在国际上没有一个统一的标准，其相应的活力单位和使用量均按各生产厂商各自的标准标定，使用说明书提供详细的说明。国内统一的糖化酶活力标准是指在 40℃、pH 4.6 的条件下，在 1 h 分解可溶性淀粉，生成 1 mg 葡萄糖的用酶量为一个糖化酶活力单位（IU）。

3. 影响葡萄糖淀粉酶作用的因素

（1）pH 和温度　pH 和温度是影响酶活力的重要因素，不同来源的葡萄糖淀粉酶适宜的糖化温度和 pH 有一定差异，如表 4-11 所示。

表 4-11　葡萄糖淀粉酶适宜的糖化温度和 pH

项目	酶源		
	黑曲霉	根霉	拟内孢霉
温度/℃	55～60	50～55	50
pH	3.5～5.0	4.5～5.5	4.8～5.0

液化液在 55℃ 温度下长时间水解，易感染杂菌，而在 60℃ 温度下糖化，可以避免杂菌生长。低 pH 条件下糖化，有色物质生成少，颜色浅，易于脱色。

（2）淀粉乳浓度　淀粉乳浓度过高，复合反应程度高，会减低葡萄糖值；淀粉乳浓度低，复合反应程度低，葡萄糖产率低，但蒸发浓缩费用高。生产不同品种的淀粉糖选择不同淀粉乳的浓度，一般控制范围在 30％～40％

（3）酶用量　酶用量范围一般是每 1g 底物用 0.14～0.28 葡萄糖淀粉酶单位。用量高，可缩短糖化时间。但是用量过高，将会导致逆反应速度高于正反应。其他是用葡萄糖淀粉酶时还要注意到大多数重金属如铜、汞、银、铅等对酶的抑制作用。

（三）β-淀粉酶

β-淀粉酶的国际统一标准分类号为 EC 3.2.1.2，名称为 α-1，4 葡聚糖麦芽糖水解酶，简称麦芽糖酶。

1. 作用方式 β-淀粉酶能水解 α-1，4 糖苷键，不能水解 α-1，6 糖苷键，也不能越过 α-1，6 糖苷键继续水解。由淀粉分子非还原性末端进行水解，水解的 α-1，4 糖苷键生成麦芽糖，属于外切酶。水解过程中糖苷键 C_1—O—C_4 是从 C_1—O 处断裂，β-淀粉酶水解底物为直链或支链，水解取决于 pH、温度和酶浓度，同时麦芽糖在淀粉分子中为 α-型，水解后转变为 β-型，故称为 β-淀粉酶。

当 β-淀粉酶水解直链淀粉分子的聚合度为偶数时，水解产物全部都是麦芽糖；聚合度为奇数时，生成 1 分子葡萄糖分子，见图 4-4a。淀粉的水解产物如糊精和低聚糖也同样可被 β-淀粉酶水解，水解规律与水解直链淀粉相似，如水解麦芽四糖可产生 2 个分子麦芽糖，水解麦芽五糖可产生 2 个麦芽糖和 1 个葡萄糖，不过水解出葡萄糖时速度很慢。

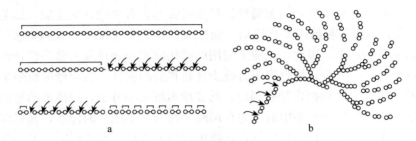

图 4-4 麦芽糖酶水解直链淀粉、支链淀粉
a. 水解直链淀粉 b. 水解支链淀粉

β-淀粉酶对支链淀粉的水解是从侧链的非还原末端开始的。当接近分支点的 α-1，6 糖苷键时停止水解，在分支点侧链一端常保留 2 或 3 个葡萄糖单位。水解后剩余部分称为 β-极限糊精（β-LD），它仍是一个很大分子，见图 4-4b。一般情况下，水解支链淀粉时，只有 50%～60%成为麦芽糖。分支度高的支链淀粉水解率更低，麦芽糖生成量仅为 40%～50%。

和葡萄糖淀粉酶一样，在水解马铃薯时，遇到葡萄糖单位上有磷酸酯键时，反应也会立即停止。

2. 主要 β-淀粉酶及其特性 β-淀粉酶来源于植物和微生物，动物体中不存在。植物主要是大麦、小麦、大豆和甘薯，微生物主要是芽孢杆菌。

来自发芽大麦的工业用酶俗称麦芽酶。它实际是 α-淀粉酶和 β-淀粉酶的混合物，α-淀粉酶起液化作用，β-淀粉酶起糖化作用。除大麦外，商品 β-淀粉酶也可从提取大豆蛋白质后的废水或甘薯制取淀粉的废水中提取。微生物 β-淀粉酶产自多黏芽孢杆菌、巨大芽孢杆菌、蜡状芽孢杆菌，有些微生物 β-淀粉酶已投入商品生产。

与 α-淀粉酶相比，热稳定性差是 β-淀粉酶突出特点。大麦 β-淀粉酶水解淀粉条件是 pH 4.5～7.0，温度 55℃；大豆 β-淀粉酶在 pH 5.5 和 55℃条件下，30 min 内稳定，65℃加热 30 min 失活 50%，70℃加热 30 min 完全失活；甘薯 β-淀粉酶在 pH 6.5 和 60℃条件下，6 h 内稳定，70℃ 1 h 失活。工业生产上，一般都选用 50℃糖化，因为 45℃易发生杂菌感染。与植物 β-淀粉酶相比，细菌 β-淀粉酶热稳定性更差，最适反应温度都在 50℃以下，这是实现商品化的一大障碍。

几种微生物 β-淀粉酶的性质列于表 4-12。

表 4-12 微生物 β-淀粉酶的性质

（余平. 2010. 淀粉与淀粉制品工艺学）

微生物	最适 pH	最适温度/℃	相对分子质量
多黏芽孢杆菌	7.0	40	60 000
巨大芽孢杆菌	6.5	50	60 000
蜡状芽孢杆菌	7.0～8.0	50	62 000
假单胞杆菌	6.5～7.4	45～55	——
环状芽孢杆菌	7.0	60	60 000

（四）脱支酶

脱支酶是水解淀粉和糖原大分子化合物中 $\alpha-1$，6 糖苷键的酶，通过切开分支点的 $\alpha-1$，6 糖苷键，将整个侧支切断成短直链分子，以利于 β-淀粉酶的作用。根据对底物专一性的不同，将脱支酶又分成支链淀粉酶和异淀粉酶。

1. 支链淀粉酶 支链淀粉酶的国际统一编号为 EC 3.2.1.41，名称为普鲁蓝 6-葡萄糖水解酶，简称普鲁蓝酶。相对分子质量 51 000～156 000，来自植物的支链淀粉酶简称 R 酶。它能水解分支结构的 $\alpha-1$，6 糖苷键，还能水解线性直链分子中的 $\alpha-1$，6 糖苷键。但不能水解潘糖、异麦芽糖以及只含有 $\alpha-1$，6 糖苷键的多糖，它切断 $\alpha-1$，6 糖苷键的前提是该 $\alpha-1$，6 糖苷键的两端至少要有两个以上的 $\alpha-1$，4 糖苷键。

工业上使用的支链淀粉酶主要通过微生物制取。支链淀粉酶的研究是在产气杆菌培养液中获得，是一种糖蛋白，最适 pH 5.3～6.0，最适反应温度 50℃。

2. 异淀粉酶 异淀粉酶的国际统一编号为 EC 3.2.1.68，名称为葡萄糖 6-葡聚糖水解酶，相对分子质量 90 000。它能水解支链淀粉和糖原分子中分支点的 $\alpha-1$，6 糖苷键。与支链淀粉酶的主要区别在于异淀粉酶不能水解线性多糖普鲁蓝糖。

异淀粉酶主要来自假单胞杆菌、蜡状芽孢杆菌和酵母。

3. 脱支酶的应用 为了提高麦芽糖的产量，糖化时需使用脱支酶将直链淀粉分支点 $\alpha-1$，6 糖苷键切开。单独使用 β-淀粉酶水解时，产物中除了麦芽糖、麦芽三糖外，还含有大量的糊精和其他的低聚糖；当 β-淀粉酶与支淀粉酶并用时，产物中除了大量的麦芽糖、麦芽三糖外，还有麦芽四糖、麦芽五糖等聚合物存在，但聚合物在 7～20 的高分子聚合物很少；但存在一系列的低聚糖，这些是不能被异淀粉酶所水解的短链分支低聚糖；在当 β-淀粉酶与支淀粉酶、异淀粉酶共同使用时，水解物中没有高分子成分与分支低聚糖，可以大大提高麦芽糖的产率。

葡萄糖淀粉酶水解 $\alpha-1$，4 糖苷键的速度快，水解 $\alpha-1$，6 糖苷键速度很慢。用异淀粉酶、普鲁蓝酶与葡萄糖淀粉酶合并糖化，能提高糖化率，提高糖化液中葡萄糖含量。工业上使用由黑曲霉株制取的葡萄糖淀粉酶 AMG 和普鲁蓝酶混合而成的酶，应用此酶制得的糖化液 DE 值达 97%～99%，葡萄糖含量 94%～97%，麦芽糖 1%～2%，异麦芽糖 0.5%～2%，其余为少量低聚糖。比单用葡萄糖淀粉酶时，提高淀粉乳浓度 2%～3%，降低酶用量 10%～15%，提高糖产量 0.3%～0.6%。

（五）葡萄糖异构酶

葡萄糖异构酶的国际统一编号为 EC 5.3.1.18，葡萄糖异构酶能催化葡萄糖发生异构化反应生成果糖。该酶相对分子质量157 000，酶分子中含有钴和镁，酶作用的 pH 一般都为中性偏碱，最适 pH 为8.0，作用温度最高可达80℃，但温度超过60℃容易失活，实际生产中以60℃为宜。链霉菌、凝结芽孢杆菌可以生产，培养基制备：生产的碳源中必须有 D-木糖存在，用玉米浆或液氨作为氮源，添加适量的磷酸盐、Mg^{2+}、Co^{2+} 组成培养基，固定化葡萄糖异构酶可被 Mg^{2+}、Co^{2+} 激活，Mg^{2+} 具有拮抗作用，添加足够量的 Mg^{2+} 盐，可以防止 Ca^{2+} 的阻碍作用，Co^{2+} 具有增加酶的耐热、耐酸效果。实际生产中采用的浓度一般为 40%～50%。

产葡萄糖异构酶的微生物中，被用于葡萄糖异构酶工业生产的有链霉菌、凝结芽孢杆菌、节杆菌和游动放线菌等，以葡萄糖或蔗糖为碳源，同时以玉米浆或其他氨态氮为氮源。添加适量的磷酸镁及钴盐，通风培养生产葡萄糖异构酶。因为葡萄糖异构酶是胞内结合酶，价格比较昂贵，使用时一般都采用固定化酶方式以提高利用率，目前世界上葡萄糖异构酶的最高转化能力可达 1 kg 转化 15～22 t 葡萄糖（以 44% 果糖转化率计）。最大的固定化酶生产厂家是丹麦诺维信公司，长期生产凝结芽孢杆菌异构酶，现已用鼠灰链霉菌（*S. murinus*）异构酶代替。另一个是荷兰 Gist-brocades 公司生产的密苏里放线菌葡萄糖异构酶。

四、酸酶结合法

酸酶法是用酸先将淀粉水解成糊精或低聚糖，然后用酶继续把糊精或低聚糖水解为所需要的糖品的工艺。

第三节　淀粉糖生产工艺

一、工艺流程

（李浪. 1996. 淀粉科学与技术）

以上 3 种工艺是淀粉制糖基本生产方法，从工艺来看，淀粉糖生产分别为 3 个工段，即淀粉乳的准备、液化糖化、糖化液精制。3 种工艺不同之处在于液化工序一是采用酶，一是采用酸，其余工序大体都是相同的。采用哪种工艺，要根据实际生产需要，关键是节约成本、降低能耗、减少对环境的污染程度。

二、酸法制糖工艺

淀粉与酸共煮完全水解的最终产物为葡萄糖，不完全糖化的产物，其糖分的组成为葡萄糖、麦芽糖、低聚糖、糊精等的混合物。

（一）调乳

用水将对方精制淀粉乳进行适当浓度调整，并搅拌均匀，淀粉乳浓度一般为 30%～40%；加盐酸或硫酸调整 pH 1.7～1.8 备用。

（二）液化糖化

工业上酸法糖化有两种方法，一种是加压罐法，即间歇操作法，是传统的酸糖化方法，适合小规模生产，目前较少使用；另一种是管道法，即连续操作法，是自动化程度高的新方法，适合大规模企业生产，目前广泛采用。

1. 间歇酸糖化工艺　对于规模化生产的企业，目前已经不再选用此糖化方法，了解此法的目的是为了与连续酸糖化法进行比较，以便更好地了解连续操作法的工艺特点，利于技术革新。

（1）糖化设备　糖化工艺的主要设备是加压糖化罐。罐体为耐酸、耐压钢材制成的立式圆柱体，容积在 10 m³ 左右。罐体顶盖设有酸和淀粉乳的加入口、空气排放阀入罐检修口，罐底设有蒸汽盘管和蒸汽入口，蒸汽盘管上开有多孔，从孔喷出的蒸汽用来对物料进行加热和搅拌。糖化结束后，物料靠糖化时罐内压力、由喷管向上排出，进入中和桶。

（2）糖化操作　加酸方法主要有 3 种：将全部酸混入淀粉乳中、用水冲淡后加入糖化罐中和将全部酸的 1/3～1/2 用水冲淡后加入糖化罐中，其余的酸混入淀粉乳中。相对来讲，第三种方法受热比较均匀，淀粉不易结块，应用的比较多。

①调乳。将软化水用蒸汽加温后送入配料桶中，加入干淀粉调乳，保持搅拌以防止淀粉沉淀，加入全部酸的 1/3～1/2 混匀，保持淀粉乳的温度在 50℃ 左右。

②泵入底水。先向糖化罐内泵入酸水，又称为底水，以浸没罐体底部的盘管为度。向罐内通入蒸汽，并打开灌顶蒸汽排除阀门，排除管内空气，预热 2～3 min，使底水沸腾，罐内压力保持在 0.02 MPa，然后进料。

③进料。进料时一定保持正压，使进入的淀粉乳快速越过糊化温度，迅速液化成可溶性淀粉。否则进料后再升温，淀粉浆会结块。进料时，打开淀粉乳管，淀粉乳借重力由高位贮存桶注入，同时做到调乳桶内的淀粉乳边进料边搅拌，防止沉淀。进料量控制在糖化罐的70%。控制好进料速度，既要防止速度过快发生结块又要防止过慢造成进料先后的时间差大，糊化程度不均匀。一般在 10 m³ 以上大罐的进料时间为 10～15 min。

④糖化。全部淀粉乳加入后关闭淀粉进料管和空气排出管，开大进气管阀门迅速提高罐内压力到 0.28 MPa。升压过程中排气阀要适当开大，大排气量可使料液翻滚，水解均匀，生产 DE 值为 42% 的糖浆，保持压力时间为 5～6 min，DE 值为 55% 的糖浆，需 8～10 min。

⑤放料。糖化结束后，要迅速放料，以免水解过度。糖浆进入中和桶后要及时降温，以便降低复合反应。

间歇糖化法需要手工操作，过程复杂，劳动强度大；二次蒸汽不便于回收利用，热损耗高；淀粉乳进入糖化罐的时间不一致，导致淀粉的糊化时间不同，因此糖化时间不均匀，先水解出来的葡萄糖易发生复分解反应，后进罐的淀粉糖化不充分，采用连续管道糖化方法可以克服上述的缺点。

2. 连续酸糖化工艺 连续糖化法分为直接加热式和间接加热式两种工艺。

（1）直接加热式 直接加热式管道糖化设备见图 4-5。淀粉与水在一个贮槽内调配好，酸液在另一个槽内贮存，然后在淀粉调配罐内混合，调整浓度和酸度。利用定量泵输送淀粉乳，所采用的泵可以是离心泵、多级泵或螺旋泵。蒸汽喷入加热器升温，淀粉乳受热立即糊化、液化，进入维持管，控制一定的温度、压力和流速以完成糊化过程。糊化液经放料控制阀至分离器闪急冷却，同时将二次蒸汽急速排出，糖化液迅速降至常压，冷却到 100℃ 以下，再进入贮槽进行中和。淀粉糊化液在管道中呈湍流状态流动，保持一定的直线流动速度，糖化管径 3~15cm，直线流速以 0.12 m/s 为宜，全部生产过程和各项参数可以通过仪表实现自动控制。

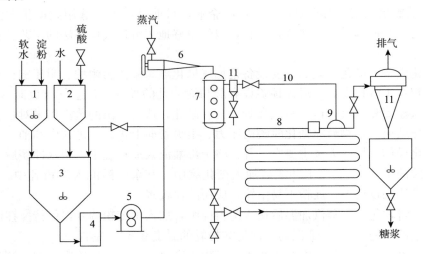

图 4-5 直接加热式管道糖化设备

1. 淀粉乳贮罐 2. H_2SO_4 稀释槽 3. 淀粉乳调浆槽 4. 过滤器 5. 定量泵 6. 喷射液化器
7. 维持罐 8. 保温管 9. 控制阀 10. 等压管 11. 分离器

这种连续糖化法适用于生产不同 DE 值的产品，所采用的酸度、温度和时间见表 4-13。

表 4-13 不同 DE 值产品糖化条件

产品 DE 值/%	硫酸浓度/（mol/L）	糖化时间/min	糖化温度/℃
90	0.015	18	158
58	0.008	21	148
42	0.008	26	142
16	0.005	19	142
5	0.003 5	16	132

应用连续管道糖化法生产糖浆，淀粉乳中一些脂肪、蛋白质类易黏附于管壁上，并逐渐增厚，影响糖化液的流速，需每周清洗一次。清洗时保持糖化温度，泵入清洗液，清洗液由稀酸和稀碱液组成，按照水—稀酸—水—稀碱的顺序清洗，稀酸采用0.5％硫酸，稀碱采用0.5 mol/LNaOH。

（2）间接加热式　间接加热式设备如图4-6所示。

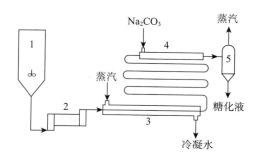

图 4-6　间接加热式设备
1. 淀粉乳贮罐　2. 定量泵　3. 加热管　4. 中和管　5. 蒸发器

用往复泵或脉动的模式泵将甲酸的淀粉乳泵入管道，输送的速度按一定的频率脉动变化。也可用非往复式泵，以一定的速度输送，但在糖化罐出口处用脉动控制的出料阀门，也可产生脉动现象，效果相同。脉动现象对淀粉乳糖化有利，但并非绝对需要。加热管是整个管道的前一部分，功能是使淀粉乳糊化，并达到需要糖化的温度，然后进入第二部分管道，后者应保持此糖化温度，使糖化作用继续达到所需要的程度。中和也是连续操作，用泵将一定量的碳酸钠溶液打入糖化管末端，糖化液中和到需要的 pH，由糖化管流出，进入闪蒸罐。为促进碳酸钠溶液与糖化液的混合，糖化管的末端即中和部分的管道中可以加个螺旋中心，使糖化液产生螺旋状的流动。

糖化管道又称为柯路叶氏糖化管道，它的结构如图4-7所示。

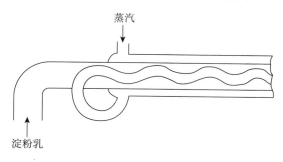

图 4-7　间接加热式糖化管道

加热管由 3 层套管组成，外面的两层管道是直的，最里面的内管道是螺旋的。蒸汽通入外面管道和中间管道以及内管道，而淀粉乳在中间管道和内管道之间流过。内管道和外管道也可以不相连接，分别单独引入蒸汽。这种加热方式淀粉乳受热均匀，温度上升快，淀粉乳流经螺旋蒸汽管道，可产生搅动效果。

管道式糖化同罐式糖化相比，物料在糖化设备中停留的时间相同。因此，糖化均匀，产品质量好，复合分解产物少。二次正气便于回收利用，比间隙糖化法节约蒸汽近一半，热能利用率高。在管道中便于实现比糖化罐中更高的糖化压力和温度。因此糖化时间可以缩短到 10～15 min，比间隙法节约 1/3～1/2 的时间，有利于实现自动控制，降低劳动强度，达到简化操作的目的。

（3）糖化终点的判断　根据淀粉水解程度不同，常用碘与淀粉的成色反应来判断糖化终点。方法是将 10 mL 稀碘液（0.25%）于小试管中加入 5 滴糖液混匀，观察颜色变化。将已知 DE 值的糖浆和稀碘液混匀，制成标准色管，糖化液显色后与标准色管比较，以确定糖液的糖化终点。熟练操作工人可在原料淀粉质量、淀粉乳浓度、酸的用量、引入淀粉乳的速度、升压速度、糖化压力等操作条件不变的情况下，根据糖化时间判断糖化程度。

生产晶葡萄糖需要的糖化程度较高，要用酒精检验糖化结果。原理是糊精在酒精中呈白色沉淀，而葡萄糖溶于酒精中。取糖化液试样，滴几滴于酒精中，当无白色沉淀生成时，DE 值可达 90%～92%，即达到糖化要求。

（4）工艺条件的选择

①淀粉乳浓度选择。淀粉水解时，淀粉乳的浓度越低，水解越容易，水解液中葡萄糖纯度越高，糖液色泽也就越浅。反之，淀粉乳的浓度越高，则有利于葡萄糖的复合和分解反应，使糖液纯度降低，色泽加深。生产中，要根据原料情况和糖浆的 DE 值确定淀粉乳浓度。薯类淀粉较谷物淀粉易水解，浓度可稍高些；精制淀粉比粗淀粉杂质少，浓度可高些，生产中转化糖浆，淀粉乳的浓度最高不能超过 40%。表 4-14 为精制淀粉乳在不同浓度时的适宜 DE 值产品的实验数据。

表 4-14　精制淀粉乳浓度与水解液 DE 值之间的关系

淀粉乳浓度	DE 值/%	淀粉乳浓度	DE 值/%
16	93.01	20	91.10
17	92.81	22	89.92
18	92.77	24	89.27
19	91.30	26	89.17

②酸的种类和用量选择。应用最普遍的是盐酸。淀粉水解速度与酸的用量有关，酸用量越大，淀粉乳中氢离子（H^+）浓度越高，水解速度越快，但是副反应也随之加快。由于副产物的增加导致糖液色泽加深，所以盐酸用量必须加以控制。另外，还要考虑到淀粉中有蛋白质、脂肪、灰分等杂质的存在，它们会降低酸的有效浓度。淀粉糖化过程中蒸汽也会带走部分酸。因此，实际耗酸量大大超过理论值。一般盐酸用量（以纯 HCl 计）占干淀粉 0.5%～0.8%。生产上加酸量以淀粉乳 pH 为指标，控制 pH 在 1.5～1.8。

③糖化温度和时间的选择　淀粉水解温度升高，水解反应速度加快，水解所需时间变短。但温度过高、时间过长，会加剧复合和分解反应，降低葡萄糖产量，加重糖液的色泽，增加精制的困难；温度过高还会造成糖化操作压力较高，对设备耐压性要求就高；酸对设备的腐蚀性加重，糖化终点难以控制。由于饱和蒸汽的压力与温度是一一对应的关系，所以操作温度常常通过蒸气压力来体现。淀粉水解蒸气压力宜控制在 0.28～0.32 MPa。

（三）中和

中和的目的是用碱中和糖化液中的酸，使酸转变成盐以便清除，同时使蛋白质类物质凝结析出。酸酶法在液化工序结束后，也要用碱调整 pH。而酶法糖化不存在中和问题。

使用盐酸为催化剂时，要用碳酸钙中和，生成的盐为氯化钠，可以在后续的离子交换工序中去除；使用硫酸为催化剂时，用碳酸钙中和，生成的盐为硫酸钙沉淀，可以在后续的过滤工序中去除。

值得注意的是中和的终点 pH 不是 7，而是中和到蛋白质的等电点 pH 4.5～5.2。此时，蛋白质胶体净电荷消失，胶体凝结成絮状物，以便在其后的过滤工序中被活性炭层等助滤剂所截留去除。pH 对精制效果影响明显，pH 偏低，糖液中杂质不能最大量地凝聚析出；pH 偏高，葡萄糖分解为有色物质，增加糖液色泽，而且部分凝聚物又会重新溶解。

中和终点的 pH 选择，最好通过试验确定，即调节不同的 pH，测定滤液中蛋白质的含量，并观察糖化液的澄清程度。根据 pH 与沉淀物产生量，作出沉淀曲线，以确定最适 pH。

（四）过滤

酸法中和后的糖化液中，都含有一些不溶性杂质，这些悬浮固体物主要由絮凝的蛋白质及其他不溶物。既影响产品的质量，又影响其他精制工序的操作，如堵塞离子交换树脂床层通道、在蒸发器表面结垢等。糖化液过滤的目的就是使用过滤设备将这些不溶物去除掉，保证后续精制工序的顺利进行。

1. 过滤设备选择 糖化液黏度高，不溶物形成的滤饼弹性大、过滤性能差。糖化液过滤宜采用推动力大的过滤设备，如板框压滤机等。但由于板框压滤机为间歇操作设备，劳动强度大、生产环境差，所以，近年来使用涂层式真空过滤机的企业逐渐增多，有利于实现过滤工序的连续化生产。

预涂层式真空过滤机是在普通真空转鼓过滤机的基础上改进的过滤设备，为了克服糖液滤饼通透性差的缺点，过滤操作增加了预涂助滤剂的步骤。工作时，浓度为 4%～8% 的助滤剂预涂浆，被定期涂在真空转鼓的表面，转鼓每转 60～90 s，在转鼓上沉积一层硅藻土（约 2 cm），预涂完成后迅速过滤。并利用过滤机上装有的刮刀，及时将沉积在硅藻土薄层上的滤饼刮掉，保证过滤表面处于干净的硅藻土层状态，以保持较高的渗透能力。待硅藻土层损耗变薄到一定程度时，停止过滤。洗涤转鼓后，在进行下一周期循环。

2. 过滤介质 糖化液使用的过滤介质均是滤布。滤布种类很多，可用天然纤维、合成纤维和金属丝编制而成，其编制方法和使用性能均有所不同。淀粉糖浆工业常用棉纤维、尼龙及涤纶作滤布，其中合成纤维具有耐压、耐用、易于清洗、流速易于控制等特点，使用较普遍。

选用滤布时，还要考虑助滤剂的影响。助滤剂主要有硅藻土、珍珠岩、纤维素等，我国使用的助滤剂主要是硅藻土。硅藻土的用量根据糖化液中含杂质多少和硅藻土的质量而定，一般使用量为糖化液干物质质量的 0.5%～0.8%。

3. 过滤工艺条件

①温度。为了提高过滤速度，糖液过滤时要保持一定温度，使其黏度下降。但是温度不能过高，因为蛋白质等胶体的溶解度受温度的影响大。温度高溶解度大，温度低溶解度小。如果采用高温过滤，蛋白质等溶解度大，滤液残留蛋白质多。温度下降后，蛋白质等胶体物质又会沉淀出来，影响产品质量。过滤温度一般采用 60～70℃ 为适宜。

②压力。利用板框压滤机过滤时，随着过滤的进行，滤饼逐渐沉积变厚。阻力也逐渐增加，这就需要逐渐增加压力以保持一定的过滤速度。

但是压力超过一定值后，继续施加压力，过滤速度并不会增加，反而会使滤布表面形成一层紧密的滤饼层，导致过滤速度下降。压力增加的规律是前期要慢，以免把硅藻土层压得过紧；中间可以适当加快，并在整个过滤过程的最后 1/5 时间达到最高值。当滤饼充满过滤机或过滤速度降低至很小时，为过滤周期终点。应停止过滤，泵入热水把滤饼中残留的糖化液洗出回收。清洗完毕后，打开过滤机，洗脱滤饼，准备下一次过滤。

4. 过滤新技术　与传统的过滤设备板框过滤机、转鼓过滤机、叶滤机相比，国外先进的过滤设备主要采用陶瓷膜过滤技术，整体的过滤系统包括膜组件、冷却器、流量变频调节的流量泵等组成的四级浓缩系统、单组清洗系统、辅助设备和管路系统、自动化硬件和软件系统等。与传统的过滤设备比较，虽然膜过滤系统设备投资较大，但运行成本较低，可以实现连续化操作和自动控制，工艺路线短，没有废物产生，过滤出的蛋白质可以直接利用，没有污染物排放。由于膜过滤的高标准、全自动的控制系统加上陶瓷膜耐压、耐酸、耐腐蚀、高机械强度等优越的性能，维护成本远远低于传统的过滤设备，膜过滤产品色值低、澄清度高、结晶产品质量高，特别是药用葡萄糖生产的质量高于传统方法，由于膜过滤精度高，灭菌效果好，微生物指标可以达到世界食品行业公认的细菌过滤精度的标准。总之，陶瓷膜过滤设备在安全环境、操作控制、产品质量和市场竞争力等方面都远远强于传统的过滤工艺，随着生产和技术的不断进步，特别是世界卫生组织和国内的相关部门对食品和药用淀粉糖质量的提高，会有越来越多的较大规模的淀粉深加工企业使用膜过滤设备。

（五）脱色

在生产中，受温度、压力、催化剂及其他因素的影响，糖化液中会混有带颜色的杂质，其色泽的深浅直接影响淀粉糖成品的色泽。糖化液脱色的目的就是除去其中的色素物质，使糖化液澄清透明。脱色罐结构见图 4-8。

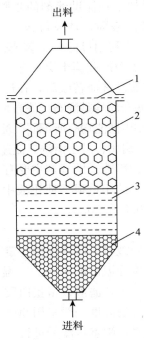

图 4-8　脱色罐

1. 筛板　2. 新活性炭　3. 吸附区　4. 饱和区

工业上糖化液的脱色采用骨炭和活性炭，活性炭又分为粉末炭和颗粒炭。炭的脱色主要是炭表面的吸附作用。炭表面具有无数微小的孔隙，因而具有很大表面积。通过物理吸附和化学吸附作用将色素分子吸附在炭粒表面上，从糖化液中除掉。吸附作用与吸附表面和被吸附物质的浓度有关。

骨炭吸附无机灰分能力强，活性炭吸附 5-羟甲基糠醛的能力强。不同制法的活性炭其吸附能力也有差异，以蒸汽活化法的吸附能力最强，氯化锌法、磷酸法次之。

脱色炭的吸附作用是可逆的，它吸附有色物质的量决定于糖化液中的色素浓度。所以，其用于颜色较深的糖化液后，不能再用于颜色较浅的糖化液。反之，先脱颜色浅的糖化液，仍可再用于颜色较深的糖化液。工业生产中脱色便是根据活性炭的特性，用新鲜的炭先脱去颜色较浅的糖化液，再脱去颜色较深的糖化液，然后弃掉。这样可以使活性炭充分利用，减少对环境的污染。

脱色操作的影响因素有温度、时间、pH。

①脱色温度。脱色温度是影响脱色效果的重要因素之一。温度过高，脱色效果差；温度过低，糖液黏度增加，难以过滤。一般控制温度在 70～80℃。在此温度下，糖化液的黏度较低，易于渗入炭的多孔组织内部，能较快地达到吸附平衡状态。

②脱色时间。吸附过程从理论上讲是瞬时完成的，但因为糖浆有一定黏度，物质扩散慢，并且炭的用量少，为了使糖液与活性炭充分混合，达到吸附平衡的时间成反比，用量多，时间可以缩短。

③脱色 pH。活性炭在酸性条件下脱色能力较强，通常控制 pH 在4.0左右的条件下进行脱色操作。

④活性炭用量。在确定活性炭用量时需要注意一个问题，即用炭量增加，单位质量的脱色效率降低。

活性炭的用量应根据糖液色泽深浅与活性炭质量而定，一般用量为淀粉量的 1％以内。

（六）离子交换

离子交换的目的是去除糖液里面有机盐、无机盐、色素、蛋白质、灰分及其他杂质，提高糖液的口感、熬糖温度。作用原理是利用固定在立体网状骨架上的功能基所带的可交换离子，使其与相接近的外围离子可逆反复交换，以达到离子分离置换物质的浓度、杂质的去除。经离子交换树脂处理后的糖化液，灰分可降解至原来的 1/10，色素类物质可基本去除。

离子交换树脂去除蛋白质、氨基酸、5-羟甲基糠醛和有色物质等杂质的能力比活性炭要强。经离子交换树脂工序后，色素类杂质去除得很彻底，保证产品放置很久也不至变色。因此糖化液异构前也需要用离子交换树脂精制。

离子交换树脂：离子交换树脂是一种具有网状结构和离子交换能力的固态高分子化合物，它不溶于酸、碱和有机溶剂，化学性质稳定，外观为淡黄至淡褐色球状颗粒，粒度为16～50 目，耐温约50℃。在网状结构的骨架上有许多可以被交换的活性基团。离子交换树脂是由离子交换树脂本体和交换基团两部分组成。

在淀粉糖精制工序中经常使用 732 型阳离子交换树脂，它的本体是苯乙烯和二乙烯苯组成的高分子共聚物。交换基团是磺酸基。一般简写成 $R—SO_3—H^+$，式中 R 表示苯乙烯-二乙烯苯树脂本体，即树脂的骨架部分；后面的是磺酸基，是一种酸性强、易解离的活性基团。其中氢离子是可以游离的起交换作用的阳离子，它可以与其他阳离子发生等当量交换。

而—SO_3—是和树脂本体连接在一起的不可游离的阴离子。

由于合成树脂所用的原料和引入的活性基团不同，离子交换树脂的种类较多。根据所引入的活性基团酸碱性强弱的不同，离子交换树脂分为 4 种类型。即强酸性和弱酸性阳离子交换树脂；强碱性和弱碱性阴离子交换树脂。目前生产上常用的是苯乙烯-二乙烯苯合成树脂，属于强酸型阳离子交换树脂。

淀粉糖化液精制中吸附阳离子多采用钠离子强酸型阳离子交换树脂。由于葡萄糖在碱性情况下不稳定，所以吸附阴离子时选用弱碱型阴离子交换树脂，一般使用酸氨基阴离子交换树脂。

离子交换树脂的工作原理：离子交换是指离子交换树脂的可游离交换离子，与溶液中的同性离子的交换反应过程。它同一般化学反应一样，服从质量作用定律，而且是可逆的

阳离子交换树脂为强酸苯乙烯磺酸型（732），酸的氢离子与溶液阳离子，如钠离子交换，钠离子结合在树脂上，氢离子游离进入溶液，与溶液中阴离子结合成酸。其交换反应表示如下：

$$R—SO_3^- H^+ + Me^+ \longrightarrow R—SO_3^- Me^+ + H^+$$
$$R—H + Na^+ \longrightarrow R—Na^+ + H^+$$

阴离子交换树脂为弱碱丙烯酰胺叔胺型（701），其除去溶液中酸是吸附作用，反应式如下表示：

$$R\equiv N + H^+ Cl^- \longrightarrow R—N\,H^+ Cl^-$$

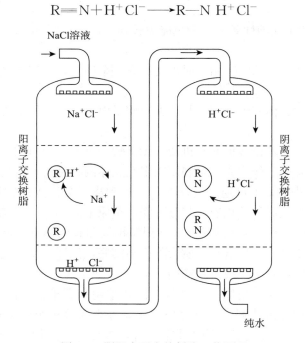

图 4-9　阴阳离子交换树脂工作原理

由上述两个反应方程式可见，若将阴离子和阳离子交换树脂滤床串联使用，能将溶液中的离子全部除掉。其原理如图 4-9 所示，含有氯化钠的溶液，先流经阳离子的交换树脂，溶液中钠离子被氢离子交换，流出的溶液变成含氢离子和氯离子的酸。在流经阴离子交换树

脂，氢离子和氯离子同时被吸附除掉，流出液变成不含离子的水。

1. 工艺流程　阳柱→阴柱→调节柱（阳柱），见图 4-10。

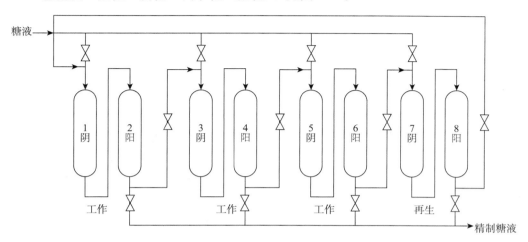

图 4-10　三级滤床糖液流程

2. 工艺操作

（1）进料　进糖时，先进一次离子交换，也就是进两个阳柱，首先把第一个阳柱（备用柱）的排污阀打开，把一进阀门打开，这时开一进泵，调流量 15 m³/h，当排污水浓度达到 0.5% 左右时，说明糖已经出来了，这时把第二个阳柱（备用柱）的排污阀打开，然后把二进阀门打开，这样第一个柱子的料就进入第二个柱子，同时把第一个柱子的排污阀关闭，等到第二个柱子的水浓度达到 0.5% 左右时，把回流阀打开，关闭排污阀，开始打回流，浓度达到 20% 以上时，可以进中转罐，开出糖阀，回流阀关闭。

下来可以进二次离交。二次离交也就是通过中转罐把料进到两个阴柱，观察视镜，中转罐的液位到 1 m 左右时，把第一个阴柱的排污阀打开，然后开一进阀门，这时开二进泵调流量 15 m³/h，等排污水浓度达到 0.5% 左右时，再把第二个阴柱的排污阀打开，二进阀门打开，开始进第二个阴柱，这时可以关闭第一个阴柱的排污阀，等排污水浓度达到 0.5% 左右时，把第二个阴柱的回流阀打开，关闭排污阀，这样注意第二个阴柱，看视镜如果树脂在柱内反复翻滚，说明状态不是很好，等到树脂平静后，检测 pH、色泽、电导率，如果 pH 在 4.0～4.5，电导率 <50 μS/cm，色泽 <0.4，浓度达到 20% 以上，这时把调节柱的排污阀打开，然后开进糖阀，把第二个阴柱的二出阀门打开，出糖阀打开，关闭回流阀，这样糖就进入了调节柱，等到浓度 0.5% 左右时开回流总阀，关闭排污阀，这时观察调节柱内的料液是否发黄，然后检测 pH、色泽、电导，将 pH 调到 4.3 左右，电导率 <50 μS/cm，色泽 <0.4，把总出料阀打开，关闭总回流阀，料液就打到了离交出糖罐，开四效打料泵，把料打道四效前罐。

（2）压糖　当柱子运行到一定的使用周期，测二出 pH，也就是第二个阴柱，如果 pH<4.5 需要压糖，换完柱子后，把换下来的柱子回流阀打开，开上水阀门，然后开水泵把压糖的水量调到 10 m³/h 左右，这时通知压滤减速，开始压糖，当压糖浓度 0% 时关闭水泵、水泵、上水阀、回流阀，准备反冲。

（3）离子交换柱反冲　柱子压糖浓度达到0％时，就可以反冲了，先开上排污阀，再开下排污阀，然后开水泵，调水流量，阳柱反冲时，调到 25 m³/h，阴柱调到 15 m³/h，这样不容易跑树脂，反冲 0.5 h 后，柱子里的蛋白和杂质还是很多，这时可以开压缩空气搅拌，首先关下水阀，然后把压缩空气阀打开，再把压缩空气总阀打开，搅拌 0.5 h，关闭压缩空气阀门，开下水阀门接着反冲，这时可以把柱子的侧排阀打开，反冲时，排出来的水不经过树脂末，使大块蛋白质排出，减少反冲时间，注意一定要把树脂控制在第一个视镜下面，避免跑树脂，等柱子反冲到水清澈可以再生。

（4）再生　再生之前要配制稀酸、稀碱，首先用计量罐打1.5 t 液碱，再打1.3 t 盐酸（浓度30％）用计量出料泵把浓碱打到稀碱罐里，把罐上的水阀打开，加水，水加到 2 m 左右，稀碱浓度调到4.8％～5.2％，把需要再生的阳柱下排污阀打开，然后开进酸阀。把阴柱的下排污阀打开，然后把酸碱总阀打开，这时把稀酸稀碱泵打开，阳柱流量调到 4 m³/h，阴柱流量调到 6 m³/h，注意控制排污的 pH，酸碱打没以后关闭所有阀门。

（5）洗备用　再生结束后，浸泡 4～6 h，这样可以洗备用了，也就是正洗。先打开要洗备用柱子的下排污阀，然后开上水阀门，开水泵，阴柱流量 25 m³/h，阳柱流量15 m³/h，这样可以保证污水 pH 大于4.0，阳柱 pH 洗到5～6，阴柱 pH 洗到6～7，可以停止洗备用，等到其他柱子饱和时可以更换。

3. 树脂的维护保养

（1）树脂的保管　未使用的树脂应保持外包装的完整，避免因破裂使树脂直接暴露于空气中，并存放于0～40℃的环境中，使用中暂停运行的树脂应避免下述情况：

①脱水。设备内应充水，如必须将水排出，则设备须密闭以防止树脂水分散失。

②冰冻。如遇温度小于0℃，设备内须充入盐水浸泡树脂。

③细菌滋长。微生物如藻类及细菌等能在长时间停用的离子交换设备内繁殖，造成树脂不可逆污染。预防的措施即是在树脂失效后彻底反洗，除去运行中积聚的杂质，再生洗净后以盐水浸泡，防止细菌滋生。

（2）新树脂的处理

①预处理。新出厂的树脂首先用清水反复冲洗干净后，用水浸泡 36 h 以上，再转型处理。

②阳离子交换树脂的转型处理。

A. 以每小时1.5～2.0倍树脂体积的流速将碱盐水（含 NaCl 8％，NaOH 2％）通入交换柱中，待出液 pH 为 14 时，再通 15 min 停止。浸泡 4～8 h 后，用清水清洗至出液 pH 为10 左右。

B. 以每小时1.5～2.0倍树脂体积的流速将 4％HCl 液打入交换柱中，待出液 pH 为 1 时，再通 15 min 停止。浸泡 4～8 h 后，用清水清洗至出液 pH 为 3 左右。

C. 以每小时1.5～2.0倍树脂体的流速将 4％ NaOH 液打入交换柱中，待出液 pH 为 14 时，再通 15 min 停止。浸泡 4～8 h 后，用清水清洗至出液 pH 为 8 左右。

③阴离子交换树脂的转型处理。

A. 以每小时1.5～2.0倍树脂体积的流速将碱盐水（含 NaCl 8％，NaOH 2％）通入交换柱中，待出液 pH 为 14 时，再通 15 min 停止。泡 4～8 h 后，用清水清洗至出液 pH 为 10 左右。

B. 以每小时1.5～2.0倍树脂体积的流速将4% NaOH 液打入交换柱中，待出液 pH 为14 时，再通 15 min 停止。浸泡4～8 h 后，用清水清洗至出液 pH 为 8 左右。

C. 以每小时1.5～2.0倍树脂体积的流速将4% HCl 液打入交换柱中，待出液 pH 为 1 时，再通 15 min 停止。浸泡4～8 h 后，用清水清洗至出液 pH 为 3 左右。

（3）树脂的复苏处理　先将阳、阴柱反洗，水量要大（排空在不跑树脂的基础上），洗至水清澈为止。反洗后树脂沉降，将水位控制在树脂层的上方10 cm 处，分别复苏阳、阴树脂。

①阳离子交换树脂的转型处理。以 5 m³/h 流速、2.0倍树脂体的碱盐水（含 NaCl 8%，NaOH 2%）通入交换柱中浸泡4～8 h 后，用去离子水清洗至出液 pH7～8，再进 5%～7% HCl 溶液，以 5 m³/h 流速、2.0倍树脂体的流量，浸泡4～8 h 后用取离子水清洗至出液 pH 为4～5，然后按正常再生方法处理。

②阴离子交换树脂的转型处理。以 5 m³/h 流速、2.0倍树脂体积的 6%HCl 溶液通入交换柱中浸泡4～8 h 后，用去离子水清洗至出液 pH 为5～6，再进碱盐水（含 NaCl 8%，NaOH 2%），以 5 m³/h 流速、2.0倍树脂体的流量，浸泡4～8 h 后用去离子水清洗至出液 pH 为7～8，再进 6% NaOH 溶液，以 5 m³/h 流速、2.0倍树脂体积的流量，浸泡 2 h 后用去离子水清洗至出液 pH 为 7～8，然后按正常再生方法处理。

（七）蒸发浓缩

精制后的糖液，浓度比较低，必须将其中的大部分水分去除，达到产品要求的浓度。浓缩糖液通常采取蒸发的方式进行。淀粉糖浆为热敏性物质，受热易发生化学反应而着色，因此要控制蒸发温度。一般蒸发温度不宜超过 68℃，葡萄糖浆的浓缩采用真空蒸发方式，以降低溶液的沸点，减少颜色物质的产生。

蒸发系统由蒸发器和冷凝器两部分组成。蒸发器是一个换热器，它由加热室和气液分离器两部分构成，加热沸腾产生的二次蒸汽经过气液分离器分离，冷凝器用于把蒸汽冷凝成水。

利用沸腾后蒸汽的推动作用，使液体在传热面上形成薄膜，强化传热效果，工作时，稀糖浆由加热室顶部进入，在重力作用下沿列管内壁呈膜状向下流动的同时被加热沸腾，气液混合物从管下端流出，进入分离室。气液分离后，浓缩液由分离室底部排出，二次蒸汽可以回收再利用。

降膜式蒸发器操作简单、方便，蒸发器内的滞留物料非常少，开车时间短，停车后可迅速将蒸发器内的物料排空，对流量变化适应性强，能耗低，易实现多效操作。

根据二次蒸汽是否用来作为另一蒸发器的加热蒸汽，蒸发过程可分为单效蒸发和多效蒸发。单效蒸发产生的二次蒸汽，直接进入冷凝器冷凝成水而排出系统，所含的热能未被利用。多效蒸发中，第一个蒸发器（称为第一效）蒸出的二次蒸汽用作第二个蒸发器（称为第二效）的加热蒸汽，第二个蒸发器蒸出的二次蒸汽用作第三个蒸发器（称为第三效）的加热蒸汽，依此类推。系统中串联的蒸发器数目称为效数。

葡萄糖浆的浓缩一般是采用三效蒸发的蒸发的方式进行，其流程图参见第三章第一节的三效蒸发流程。

三、酶法制糖工艺

(一) 液化

1. 液化目的　利用 α-淀粉酶将淀粉水解成糊精和低聚糖等小分子，获得流动性好的液体的过程称为液化。酶很难直接对淀粉颗粒的晶体结构发生作用，因此，不能使淀粉酶直接作用于淀粉，而应该将淀粉糊化，破坏其晶体结构。但是淀粉在水中被加热到糊化温度以后，黏度增高，不利于淀粉糊的输送，有碍于连续化生产。液化工序可以利用 α-淀粉酶的水解作用，将淀粉边糊化边水解，加之现代喷射液化工艺中的机械剪切作用，淀粉链很快地被水解为糊精和低聚糖分子，从而使淀粉乳越过高黏度糊化阶段，获得流动性好的液料，这是液化的第一个重要的目的。液化的另一个重要的目的是为下一步的糖化创造有利条件。糖化使用的糖化酶属于外切酶，水解作用从底物分子的非还原端进行。在液化过程中，淀粉分子被水解成糊精和低聚糖等小分子，底物分子数量增多，糖化酶作用的机会增多，有利于糖化反应。

2. 液化程度的控制

(1) DE 值范围　液化程度控制除了考虑满足流动性要求外，主要应考虑为糖化创造条件。糖化所用的葡萄糖淀粉酶属于外切酶，水解由底物分子的非还原末端开始，底物分子越多，水解生成葡萄糖的机会越多。但不是 DE 值越高越好，因为葡萄糖淀粉酶是先与底物分子生成络合结构，而后发生水解催化作用。这就要求被作用的底物分子具有一定的大小范围，才有利于糖化酶与底物分子生成络合结构。底物分子过大或过小都会妨碍酶的结合及水解速度。在正常液化条件下，一般控制淀粉水解程度在 DE 值 $10\%\sim20\%$ 为宜，此时可保持较多数量的糊精、低聚糖及少量的单糖。

当液化温度较低时，液化程度可偏高一些；当液化温度较高时，液化程度可低些。这样经糖化后葡萄糖值较高。生产麦芽糖、低聚糖等产品时需要液化的 DE 值低一些，一般为 5% 左右。

(2) 碘色反应的控制　淀粉酶法液化过程中，水解程度通常用碘呈色反应来控制。

(3) 透光率及澄清度控制　液化完全时，液化液的蛋白凝聚好，分层明显，过滤性能好，透光率高。

3. 酶法液化的影响因素　酶的作用受很多因素影响，如底物（淀粉原料）、pH、温度等，这些因素直接影响酶的活力、反应速度及其稳定性。

(1) 原料浓度　由于不同种类的淀粉颗粒结构不同，液化难易程度也不同，薯类淀粉较谷类淀粉和豆类淀粉容易液化。薯类淀粉蛋白质含量低、不溶性淀粉颗粒少，凝胶体强度弱，颗粒大而疏松。因此，薯类淀粉容易液化，谷类淀粉则相反。

不溶性淀粉颗粒是指酶法液化后，尚存于液化液中的不溶淀粉，它在下一步糖化工序中也不能被糖化酶水解。因此降低糖化液的过滤速度和葡萄糖产率，颗粒大小为 $1\sim2~\mu m$，经 X 射线衍射成 V 形衍射图形，说明该颗粒系直链淀粉与脂肪酸生成的络合物，呈螺旋结构，组织紧密。谷类淀粉酶水解后能产生 2% 不溶性淀粉颗粒，薯类淀粉只有 0.25%。

在谷类淀粉中，微量的淀粉颗粒与蛋白质、脂肪结合成复合体，复合体中具有较强的分子间的作用力，因此复合体内淀粉较难糊化，蒸煮后仍然以生淀粉复合物的形式存留于液化液中。少量的淀粉、脂肪和蛋白质复合物能悬浮分布于整个液化表面，由于残余生淀粉提供一个固体淀粉的表面，促使糊化淀粉、极限糊精由这固体表面形成老化淀粉及其他更多的不溶性物质。

（2）酶的种类　常用的 α-淀粉酶有中温 α-淀粉酶和耐高温 α-淀粉酶。中温 α-淀粉酶在 Ca^{2+} 及浓度为 $30\%\sim40\%$ 的淀粉乳保护下，温度可控制在 $85\sim90℃$，瞬时喷射液化温度可在 $90\sim92℃$；耐高温 α-淀粉酶在淀粉乳保护下，温度可控制在 $97\sim100℃$，瞬时喷射液化温度可在 $105\sim115℃$。一般在喷射液化法中都采用高温 α-淀粉酶。

酶制剂有粉末固体酶和液体酶之分，液体酶制剂成本便宜，使用方便，比固体酶制剂应用方便。选择酶时要注意酶制剂质量，包括活力高低和蛋白酶混杂情况，因为蛋白酶能水解蛋白质成氨基酸，与单糖发生化学反应，生成有色物质。

（3）pH 和温度　α-淀粉酶的液化能力除与淀粉结构有关，与温度和 pH 也有直接关系。每种酶都具有最适的作用温度及 pH 范围，而且温度和 pH 是互相依赖的，在一定的温度下有对应的较适宜的 pH，这是液化工艺中要特别注意的。

工业生产中，为了加速淀粉液化速度，充分发挥 α-淀粉酶的作用，减少不溶性微粒的产生，多采用较高温度液化。例如，采用 95℃ 或更高的温度，以确保液化完全，提高液化速度。但温度高于酶制剂最适作用温度时，酶活力损失加快。

（4）酶的稳定剂　酶的作用底物淀粉和糊精能提高酶最适作用温度。某些金属离子如 Ca^{2+}，有助于提高酶对热的稳定性。因此，在工业生产中常加 $CaCl_2$ 或 $CaSO_4$，调整 Ca^{2+} 浓度到 $0.01\ mol/L$。Na^+ 对酶活力的稳定性也有提高作用，其适宜浓度时 $0.02\ mol/L$。

4. 液化方法

（1）液化方法的概述　液化方法的分类可以按淀粉水解催化动力、生产工艺、设备、加酶方式、酶制剂耐温性、原料粗精不同等因素分成多种方法。针对不同的原料、不同的生产条件、液化液的不同用途，选取不同的液化方法，以获取最佳的液化效果。液化方法主要包括直接升温法、喷淋液化法（半连续的液化法）、喷射液化法、分段液化法和酸法液化等多种液化方法，液化方法的选择主要是依据良好的液化效果，为糖化和过滤纯化提供质量保证。对于上述不同液化方法的基本条件和产品的性能比较，列于表 4-15 中。

表 4-15　各类液化方法的比较

（余平．2010．淀粉与淀粉制品工艺学）

液化方法	基本条件	优点	缺点
酸法液化	淀粉乳浓度 30%，pH 1.8～2.0，液化温度 135℃，10 min 液化 DE 值 15%～18%	适合任何精致淀粉，所得糖化液过滤性能好	有副反应，生成色素物质及复合糖类，淀粉转化率低糖溶液质量差，糖化液中含有微量醇和微量糖精
酶法液化 1 间歇液化法（直接升温液化法）	淀粉乳浓度 30%，pH 6.5，Ca^{2+} 0.01 mol/L，液化温度 85～90℃，30～60 min 液化 DE 值 15%～18%	设备要求低，操作容易	液化效果一般，经糖化后的糖化液过滤性差，糖浓度低

（续）

液化方法	基本条件	优点	缺点
2 半连续液化法（高温液化法或喷淋液化法）	淀粉乳浓度 30%，pH 5.5～6.0，液化温度 90℃，30～60 min 液化 DE 值 15%～18%	设备要求低，操作容易，效果比直接升温好	料液容易溅出，操作安全性差，蒸汽用量大，液化温度未达到高温酶的最适温度，液化效果一般，糖化液过滤性能差
3 喷射液化法	淀粉乳浓度 30%，pH 6.5，液化温度 95～140℃，100～120 min 液化 DE 值 15%～18%	液化效果好，液化液清亮、透明、质量好，葡萄糖的收率高	
4 酸酶液化法	淀粉乳浓度 30%，pH 2.2，140℃，DE 值 5%～7%，中和后调整 pH 6.5，冷却到 90℃，反应 30 min，液化终点 DE 值 15%～17%	酶用量少，液化液过滤性能好，易于实现管道设备连续操作	工艺过程较为复杂

（2）液化方法的选择

①液化效果的评定。液化效果要从以下几个方面评定：液化均匀程度；蛋白质絮凝效果；液化彻底程度（液化液清亮透明，不含不溶性淀粉颗粒）；糖化液最终 DE 值大小；糖化液过滤性质。

液化效果是液化方法选择的主要参考因素。

②液化方法选择。根据液化原料的特点，薯类（马铃薯、甘薯、木薯）淀粉比谷物（玉米、大米、小麦）淀粉易老化。

喷射液化是目前较为先进的液化方法，在生产中广泛使用。根据不同的生产原料和不同的产品特点，选择加酶的次数和喷射液化的次数及工艺条件，确定合理的工艺流程。

在生产中转化糖浆时，为了改善糖浆的过滤性能，可选用两次加酶法；所转化的葡萄糖为味精、青霉素、甘油等发酵工业碳源的中间产品；为了降低黏度，提高产品的收率，选用两次加酶法；生产葡萄糖及果葡糖浆等产品时，采用一次酶工艺；如果采用谷类淀粉作原料，当淀粉中蛋白质含量小于等于0.3%时，可以采用一次酶工艺；如果淀粉中蛋白质含量大于等于0.6%～1.0%时，由于此类淀粉易产生"不溶性淀粉颗粒"，为了使液化完全，采用两次加酶工艺。不同种类淀粉适宜采用的液化方法见表 4-16。

表 4-16　不同品种淀粉适宜的液化方法

淀粉种类	一次加酶液化	两次加酶液化	三次加酶液化	酸液化	酸酶液化
玉米	不适当	最适当	适当	适当	适当
小麦	不适当	适当	适当	适当	最适当
大米	不适当	最适当	适当	适当	适当
马铃薯	最适当	适当	适当	适当	适当
木薯	最适当	适当	适当	适当	适当

5. 喷射液化工艺流程

（1）喷射液化器　喷射液化器是液化生产工艺中的核心设备，与耐高温 α-淀粉酶共同作用于淀粉乳，具有蛋白质絮凝效果好、不产生不溶性蛋白质颗粒、瞬间完成液化过程、液化液清亮透明等特点，已逐步取代了其他的液化技术，成为目前主要的淀粉液化方法。

喷射液化器的工作原理是在喷射液化器中，高压蒸汽与薄膜状淀粉浆料直接混合，蒸汽在高物料流速和局部强烈湍流作用下迅速凝结，释放出大量的潜热，并在较高的传热效率下使淀粉快速、均匀受热糊化。影响喷射液化器工艺效果的主要因素有蒸汽的压力和流速、淀粉浆的流量和温度、蒸汽与淀粉浆的温度差及喷射的直径等。与其他液化设备相比，喷射液化器具有如下特点：

①颗粒物的微化处理。淀粉聚集物进入加热区后，若没有强大的剪切力作用把它们分散，外围淀粉分子水合糊化后会形成一层高黏度淀粉糊保护膜，使内部的生淀粉与外部的热水隔离起来，使内部的生淀粉无法糊化。在喷射液化过程中，淀粉乳以高速湍流流进加热区，高流速机械能转化为加热区的强力剪切搅拌，可以打散小颗粒聚散物，每一淀粉颗粒均匀与蒸气接触，使淀粉乳完全糊化。

②准确的控温装置发挥酶制剂功能。酶法液化是当前普遍采用的液化方法，提高酶活力能降低剂量提高效益。温度越高，水解反应本身速率越高，催化活力就越强，液化反应速度就越快。但酶的耐温性有一定的限度，超过特定温度后，酶分子会变性失活。在喷射液化装置中通过准确自动温度控制机能，起到增加酶活性、提升反应速度和保持酶制剂稳定性的作用。

③搅拌混合作用。在喷射液化器工作时，蒸汽以超过 $300\ m/s$ 的高速进入加热区，配合湍流液料造成加热区的强力剪切、搅拌和混合效果，促使淀粉在瞬间内与蒸汽迅速混合，完全糊化。

根据推动力不同喷射液化器分为高压蒸汽喷射器（汽带料式）和低压蒸汽喷射液化器（料带汽式）。汽带料喷射器是在 $0.6\ MPa$ 高压蒸汽通过调节阀杆高速喷出，在阀中心产生真空，淀粉乳被吸入，蒸汽对糊化淀粉产生强烈的机械剪切力，与蒸汽混合后升温、糊化、液化。高压蒸汽喷射器是靠高速蒸汽产生的负压，使料液吸入，所以要求蒸汽压力大，泵压小，汽液交换迅速，液化进行得快。图 4-11 为汽带料式喷射液化器的构造示意图。操作时高压蒸汽由喷嘴喷入混合管，同时用泵把淀粉乳打入，蒸汽喷射产生的湍流使淀粉乳行成薄层，受热快而均匀，引起淀粉乳的糊化、液化、黏度降低也快。

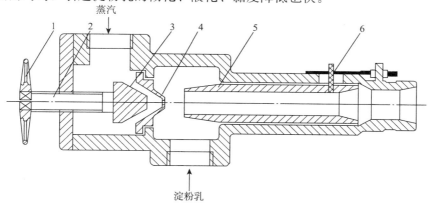

图 4-11　喷射液化器

1. 手轮　2. 丝杠　3. 针阀阀芯　4. 喷嘴　5. 混合管　6. 压力降调整装置

为了达到较好的液化效果，高压喷射液化器需在高压蒸汽（≥0.6 MPa）条件下工作，对蒸汽压力不稳定或蒸汽压力较低的工厂，需安装高压蒸汽锅炉和其他的辅助设施来满足工艺的要求。目前，在淀粉糖生产企业中开始使用低压喷射器替代高压喷射液化器，改善了液化的稳定性，提高了液化效果。

低压喷射器的设备结构和工作原理与高压喷射液化器基本相同。料液利用泵压入喷射器内，形成高强度的微湍流，蒸汽从夹套内通过微孔进入喷射腔，与料液混合，使淀粉均匀、快速升温液化，然后喷出。引入保温系统，85～90℃保温 20～40 min，达到液化完全。这种喷射器对料液要求高，泵负荷大，但是蒸汽压力小，115℃喷射液化时，0.2 MPa 的蒸汽压力即可正常喷射液化。此法优点是液化效果好，蛋白质类的杂质凝结好，糖化液过滤性质好，设备小，适于连续操作。

低压喷射液化器在操作时，首先上调喷射器的针阀 5～6 圈，开启蒸汽阀门，将液化器预热到 100℃，启动进料泵，关闭进料阀，打开回流阀，稳定进料泵 10 min。待喷射器预热至规定的温度后，将进料门打开，逐步关小回流阀，使进入喷射器的料液压力大于进入喷射器的蒸汽压力，经过料阀和针阀控制流量，针阀使淀粉乳形成空心圆柱状薄膜从喷嘴射出，通过调节进气和进料阀门，使料液出口温度由高到低，降至 100～115℃。待液化结束后，首先关闭进料阀门，然后关闭蒸汽阀。液化结束后，要用清水冲洗喷射器。

（2）喷射液化流程

①一次加酶法喷射液化流程。此工艺流程如图 4-11 所示。当淀粉浆离开喷射器后，使料液在高温维持罐中 105℃条件下维持一段时间，有利于含少量老化淀粉、难溶淀粉颗粒的谷物淀粉彻底糊化和液化。因此，在液化工艺流程中，在喷射器出口增加一道滞留装置，这一装置可以使用盘管、直径较粗的长管或直径较小的维持罐，让粉浆滞留 5 min 左右。滞留时间不宜太长，否则影响耐高温 α-淀粉酶的稳定。

示例：将粉浆浓度 30% 预热至 55℃ 左右，调 pH 为 6.0～6.5，每克淀粉加入高温 α-淀粉酶 10～16 IU（每吨淀粉 20 000 IU/mL 规格的高温淀粉酶 500～800 mL）后，泵入喷射液化器。喷嘴温度保持在 105～110℃ 条件下喷射液化，保持维持罐的温度在 95～97℃，维持时间 1 h 左右。高温 α-淀粉酶对 Ca^{2+} 浓度要求不高，通常淀粉及配料用水中的 Ca^{2+} 即可满足，不需另外添加。

②多次加酶法喷射液化流程。针对难于液化的玉米、小麦等谷物淀粉，为了提高液化效果和过滤性能，生产上采用多次加酶液化的方法，即将液化工艺分成操作条件不同的几个阶段进行。处理含蛋白质较高的次级小麦淀粉可以采用三次加酶液化法工艺；普通玉米淀粉可采用两次加酶法液化工艺。两次加酶法液化工艺条件为首先调节 pH 为 6.0～7.0，将 1/3 α-淀粉酶加入到淀粉乳中，在 88～92℃ 保持 15～30 min；然后加热到 140℃ 保持 5～8 min；降温到 85℃，再将剩下的 2/3 液化酶加入，在 85℃ 保持 1～2 h，达到最终需要的液化程度。两次加酶法可简称为酶-热-酶工艺。

常用的是二次喷射二次加酶的液化流程，见图 4-12，可概括为：淀粉→调浆→一次喷射液化→保温→二次喷射液化→高温维持→降温→二次液化→冷却后去糖化。

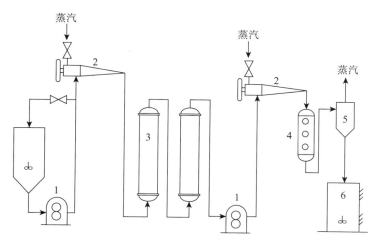

图 4-12　二次加酶法喷射液化工艺流程
1. 泵　2. 喷射液化器　3. 液化层流罐　4. 高温维持罐　5. 真空冷却器　6. 保温液化罐

工作时，在配料罐内，把粉浆乳调到 30%，用 Na_2CO_3 调到 pH 在 5.0~7.0，加入高温 α-淀粉酶，搅拌均匀。料液泵入喷射液化器，喷射器出料温度保持在 95~97℃，喷出的料液进入层流罐保温 60 min，温度维持在 95~97℃。再进行第二次喷射，温度升至 145℃ 以上，并在高温维持罐内保温 3~5 min，目的是把耐高温 α-淀粉酶彻底灭活，同时淀粉颗粒会进一步分散，蛋白质会进一步凝固。然后料液经真空闪蒸冷却系统降温至 95~97℃，进入液化保温罐，再加入剩余的耐高温 α-淀粉酶，液化约 30 min。液化到达终点，酶活力逐渐丧失，为了避免其他酶影响糖化酶的作用，需对液化液进行灭酶处理。一般液化结束，升温至 100℃ 保持 10 min 即可，然后降低温度，供糖化用。

此工艺的特点是利用喷射器将淀粉乳快速升温至 145℃，完成糊化、液化。使形成的不溶性淀粉颗粒在高温下分散，数量也大为减少，从而使得的液化液既透明又易于过滤，淀粉的出糖率也有所提高，同时采用了真空闪蒸冷却技术，提高了液化液的浓度。

(二) 淀粉的糖化

1. 糖化目的　糖化的目的就是将淀粉液化后获得的糊精和低聚糖等产物利用糖化酶进一步水解成葡萄糖或者麦芽糖等淀粉糖产物。

理论上淀粉通过完全水解，每 100 g 淀粉能生成 111.11 g 葡萄糖。但由于复合反应和分解反应以及不完全水解的存在和产生损耗，用双酶法转化玉米淀粉，每 100 g 淀粉能生成 105~108 g 葡萄糖。

2. 糖化工艺与设备

(1) 工艺流程　酶法糖化的工艺操作比较简单，流程如下：

液化液 → 降温、调pH → 加糖化酶 → 糖化 → 灭酶 → 精制

用黑曲霉产生的糖化酶生产葡萄糖的工艺操作为：液化结束后，将料液用酸调 pH 为 4.0~4.5，同时迅速将温度降至 58~60℃，然后加入糖化酶，每克淀粉用量为 100~200 IU，60℃ 保温，并保持适当的搅拌，避免发生局部温度不均匀现象，糖化的时间在 24~48 h，用无水酒精检查无白色絮状沉淀时，糖化结束。

将料液 pH 调至 4.8～5.0，同时加热到 80℃，保温 20 min 灭酶，然后降温至 60～70℃，送往过滤等精制工序。所得糖化液 DE 值可达 96％以上，如果加大糖化酶的用量，或糖化中途追加糖化酶，可以缩短糖化时间。

（2）糖化设备　糖化工序的主要设备就是糖化罐。早期使用的糖化罐体积在 20～50 m³，考虑节约能源消耗，提高设备利用率，现在多数工厂使用 80～200 m³ 的大罐进行糖化。

由于糖化条件温和，对于设备要求相对较低，糖化罐在碳钢表面涂上防腐材料即可。外层包以保温材料，内部应有盘管通热水以保温，搅拌要求也较低，只要糖化液不处于静止状态即可。

（3）糖化新技术——固定化酶糖化技术　传统的淀粉水解工艺使用可溶性酶技术，由于残留活性的糖化酶在糖化结束后都要被灭活，因此不能把酶的潜力充分发挥出来。随着酶固定化技术的发展、成熟，固定化酶糖化技术在不久的将来实现工业化生产。

固定化酶具有离子交换树脂的特点，固定在填充床反应器中，当底物流经反应器时，实现底物的糖化。由于酶被固定在载体上，稳定性和利用率得到提高，并且糖化酶用量减少，糖化设备负荷大大降低，床层操作便于实现连续化生产。因此，糖化酶固定技术是一项很有潜力的技术。

目前，糖化酶固定化技术在生产实际应用中还存在一些问题，导致该技术未能投入工业化运行。这些问题包括：

①糖化酶热稳定性差，使用寿命短。固定化糖化酶在 60℃ 条件，半衰期必须达 1 000 h 以上才能用于工业生产。

②液化液中含有其他杂质，不溶物进入固定化柱时必然会发生堵柱。

③需要进一步深入研究优良廉价的载体及其固定方法，降低固定化糖化酶的生产成本。

3. 影响糖化工艺效果的因素

（1）液化液 DE 值　液化液 DE 值对糖品出率和质量有直接影响。生产葡萄糖时，液化液 DE 值应为 15％～20％，并且要求淀粉分子被切断的比较均匀，4～8 葡萄糖聚合度的含量越高，越有利于糖化工艺效果，而小于 3 或大于 12 的聚合度均不利于糖化酶的作用。

图 4-13 是液化液 DE 值对糖化液化 DE 值影响的实验结果，从图中可以看出，在碘是本色的前提下，液化液 DE 值越低，糖化液最终 DE 值越高。

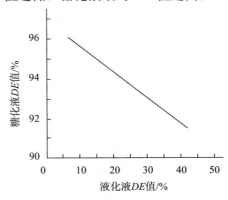

图 4-13　液化液 DE 值对糖化液化 DE 值

（2）糖化时间 糖化初期糖化液 DE 值上升较快，而后变得比较缓慢。例如，DE 值为 19％的淀粉糖化液，用葡萄糖淀粉酶进行糖化，20 h 后 DE 值就可达到 90％，以后的 20～40 h，DE 值只上升 6％～8％。

达到 DE 值最高点后，要及时停止反应。否则，由于复合和分解反应的加重，导致 DE 值下降。

（3）pH 不同来源的糖化酶对 pH 要求各不相同，曲霉要求控制 pH 4.0～4.5；根霉要求控制 pH 4.5～5.5糖化，有抑制葡萄糖酶催化复合反应的效果。

（4）糖化酶种类 目前，工业化酶生产使用的糖化酶主要来自黑曲霉和根霉，两者特性不同。

黑曲霉糖化酶活性高，酶活力稳定，能在较高温度下糖化，糖化液色泽浅。缺点是酶不纯，常含葡萄糖苷转移酶（转苷酶），能使葡萄糖基转移，生成具有 α-1，6 糖苷键的异麦芽糖、潘糖，降低葡萄糖产率约 1％。

根霉糖化酶的酶系较纯，不含转苷酶，而且含 α-淀粉酶活力高于曲霉。但根霉糖化酶的生产依赖于成本高的固体培养，极大地限制了根霉糖化酶在工业生产中的使用。相反，黑曲霉无论在液体或固体培养基中培养，都可以获得活力高的糖化酶。因此，黑曲霉糖化酶被广泛使用。

由于葡萄糖淀粉酶水解 α-1，6 糖苷键非常缓慢，因此单独使用葡萄糖淀粉酶，糖化液最终 DE 值很难达到 98％。生产中用脱支酶与葡萄糖酶合并糖化，所得糖化液 DE 值可达 99％以上。

（5）加酶量 为加快糖化速度，可以提高用酶量，缩短糖化时间。表 4-17 列出了获得相同 DE 值糖化液时加酶量与糖化时间关系的实验结果。可见用酶量增大，可以大大缩短糖化时间。

表 4-17 相同 DE 值糖化液时加酶量与糖化时间关系

每克淀粉糖化酶用量/（IU）	100	120	140	180	240	320	400	480
糖化时间/h	72	48	32	24	16	10	8	6

对于不同来源的糖化酶，酶活力高，用酶量可以减少，加酶量要多些；但酶用量过大，复合反应严重反而导致葡萄糖值降低。

不同加酶量对糖化 DE 值影响的曲线。其实验条件为：浓度 33％的玉米淀粉乳液化到 DE 值 19％，然后在 60℃、pH 4.5条件下糖化，选用 NoVo-150 酶制剂，每 1 t 绝干淀粉的用酶量分别为0.75 L、1.00 L、1.50 L 和 1.75 L，对应的糖化曲线分别标注为 A、B、C、D。由图 7-14 可见，糖化 24 h 这 4 种不同用酶量达到的 DE 值分别为 87％、92％、95％、97％。继续糖化，0.75～1.50 L 的葡萄糖值缓慢上升，而用酶量1.75 L 的 DE 值于 36 h 达到最高值，之后开始下降。

在实际生产中，可以充分利用大容量的糖化罐，通过延长糖化时间，来减少糖化酶用量，这样可以获得糖化 DE 值最高、酶成本最低的综合效益，同时糖化液中酶蛋白的含量也会相应减少。

四、糖化液的精制

无论酸法还是酶法生产的淀粉糖，水解后糖化液中除了含有葡萄糖、低聚糖和糊精等糖分组成物外，还含有糖的复合和分解反应产物、原料和辅料带进的各种杂质、水带来的杂质以及作为催化剂的酸和酶等。这些杂质可分为含氮杂质、有机酸、无机酸、有机盐、无机盐、脂肪、色素物质等。这些杂质既影响糖浆的质量，又不利于结晶葡萄糖的生产。糖化液精制的目的就是尽可能除去这些杂质，使淀粉糖达到较高的纯度。

淀粉糖化液的纯度与生产工艺有关，糖化液纯度由高到低的生产方法排序为：双酶法＞酸酶法＞酸法。酸法糖化液中杂质量较大，精制工序比较复杂，主要包括中和、过滤、脱色和离子交换。而酶法糖化液的精制工艺较简单，不需要中和工序，脱色等工序也不如酸法复杂。

第四节　麦芽糊精

麦芽糊精（maltodetrins，MD），是淀粉经控制低度水解而得到的 DE 值在 20％ 以下的产品，主要成分为四糖以上的低聚糖和糊精；还含有少量的葡萄糖和麦芽糖。

不同 DE 值区间麦芽糊精的糖分组成。当 DE 值在 4％ ～6％ 时，糖分全部是麦芽四糖以上较大的分子。随麦芽糊精 DE 值上升，糖分中出现麦芽糖、麦芽三糖等低聚糖，但 $DP \geqslant 4$ 的低聚糖和糊精仍占 82％ 以上。

在酸法、酶法和酸酶法 3 种方法中，酸法工艺生产的产品含有部分较长链分子的糊精，易发生混浊和凝结，产品溶解性能不好，一般不采用此法生产。酶法和酸酶法生产的产品，极端大小分子少，避免了酸法产品的缺点，是当前主要的生产方法。酶法生产麦芽糊精 DE 值在 5％ ～20％。当生产 DE 值在 15％ ～20％ 的麦芽糊时，也可采用酸酶法，先用酸转化淀粉到 DE 值 5％ ～12％，再用 α-淀粉酶转化到 DE 值 15％～20％。该法产品过滤性好，透明度高，但灰分较酶法产品稍高，麦芽糊精可以以玉米粉、大米为原料经酶法控制部分水解，大大降低了生产的成本。

一、麦芽糊精的生产工艺

1. 工艺流程

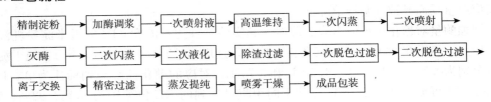

2. 工艺操作

（1）调浆　将淀粉乳打入配料罐内，同时启动搅拌。将淀粉乳浓度调整到14.5～17.5波美度，用纯碱或盐酸调整 pH 在5.6～6.0，加入0.15％的氯化钙，加入耐高温 α-淀粉酶，每吨淀粉加 350～500 mL 搅拌均匀后，10～15 min，准备液化。

（2）喷射液化　在上述工作准备过程的同时，打开蒸汽阀门，预热喷射器，校正点温计开蒸汽，温度由高到低逐步稳定在设定温度（105～108℃）之间，稳定料压0.5 MPa 左右，开启进料阀，开始进料；进行液化保温 95~97℃，保温时间 90~120 min，取样检测，碘试合格进行二次喷射。二次液化的调整与一喷相同，出料温度控制在 135~145℃，使物料进入二次液化罐，保温时间 5~6 min。

（3）除渣过滤　将灭酶后的液化液 pH 调到3.8~4.5，用泵打去板框过滤机，将干净的滤布覆盖到每一块滤板上，要保持平稳、不起翘、压紧板框。第一次使用的滤布要先通过热水或蒸汽将压滤机预热 3~5 min 以防物料局部过凉使物料黏性增大。启动进料泵、关小回流阀稳定泵压、打开进料阀、使物料逐步进入压滤机，浑浊的料液回到原罐。待料液清澈后切换阀门使料液进入二脱罐。让压力流线性上升。

板框达到一定压力后出现过滤困难，开大阀门提高过滤速度。待升到0.4 MPa 以上，滤嘴出料呈线状或滴状停止过滤。打开清水阀门冲洗滤渣，用水量1.5~2.0 m³/h。最后打开压缩空气阀将滤饼吹干、卸渣。拆卸板框时最好先要给板框加点压力再松开锁紧螺母才能使活塞后退，卸下滤布。

（4）脱色过滤　脱色温度 80℃、时间 30 min，加炭量0.5%~1.0%。物料进入一半时即加部分炭并启动搅拌，物料注满罐后炭量加足。搅拌 15 min 静止 15 min 开始过滤。

（5）离子交换　进料时，先进一次离子交换，也就是进两个阳柱，首先把第一个阳柱（备用柱）的排污阀打开，把一进阀门打开，这时开一进泵，调流量 15 m³/h，当排污水浓度达到0.5%左右时，说明糖已经出来了，这时把第二个阳柱（备用柱）的排污阀打开，然后把二进阀门打开，这样第一个柱子的料就进入第二个柱子，同时把第一个柱子的排污阀关闭，等到第二个柱子的排污水浓度达到0.5%左右时，把回流阀打开，关闭排污阀，开始打回流，浓度达到 20%以上时，可以进中转罐，开出糖阀，回流阀关闭。

下来可以进二次离子交换。二次离子交换也就是通过中转罐把料打入两个阴柱，观察视镜，中转罐的液位到 1 m 左右时，把第一个阴柱的排污阀打开，然后开一进阀门，这时开二进泵调流量 15 m³/h，等排污水浓度达到0.5%左右时，再把第二个阴柱的排污阀打开，二进阀门打开，开始进第二个阴柱，这时可以关闭第一个阴柱的排污阀，等排污水浓度达到0.5%左右时，把第二个阴柱的回流阀打开，关闭排污阀，这时注意第二个阴柱，看视镜如果树脂在柱内反复翻滚，说明状态不是很好，待树脂平静后，检测 pH、色泽、电导率，如果 pH 4.0~4.5，电导率<50 μS/cm，色泽<0.4，浓度达到 20%以上，这时把调节柱的排污阀打开，然后开进糖阀，把第二个阴柱的二出阀门打开，出糖阀打开，关闭回流阀，这样糖就进入了调节柱，等到浓度0.5%左右时开回流总阀，关闭排污阀，这时观察调节否发黄，然后检测 pH、色泽、电导率，pH·调到4.3左右，电导率<50 μS/cm，色泽<0.4，把总出料阀打开，关闭总回流阀，料液就打到了离交出糖罐，开四效打料泵，把料打道四效前罐。

（6）蒸发提纯　工艺流程（四效膜蒸发器）见图 4-14。

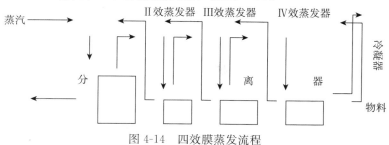

图 4-14　四效膜蒸发流程

①抽真空。关闭空气有可能进入设备的所有阀门，启动真空泵，打开真空泵冷却水泵，当末效分离器的真空压力大于0.06MPa时，启动进料泵，调节流量计到设定流量，以物料工艺顺序依次延时启动循环泵，当一效出料泵有物料输出时，即可开通蒸汽阀门进汽，少顷再启动冷凝水泵，当温度逐步上升时，物料打回流，至出料浓度合格后，开始正常进料（根据要求达到出料浓度）。

②蒸发。以生蒸汽或二次蒸汽作为加热源，加热介质通过蒸发器的分配器沿列管壁形成膜状进行加热蒸发，一效加热介质用生蒸汽，流进该效的物料由分配器进行气液分离，所产生的二次蒸汽以及冷凝水、加热器产生的二次蒸汽经汽管道进入二效加热室对流经列管的物料进行蒸发，以此类推。一至四效的加热室的冷凝水由效间的压力差自流入四效加热室有冷凝水泵打出。物料则由四效到列管管程加热蒸发，进入四效分离器，由循环泵输入三效列管管程的加热蒸发，以此类推。最后达到一效出料。（要求浓度达标后）进入配管。

③工艺参数（以12 000 kg/h为例）。进料量：2 500～3 000 kg/h；进料浓度：20％～30％；进料温度：≥50℃；出料量：6 500～7 500 kg/h；出料浓度50％～60％；出料温度80～89℃；蒸发量12 000～13 000 kg/h。

工作压力及温度要求见表4-18。

表4-18　工作压力及温度要求

蒸发器	蒸发温度/℃	分离室压力/MPa	加热室压力/MPa
一效	100～110	−0.02～0	0.02～0.25
二效	85～95	−0.04～0.03	0.02～0
三效	70～80	−0.06～0.05	−0.04～0.03
四效	50～65	−0.09～0.07	−0.06～0.05

停车关闭进料阀，停止进料，关闭真空泵及冷却水泵、冷凝水泵，解除真空，物料依次由循环泵至出料完毕。

注：若停车时间太长或运行时间太长时，用无离子水冲洗，运行过程中要注意各循环泵的冷却水及密封水状态，要通过视线观察物料的平衡状态，严禁无料运行。

（7）喷雾干燥　喷雾干燥技术是一种使料液经过雾化，进入热的干燥介质后转变成粉状或颗粒状固体的工艺过程。在处理液态物料的干燥设备中，喷雾干燥有其无可匹敌的优点。首先，其干燥速度迅速，因被雾化的液滴一般为10～200 μm其表面积非常大，在高温气流中瞬间可完成95％以上的水分蒸发量，完成全部干燥的时间仅需5～30 s。其次，在恒速干燥段液体的温度接近使用的高温度空气的温度（如热空气为180℃，液体约为45℃），物料不会因为高温空气影响产品质量。故热敏感性物料、生化制品和药物制品、基本上能接近真空下的干燥标准。同时，其生产过程简化，操作控制方便，容易实现自动化。

原理：向干燥塔内引入温度较高而相对湿度很低的干空气，物料经过高压泵作用分散成雾滴与热风接触而产生热交换，由于雾滴形成了无数的雾状粒子，大大增加了表面积，加快了水分蒸发的速度，在几秒或几十秒内，将物料中的水分迅速蒸发。被蒸发的废气送入大气中，废气中所带微量粉经布袋过滤室回收，沉降于塔内颗粒粉混合，由锥体下料口卸出，送入分目筛包装。

喷雾干燥分为 4 个阶段：料液雾化；雾滴与空气混合流动；雾滴水分蒸发；干燥产品与空气分离。

喷雾干燥的要求见表 4-19。

表 4-19　喷雾干燥技术要求

进料浓度	$45\%\sim65\%$	脉冲间隔	$4\sim6$ s	压缩空气压力 4～6 kg/cm^2
进料温度	$60\sim85℃$	振动器间隔	60 s	根据要求而定
进风温度	$130\sim160℃$	产品水分	$6\%\sim6.5\%$	根据产品调整
排风温度	$75\sim85℃$	均质机压力	≥14.5 MPa	
塔内温度	$80\sim95℃$	塔内负压	$50\sim250$ Pa	

（8）成品包装　将以喷雾干燥并静置至室温的麦芽糊精产品按照标准检验合格后根据质量要求装袋称重，放入检验合格证后，缝包机封口入库（库房要求保持良好的通风效果及干燥）。

二、麦芽糊精的性状

麦芽糊精系列产品的外观都是呈白色的非晶状体，其性状特点如下：流动性良好，无淀粉和异味、异臭；几乎没有甜度或不甜；溶解性能良好，有适度的黏度；耐热性强，不易变褐；吸潮性小，不易结团；即使在浓厚状态下使用，也不会掩盖其原有风味或香味；有很强的载体作用，是各种甜味剂、香味剂、添加剂等优良载体；有良好的增稠效果和乳化作用；有促进产品成型和良好的抑制产品组织结构的作用；成膜性好，既能防止产品变形，又能改善产品外观；极易被人体消化吸收，特别适宜作病人和婴幼儿食品的基础原料；对食品饮料的泡沫有良好的稳定效果；有良好的耐酸、耐盐性能；有抑制具有结晶性的晶体析出的作用，有显著地抗沙、抗烊作用和功能。

三、麦芽糊精的应用

麦芽糊精是食品生产的基础原料之一，它在固体饮料、糖果、方便食品配料、婴儿食品、保健食品、各种罐头、汤羹汁类、西餐食品中应用广泛，另外在医药工业、造纸、日用化工中对改善产品的质量起到一定的作用。

（1）喷雾干燥剂　麦芽糊精可作为风味助剂进行风味包裹。主要产品是干调味品，采用的工艺是喷雾干燥或挤压。

喷雾干燥。在 70～80℃温度下分散阿拉伯胶于麦芽糊精中，以利于两者在溶液中的扩散，然后冷却至 50℃，加入香料油，40～50 ℃下乳化 10 min，喷雾干燥得到香料粉末产品，这种调味品可防止风味散失、氧化。

挤压。将麦芽糊精及乳化液一起加热到 120～125℃，待混合物冷却至 110℃时加入香料油，引入挤压机中，挤出物掉入异丙醇溶剂中，因为麦芽糊精不溶于异丙醇而形成香料包裹体。调味品含油量 8％～10％，较高者可达 12％ ～33％，挤压比喷雾干燥热处理温度低，挥发性物质损失少，产品储存稳定性高，油状香料成为粉末，储存和使用都更方便。

（2）在饮料工业中应用　速溶饮料、麦乳品、奶粉、咖啡伴侣、果茶等制品中麦芽糊精是必备的基础原料。经合理调配，能突出原有的天然风味，减少营养损失，提高溶解性能，改善口感。

（3）在医药工业中应用　利用麦芽糊精具有较高的溶解度和一定的黏合度，可作为片剂或冲剂药品的赋形剂和填充剂。

（4）脂肪代替品　麦芽糊精遇水生成凝胶，口感与脂肪相似，可作为脂肪代替品。如 DE 值为 2% 的马铃薯麦芽糊精，具有热稳定成胶能力，口感细腻，有脂肪感，可掺入脂肪含量高的冰淇淋中。也可在一些烘焙食品中取代一般脂肪，或用在色拉、人造奶油等脂肪食品中。

（5）在糖果中应用　利用麦芽糊浆代替蔗糖制糖果，可增加糖果的韧性，防止糖果"返砂"和"烊化"，降低糖果甜度，改变口感，延长糖果货架期。

（6）其他应用　麦芽糊精还可作为造纸工业中的表面施胶剂和涂布（纸）涂料的黏合剂，粉末化妆品中的遮盖剂和吸附剂，农药乳剂中的分散剂和稳定剂等。

四、麦芽糊精与食品搭配用量

①麦芽糊精添加于奶粉等乳制品中，可使产品体积膨胀，不易结块，速溶，冲调性好，延长产品货架期，同时降低成本，提高经济效益。也可改善营养配比，提高营养比价，易消化吸收。麦芽糊精在配制功能奶粉，特别是无蔗糖奶粉、婴儿助长奶粉等中的作用已得到确认。参考用量 5%～20%。

②用在豆奶粉、速溶麦片和麦乳精等营养休闲食品，具有良好的口感和速溶增稠效果，避免沉淀分层现象，能吸收豆腥味或奶膻味，延长保持期。参考用量 10%～25%。

③在固体饮料，如奶茶、果晶、速溶茶和固体茶中使用，能保持原产品的特色和香味，降低成本，产品口感醇厚、细腻，味香浓郁，速溶效果极佳，抑制结晶析出。乳化效果好，载体作用明显。参考用量 10%～30%。适于生产咖啡伴侣的 DE 在 24%～29% 的麦芽糊精，用量可高达 70%。

④用于果汁饮料，如椰奶汁、花生杏仁露和各种乳酸饮品中，乳化能力强，果汁等原有营养风味不变，易被人体吸收，黏稠度提高，产品纯正，稳定性好，不易沉淀。用于运动饮料，麦芽糊精在人体内的新陈代谢作用中，易于肠胃消化吸收。参考用量 5%～15%。

⑤用于冰淇淋、雪糕或冰棒等冷冻食品里，冰粒膨胀细腻，黏稠性能好，甜味温和，少含或不含胆固醇，风味纯正，落口爽净，口感良好。参考用量 10%～25%。

⑥用于糖果时可增加糖果的韧性，防止返砂和烊化，改善结构。降低糖果甜度，减少牙病，降低黏牙现象，改善风味，预防潮解，延长保质期。参考用量 10%～30%。

⑦用于饼干或其他方便食品，造型饱满，表面光滑，色泽清亮，外观效果好。产品香脆可口，甜味适中，入口不粘牙，不留渣，次品少，货架期也长。参考用量 5%～10%。

⑧麦芽糊精在各色罐头或汤羹汁类食品中，主要的作用是增加稠度，改善结构、外观和风味。用于固体调味料、香料、粉末油脂等食品中，起着稀释、填充的作用，可防潮结块，使产品易贮藏。在粉末油脂中还能起到代用油脂的功能。

⑨在火腿和香肠等肉制品中添加麦芽糊精，可体现其胶黏性和增稠性强的特点，使产品细腻，口味浓郁，易包装成型，延长保质期。参考用量 5%～10%。

第五节　麦　芽　糖

麦芽糖由两个葡萄糖单位通过 $\alpha\text{-}1$，4 糖苷键连接而成。由于 C_1 羟基的位置不同，有两种同分异构体，羟基在下方为 α 构型，羟基在上方为 β 构型，其结构式如下：

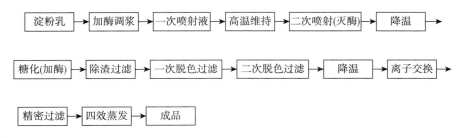

一、麦芽糖浆

麦芽糖浆是以淀粉或淀粉质为原料，经液化、糖化、精制而成。按照生产方法和麦芽糖的含量的多少，一般分为普通麦芽糖浆、高麦芽糖浆和超高麦芽糖浆。3 种麦芽糖浆的组成情况见表 4-20。

表 4-20　麦芽糖浆的成分（％）

类别	DE 值	葡萄糖	麦芽糖	麦芽三糖	其他
普通麦芽糖浆	35～50	<10	40～45	10～20	30～40
高麦芽糖浆	35～50	<3	45～70	15～35	—
超高麦芽糖浆	45～60	1.5～2	70～85	8～21	—

麦芽糖浆可以通过喷雾干燥等方式将产品转化成麦芽糖粉或者生产结晶麦芽糖浆。

（一）工艺流程

淀粉乳 → 加酶调浆 → 一次喷射液 → 高温维持 → 二次喷射(灭酶) → 降温 →

糖化(加酶) → 除渣过滤 → 一次脱色过滤 → 二次脱色过滤 → 降温 → 离子交换 →

精密过滤 → 四效蒸发 → 成品

（二）操作

1. 调浆　在调浆桶中，将淀粉乳充分搅拌后放入液化罐。开启调料罐搅拌器，检测原料各项指标，同时加水以玉米粉和水质量比 1：1.25 调浆，稀释调整浓度至16.5～17.5波美度，淀粉乳满罐后并调至规定的浓度后检测 pH，根据 pH 的高低将 pH 至调到5.75～5.8。根据干粉量加 α-耐高温淀粉酶 600～800 mL/t（或按 10 μ/g 加入 α-淀粉酶），然后加入0.3％的 $CaCl_2$ 溶液，加完酶搅拌 20～30 min 方可向液化打料。

2. 液化　检查起料阀门及泵的循环水阀门及蒸汽压力是否在0.8 MPa 以下，走料关闭进料阀，打开回流阀，启动进料泵，稳定进料压力，慢慢开启喷射器气阀门 3～5 圈，当温度大于 105℃时，慢慢开启主蒸汽阀门，然后打开上部进料阀门和底部出料阀门进行连续化操作。温度控制在 105～110℃。液化出料后要检测，pH 6.2～6.4，DE 值为 15%～20%。蛋白凝聚料液清澈透明。物料进入保温罐时间为 90～120 min，温度 95～97℃，所得液化液用碘色反应为棕黄色。

3. 糖化　先打开降温换热器的循环水阀门，再开启换热器的进出料阀门，来料后通过调节循环水阀门将糖化罐的物料温度降至 58～62℃。进料同时开启搅拌，按液化液质量的 1.5%～2.0%加入已粉碎好的大麦芽，搅拌均匀后 60℃糖化 3 h，将料液搅拌均匀静止糖化，DE 值为 38%～40%，DE 值达到要求后。在搅拌状态下温度上升到 80℃终止糖化。

4. 脱色过滤　脱色最好采用两次脱色，这样可以将生产时由于各种原因所产生的颜色物质尽可能去除，提高糖液的品质。第一次脱色温度 70～75℃，加炭量为 2%，搅拌 30 min 以上；第二次脱色温度 55～60℃，加炭量为 2%，搅拌均匀后静置 30 min 以上，糖液用叶滤机或板框压滤机趁热过滤，滤液清澈、无炭粒、无炭末。

5. 离子交换

理化指标：色泽＜0.4；电导率＜50 μS/cm；pH 4.5～4.8

离交柱处理及运行顺序：进糖→压糖→反冲→再生→备用

（1）进糖　进糖时，先进一次离子交换，也就是进两个阳柱，首先把第一个阳柱（备用柱）的排污阀打开，把一进阀门打开，这时开一进泵，调流量 15 m³/h，当排污水浓度达到 0.5%左右时，说明糖已经出来了，这时把第二个阳柱（备用柱）的排污阀打开，然后把二进阀门打开，这样第一个柱子的料就进入第二个柱子，同时把第一个柱子的阀门关闭，等到第二个柱子的排污水浓度达到 0.5%左右时，把回流阀打开，关闭排污阀，开始打回流，浓度达到 20%以上时，可以进中转罐，开出糖阀，回流阀关闭。

接下来可以进二次离交，二次离交也就是通过中转罐把料进到两个阴柱观察、视镜，中转罐的液位到 1 m 左右时，把第一个阴柱的排污阀打开，然后开一进阀门，这时开而进泵调流量 15 m³/h 等排污水浓度达到 0.5%左右时，再把第二个阴柱排污阀打开，二进阀门打开，开始进第二个阴柱，这时可以关闭第一个阴柱排污阀门，等排污水浓度达到 0.5%左右时，把第二个阴柱的回流阀打开，关闭排污阀，这时注意第二个阴柱，观察视镜如果树脂在柱内反复翻滚，说明状态不是很好，待树脂平静后，检测 pH、色泽。如果 pH 3.2～4.5 电导率＜50 μS/cm，色泽＜0.4浓度达到 20%以上。这时把调节柱的排污阀打开，然后进糖阀，把第二个阴柱的二出阀门打开，出糖阀打开，关闭回流阀，这样糖就进入了调节柱，等到浓度0.5左右时回流总阀，关闭排污阀，这时观察调节柱内的料液是否发黄，然后检测 pH、色泽、电导，pH 调至4.0～4.8，电导率＜50 μS/cm，色泽＜0.4。把总出料阀打开，关闭总回流阀，料液就到了离子交换出糖罐。开启打料泵，把料达到四效。

（2）压糖　当柱子运行到一定的使用周期，测二出 pH，也就是第二个阴柱，如果 pH＜4.5，需要压糖，换完柱子后，把换下来的柱子回流阀打开，开上水阀门。把压糖水量调到 10 m³ 左右，这时通知压滤减速，开始压糖，当压糖浓度 0%时关闭水泵，水泵上水阀、回流阀准备反冲。

（3）反冲　柱水压糖浓度达到 0%时，就可以反冲了，先开上排污阀，再开下排污阀，然后开水泵，挑水流量，阴柱反冲时间调到 25 m³/h，这时不容易跑树脂，反冲 0.5 h 后，柱子里的蛋白和杂质还是很多，这时可以开压缩空气搅拌，首先关下水阀，然后把压缩空气阀打开，在把压缩空气总阀打开，反冲时，注意一定要把树脂控制在第一视镜下面，避免跑树脂，等柱子反冲到水清澈可以再生。

（4）再生　再生之前要配制稀酸、稀碱，首先用计量罐打1.5 t液碱，再打1.3 t盐酸（浓度30%），用计量出料泵把浓碱打到稀碱罐里，把罐上的水阀打开加水，水加到2 m左右，稀碱浓度调到4.8%～5.2%，稀酸浓度调到5.0%～5.5%，把需要再生的阳柱排污阀打开，然后开进，把酸碱总阀打开，这时把稀酸稀碱泵打开，阳柱流量调到4 m³/h，阴柱流量调到6 m³/h，分别往阳柱和阴柱进稀酸稀碱再生，注意控制排污的 pH，酸碱打完之后关闭所有阀门。

（5）洗备用　再生结束后，浸泡4～6 h，这样可以洗备用了，也就是正洗，先打开要洗备用柱子的下排污阀，然后开上水阀门，开水泵，阴柱流量25 m³/h，阳柱流量15 m³/h，这样可以保证污水 pH 大于4.0。阳柱 pH 洗到5～6，阴柱 pH 洗到6～7可以停止洗备用，等到其他柱子饱和时可以更换。

6.蒸发　当四效真空达到−0.06 MPa以上时，依次启动进料泵、四效泵、三效泵、二效泵、一效泵，打开回流阀，关闭出料阀。（不合格的糖浆回流至一脱罐，为提高浓度时回流至蒸发前罐）。物料打入前罐后，慢慢开启蒸汽阀门进汽，少顷再启动冷凝水泵。出料浓度符合要求时，开启出料阀、关闭回流阀，通知单效正常出料。一效温度控制在95～110℃，二效温度控制在85～95℃，三效温度控制在70～80℃，四效温度控制在60～70℃；真空度控制在−0.09～−0.07 MPa。

蒸发浓度控制：

在生产75%时，出料浓度控制在74%～74.5%，使用闪蒸罐降温。

在生产80%以上时，出料浓度控制在78%以上，不使用闪蒸罐降温。

在生产液袋时，出料浓度控制在75%～75.5%，出料温度控制在45～55℃。

二、高麦芽糖浆

1. 生产方法　高麦芽糖浆是在普通麦芽糖浆基础上进一步精制而成的。经除杂、脱色、离子交换和减压浓缩后，蛋白质和灰分含量大大降低，溶液清亮，麦芽糖含量一般在50%以上。

生产高麦芽糖浆要求液化液 DH 值低一些为好，酸法液化 DH 值应在18%以下，酶法液化 DH 值在12%左右为好。如果要求产品中葡萄糖含量低，则在液化结束后升温灭酶，否则不需要。

使用真菌 α-淀粉酶进行糖化提高麦芽糖含量。因为真菌 α-淀粉酶能超过 α-1,6 键作用于 α-1,4 键，故可产生分支低聚糖，即 α-极限糊精，其相对分子质量远比 β-极限糊精小，故制成的高麦芽糖浆黏度低、流动性好。这种麦芽糖浆中麦芽糖占50%～60%，麦芽三糖20%，葡萄糖2%～7%，以及其他低聚糖与糊精。

常用的真菌 α-淀粉酶多有米曲霉产生，温度在55℃以上酶会失活；如在55℃以下进行糖化，则糖化的时间需要延长，微生物容易繁殖。有效的解决办法将糖化底物的浓度提高至35%～45%，以增大水解液的总渗透压来抑制微生物的生长。

2. 生产实例　pH 为6.5、浓度为30%～40%的淀粉乳，加细菌 α-淀粉酶，85℃液化1 h，使 DE 值达到10%～20%。将 pH 调至5.5，加真菌 α-淀粉酶（Fungamyl 800 L，

0.4 kg/t淀粉），60℃糖化 24 h，则反应中麦芽糖的含量达 55%。如糖化时与脱脂酶同用，则麦芽糖生成量可达 65%以上。

将糖化也升温压滤，用盐酸调至 pH 为4.8，加入0.5%～1.0%糖用活性炭，加热至80℃，搅拌 30 min 后压滤，如脱色效果不好，则需进行二次脱色。脱色后的糖液依次经过离子交换柱真空浓缩罐，获得固形物含量76%～85%的成品。

三、超高麦芽糖浆

超高麦芽糖浆中麦芽糖含量高达 75%以上，其中麦芽糖含量超过 90%的也成为液体麦芽糖。

为了获得高含量麦芽糖浆，单独使用真菌 α-淀粉酶已经不达到工艺效果，必须利用 β-淀粉酶和脱支酶、β-淀粉酶和支链淀粉酶、β-淀粉酶、麦芽糖生成酶和支链淀粉酶等协同作用进行糖化。糖化底物的 DE 值和浓度低都有助于提高终产物中麦芽糖含量。生产时一般利用耐热 α-淀粉酶在 95～105℃高温下喷射液化，DE 值控制在 5%～10%，甚至 1%～2%。低 DE 值有利于提高直链糊精长度，有利于提高麦芽糖得率。工业生产中，一般控制液化液浓度在 30%左右，浓度过低会增加浓缩成本。

由于液化液 DE 值低，冷却后具有较强的凝沉性，黏度大。混入酶有困难，需要分布糖化。先加入耐高温 β-淀粉酶和脱支酶作用几个小时后，黏度降低，在加入普通 β-淀粉酶和脱支酶进行二次糖化，将麦芽糖生成率提高到 90%以上。液体麦芽糖经喷雾干燥成粉末产品，含水量 1%～3%。这种产品成粉末状，不是晶体，易吸潮，产品应马上包装。

针对 β-淀粉酶和脱支酶用量与麦芽糖生成量关系进行如下实验：浓度 35%的木薯淀粉浆，加入 $CaCl_2$ 70 mg/kg，按淀粉的干重物0.06%添加耐热性 α-淀粉酶，喷射液化后 DE 值为8.2%，用盐酸调 pH 到5.2，加入 β-淀粉酶和支链淀粉酶，60℃进行水解。不同用酶量与麦芽糖生成量关系的实验结果 4-21 所示。

表 4-21　β-淀粉酶和脱支酶用量与麦芽糖生成量关系

每吨淀粉加酶量/kg	时间/h	葡萄糖含量/%	麦芽糖含量/%	麦芽三糖含量/%	麦芽四糖（含）以上含量/%
β-淀粉酶 2	20	微量	58.49	3.34	38.10
	40	微量	60.86	5.59	33.54
	70	0.10	62.37	5.99	31.52
	110	0.13	63.02	6.10	30.73
β-淀粉酶 4	20	微量	59.10	3.43	37.45
	40	微量	61.41	5.88	32.59
	70	0.14	62.42	6.22	31.20
	110	0.18	64.36	6.36	29.08
β-淀粉酶 2＋脱支酶 2	20	微量	66.56	7.50	25.83
	40	0.12	73.09	8.10	18.68
	70	0.15	76.22	10.95	12.67
	110	0.19	78.84	11.13	9.84
β-淀粉酶 4＋脱支酶 4	70	0.34	79.01	10.14	10.49
	110	0.50	80.33	11.69	7.45

从表 4-20 中可以看出，单独使用 β-淀粉酶时，如果增加酶的用量和糖化时间，糖化液中麦芽糖的含量增幅都不大。但与脱支酶并用，作用效果不明显，麦芽糖生成量由 60% 增加到 80%。超高麦芽糖浆经过真空浓缩析出、结晶，再通过喷雾干燥，可制得含麦芽糖 90% 以上的麦芽糖全粉。

四、麦 芽 糖

欲制造纯麦芽糖工业化生产首先制备 90% 以上超高麦芽糖浆，通过提纯后进一步提高产品中麦芽糖含量，生产麦芽糖全粉、纯麦芽糖和结晶麦芽糖。

活性炭吸附法：用活性炭柱吸附糊精和麦芽三糖以上低聚糖，再用酒精递增的办法，将麦芽糖洗下，可以得到纯度 98.5% 以上的麦芽糖。

离子交换法：用阴离子交换树脂可吸附麦芽糖，把吸附的麦芽糖用清水和 2% 盐酸从柱上洗脱下来，获得纯度 97% 以上的麦芽糖。

沉淀法：在温度 20℃ 以下，用有机溶剂（如 30%～50% 丙酮，体积分数）沉淀糖液中糊精可获得 95%～98% 的麦芽糖。

膜分离法：糖液浓度为 15%～20% 时，利用超滤和反渗透等膜分离技术，不影响膜过滤的能力，可获得纯度 96% 以上的麦芽糖。

结晶法：采用此法提纯麦芽糖，要求原料纯度高。将纯度 94% 的麦芽糖浆，浓缩到干物质 70%，加 0.1%～0.3% 晶种，从 40～50℃ 逐步冷却至 30～27℃。保持过饱和度 1.15～1.30，40 h 结晶完毕，收得率约 60%，纯度 97% 以上。

五、麦芽糖的性质与应用

1. 性质　麦芽糖甜度为蔗糖的 40%，一水麦芽糖在 120～130℃ 熔融，适合各种食品表面挂糖衣。

常温下溶解度低于蔗糖和葡萄糖，但在 90～100℃ 时，溶解度可达 90% 以上，高于以上蔗糖和葡萄糖。

吸湿性低，带有 1 分子结晶水的麦芽糖非常稳定，当麦芽糖吸收 6%～12% 水分后，就不再吸收也不释放水分，这种吸湿稳定性有助于食品保持水分并防止淀粉类食品老化，延长货架期。

麦芽糖对热和酸比较稳定，对碱和氮化合物也比葡萄糖稳定，加热时也不易发生美拉德反应。

耐酸性强，在 pH 为 3 时，120℃ 加热 90 min 几乎不分解。

2. 应用　麦芽糖属于低甜度糖，可以用来降低蔗糖的甜度，主要用于食品工业的配料，尤其是糖果业。用麦芽糖代替酸水解的淀粉糖浆生产的硬糖，甜度柔和，不易着色，透明度高，具有较好的抗砂和抗烊性。

在制造果酱、果冻时，利用麦芽糖浆的抗结晶性可防止蔗糖结晶析出；在饼干和麦乳精中，利用麦芽糖浆的低吸湿性可保持产品的松脆性，延长货架期；在啤酒酿制、面包烘烤、软饮料生产中，麦芽糖浆也可用作加工改进剂；含量 93%～95% 的麦芽糖还用作酶的稳定剂和若干种抗生素的发酵用碳源；高纯度麦芽糖能制成医用注射液代替葡萄糖，因为渗透压力只有葡萄糖的 1/2，可以提高浓度 2 倍，供热量高 2 倍，水解速度慢，更适于糖尿病和肥胖病患者使用;麦芽糖经葡萄糖苷转糖基反应,可以制成异麦芽低聚糖,是一种能促进双歧杆菌生长的功能性营养低聚糖,是一种保健食品。

第六节 葡 萄 糖

葡萄糖(也称为右旋糖)是单糖,为己醛糖。在自然界分布广泛,游离状态的葡萄糖存在于植物的果实中,动物体中也有葡萄糖存在,在正常人体中每 100 mL 血液中,就含有 $80\sim100$ mg葡萄糖。葡萄糖是机体能量的主要来源,也是一种重要的营养品。葡萄糖是许多糖类化合物的组成部分原料,是多种有机醇和抗生素的糖质原料。

葡萄糖的生产历史在1921年,先是静止法而后是运动法,先生产口服再生产注射,由于生产方法、设备和技术条件落后,产品的品质有待进一步提高,酶制剂在制糖工业的应用,使糖的品种和质量有了很大的提高。借鉴于国外1994年我国采用双酶法,以玉米淀粉为原料生产注射无水 α-D-吡喃葡萄糖,使我国制糖业步入世界先进行列。

一、产品分类

1. 按分子结构分类 葡萄糖按分子结构可分为 3 种,即含水 α-葡萄糖或称一水 α-葡萄糖(一水 α-D-吡喃葡萄糖)、无水 α-葡萄糖(无水 α-D-吡喃葡萄糖)、无水 β-葡萄糖(无水 β-D-吡喃葡萄糖)和全糖。其产品结构式如下:

一水α-葡萄糖　　　　无水α-葡萄糖　　　　无水β-葡萄糖

α 和 β 构型是以 D-吡喃葡萄糖 C_1 上的羟基取向区分的。含水葡萄糖分子中含有一个分子的结晶水,是生产历史最久、产量最大的一个品种,同时也是应用最普遍的。无水 α-葡萄糖的质量好,贮存期内比较稳定,也有一定的生产量。无水 β-葡萄糖在水中溶解度较大,不易浓缩结晶,且对水分敏感,很少量的水分存在(1%以下)即转变成 α-异构体,在生产中很少生产。

2. 按产品用途分类 按葡萄糖产品用途可分为 4 种:注射用葡萄糖、口服用葡萄糖、工业用葡萄糖(作抗生素及发酵剂的培养基)和湿固糖(分离母液后不干燥,直接作下游产品或进一步加工原料)。

3. 按淀粉水解方法分类 按淀粉水解方法可分为 3 种:酸法葡萄糖、酸酶法葡萄糖和酶酶法葡萄糖。

二、葡萄糖生产原理

葡萄糖在水中以 α 和 β 两种构型存在,这两种构型互相转换直至动态平衡。两者的转变要经过开链葡萄糖中间体的过程,达到动态平衡时,α 和 β 两种异构体所占比例分别为36%

和 64%。此外，还有 0.024% 的微量开链葡萄糖。

α-葡萄糖　　　　开链葡萄糖　　　　β-葡萄糖

在糖液中不同异构体的葡萄糖具有不同的溶解度，且随温度升高而增加，见表 4-22。过饱和的葡萄糖溶液，结晶温度不同，获得的固体相葡萄糖构型不同。在 50℃ 以下结晶获得一水 α-葡萄糖，在 50.8~80℃ 温度范围内结晶获得无水 α-葡萄糖，在 115℃ 以上温度结晶获得无水 β-葡萄糖。各种结晶葡萄糖产品的生产工艺便是根据葡萄糖在不同温度下具有不同结晶结构的性质所确定。

表 4-22　温度与葡萄糖溶解度和固相异构体的关系

温度/℃	溶解度/%	固相异构体	温度/℃	溶解度/%	固相异构体
0.50	35.20		28.00	67.00	
15.00	44.96		40.00	67.60	无水 α-葡萄糖
22.98	49.37		45.00	69.69	（介稳定）
28.07	52.99		55.22	73.08	
30.00	54.54	含水 α-葡萄糖	64.75	76.36	
35.00	58.02		70.20	78.23	无水 α-葡萄糖
40.40	62.13		80.50	81.49	
41.45	62.82		90.80	84.90	
45.00	65.71		115.00	93.00	转变
50.00	70.91	转变	115~148	93~100	无水 β-葡萄糖

三、结晶技术原理

1. 基本概念　晶体是指内部结构（原子、离子、分子）作规则排列的固体物质。是溶质分子从过饱和溶液中析出，这些分子有规律地排列在一起凝集成不同形状的晶体。如果得到的固体其构成单位排列是不规则的，则析出过程成为沉淀，析出物为无定型物质。

过饱和溶液中，超过饱和点的溶质迟早要从溶液中析出。最先析出的微小颗粒是以后的结晶中心，成为晶核。微小的晶核具有较大的溶解度，因此在饱和溶液中，晶核是要溶解的，只有达到一定过饱和度时，晶核才能存在。可见溶液达到过饱和状态是结晶前提，过饱和是结晶的推动力。

2. 饱和曲线与过饱和曲线　图 4-15 是用溶解度与温度关系表达的饱和曲线和过饱和曲

线。曲线 AB 为饱和溶解度曲线，在此线以下区域为不饱和区，成为稳定区。在稳定区内任意点的溶液都不会有结晶析出。曲线 CD 为过饱和溶解度曲线，此线以上区域为不稳定区。在不稳定区任意一点的溶液都能立即自发结晶，在温度不变时，溶液浓度会自动降至 AB 线。介于曲线 AB 和 CD 之间的区域称为介稳区。在介稳区的任意一点，如不采取措施，溶液可以长时间保持稳定，如加入晶种，溶质会在晶种上长大，溶液的浓度随之下降到 AB 线。

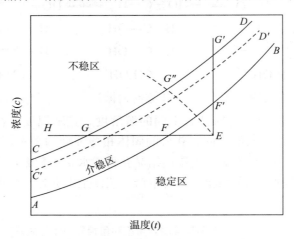

图 4-15　溶解度与温度关系表达的饱和曲线和过饱和曲线

介稳区中各部分的稳定性并不一样，接近 AB 线的区域比较稳定，而接近 CD 线的区域极易受刺激而结晶。因此，又把介稳区的上半部称为刺激结晶区，下半部称为养晶区。溶液需要在不稳区或介稳区才能结晶，在不稳区结晶生成很快，来不及长大，浓度即降至溶解度。所以易形成大量细小晶体，结晶质量差。为得到颗粒大而又整齐的晶体，通常把溶液浓度控制在介稳区，再加入晶种并让晶体缓慢长大，养晶区自发产生晶核的可能性很小。

3. 结晶过程　要想获得理想的晶体，就必须有过饱和溶液。工业上制备过饱和溶液的方法通常有：热饱和溶液冷却、将部分溶剂蒸发、真空蒸发冷却、加入反应剂或调整 pH、盐析等。溶液的过饱和程度可用过饱和度表示，即

$$过饱和度\ S= 过饱和溶液的浓度/饱和溶液浓度×100\%$$

过饱和度的大小会影响晶核的形成速度和晶体成长速度，并最终影响晶体产品的粒度和晶体质量。

过饱和糖液在开始有晶体生成时称为起晶，工业结晶中有 3 种起晶方法：

（1）自然起晶法　在一定温度下使溶液蒸发进入不稳区形成晶核，当生成晶核数量符合要求时，加入稀溶液，使溶液浓度降至介稳。

（2）刺激起晶法　将溶液蒸发至介稳区后，将其加以冷却，进入不稳区，此时具有一定量的晶核形成，由于晶核析出使溶液浓度降低，随即将其控制在介稳区的养晶区，使晶体生长。

（3）晶种起晶法　将溶液蒸发或冷却到介稳区的较低浓度，投入一定数量和一定大小的晶种，使晶种在过饱和溶液中长大。晶种起晶法是结晶生产中普遍采用的方法。二次成核是晶种的主要来源，它是指晶浆中已有的晶体颗粒与结晶罐内的搅拌浆之间碰撞，会产生大量

碎片,其中较大的就是新的晶核。晶种以外的晶核成为伪晶,要尽力防止伪晶的生成。

结晶操作有间歇结晶和新的结晶两种方法。间歇结晶的设备较简单,在我国使用广泛,但晶核产生的早晚时间差异大,因此成长后的晶体质量不均一。连续结晶是将浓度恒定的糖浆连续加入结晶器内,晶核生长时间稳定,晶体质量均匀。详细操作见后续章节。

四、影响葡萄糖结晶的因素

1. 浓度　糖浆必须保持一定的葡萄糖过饱和度,葡萄糖才能从糖浆中结晶出来。过饱和度高,结晶速度快,但过饱和浓度过高时,易产生伪晶,影响产品质量。

2. 纯度　糖浆的纯度影响葡萄糖的结晶速度。纯度降低,结晶速度会降低很多,纯度在60%以下,葡萄糖不能结晶出来,所以生产结晶葡萄糖一般不采用酸法糖化工艺。

3. 温度　含水 α-葡萄糖结晶温度低,一般在 $20\sim40℃$ 进行。在较低的温度下,糖浆的黏度高,晶体表面过饱和度低的糖浆薄层向过饱和度高的糖浆主体区的扩散速度慢,结晶速度降低。温度低也不利于葡萄糖的 β 型向 α 型转变。相反,在较高的温度下,糖浆的黏度低,结晶速度快,$40℃$ 时结晶速度约为 $20℃$ 的2.3倍。

4. 搅拌　搅拌能破坏晶体表面过饱和度低的糖浆薄层的包围,使晶体与过饱和度高的糖浆主体接触,减少结晶阻力,促进晶体生长。

5. 结晶放热　1 mol 含水 α-葡萄糖结晶放出的热量为20.58 J。此热量对生产含水 α-葡萄糖有影响,需要冷却水循环排除,以避免糖膏温度升高,降低过饱和度,影响结晶速度。

五、结晶葡萄糖生产工艺

结晶葡萄糖生产工艺流程如下:

高转化糖浆 → 精制 → 浓缩 → 分蜜 → 干燥与筛选 → 成品

不同结晶葡萄糖产品,其结晶工艺参数各不相同。生产含水 α-葡萄糖要在 $50℃$ 以下冷却结晶;生产无水 α-葡萄糖和无水 β-葡萄糖要在较高温度下真空蒸发结晶。不同葡萄糖产品结晶方法如表 4-23 所示。

表 4-23　不同葡萄糖产品的结晶方法

项目	结晶糖品种类			
	含水 α-葡萄糖	无水 α-葡萄糖	无水 β-葡萄糖	全糖
葡萄糖浆生产法	酸酶或双酶法	酸酶或双酶法	酸酶或双酶法	酸酶或双酶法
结晶操作方法	冷却结晶	真空蒸发结晶	真空蒸发结晶	浓缩结晶
结晶操作温度/℃	$40\sim20$	$60\sim70$	$85\sim110$	喷雾干燥

1. 含水 α-葡萄糖生产工艺　生产含水 α-葡萄糖的葡萄糖浆,用酸法、酸酶法或双酶法生产都可以。但酸法糖化液含复合糖种类多,结晶后的母液一般要用酸再水解一次,将复合糖转变成葡萄糖,再结晶回收,酶法糖化基本避免了复合反应,结晶后的母液纯度高,不需要再糖化,可以浓缩后再结晶或用作食品工业用糖。

生产含水 α-葡萄糖的工艺流程如下:

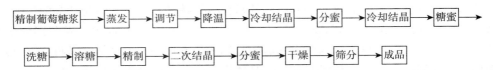

经过一次冷却结晶可得到口服或工业用的一水 α-葡萄糖，经过二次冷却结晶可以获得纯度较高的注射用一水 α-葡萄糖。

（1）起晶　生产一水 α-葡萄糖多采用晶种起晶法。用卧式结晶罐生产时，将上一批结晶完成的糖膏的 $25\%\sim30\%$ 留于结晶罐中，作为下一批的晶种。原理是晶体受搅拌或新糖浆温度上升的影响，一个结晶可裂为若干晶核，即形成下批料的晶种。这种采用大量湿晶种的方法，优点是易于糖浆混合均匀，有利于晶体生长，不易生成伪晶。

用立式结晶罐生产时所留晶种由循环管返至结晶罐顶部与新加入的料液混合。如果重新开车，则采用投晶种起晶法，加入晶种量为 $25\sim50\ kg/m^3$。一批糖膏的结晶质量关系到下批的结果。如果一批发生符合的晶体作为下一批的晶种，也将引起下批晶体出现复合结晶，否则不应该作为晶体使用。

（2）养晶　糖浆进入到结晶罐，罐中已留好晶种。在经过精制、浓缩后的糖化液浓度为 $75\%\sim77\%$，温度降低到约 $45℃$ 时，和结晶混合后温度为 $40\sim43℃$。温度过高会使糖浆达不到饱和度，造成晶核溶解晶核数量不足，有伪晶生成；温度过低则有可能在加入的糖浆中有伪晶存在。糖液进满结晶罐后，在 $2\sim10\ h$ 内保持温度不变，进行养晶，以便获得优质的晶核和晶体。

（3）结晶　养晶后通过持续降温来维持葡萄糖液达到过饱和度状态，葡萄糖分子在晶核表面析出，晶体不断生长析出。结晶操作要缓慢降温要求每天降低约 $4℃$，温度降低按照经过 $90\sim100\ h$ 从约 $40℃$ 降低到 $20℃$。

结晶完成时，糖膏固体葡萄糖的体积约为占糖膏总体积的 60%，过饱和度降低到 1.0 左右。使用立式结晶罐结晶时，只维持小幅度降温。

（4）分蜜和洗蜜　结晶完毕时，要用离心机将结晶与母液分离，这个过程称为分蜜。这项工作由间歇进料离心机完成。先开动离心机，以较慢速度旋转（$300\sim400\ r/min$）将糖膏引入。待糖膏加完后，将离心机转速提到最高，除去结晶母液。

分蜜后的结晶颗粒上仍附着一薄层糖蜜，需用清水洗去，此过程称为洗蜜。洗糖用水应有较高纯度，水温为 $20℃$，用量为湿糖重量的 $15\%\sim20\%$。洗蜜仍然在离心机中进行，水分两次喷洒，第一次用少量水冲淡糖蜜，降低黏度，以利分离；第二次用较多量的水。洗蜜纯度较高 DE 值为 $85\%\sim90\%$，但浓度较低，送回到糖液的浓缩工序中。

糖蜜纯度为 DE 值 $76\%\sim80\%$，经再次糖化，使其中的复合糖分解成葡萄糖，精制并浓缩到浓度约 79%，此时 DE 值约 85%。浓缩后的糖浆再次结晶，得 DE 值为 $90\%\sim95\%$ 的结晶葡萄糖，此糖（回溶糖）用洗蜜水溶解，重新返回主流程生产高纯度葡萄糖。

酶法糖化液葡萄糖纯度高，糖蜜甜味纯正，不需再糖化，可再次浓缩、结晶生产一水 α-葡萄糖。也可脱色、过滤后，用作食品工业糖浆或制成全糖。

（5）干燥、筛分　洗蜜后湿葡萄糖含水量约 14%，其中 9.1% 为结晶水，其余为游离水。干燥的目的是将游离水去除。由离心机卸出的湿糖呈块状，在进入干燥机前，需先经破碎机破散。干燥时应保持葡萄糖受热温度在 $60℃$ 以下，若达到或超过此温度则葡萄糖将融化。

结晶葡萄糖的干燥设备可以选用滚筒干燥机、气流干燥器和流化床干燥器。气流干燥机干燥时间短、热效率高，适用于一水 α-葡萄糖的生产；滚筒干燥机设备简单，但干燥不均匀，容易产生粉末，产品光泽差，适用于口服葡萄糖的生产；流化床干燥器干燥强度大，干燥后物料晶型完整，破碎少，产品光泽好，适用于注射级葡萄糖的生产。滚筒干燥机干燥用的热风温度为 $60 \sim 70 ℃$，气流与物流方向相同，流速 $1 \sim 1.5 \text{ m/s}$，糖温度应控制在 $48 \sim 50 ℃$。

筛分目的是筛除过细的粉末和粗粒。筛分设备有平筛、振动筛等，筛出的粗粒可磨碎后返回干燥系统或回溶。

（6）含水葡萄糖的精制　生产注射用一水 α-葡萄糖时，需在一次结晶获得的一水 α-葡萄糖基础上进一步精制。其方法是用纯净水和纯度高的洗蜜，溶解一次结晶葡萄糖，得浓度为 60% 糖溶液。精制并浓缩到浓度为 75%，冷却至 $45 ℃$ 后进行二次冷却结晶，因糖溶液纯度高，结晶过程要快些，70 h 内冷却至 $20 ℃$，结晶完成后进行分蜜、干燥、筛分，即为高纯度的一水 α-葡萄糖。

2. 无水 α-葡萄糖生产工艺　无水 α-葡萄糖一般是利用酶法糖化液经过蒸发结晶法生产。酸法糖化液作为原料，要用冷却结晶法先制得含水 α-葡萄糖，再溶解、精制，用所得葡萄糖液进行蒸发结晶生产无水 α-葡萄糖。以下是酸法糖化工艺生产的含水 α-葡萄糖，经溶解、精制、浓缩后，所得糖浆进一步生产无水 α-葡萄糖的工艺过程。

（1）起晶和整晶　一般采用自然结晶法起晶。真空结晶罐先抽真空，打开进料管，引入适量糖浆（淹没加热管）后，关闭进料管，增大真空度至约 88 kPa。同时开放蒸汽，升高温度达到 $60 ℃$ 进行蒸发。当糖液的浓度达到约 5% 的过饱和状态时开始有结晶形成。起晶所生成结晶的数量对所得葡萄糖结晶的最终大小和产率有很大影响，起晶数目少，则所得糖晶体较大，产率低，并易产生细小的伪晶，所得糖的晶体大小不均匀；若数量过多，晶体生长拥挤，形成星状或凝聚快。

生成适量的晶种以后，就应停止晶种的继续生成，进行整晶。整晶的目的是使生成的晶种具有足够大小和良好的单晶形状，避免伪晶生成。方法是将真空度从 88 kPa 降到约 77.3 kPa，糖液的沸点则升高到约 $70 ℃$，糖液的过饱和度降低，新结晶的生成停止，晶种慢慢长大。

（2）晶体生长　整晶结束后，向罐中不断加入少量糖液，使罐内糖液浓度保持在 $80 \% \sim 83 \%$，蒸发温度在 $70 ℃$ 左右，维持晶体不断长大。蒸发温度过高或糖浓度过高，易导致伪晶的产生；反之，则结晶速度过慢。

（3）结晶　当结晶要完成时，逐渐增高真空度，降低蒸发温度，尽可能结晶出残余葡萄糖，尽可能降低母液浓度。保证糖膏由真空罐放出时，不至于由于温度降低而导致母液的过饱和度过高而有伪晶生成。结晶最终真空度可以达到 90.7 kPa，相当于蒸发温度约 $57 ℃$。结晶煮糖时间 $6 \sim 8 \text{ h}$，完成后糖膏浓度约为 90%，母液浓度约为 70%，结晶相达 50%。

（4）分蜜、洗蜜与干燥　分蜜离心机具有蒸汽夹层，先进行预热，以避免糖膏温度急骤降低，引起含水 α-葡萄糖的结晶。分蜜以后，要用 $75 \sim 80 ℃$ 蒸汽冷凝水洗糖，热水洗糖可防止无水 α-葡萄糖向含水 α-葡萄糖结晶转变。由离心机卸下的无水 α-葡萄糖含水量 $1.5 \% \sim 2.5 \%$，送到滚筒式干燥机中，在 $60 \sim 65 ℃$ 干燥至含水量低于 0.05%。晶体极易吸湿，冷却后立即包装，即得成品。

利用酶法淀粉糖化液直接生产无水 α-葡萄糖的操作过程与上述工艺相同，只是条件略有变化，蒸发到 83％浓度的糖液加入0.2％粉末无水 α-葡萄糖刺激结晶，在 70～75℃煮糖 6～10 h。结晶完成时，糖膏浓度约88％。

无水 β-葡萄糖生产的方法和无水 α-葡萄糖相同，只是需要在 85～110℃高温下结晶。

第七节　果葡糖浆

一、生产原理

果葡糖浆的制造是用淀粉为原料，利用 α-淀粉酶、糖化酶水解成葡萄糖浆（$DE \geqslant$ 95％），再通过葡萄糖异构酶的异构化作用，将葡萄糖中一部分转化成果糖，而制成的糖分组成为果糖和葡萄糖的混合糖浆，又称为异构化糖浆或高果糖浆。

目前，国内生产以淀粉为主，由玉米淀粉制得的果葡糖浆称为高果玉米糖浆（HFCS），从其他淀粉（如大米、小麦、木薯、马铃薯等）得到的果葡糖浆称为高果糖浆（HFS）。果葡糖浆的分类是按混合糖浆中果糖的含量来确定的，目前商品果葡糖浆有 4 种，即 42 型、55 型、60 型和 90 型，分别表示为 F-42、F-55、F-60 和 F-90。42 型果葡糖浆为直接异构化糖浆，无色透明，甜度与同浓度蔗糖相似，称为第一代果葡糖浆。用无机分子筛和柱层析法提纯 42 型果葡糖浆，可得含果糖90％以上的高果糖浆，甜度为蔗糖的1.4～1.7倍，常见的商品是 90 型。F-90 与 F-42 产品按比例混合，所得果葡糖浆称为第二代果葡糖浆，常见为 F-55 和 F-60。果葡糖浆组成见表4-24。

表 4-24　果葡糖浆糖分组分与性质

（余平. 2010. 淀粉与淀粉制品工艺学）

组分与性质	F-42	F-55	F-90
果糖/％	42	55	90
葡萄糖/％	53	42	7
低聚糖/％	5	3	3
固形物/％	71	77	80
相对甜度（蔗糖1.0）	1.0	1.1	1.4
黏度/（Pa·s）	0.26	0.67	1.1
pH	4.0	4.0	4.0
色相（RUB）	5	5	5
灰分/％	0.03	0.03	0.03
贮存温度/％	35～40	25～30	18～25

葡萄糖为己醛糖，果糖为己酮糖，二者互为同分异构体，通过异构化可以相互转化，异构化反应是葡萄糖分子 C_2 原子上氢原子转移到 C_1 原子上，反应是可逆的。

$$
\begin{array}{ccc}
\text{CHO} & \text{H}-\text{C}-\text{OH} & \text{CH}_2\text{OH} \\
\text{H}-\text{C}-\text{OH} & \text{C}-\text{OH} & \text{C}=\text{O} \\
\text{HO}-\text{C}-\text{H} & \text{HO}-\text{C}-\text{H} & \text{HO}-\text{C}-\text{H} \\
\text{H}-\text{C}-\text{OH} & \text{H}-\text{C}-\text{OH} & \text{H}-\text{C}-\text{OH} \\
\text{HO}-\text{C}-\text{H} & \text{HO}-\text{C}-\text{H} & \text{HO}-\text{C}-\text{H} \\
\text{CH}_2\text{OH} & \text{CH}_2\text{OH} & \text{CH}_2\text{OH} \\
\text{D-葡萄糖} & \text{1, 2-烯二醇} & \text{D-果糖}
\end{array}
$$

异构化反应的方式有两种，即碱性异构化反应和葡萄糖异构酶反应。

（一）碱性异构化反应

在碱性条件下能使葡萄糖异构成果糖。葡萄糖通过 1，2-烯二醇转化生成 D-果糖、D-甘露醇，此反应是可逆反应，由于碱异构化需要时间很长才能达到反应平衡，同时碱性异构化分解反应显著，果糖转化率较低（33%～35%），糖分损失高（10%～15%），在短时间内不能将反应物移走，还会生成有色物质和其他酸性物质，随着副产物的增多，影响产品的色泽和味道，精制困难，不适用于规模化生产，一般工业上不采用此方法。

（二）葡萄糖异构酶反应

工业生产中应用葡萄糖异构酶将葡萄糖转变成果糖的方法。这种异构化反应是可逆的。葡萄糖异构酶在理论上可使 50% 的葡萄糖转化为果糖，达到动态平衡点。由于最后阶段反应速度减慢，在实际生产中当过糖含量达到 42%～43% 时便终止反应。

葡萄糖异构酶在碱性条件下，具有较高的活力，但过高 pH 则有碱性催化异构反应并行发生，为了减少这种情况，工业上一般采用在 pH=7 或 pH<7 时进行、尽管如此，仍会有微量的杂糖 D-阿洛酮糖和 D-甘露糖产生，但不会影响产品的食用功能及应用。

由葡萄糖向果糖转变的反应时吸热反应。异构化反应温度升高，平衡点向果糖移动，但超过 70℃ 进行反应时，酶易受热失活，糖分也会受热分解，产生有色物质。硼酸盐能与果糖生成络合结构，使转化率提高到 80%～90%，且硼酸盐能回收重复使用，但回收率达不到规模生产的要求，影响实际应用效果。

二、生产工艺

果葡糖浆的生产主要以淀粉为原料，也有用低脂玉米粉、大米等淀粉质原料，生产工艺基本相同，都是分为 4 步：A. 淀粉的糊化、液化及糖化（$DE \geqslant 95\%$）；B. 高纯度葡萄糖浆再由固定化异构酶将葡萄糖浆转化成果葡糖浆；C. 用柱层析或色谱分离技术，将果葡糖浆提纯获得高果葡糖浆；D. 再用高果葡糖浆和普通果葡糖浆调配，获得 F-55 和 F-60 果葡糖浆。

F-42 果葡糖浆生产工艺流程如下：

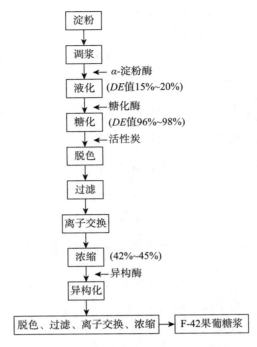

（余平. 2010. 淀粉与淀粉制品工艺学）

（一）葡萄糖浆制取

1. 调浆与液化　浓度为 30％～35％的淀粉乳，用盐酸调整 pH 为6.0～6.5，每吨淀粉加入 α-淀粉酶0.25 L，用 $CaCl_2$ 调节 Ca^{2+} 浓度达到0.01 mol/L。将淀粉浆泵入喷射液化器，瞬时升温至 105～110℃，管道液化反应 10～15 min。液料输送至液化罐，在 95～97℃温度下，第二次每吨淀粉加入 α-淀粉酶0.5 L，继续液化反应 40～60 min，碘色反应达到 DE 值即可。

2. 糖化　液化液引入糖化罐，料液降温至 60℃以下，调整 pH 为4.5，加入糖化酶 80～100 IU/g 淀粉，在间歇搅拌下，60℃保温 40～50 h，糖化至 DE 值≥95％，然后升温至 90℃灭酶，糖化反应终止。

3. 糖化液精制　用过滤机或板框式压滤机清除糖化液中不溶性杂质及胶状物，用颗粒状活性炭除色，用离子交换树脂除去糖液中的无机盐和有机杂质。精制后的糖液为无色或淡黄色，糖液浓度约为 24％，电导率＜50 μS/cm，pH 在4.5～5.0。真空蒸发浓缩至透光率90％以上，蒸发浓缩至固形物浓度为 42％～45％，是异构酶所要求的最佳浓度。

（二）酶法异构葡萄糖转化果糖

果葡糖浆生产普遍为酶柱法异构化反应生产，果葡糖浆异构化工艺流程见图 4-16，酶柱为不锈钢圆筒，圆筒要求具有保温作用，一般做成夹套式，圆筒中装有 80％的颗粒状异构酶，糖化液由上方引入流经酶柱，完成异构化反应，葡萄糖转化为果糖；酶柱分别为 4 个并联或串联流程。并联流程中，开始各柱异构酶的催化活力高，进料量大，但随使用时间延长，酶活力逐渐降低，此时需减慢进料量，来维持果糖的转化率恒定。为了避免并联操作进料量变化大的缺点，可以采用酶柱串联的工艺，它可以保持糖液流量变化在平均值的±10％以内。

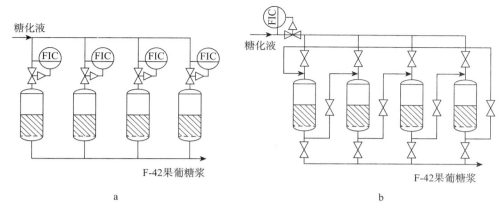

图 4-16 酶柱法葡萄糖异构化流程
a. 并联 b. 串联

酶柱的大小是根据所要求的流量和所需负载酶量来确定的。例如，高 3 m、直径 1 m 的酶柱，糖化液在酶柱中停留时间为 4 h 以下，生产 F-42 果葡糖浆的能力达 100 t/d（以干物质计）。异构酶的催化活力在使用期间不断呈直线下降，以酶连续使用 300 d（2～3 个半衰期）为例，最初 100 d 的转化液温度控制在 60～62℃，中期 100 d 温度控制在 62～64℃，后期 100 d 温度控制在 64～66℃，这是因为后期酶活力降低的缘故，适当提高温度可以提高转化率。流量控制依串联的酶柱数不同而异，单柱运行，控制流量 175 L/h，双柱运行，控制流量 260 L/h，三柱运行，控制流量 350 L/h。

进料糖浆在异构化工段前的工艺控制条件：糖浆中葡萄糖含量＞96%，pH 为7.5～7.8，糖浆的浓度在 45%～50%，温度在 55～60℃，Ca^{2+}＜2 mg/kg，Mg^{2+}＜45 mg/kg，SO_2＞100 mg/kg，电导率＞20 μS/cm。

出料糖浆的工艺要求：pH 为7.4～7.6，果糖含量≥42%。

异构化反应后的果葡糖浆仍需要再次进行脱色和离子交换，除去糖液中的阳离子和阴离子，糖液中的无机杂质也基本被去除；糖液进入真空蒸发浓缩，蒸发真空度为0.085 MPa以上，蒸发到糖浓度为 70%～72%，即为果葡糖浆成品。蒸发前用 10%柠檬酸溶液调整糖浆 pH 为4.5～5.0，以利于保持浓缩过程中果糖稳定，而不会再增加色泽。

（三）果糖与葡萄糖分离

从含 42%果糖的果葡糖浆中，将果糖分离得到含果糖达 90%以上的果葡糖浆或结晶果糖，提纯果糖方法有多种。目前较先进的方法是在碱性条件下将葡萄糖氧化成葡萄糖酸钙后与果糖相分开，或用离子交换树脂（色层分离法）和色谱分离等方法进行分离。

由于葡萄糖与强酸性的离子交换树脂或钙盐型分子筛的亲和力较弱，而果糖的亲和力较强，吸收塔内的吸附剂对果糖的滞留作用远大于葡萄糖，当果葡糖浆进入装有吸附剂的吸收塔时，果糖被吸附，葡萄糖绝大部分不能被吸附，在解吸剂的作用下，葡萄糖和解吸剂先流出，而果糖与解吸剂后流出，去除解吸剂，即达到分离的目的。色谱分离技术是果糖分离效率较高的新技术。

近年来色谱分离技术又有了新的研究进展，果葡糖浆的分离设备从固定填充床发展到自动模拟移动床。以果葡糖浆生产工艺开发的模拟移动床（SMB）色谱分离系统，已经应用在国外的大规模的工业化生产，其生产能力和分离效率明显高于固定床吸附设备，实现了连续化生产和自动控制，不使用任何化学药品，无污染产生，生产出的产品质量更好。

（四）配置果葡糖浆

按照 1：（2～3）的比例混合 F-42 和 F-90 果葡糖浆，可以得到含果糖 50％～60％ 的果葡糖浆得到不同型号第二代果葡糖浆产品。例如，100 份 F-90 糖浆与 269.2 份 F-42 糖浆混合，得到 369.2 份 F-55 糖浆。

（五）高纯度果糖

获得高纯度果糖的方法有很多种，目前直接用于生产的主要是采用结晶的方法。果糖溶解度高，结晶困难。高果糖浆可以用作生产结晶果糖的原料，采用色谱分离技术制备 F-97 果糖，真空蒸发至浓度为 70％，采用加晶种冷却结晶法，pH 3.5～8，从 60～80℃ 冷却到结晶温度 25～35℃，采用 80～100 h 降温结晶，通过离心、清洗处理，再通过流化床等烘干机干燥，获得收率 50％ 的结晶果糖产品。或通过喷雾干燥，加入脱水后的果糖，获得高浓度的果糖浆，再混合、干燥获得非结晶的高纯度果糖产品。

结晶果糖为流动性较高的粉末状产品，颗粒大小为 300～400 μm，约 90％ 能通过 200 目筛，结晶果糖的吸潮性远超过蔗糖，最好在 25℃ 和相对湿度 50％ 以下环境条件下保存，以免吸潮。果糖浆是溶解果糖制备，其浓度 77％，在 20～25℃ 贮存，不会被杂菌污染和颜色变化。

三、技术要求

1. 感官指标

①色泽。无色或淡黄色，清亮透明，无肉眼可见杂质。

②香气。具有葡萄糖、果糖的纯正香气、无异味。

③滋味。甜味纯正、无异味。

2. 理化指标　固形物含量≥71％；果糖含量≥42％；DE 值≥95％；pH 在 3.5～8；透光度≥99.0％；灰分≤0.05％。

3. 卫生指标　砷（As）≤0.5 mg/kg；铅（Pb）≤0.5 mg/kg；SO_2≤0.02 g/kg；HCN≤2 mg/kg；细菌≤1 500 个/g；大肠杆菌≤30 个/100 g；致病菌不得检出。

四、性质与应用

①果葡糖浆具有良好的甜味特性和越冷越甜特性，在食品工业中应用。高果糖浆主要应用于软饮料和酒精饮料。可口可乐公司和百事可乐公司都采用 F-55 糖浆全部取代蔗糖，在葡萄酒、香槟酒、黄酒等含酒精饮料中可避免产品出现沉淀，透明度好。F-42 糖浆主要用于色拉调味料、焙烤食品、果酱和果冻；F-55 糖浆用于软饮料和水果罐头；F-90 糖浆用于软饮料和液体营养食品。

②与其他甜味剂共同使用，果葡糖浆具有优越的协调增效作用，可改善食品和饮料的口感，减少苦味和怪味，提高适口性，应用于果汁和果肉型饮料有突出天然水果的香气和香味且对水果的颜色有保护的作用。

③果葡糖浆的渗透压高于蔗糖，在用于食品保藏、抑制微生物生长方面优于蔗糖；对于加工果脯和果酱可以抑制食品表面微生物生长，还可以防止表面干涸翻砂。

　　④果糖的溶解度是糖类中最高的，其抗结晶性和保湿性能良好，具有较强的保水能力和耐干燥能力；果糖能被酵母直接利用，发酵速度快，产气迅速，能提高焙烤食品质量；果葡糖浆具有较强的还原性，化学稳定性较差，易受热分解，发生美拉德反应，在生产焙烤食品时，可以获得美观的焦黄色和焦糖风味。

　　⑤果葡糖浆的冰点温度低于蔗糖、麦芽糖浆，可使冰淇淋、雪糕等冷冻产品质地柔软、细腻可口。

　　果糖在营养和代谢方面有特殊的功能，比如果糖代谢过程不需要胰岛素辅助，故适于糖尿病患者。在体内代谢转化的肝糖生成量是葡萄糖的3倍，具有保肝的功效。在体内果糖能以等渗状态补充运动所消耗的营养，适于人体疲劳后恢复体力。

　　结晶果糖的使用主要集中在保健、营养及医药领域，诸如运动饮料、保健食品、糖尿病患者食品及减肥食品等。如利用结晶果糖生产充气及普通饮料；制作降低热量的焙烤食品；冷冻奶制品也可用结晶果糖来降低热量和增强风味；在糖果业可以用作巧克力制作时的焦糖填料；在制造淀粉果冻时，果冻-淀粉的协同效应可加快反应速度，缩短制作时间，减少甜味剂和香料用量。

第八节　低聚糖

　　低聚糖也称为寡糖，是指2～10个葡萄糖单位通过糖苷键连接起来，形成直链或支链的一类糖品的总称。低聚糖可分为功能性低聚糖和普通低聚糖两大类。功能性低聚糖是指具有糖类的某些共同特性，可直接代替蔗糖作为甜食配料，但不能被人体的胃酸、胃酶降解，不能在小肠吸收，具有促进人体双歧杆菌增殖的生理特性。功能性低聚糖具有良好的生理功能，低热量、难消化，具有水溶性膳食纤维的功能；低龋齿性，能促进肠道内有益的双歧杆菌增殖，其间接的生理功能包括抑制病原菌、有毒物代谢和有害酶的产生；防止腹泻、降低血清胆固醇和血压，保护肝功能，提高机体的免疫能力。

　　由于功能性低聚糖营养保健作用明显，市场需求量大，科技含量高，现已成为淀粉糖品中的高端产品。随着新型淀粉酶在低聚糖生产中的广泛应用，不断有新品种和新功能的低聚糖问世，目前投入商业化生产的主要低聚糖有麦芽低聚糖、异麦芽低聚糖、低聚果糖、异麦芽酮糖、低聚龙胆糖、低聚木糖、低聚半乳糖、大豆低聚糖、海藻糖等。它们是非常重要的功能性食品配料，广泛地应用于各种保健营养补品和中老年食品中，对于改善产品的功能起到非常大的作用。

一、双歧杆菌

　　早在1890年，一名叫亨利·特斯的法国科学家，在巴斯德实验室从母乳喂养的婴儿的粪便中经显微镜，发现了革兰氏阳性的双歧杆菌，此菌耐酸性弱、不运动、无芽孢、不能分泌过氧化氢酶、不能还原硝酸盐、不能液化明胶、不能生成吲哚、能发酵糖类，产生 L-乳酸、醋酸和少量蚁酸与乙醇；有氧存在的条件下不能生长，是严格的厌氧菌。

　　20世纪初期，分离和培养肠道内厌氧菌的技术落后，不能分离出纯种。1950年之后，厌氧菌分离技术有很大突破，不仅分离出对人体有益的双歧杆菌，同时分离出对人体有害的各种腐败菌类，其中一种称为产气荚膜核状芽孢杆菌，它能分泌 α、β、γ、δ、θ 等多种内毒素，使人体长期慢性中毒，它与其他有害菌一道是人体致病致癌的主要因素。通过研究得知，人体肠道有 8 种双歧杆菌，它们是两双歧杆菌、婴儿双歧杆菌、短双歧杆菌、长双歧杆菌、青春双歧杆菌、角双歧杆菌、链状双歧杆菌和假链状双歧杆菌。通过长期临床试验，确定对人体有非常好的治疗效果。

①维持肠道内正常菌群平衡，尤其是老年人和婴儿。双歧杆菌能抑制病原菌和腐败菌生长，防止便秘、下痢和胃肠障碍。

②双歧杆菌有抗肿瘤活性。

③双歧杆菌能在肠道内促进肠道合成维生素 B_1、维生素 B_2、维生素 B_6、维生素 K、尼克酸、叶酸，还能生物合成某些氨基酸，提高人体对钙离子吸收。

④双歧杆菌能降低血液中胆固醇水平，防止高血压。

⑤改善乳品消化率，提高人体对乳糖的耐受性。

⑥增强机体免疫功能，预防抗生素类对人体的各种不良副作用。

双歧杆菌完全无毒，不论病人或健康人，肠道内都含有双歧杆菌，而且数量越多越好。研究发现刚刚出生几天的婴儿肠道内双歧杆菌占总细菌数的 99%。但是随着年龄的增长和环境等因素，双歧杆菌数量逐渐减少，有害菌越来越多，同时分泌的内毒素和致癌物质，是导致人们衰老、致病、致癌的主要因素。

二、麦芽低聚糖

1. 麦芽低聚糖生成酶　以 α-1，4 糖苷键结合的麦芽低聚糖有麦芽糖（G_2）、麦芽三糖（G_3）、麦芽四糖（G_4）、麦芽五糖（G_5）、麦芽六糖（G_6）、麦芽七糖（G_7）、麦芽八糖（G_8）、麦芽九糖（G_9）和麦芽十糖（G_{10}）。工业上生产麦芽糖主要使用来源于植物的 β-淀粉酶，而生产 G_3 或 G_3 以上的低聚糖则需要一些其他酶。在麦芽三糖酶中，活力最高的是灰色链霉菌 NA468 菌株，它能分泌水解淀粉生成麦芽三糖的酶。该酶适宜 pH 5.6～6.0，最适温度 45℃，转化淀粉生成 50% 麦芽三糖。此酶与普鲁蓝酶协同作用，可将 90% 淀粉转化为麦芽三糖。

从施氏假单胞菌培养液中提取的麦芽四糖酶，能使 G_6 分解为 G_4 和 G_2，G_7 分解为 G_4 和 G_3，G_8 分解为 2 个 G_4，使直链淀粉和糖原分解为 G_4 和高分子糖精。嗜糖假单胞菌 IAM594 也可产生 G_4 酶，该酶的作用是由淀粉分子的非还原末端开始，在分支前停止。对酶作用经双向纸层析检出结果，反应生成物为 G_5 分解为 G_4 和 G_1，G_6 分解为 G_4 和 G_2，G_7 分解为 G_4 和 G_3，G_8 分解为 2 个 G_4，G_9 分解为 2 个 G_4 和 G_1。由此说明，该酶对 G_1、G_2、G_3、G_4 完全不发生作用，从 G_5 以上者开始则由非还原末端以 4 个葡萄糖为单位进行切断。

假单胞菌 KO-8 940 产生的 G_5 生成酶，在反应初期该酶只生成 G_5，随反应进行，G_5 也可分解为 G_3 和 G_2。因此，要利用膜反应器将生成的 G_5 不断地提出而进行高纯度制品的生产。

2. 麦芽低聚糖生产方法　以精制玉米淀粉为原料，调成淀粉乳，用盐酸调节 pH，再加入麦芽低聚糖生成酶和淀粉分支酶，保温 60～72h 进行糖化。然后用活性炭脱色、过滤，阴、阳离子交换树脂脱盐，真空浓缩，可获得含固形物 74% 以上的麦芽低聚糖。得到的麦芽低聚糖是含有多种糖分的混合液，可以进一步用凝胶过滤法完成色谱分离。但此法分离量小，纯度高，价格昂贵，适于制备医药或试剂。

国内有报道，以玉米淀粉为原料，淀粉浓度 15%，麦芽四糖酶用量 300 IU/g，pH 6.8～7.0，温度 52～54℃，时间 8～10 h，可制得麦芽四糖占总糖比例达 80% 以上的麦芽四糖糖浆，麦芽四糖转化率达 55%。

3. 麦芽低聚糖的性质和应用

（1）性质

①甜度。随着聚合度的增加，麦芽低聚糖的甜度降低、黏度增加。

②黏度。G_4 以上低聚糖只能稍微感到甜味，味质良好。G_5 以下低聚糖仍有较好的流动性，G_7 使食品有浓稠感，可用于各种口服液和滋补品。

③保湿性。麦芽低聚糖的吸湿性强，能够保持淀粉食品水分含量，延长货架期。

④功能性。麦芽低聚糖有滋补营养性，能延长供能、强化机体耐力，易于吸收、降低渗透压。

⑤稳定性。热稳定性好，由于 DE 值低，遇热不易与氨基酸和蛋白质产生美拉德反应。

（2）应用　麦芽低聚糖是一种能强化机体耐力的，可作功能性、易消化吸收的滋补营养性糖源。当人的体力消耗过大后，往往会出现脱水、血糖降低、体温升高、肌肉神经传导等方面受影响、脑功能紊乱等生理变化，服用直链麦芽低聚糖，能迅速缓解上述症状。麦芽低聚糖还能提高老年人对钙离子的吸收能力，是预防老年人骨质疏松的有效营养补剂。低聚糖可直接经肠道吸收，是婴幼儿理想的营养保健食品原料（表 4-25）。

表 4-25　麦芽低聚糖在食品工业中的应用

用途	食品名称
产生浓厚感	各种饮料、烧酒、辣酱油
产生布丁风格	面糕、婴儿食品
用作粉末化基剂	粉末饮料、粉末调味料
用于儿童食品	巧克力、奶油糖果
防止褐变、着色	奶油、果酱类
形成光泽和色模	米糕、煮豆类
调节冻结温度	各式雪糕、冷冻食品
延长保质期	日本及西式糕点

三、海　藻　糖

海藻糖是 2 分子葡萄糖通过 1，1 糖苷键结合的非还原性二糖。按糖的连接方式存在 3 种异构体，即 α，α-型海藻糖；α，β-型新海藻糖；β，β-型异海藻糖。在自然界中海藻糖以游离状态作为贮藏糖类广泛地存在于动物、植物和微生物中。香菇、蘑菇等真菌类，霉菌、酵母等微生物，海藻、地衣等植被，鲑鱼、虾类以及很多昆虫，包括卵、蛹、幼虫中都含有海藻糖。由于最早在海藻中发现，所以被命名为海藻糖。

海藻糖在冻结、干燥、高渗透压等严酷条件的环境下，对生物体膜、膜蛋白、DNA 等发挥着保护的功效，可以对它们起到非常好的保护作用，就如同俗语说的，千年的草籽，万年的鱼子。

1. 生产工艺　海藻糖生产可以用麦芽糖、蔗糖、葡萄糖为原料，也可用淀粉转化生产。利用麦芽糖磷酸化酶和海藻糖磷酸化酶转换海藻糖的得率为 60%；利用蔗糖磷酸化酶和海藻糖磷酸化酶转换海藻糖的得率为 70%；利用海藻糖酶的缩合反应，从葡萄糖获得海藻糖的得率为 5%。

工业化生产是用淀粉经高温液化后添加支链淀粉酶，同时还要加入 MTSase 和 MTHase 这两种新酶，通过协同作用就能制造出海藻糖含量高的糖化物。

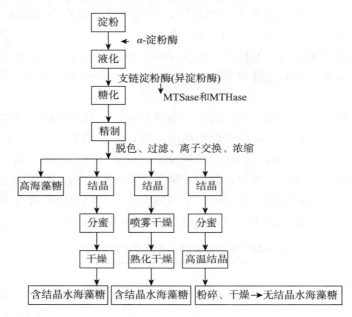

海藻糖生产工艺中，首先选取淀粉的种类，通过用马铃薯、甘薯、木薯、玉米和小麦淀粉实验表明，木薯淀粉制备海藻糖的生产率为最高。生产时，淀粉乳浓度在 30%～35%，调整 pH 在5.6～6.4，加入 α-淀粉酶液化，淀粉的水解率越低，海藻糖的生成率越高，水解率要求控制在0.3%以内为宜。液化后进行降温，温度降至 35～40℃时，加入支链淀粉酶（异淀粉酶）2 000 IU、MTSase 10 IU 和 MTHase 20 IU，在 pH 6.0 的条件下作用 24 h，海藻糖的生成率达85.3%，通过精制和其他操作可以得到相应的产品。

2. 性质

（1）熔点　含 2 结晶水的海藻糖的熔点在 97℃；无结晶水的海藻糖的熔点在210.5℃。

（2）甜度　海藻糖的甜度为蔗糖甜度的 45%。

（3）消化性　海藻糖为口服摄取消化吸收。

（4）吸湿性　含 2 结晶水的海藻糖在 RH90%以下没有吸湿性；无结晶水的海藻糖在RH30%以上有吸湿性（转变成含 2 结晶水）。

（5）稳定性　海藻糖对热、酸都非常稳定，是天然双糖最稳定糖，由于不具有还原性，即使与氨基酸、蛋白质等有机物混合加热也不会产生美拉德反应，引起着色变化。

①pH 稳定性。pH 在3.5～10。

②水稳定性。120℃、90 min 无变化。

③aa pr 稳定性。沸水、90 min 无变化。

④水溶液稳定性。37℃、12 个月无变化。

四、应 用

1. 医药方面 海藻糖在移植时用作脏器的保存液；用于酶、血液补体、抗体或抗原等蛋白质、肽、菌体等的冻结干燥中，用它作改良剂和稳定剂；作为药用牙膏、内服液、片剂、含糖药丸等各种组分的甜味剂、改良剂和稳定剂。

2. 化妆品 用于化妆品的是海藻糖的硫酸诱导体，有保湿性。应用于洗液、乳液，防止干燥；用于口红、唇膏、口中清凉剂、口中香味剂作为组分甜味剂、改良剂和稳定剂。无水海藻糖可应用于制作美肤剂、美发剂、生发剂等所需的高品质脱水物质。

3. 食品 海藻糖作为变性防止剂，用于含蛋白质的食品中，避免其在干燥和冻结时变性；用于各种食品、饮料，作为物理性质的改良剂和稳定剂，如酱油、调味品、咖啡、含馅类点心、畜产制品、乳酸饮料、速冻食品等；无水海藻糖有防止糊化淀粉老化和防止微生物污染的作用。

4. 其他方面 海藻糖用于家禽、家畜及蜜蜂、蚕、鱼等，饲畜动物的饲料、饵料，提高可口性、喜好性；可作培养微生物和动物细胞的碳源用和作保存用稳定剂。

思考题

1. 淀粉酸糖化原理？间歇酸糖化法和连续酸糖化法的优缺点？
2. 常用的淀粉酶有哪些？各种酶制剂的作用和特点是什么？
3. 淀粉的液化方法有哪些？各种方法的特点是什么？
4. 酸法制糖和酶法制糖工艺不同之处有哪些？淀粉糖精制工序有哪些？
5. 简述麦芽糊精的生产工艺、性质和用途。
6. 简述果葡糖浆的分类、生产、性质和应用。
7. 功能性低聚糖的功效有哪些？简述不同低聚糖在各种食品中的应用效果。
8. 简述山梨醇的生产工艺及其性质和应用。

第五章 变性淀粉

在现代淀粉转化工程（starch conversion engineering）中，淀粉的变性处理是重要转化途径之一。变性淀粉（modified starch）属精细化工产品范畴，是淀粉深加工的一类系列产品。随着科学技术的不断创新和发展，天然（即未变性）淀粉已经不能满足在各个领域的应用要求，其功能性质暴露出许多不足之处，例如，天然淀粉冷水中不能成糊、回生、黏度不稳定等。但经过变性处理以后，就能改变淀粉原有的结构，赋予新的功能性质，可以满足应用时工艺条件的要求。变性淀粉的生产、研究和开发在近年得到迅速发展，品种繁多，功能突出，被广泛应用在食品、饲料、造纸、纺织、黏合剂、医药、铸造、建筑、石油钻井、选矿、环境保护等领域。

第一节 概 述

一、变性淀粉基础知识

利用物理、化学或酶的方法改变淀粉分子的结构或大小，使淀粉的性质和功能发生变化，这种现象称为淀粉变性，导致变性的因素称为变性因子（即变性剂），变性后的生成物称作变性淀粉。

1. 变性目的 淀粉变性目的就是改善其固有的性质，克服应用时的缺点，赋予淀粉新的性质，强化功能作用，扩大应用范围，减少使用剂量，增加经济效益。具体讲应该分为：①满足应用所要求的条件，如高温低温、酸碱度和机械剪切等；②改善淀粉糊的流动性，糊化时保持良好的流动性；③加强淀粉糊的稳定性，能适应反应环境（温度、离子强度、pH、剪切等）的变化；④赋予淀粉分子特殊的结构与功能，如阳离子化、接枝共聚等。

未变性淀粉本身具有许多缺点，限制其广泛应用。这些缺点包括：淀粉颗粒的流动性差；冷水中不溶解、不膨胀、低黏性；淀粉糊受热达到糊化温度以后黏度急剧增加，无法控制；糊化淀粉在高温长时间蒸煮、强力剪切或低 pH 条件下易发生降解，黏度不稳定；蜡质玉米、马铃薯和木薯的淀粉糊化后虽然会形成黏弹性溶胶，但极不稳定；玉米、小麦等谷物淀粉糊透明性差，易凝沉，冷却回生等。正因为各种原淀粉有上述缺点存在，未变性淀粉在应用时就会出现各种不尽人意的现象，需要改善其结构。如在铸造砂型中用作型砂黏合剂，在石油钻井过程中用作降失水剂，在制造速溶布丁粉中用作基料，在制药片剂中用作填充剂、赋型剂和崩溃剂，都要求淀粉能以颗粒状态进入工艺过程，并能在冷水中溶胀，所以必须对原淀粉进行预糊化、羧甲基化处理。又如造纸中用作施胶剂，浆纱过程中用作上浆剂，生产各种汤汁罐头中用作增稠剂，糖果中的胶凝剂等，淀粉是以糊化态进入工艺过程的，要求淀粉糊应抵抗住机械剪切（如搅拌、泵输送等）、高低温处理和强酸强碱的影响，其糊必须保持稳定的黏度、流动性、保水性或成膜性等。原淀粉需要经各种酯化、醚化、交联或接枝共聚等方法处理才能满足上述工艺要求。

2. 变性内容 淀粉变性的内容包括：

①破坏淀粉分子的部分或者全部结构、松动颗粒组织、降低分子质量；

②赋予淀粉冷水成糊性，提高或降低糊化温度和水溶解度，改善其疏水性、保水性、增稠性、黏度及其稳定性、弹性和抗剪切性；

③引进化学基团，使淀粉具有阴、阳或兼性离子的特性，改变它们对别的物质的亲和性，强化其反应活性；

④通过交联技术加强淀粉糊的稳定性，尤其增强抗机械剪切力；

⑤通过物理或化学诱发，与其他单体进行接枝共聚反应，明显加大了淀粉的吸水性和保水性；

⑥通过作物遗传育种或筛选方法，改变作物籽粒（块茎、根茎等）的直链淀粉与支链淀粉含量比例；

⑦通过各种方法降低水分、改善物理外观，控制降解程度；

⑧重新排列淀粉的分子结构。

淀粉变性的内容主要取决于应用的需要。罐头食品的高温杀菌能降低淀粉糊的黏度，经化学交联后，淀粉糊具有很高的抗热性，在高温下仍然保持着稳定的黏稠性。冷冻食品要求淀粉糊具有低温稳定性，但是普通淀粉在低温冷冻条件下具有很强的凝沉性，淀粉分子间通过氢键形成晶体，溶解度降低，同时有水析出，破坏了原有的胶体状态，使冷冻食品不能保持原有的组织结构和均匀分散特性。用磷酸盐处理所得到的变性淀粉，凝沉性很弱，其糊冷冻时稳定性强，适于应用在各种冷冻食品中。

二、变性淀粉产品分类

按原料来源分类指淀粉是来自谷物的玉米、小麦或大米等，来自薯类的马铃薯、木薯或甘薯，还是来自豆类的豌豆、绿豆等。

按生产方法分类指变性淀粉的生产方法是化学方法、物理方法、还是酶法等。

按产品用途分类指淀粉是应用于造纸、食品、纺织、制药或发酵等行业。

变性淀粉的详细分类见表 5-1 和图 5-1。

表 5-1　变性淀粉按应用领域分类

应用范围	变性淀粉	功能性质	替代产品
造纸	阳离子淀粉 淀粉磷酸酯 两性离子淀粉	黏结、具有阳、阴离子或两性离子特性	天然淀粉和乳胶
瓦楞纸板	预凝胶化/颗粒淀粉	黏结/初始黏度、渗透性	天然淀粉 水玻璃
纺织	淀粉醋酸酯	上浆、精整、纺织	丙烯酸盐
石膏/无机纤维板	淀粉酯/醚	黏着、低温糊化（速干）	淀粉降解物
煤饼	淀粉酯	黏着/初始黏度	硫酸木质素
纸袋黏合剂	淀粉酯 α化淀粉	黏着力、速干	淀粉降解物、聚乙烯醇
石油钻井	淀粉酯/醚 α化淀粉	水合、增稠	CMC 及其他
铸造	α化淀粉	黏着、湿模稳定性	酚醛树脂、呋喃树脂
鱼虾颗粒饲料	α化淀粉	黏合、黏弹	CMC、聚乙烯醇

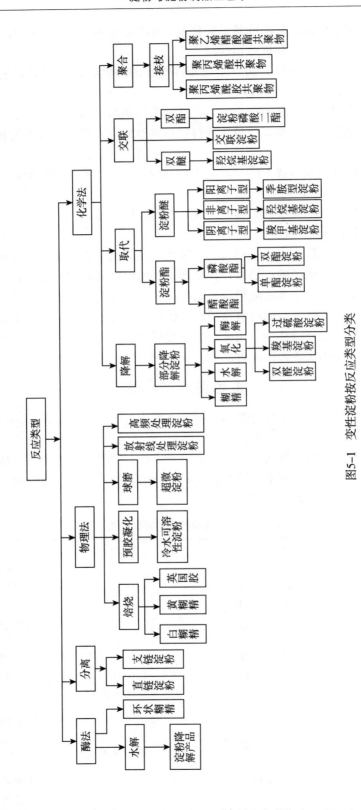

图5-1　变性淀粉按反应类型分类

三、淀粉变性的物理化学原理

1. 反应部位　不管淀粉的微细结构如何，都可以将淀粉看作为脱水葡萄糖单元通过 α-1, 4 和 α-1, 6 键连接起来的聚合物，只是它们的聚合度以及 α-1, 4 和 α-1, 6 键的分布状况不同。淀粉活性部位体现在葡萄糖的羟基（—OH）和核苷键（C—O—C）上面，分别是发生置换反应和断链反应的部位。淀粉分子中存在着 3 个活性功能基，最活泼的功能基在 C_6 位上，两个次要的活性功能基分别在 C_2 位和 C_3 位上。淀粉内的 3 个活性基的相对活性虽然 6 碳位上表现得最为活泼，但是也不能忽视其他两个次要基的活性。通过乙酰化、黄原酸化和甲基化的研究证明 C_2 位上的羟基也是比较活泼的。

2. 特性分析　一般分为物理分析和化学分析。

（1）物理分析　主要分析变性淀粉的白度、颗粒度、糊化温度、黏度、pH、斑点和水分等指标。

（2）化学分析　主要测试变性淀粉所引入化学基团的含量。平均每个脱水葡萄糖单元中羟基被取代的数量称为取代度（degree of substitute，*DS*）。由于淀粉中大多数葡萄糖基有 3 个可被取代的羟基，所以 *DS* 的最大值为 3。其计算公式如下

$$DS = \frac{162W}{100M - (M-1)W}$$

式中，*W* 为取代物质量百分数，%；*M* 为取代物质量。

虽然 *DS* 表示已被取代的羟基的数量，但是没有表明分子内的取代位置以及沿分子链的取代密度。在工业产品中，变性淀粉的取代度都很低，一般为 0.1～0.2，表示 100 个脱水葡萄糖单元中有 10～20 个被取代。也就是说 100 个脱水葡萄糖单元中存在 300 个活性羟基，其中有 10～20 个活性羟基被取代。

有的取代反应中某一取代基团能与试剂继续反应形成多分子取代链。在这种情况下就要用分子取代度（molecular substitute，*MS*）表示，即平均每个脱水葡萄糖单元结合的试剂分子数，*MS* 可以大于 3。

3. 变性淀粉的特性　变性作用能够改变天然淀粉的糊化和蒸煮特性，抑制直链淀粉的凝沉和胶凝倾向，降低淀粉的糊化温度。另一方面，通过引进其他的高分子取代基可具有疏水

特性等。

变性淀粉的性质往往取决于下列因素：植物来源，物理形态（颗粒化、预糊化），直链和支链淀粉的比例或含量，相对分子质量或聚合度的分布范围，缔合成分（蛋白、脂肪酸、含磷化合物）或天然取代基，预处理（酸降解、酶降解或糊精化等），变性的类型（酯化、醚化、氧化、接枝共聚等），取代基的性质（乙酰基、羟丙基、氨基等），取代度（DS）或分子取代度（MS）的大小。在确定采用哪种淀粉为原料生产变性淀粉时，决定因素包括这种淀粉的性质、来源和经济成本。商业化生产主要以玉米淀粉和木薯淀粉为原料，因为来源广泛，价格低廉。

4. 反应相 淀粉变性反应主要依靠淀粉颗粒的特殊性质。因为淀粉在冷水中不溶解，温度升高或者碱存在时颗粒膨胀，所以反应过程存在着两种工艺可能性。

（1）匀质反应相 淀粉水中加热糊化或用一种碱性双极溶剂［如二甲基亚砜（DMSO）或二甲基酰胺（DMF）］来溶解淀粉，都能得到匀质反应相。这种工艺的反应相均匀、DS值高，但生成物回收困难，需要用另一种溶剂沉淀生成物，难以形成工业化生产。

（2）非匀质反应相 淀粉颗粒悬浮在水或有机溶剂中，非匀质反应形成后立即加入催化剂和反应试剂，当反应完成时，一次过滤回收淀粉，这样淀粉在整个反应过程中始终保持着颗粒状态。在要求低取代度时水是常用介质，高取代度时应该用有机溶剂代替水媒介。工业生产中常采用水-溶剂的混合物，水是将催化剂和试剂输送到淀粉颗粒内部的媒介，溶剂主要起悬浮淀粉颗粒的作用。应该注意溶剂的酸碱性对淀粉活性的影响，如带有碱基的极性会增加淀粉的亲核性。

5. 影响淀粉变性的因素

（1）温度 变性反应的温度是根据反应媒介和采用的原料与产品要求来选定的。在单一固态媒介中，生产糊精类产品需要温度100℃（白糊精）至180℃（黄糊精）。在非匀质反应相中，变性反应温度一般不超过50℃。

（2）机械剪切 淀粉糊被搅拌、管路和泵输送时发生剪切作用。当剪切力超过一定范围时，会影响到变性淀粉生成物的性质，如黏度明显下降。

（3）酸媒介 pH越低，α-1，4糖苷键水解速度越快。

（4）催化剂 在酯化和醚化的置换反应中，淀粉分子首先被激活，O—H键产生了亲核性，进而形成了淀粉—O^-离子结构。激活作用大多是减弱或者破坏分子间的氢键，碱试剂（NaOH或KOH）在这方面具有很强的作用，碱用量应该是淀粉的1％左右。钠盐（硫酸钠或氯化钠）对于磷酸化反应有促进作用，它们能明显抑制颗粒膨胀，使糊化温度提高到较高范围。一种特殊的淀粉激活方法是用甲酸处理淀粉，然后在甲基和取代基之间进行交换。在接枝反应中，游离基的供体［氧化物-金属对，如 H_2O_2/Fe^{2+}，$(NH_4)_2S_2O_8/Fe^{2+}$］可以引发出淀粉游离基（淀粉—O·）。

四、变性淀粉生产工艺与设备

变性淀粉的生产方法有湿法、干法和蒸煮法，蒸煮法因采用的设备不同又有热糊法、挤压法和喷射法之分。

1. 湿法生产 湿法工艺是以淀粉与水或其他液体介质调成淀粉乳为基础，在一定条件下与化学试剂进行反应，生成变性淀粉的过程中淀粉颗粒处于非糊化状态。如果采用的分散介质不是水，而是有机溶剂，或含水的混合溶剂时，又称为溶剂法。溶剂法采用的有机溶剂价格昂贵，有易燃易爆危险，回收困难，只在生产高取代度、高附加值产品时才使用。该法一般设有有机溶剂回收系统。

（1）生产流程　湿法生产工艺流程见图 5-2。

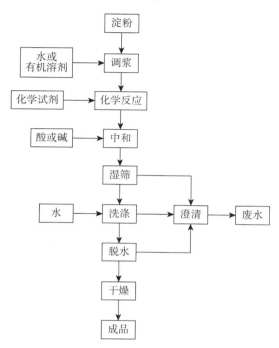

图 5-2　变性淀粉湿法生产工艺流程

（2）过程说明　淀粉厂设置的变性淀粉车间可以精制淀粉乳为原料，独立的变性淀粉厂则只能以商品淀粉为原料，将淀粉调制成淀粉乳使用。两种原料来源，反应前要进行计量（质量和浓度）调浆。

反应过程是变性淀粉生产的最关键工序，影响因素十分复杂，如原料、浓度、物料配比、反应温度、pH、时间都会影响反应的进行。它关系到最终产品的质量好坏、质量稳定性及应用性能的可重复性。中小型反应器为搪瓷反应釜，大型反应器为玻璃钢罐或钢衬玻璃钢罐。前者采用夹套加热和冷却，后者用外循环加热。在搅拌条件下将定量化学试剂加入反应器，同时给反应器调温。待反应进行时，因是放热反应，要适当降温，以保证反应温度维持在一定水平。不同种类淀粉，糊化温度不同，控制的反应温度也不一样，玉米淀粉应在 60℃以下（一般为 45～55℃），薯类淀粉和蜡质玉米淀粉在 45℃以下（一般为 35℃）。反应时间一般为 24～48 h，有的甚至更长。反应终点应靠仪器分析和测试数据来确定。反应一般都在常压下进行。采用有机溶剂时，反应过程必须按照防火、防爆规则操作。

反应结束后的变性淀粉中，尚含有未反应的化学品和除变性淀粉以外的其他生成物，需要进行洗涤。一般洗涤介质是水，溶剂法生产变性淀粉，用溶剂洗涤。大型装置的洗涤设备采用多级旋流器进行逆流洗涤，多级旋流器与原淀粉生产时采用的相同，但洗涤级数只有 3～4 级。洗涤液中尚含 5%～8%变性淀粉，可以用 3 级旋流分离器回收。洗涤后采用真空过滤机或带式压滤机进行变性淀粉脱水，同时在过滤机上用水对滤饼进行洗涤，洗涤和脱水交替进行。小型生产可用带有刮刀式离心机或三足式离心机在机上洗涤滤饼，或用沉淀池洗涤。

脱水常使用离心式过滤机来完成。最好采用真空过滤机或带式压滤机，可省去专用的洗涤设备。湿变性淀粉多采用气流干燥，可以直接得到粒度均匀的粉状产品。

2. 干法生产　变性淀粉干法生产工艺中，原料淀粉含水量一般为 14% 左右；有时采用脱水湿淀粉为原料，含水量最多不超过 40%，整体反应过程处于相对干的状态下进行。该法的优点是节省了湿法必用的脱水与干燥过程，节约能源，降低生产成本，不产生工艺废水，减轻污染程度。但也存在缺点，即淀粉与化学试剂混合不均匀、反应不充分，所以只能生产少数几种产品，如黄糊精、白糊精、酸降解淀粉和淀粉磷酸酯等。

（1）生产流程　干法生产变性淀粉的工艺流程见图 5-3。

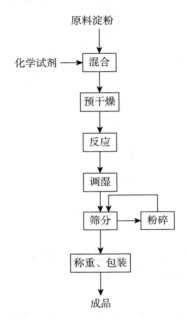

图 5-3　变性淀粉干法生产工艺流程

（2）过程说明　干法生产中，由于系统中所含水分很少，与淀粉极难混合均匀，因此混合是干法生产的关键工序。

由于淀粉呈干的状态，通常采用专门的混合器（如双螺旋混合器、锥形混合器等）将淀粉与化学试剂在干的状态下充分混合，然后再输入反应器内进行变性反应。由于变性反应的温度较高，与化学试剂混合后湿淀粉含水量增大，直接升温必然会引起淀粉糊化。因此，反应前要进行预干燥，将湿淀粉干燥至含水量 14% 以下。一种是采用气流干燥器干燥，再将干燥后的淀粉送入反应器；另一种方法是不设专门干燥器，通过控制反应器内部的温度，在真空条件下，于反应器内完成预干燥。

反应温度为 140～180℃，多用蒸汽或导热油进行加热。导热油加热，系统为常压而不因温度变化而变化，但需设置专门的导热油炉、热油泵等设备。蒸汽加热比较简单，不需专门设置独立系统，但加热温度越高，其蒸汽压力越大，给反应器的加工和制造带来困难。一般超过150℃时多采用导热油加热。干法反应时间通常为1～4 h，用黏度快速测定仪来判定反应终点。

反应结束后物料水分降至1%以下，通过对产品增湿可使淀粉水分恢复至14%，这一工序用增湿器完成。最后变性淀粉经筛分处理，进行成品包装。

第二节 预糊化淀粉（α-化淀粉）

预糊化淀粉（pregelatinized starch），亦称预胶凝化淀粉或α-化淀粉。顾名思义，这是一种已被糊化的淀粉产品。它是一种经物理方法（湿热处理）而生成的变性淀粉。与原淀粉的明显区别是，α-化淀粉能够在冷水中溶解，即在冷水中溶胀后形成具有一定黏度的淀粉糊，使用方便，凝沉性也比原淀粉弱。

一、生产方法

1. 工艺原理 未变性淀粉具有微结晶胶束结构，冷水中不溶解膨胀，对淀粉酶不敏感，这种状态的淀粉称为 β-淀粉。将 β-淀粉在一定量的水存在条件下进行加热，使之糊化，规律排列的胶束结构被破坏，分子间氢键断开，水分子进入其间。这时在偏光显微镜下观察淀粉颗粒失去双折射现象，说明结晶结构消失，并且易接受酶的作用，这种结构称 α-结构。生产 α-化淀粉的原理就是在热滚筒表面使淀粉乳充分糊化后，迅速干燥；或在挤压设备内淀粉颗粒受到高温高压作用，从微细的喷嘴喷出，压力剧降，淀粉颗粒瞬间糊化，由原 β-结构转为 α-结构。

2. 生产方法 生产 α-化淀粉的方法有热滚筒干燥法、喷雾干燥法、挤压膨化法和微波法等。

（1）热滚筒干燥法 简称热滚法。将淀粉浆喷洒在加热的滚筒表面，使淀粉乳充分糊化，然后干燥，获得成品。这种方法也是传统生产 α-化淀粉的主要方法。

（2）喷雾干燥法 喷雾干燥法是将淀粉配浆液，再将浆液加热糊化，然后用泵输送到带有离心喷嘴的喷雾干燥设备进行干燥得成品。淀粉浆液浓度应控制在10%以下，一般为4%～5%，浆液浓度过高，糊化后黏度太高，会引起泵输送和喷雾操作困难。由于生产时淀粉浆浓度低，水分蒸发量大，耗能高，生产成本增加，该法在应用上受到限制。

（3）挤压膨化法 挤压膨化法是将调好的淀粉乳加入挤压机内，通过挤压摩擦产生热量使淀粉糊化，然后由顶端细孔以爆发形式喷出，由于压力急速降低，淀粉颗粒立即膨胀，水分蒸发干燥。用挤压法生产 α-化淀粉，淀粉含水量少，耗能低，但淀粉颗粒的膨胀度不如热滚法。

（4）微波法 微波法是利用微波使淀粉液糊化、干燥，然后经粉碎过筛得成品。

目前，生产上最常用的是热滚筒干燥法和挤压膨化法。

二、生产工艺与设备

1. 热滚筒干燥法

（1）预糊化淀粉生产工艺见图5-4。全过程基本为机械化连续生产。

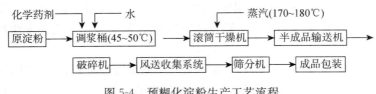

图 5-4　预糊化淀粉生产工艺流程

（2）滚筒干燥机　热滚筒干燥法的关键设备是滚筒干燥机。它是通过转动的滚筒，以热传导方式，将附在筒体外壁的液相物料或薄片状物料进行干燥的一种连续操作设备。这种干燥器的主要特点是热效率高，干燥速度快，表面水分蒸发强度大，可达 $30\sim70$ kg/（m² · h）。常用的滚筒干燥机有单滚筒、双滚筒之分，操作压力分常压和真空两种，供料方式有喷溅式或浸液式，生产 α-化淀粉采用单滚筒或双滚筒干燥机均可。

①双滚筒干燥机。两个滚筒的转动方向相反，淀粉乳液存于两个滚筒中部的凹槽区域内，两边设置堰板挡料。两个筒体的间隙在 $0.5\sim1$ mm，不允许淀粉乳液泄漏，淀粉膜厚度由两滚筒之间的空隙控制。滚筒直径一般为 1.0 m，长 2.0 m，每个滚筒的外侧置有刮刀。工作时两个滚筒旋转，表面温度达 $160\sim180$℃，转数为 $1.0\sim1.50$ r/min。淀粉乳加在两个滚筒之间，当两滚筒相背旋转时，经加热分别在两个滚筒表面形成糊化淀粉薄层并干燥，由各自刮刀刮下淀粉薄层，然后粉碎、筛分、包装（图 5-5）。

②单滚筒干燥机。结构与双滚筒干燥机相似（图 5-6），但滚筒只有一个。该筒上面附有一个或多个称为分布滚的小滚筒，在其前方可以有 2 个以上的滴管滴下淀粉乳液，工作时用泵将淀粉乳泵入预先已经加热的滚筒上，借助分布滚将淀粉乳在滚筒表面形成一层均匀的薄层，蒸汽加热使表面形成的淀粉乳薄层迅速糊化，并随着滚筒的转动，水分不断蒸发，形成了干燥的糊化淀粉薄层。由于单滚筒表面附加有一个或多个分布滚参加布膜，干燥时所形成的膜实际上是由 $2\sim3$ 层薄膜叠加的。滚筒大小由生产生产能力而定、最普通的为直径 2 m，长 5 m。

双滚筒干燥机剪切力大，能耗也大，但容易操作；单滚筒干燥机的剪切力和能耗均较双滚筒低，但不易控制。在大规模工业生产中，双滚筒正在逐渐被单滚筒所代替。国内报道，已有年生产能力为 1 500 t 的单滚筒干燥机产品问世。

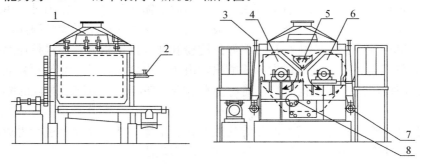

图 5-5　双滚筒干燥机结构
1. 密闭罩　2. 进汽头　3. 刮料器　4. 主动滚筒　5. 料堰
6. 从动滚筒　7. 螺旋输送器　8. 传动齿轮

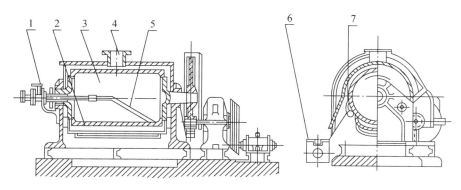

图 5-6 单滚筒干燥机结构

1. 进汽头 2. 料液槽 3. 滚筒 4. 排气管 5. 排液虹吸管 6. 螺旋输送器 7. 刮料器

（3）滚筒干燥法生产α-化淀粉设备流程 图5-7是用双滚筒干燥机生产α-化淀粉的流程图。根据原料淀粉的不同，按比例在高位调浆槽调浆。先注水入槽，再开动搅拌，然后投入淀粉。这样可以防止淀粉沉淀，搅拌顺利启动。槽内搅拌器应始终缓慢搅拌，防止淀粉颗粒下沉。浆调均匀以后，用阀门控制淀粉浆流量，连续流向滚筒干燥机的供料槽内，淀粉浆再从多个槽孔流向双滚筒间凹处。滚筒在传动装置驱动下按1.0～1.5 r/min速度转动。滚筒内连续通入饱和蒸汽（0.6～1.2 MPa）加热滚筒，滚筒表面温度达到170℃以后，开始上料。淀粉浆首先在双滚筒间凹槽处沸腾糊化，糊化淀粉受双筒挤压通过间隙形成薄膜，厚度在0.5～1.0 mm。此时通过筒壁传热使淀粉薄膜内的水分汽化，颗粒淀粉充分糊化并开始脱水。淀粉薄层通过刮刀时，水分应降至10%以下，被刮刀成片地从热筒表面刮下。片状淀粉薄层经螺旋输送器送至粉碎机，粉碎后过筛（80～120目），最后计量包装。

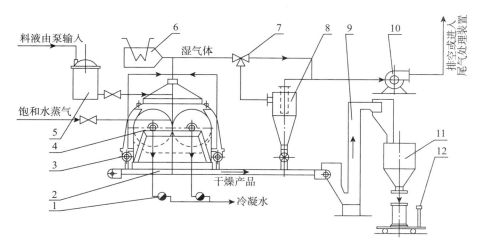

图 5-7 滚筒干燥法生产α-化淀粉工艺流程

1. 疏水器 2. 皮带输送器 3. 螺旋输送器 4. 滚筒干燥机 5. 料液高位槽 6. 湿空气加热器
7. 切换阀 8. 捕集器 9. 提升机 10. 引风机 11. 干燥成品储槽 12. 计量包装

（4）影响α-化淀粉生产工艺的因素 影响因素包括浆液浓度、进料量、干燥滚筒的表面温度、浆膜的厚度、浆膜在滚筒表面停留的时间（即滚筒转速）等。

各种淀粉调浆时的加水量均不相同。以马铃薯和木薯淀粉为原料时，水为淀粉的1.2倍，以玉米淀粉为原料时，水是淀粉的 2～2.5 倍。水含量高，糊化后干燥时蒸发水量多，能耗高；水分不足，糊化不充分，淀粉颗粒膨胀受到抑制，α-化度低，终产品的黏弹性不佳。生产 α-化淀粉时糊化与干燥均在滚筒表面进行，开始上料时，滚筒表面温度应达到 170℃，正常连续生产时，温度应保持在 160±5℃ 范围内，也可根据淀粉种类的不同做适当调整。淀粉停留在滚筒表面的时间应为 46～56 s，转数控制在 1 r/min。糊化及干燥均在这样短时间内完成，可以防止 α-化淀粉回生，黏弹性下降。双滚筒之间的间隙调整有两个作用，一是控制剪切力的大小，二是控制该筒表面淀粉膜的厚度，实际生产中的滚筒间隙调至0.5～1 mm。

2. 挤压法　将含水 20% 以下的干淀粉，加入螺旋挤压机（图 5-8）。原料首先进入的是特种金属材料制成的圆腔内，在 120～160℃ 的温度下，用旋转的螺杆高温挤压，淀粉颗粒在挤压腔内由低压区被挤向高压区，逐渐承受高温高压，高压达 $30 \times 10^5 \sim 100 \times 10^5$ Pa，借助于挤压过程中物料与螺旋摩擦产生的热量和对淀粉分子的巨大剪切力，使淀粉分子断裂而糊化，最后从 $\Phi1 \sim 3$ mm 的终端微孔喷爆出来，淀粉颗粒瞬间膨胀，其 β-结构转成 α-结构，即由生淀粉转成熟淀粉。α-化产物经干燥、粉碎和过筛即得成品。该法生产的 α-化淀粉由于受到高强度剪切力作用，黏度低，弹性几乎没有，比滚筒法产品的溶解度大，产品收率高，几乎达 99%、制造过程中基本不需加水，干燥不需另外热源，被认为是最经济方法之一。

挤压机分成单螺杆和双螺杆两种类型。螺杆使用寿命是挤压机最重要的性能指标，也是高质量挤压机与一般挤压机的主要差距所在。挤压法虽有很多优点，但产品黏度不够，设备材质要求高且价格昂贵，在一定程度上限制了该法的应用。

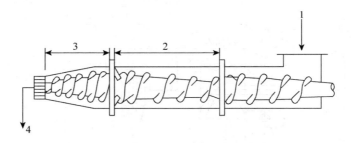

图 5-8　挤压机结构
1. 淀粉质原料　2. 低压部　3. 高压部　4. 预糊化淀粉

三、原材料规格

1. 对淀粉的要求　α-化淀粉生产原料可以采用薯类、豆类和谷物淀粉。不同原料生产的 α-化淀粉在透明度、黏度和弹性等方面有所差别，因此在实际生产中可根据不同的用途选择原料。用作速溶奶糊和布丁粉应选择木薯和蜡质玉米淀粉；用作鱼虾颗粒饲料黏合剂应采用马铃薯和木薯淀粉；用作铸造型砂黏合剂应选择玉米淀粉。生产 α-化淀粉时，还要求原料淀粉的纯度要高，蛋白质、纤维素和铁、磷等灰分含量要低，杂质越少，越能显著提高 α-化淀粉的黏弹性。在相同纯度的淀粉中，支链淀粉越多，则预糊化的黏度越大；支链淀粉多，则 α-化淀粉弹性大。马铃薯和木薯淀粉的贮藏期对生产出来的 α-化淀粉的质量有影响，应选择贮存期短的薯类淀粉。制作 α-化淀粉除采用未变性淀粉作原料外，还可用预先经过化学变性的淀粉，进行二次变性，即 α-化。

2. 对水质的要求　生产 α-化淀粉的水质应该纯净，含铁、钙、镁、铅等离子越少越好，否则影响终产品的黏弹性和色泽。在生产用于食品、药物和饲料产品中的 α-化淀粉时，原料水应为中性。生产食用和药用 α-化淀粉时，水质应达到国家卫生标准。

3. 助剂　采用热滚筒干燥法和挤压法生产 α-化淀粉，有时需加入少量化学助剂，目的是充分糊化淀粉，加快干燥速度，增强终产品的分散性。糊化助剂包括碱类、液态铵、甲醛、甲酸、氯乙酸、二甲基亚砜等。它们的作用是破坏淀粉结构中的氢键，或者与淀粉形成可溶性复合物，加快糊化速度。干燥助剂是用于热滚法生产 α-化淀粉。淀粉在热滚筒表面糊化以后，会在表面先形成一层薄膜，阻碍内层水分蒸发，造成干燥速度缓慢，有时发生黏滚现象。这时需向原料淀粉乳中加入少量凝固剂，如氯化钙、碳酸钠或铝酸钠，添加量为淀粉含量的1.5%，使水分在干燥过程中很快降到10%以下，并防止凝沉现象。应用在水溶液中的 α-化淀粉会快速复水，极易结块，影响分散速度。为了提高分散性，可在淀粉调浆时加入1%～1.5%的分散剂，如氯化钙、尿素、硼砂、油脂或硅酸盐等，它们能控制淀粉颗粒的膨胀度和水合度，加快淀粉在冷水中的分散速度，确保形成均匀的淀粉糊。

四、产品的特性与用途

1. 产品特性　α-化淀粉能够在冷水中溶胀，形成具有一定黏度的糊液，黏结力强，韧性高，且其凝沉性比原淀粉小，这些是 α-化淀粉的基本特性。这一特性可用 α 化度、黏度、粒度等指标来衡量。当然其他指标如白度、相对密度、膨胀系数、可分散性、弹性也是较重要的参数。α 化度是指一定重量的产品中预糊化淀粉所占比例，α 化度直接影响产品的质量，国内外市场销售的 α-化淀粉必须达到一定的 α 化度（如80%）才准以销售。α-化淀粉常用作黏合剂，因而黏度也是一个重要指标，黏度与加工方法有关，以滚筒干燥法为最好。α-化淀粉黏度 $\geqslant 1\ 000$ Bu。α-化淀粉成品的粒度直接影响产品的黏度、成糊性能及糊表面的光洁度。粒度细的产品溶解速度快，成糊黏度高，热黏度低，表面光泽好。但粒度太细会复水过快，易凝块，中间颗粒不易与水接触，分散困难。粒度粗的产品溶于冷水速度较慢，没有凝块现象，生成的糊液黏度较低，热黏度较高。

2. 应用　α-化淀粉具有冷水成糊功能而被广泛用于食品、饲料、石油钻探、铸造、纺织、造纸、医药等行业，我国及东南亚国家尤以方便食品、特种水产动物饲料方面用量较大。

α-化淀粉在食品生产时省去蒸煮加热，起到增稠、改善口感的作用，而被用于各种方便食品中，如用 α-化淀粉配制各种营养糊类、速溶汤料、速溶布丁粉；在糕点焙烤过程中加入 α-化淀粉，使体积膨松，改善口感，增强保水性。在鱼类和虾蟹的颗粒饲料中用 α-化淀粉为黏合剂。在石油钻井过程中，利用 α-化淀粉在冷水溶胀时的保水性用于钻井泥浆中，作泥浆降失水剂，以替代价格较高的羧甲基纤维素（CMC）和聚丙酰钠盐类。铸造工业用 α-化淀粉作型砂的黏合剂，容易冷水成糊，胶黏性强，铸模牢固，浇铸过程中不会产生气泡，铸造成品不含砂眼，表面光滑，降低废品率。纺织工业应用 α-化淀粉于织物整理过程中，织物挺实。造纸工业用α-化淀粉作为施胶料。医药工业用α-化淀粉作为药片的黏合剂和赋型剂。

第三节　糊　精

一、糊精的分类

淀粉受到酸、酶、加热或其他作用，引起降解所产生的多种部分水解产物的混合物称为糊精（dextrin）。所有糊精产物都是脱水葡萄糖的聚合物，分子结构呈直链状、支链状和环状。工业上生产的糊精包括麦芽糊精（maltodextrin）、环状糊精（cyclodextrin）和热解糊精（pyrolyzed dextrin）三大类。

淀粉经过酸水解、酶水解或酸酶结合水解，葡萄糖值在20以下的产物为麦芽糊精。淀粉被嗜碱芽孢杆菌发酵发生葡萄糖基转移，生成环状分子结构的物质称为环状糊精。利用干热法使淀粉降解所得到的产物称为热解糊精，分为白糊精（white dextrin）、黄糊精（yellow dextrin）和英国胶（不列颠胶，British gum）3种。白糊精和黄糊精是加酸于淀粉中加热而得，前者温度较低，呈白色；后者温度较高，呈黄色。英国胶是不加酸的情况下，加热到更高温度而得到的产品，呈棕色。一般讲的糊精就是指热解糊精，本节仅介绍热解糊精的内容。酶法生产的环状糊精本章第10节阐述，麦芽糊精和环糊精将在淀粉糖章节阐述。

由于工艺过程、焙烧温度和时间以及应用要求的不同，制得的糊精产品在水溶性、黏合力和色泽方面都有一定差别，3种热解糊精的生产条件和物理性质见表5-2。另外，还有一些产品是专门为某种用途而特殊生产的，如化学分析用的试剂糊精和印染工业用的胶料等。

表 5-2　糊精类产品生产条件与物理特性

生产条件及产品性质	白糊精	黄糊精	英国胶
反应温度/℃	110～150	180～200	175～200
反应时间/h	3～7	8～14	10～24
催化剂用量	多	中	极少
溶解度	从低到高	高	从低到高
黏度	从低到高	低	从低到高
颜色	白色至乳白色	浅黄至棕黄色	浅棕至深棕色

二、糊精的制备

1. 生产原材料

（1）淀粉　各种谷物淀粉和薯类淀粉都可以作为生产糊精的原料，在转化成糊精过程中它们的工艺条件基本相同，但转化的难易度随淀粉的种类和质量而变化。马铃薯淀粉最易转化，其次是木薯淀粉，谷物淀粉则要求较长的转化时间和较高的转化温度才能达到预定的糊精转化率。但因玉米淀粉产量多，价格低廉，仍是工业化生产糊精的主要原料。

（2）催化剂　理论上各种酸都有催化功能。但实际生产中硫酸会加深糊精的色泽，残留量比较高；醋酸是弱酸且易挥发，反应不完全，转化率低；硝酸和盐酸都适合作催化剂，其中盐酸催化效能高，用量少，价格便宜，具有挥发性，易于混合均匀。在转化过程中一部分盐酸被挥发掉，有时可减少中和程度，所以工业生产常选用盐酸作为催化剂。

2. 工艺流程 生产糊精有两种方法，一种是焙烧法，即加热或焙烧淀粉转化成糊精。另一种是湿法，用酸或酶处理淀粉悬浮液而制成糊精。工业生产一般用焙烧法，工艺流程包括酸化、预干燥、糊精转化、冷却和中和等工序。

（1）酸化 将酸混于淀粉中，一般是用 $10\%\sim15\%$ 盐酸溶液喷入淀粉，盐酸用量为淀粉质量的 $0.05\%\sim0.15\%$，因原料淀粉品种和酸纯度以及糊精产品种类不同而变化。酸化的最关键问题是确保酸性催化剂在淀粉中均匀分布，为此生产中常采用防腐蚀的立式或卧式混合器，用喷射器将酸以很细小的雾滴均匀喷洒在混合器中不断搅拌的淀粉上，混酸后放置短时间有助于酸分散均匀。

生产高质量糊精产品需用具有氧化作用的催化剂（如氯气），其突出优点是不像盐酸水溶液那样会使淀粉颗粒膨胀，并且有氧化作用，制得的糊精稳定性高，不易凝沉，配制成的糊液透明度高。也可用一氯醋酸为催化剂，防止预干燥中由于水分含量高而引起的水解反应。在较高温度下，一氯醋酸分解成氯化氢起催化作用。先用一氯醋酸、后用氯气生产的白糊精产品颜色洁白，黏合力强，糊液干燥后生成的膜光泽性好。

在制备英国胶过程中，一般不希望发生酸的催化水解作用。在碱性条件下，淀粉也能转化成糊精，称为碱转化。碱转化催化剂有磷酸三钠、磷酸氢二钠、碳酸氢钠、碳酸氢铵等。

（2）预干燥 淀粉水分过高，将加剧淀粉的水解作用，并抑制聚合反应，不利于糊精的生产。淀粉的含水量应控制在 3% 以下。常采用气流干燥或真空干燥，以便快速除去淀粉中的水分。这种方法可以单独作为一个工序，也可与后面的热转化结合在一起进行。预干燥是黄糊精和英国胶生产中必不可少的工序之一，一般淀粉含水量应控制在 $1\%\sim5\%$ 范围，而白糊精并不需要严格的干燥。

（3）热转化 糊精转化设备有多种类型，最常用的是带夹套的加热混合器。加热采用流通蒸汽或热油于加热夹套或加热蛇管内。转化器应能控制加热温度和升温速度，充分搅拌使淀粉受热均匀，保证转化反应的正常进行。局部过热，超过 $205℃$，就可能引起淀粉焦化。严重情况下，还可能引起粉尘爆炸。为降低水解反应发生的程度，将预干燥和转化工序合并，并在真空条件下进行，可提高产品质量。

（4）冷却和中和 转化结束后应立即把糊精转送到另一混合器内，继续保持搅拌，通入冷水于夹层内，进行冷却，以防止过度转化。较高酸度下生产的糊精，一般需要进行中和；较低酸度下生产的糊精，则省去中和工序。中和可采用干混法，混入适量的呈碱性物质，如碳酸钠或磷酸钠，但是中和效果一般很差。较好的方法是通入氨气或喷入氨水。由转化器卸出的糊精含水分很低，因此可将糊精放在湿空气中，保持一定时间使其吸收水分，回复到含水量 $8\%\sim12\%$。

3. 各种糊精的制备实例

（1）白糊精 取 100 kg 玉米淀粉投入装有搅拌器的金属容器内。将工业盐酸 $280\sim300$ mL 稀释于 400 mL 水中，开动搅拌器，在 10 min 内将全部盐酸溶液喷入淀粉内。连续搅拌 30 min，使淀粉与酸均匀混合，放置室温 24 h。移入转化釜内，在 $3\sim4$ h 内物料温度升到 $150℃$，在最初 1 h 内急速升温至 $110\sim120℃$，蒸发淀粉中的水分，维持约 1 h，再加热使温度每分钟升高 $0.3\sim0.5℃$。达到 $150℃$ 时，开始检查终产品，合格后迅速将糊精放入夹层冷却桶中冷却，调整水分，通过 80 目筛，成品包装。

（2）黄糊精　取 100 kg 玉米淀粉投入装有搅拌器的金属容器内。将工业盐酸 200 mL 稀释于 400 mL 水中，开动容器的搅拌，用喷雾器把盐酸溶液在 10 min 内喷入淀粉中，继续搅拌 30 min，室温放置 24 h 后，移入转化釜中加热1.5 h，使温度升到 180～200℃。8 h 后开始检查产品，合格后放入水泥池中继续反应 40～50 min。最后在冷却桶内冷却，成品包装。

（3）英国胶（焙烧糊精）　先将淀粉的水分降至 5% 以下，在平底加盖的铁锅内直接用火加热焙烧，并连续搅拌，温度很快升到 120～130℃，然后放慢加热速度，使淀粉中的水分缓慢蒸发。水分降低以后升温至 175～200℃进行降解 10 h 后，开始检查产品，反应达终点，冷却桶内冷却，干品有吸湿性，待吸收水分达平衡时包装。

三、转化过程的化学反应

淀粉经干燥加热转化成糊精，发生的化学反应很复杂，主要的化学反应为水解反应、复合反应和葡萄糖基转移反应。这 3 种反应发生的相对程度因转化条件不同而有一定差异。在转化初期，水解反应是主要的，也可能发生少量的复合反应；当温度升高，复合反应增加；温度更高，则葡萄糖基转移反应是主要的。

水解反应是由于水分子存在，酸可催化断裂淀粉中 α-1，4 糖苷键和 α-1，6 糖苷键。淀粉分子变小，黏度降低，还原性增加。水解反应主要发生在预干燥工序和糊精化工序的最初阶段。水解反应生成的较小分子，在高温下分子间又经 α-1，6 糖苷键结合，放出一个水分子，生成交链分子，称为复合反应。复合反应引起分子增大，还原性降低，黏度稍有增高。

在糊精化的过程中，淀粉的还原性先是增高，到达最高值后又降低，就是由于先发生水解反应，后又发生复合反应的缘故。生产白糊精时，是在较低温度下加热，水解反应是主要的。生产黄糊精时，有复合反应发生。葡萄糖基转移反应是 α-1、4 糖苷键水解后，与邻近分子的游离羟基再结合，形成分支结构，生成 α-1，6 键连接的支链分子。这个反应与复合反应不同，不释放出水分子。

水解反应产生的葡萄糖、麦芽糖在酸性或碱性条件下，高温时会发生焦糖化反应。糖类在高温下发生脱水、裂解、缩合等复杂反应，形成浅棕色至深褐色的有色物质，这就是黄糊精和英国胶呈现米黄色至棕色的原因。

四、性　　质

1. 颗粒结构　在显微镜下观察，糊精的结构与原淀粉基本相似，大小也几乎相等，但是糊精颗粒的表面有破裂和脱皮现象。

2. 糊的黏度　淀粉转化成糊精过程中，虽然颗粒结构没有明显变化，但是当糊精在水中蒸煮成胶体后，其黏度明显低于淀粉糊。这种现象说明淀粉的分子链在糊精化过程中水解成短链，所以利用糊精能够制成高固形物含量、低黏度的胶体。一般来说，糊精胶体在冷却或凝沉时黏度增加不明显。

3. 溶解性　淀粉转化成糊精以后水溶解度明显增加，在室温下能够部分、甚至全部溶解于水中。白糊精溶解度为 65%～95%，几乎所有的黄糊精都是 100% 可溶于水的。英国胶溶解度范围 70%～100%。转化度相同时，英国胶的溶解度大于白糊精。

4. 颜色　淀粉转化成糊精以后颜色发生变化。焙烧程度低者为白糊精，颜色灰白；焙烧程度高者为黄糊精，颜色浅黄。糊精的表面颜色变化代表其性质的不同，颜色越深，水溶解度越高。

5. 蒸煮变化　白糊精蒸煮以后，新鲜糊的色泽依据转化程度由浅白色逐渐加深为浅黄色，当糊冷却至室温时又变成透明的白色。进一步冷却时，糊体收缩、回生形成软质凝胶体。转化程度越低，糊黏度稳定性越差。高转化度糊精的胶凝性很差，但流动性好，黏度稳定性高。黄糊精颜色由浅黄色至黄褐色，蒸煮以后糊颜色更深些，但透明度强于白糊精，成膜后仍保持着高透明度。白糊精和黄糊精之所以有如此差别，是因为在转化糊精过程中的初期阶段，白糊精被切下的分子短链在高温下转移到 C_3 位和 C_5 位上再行聚合，形成分支率较高的黄糊精。糊精的分支率越高则黏合力越强，溶液在高浓度时越不易老化，性能越趋于稳定。

五、应　　用

热转化糊精有着广泛的用途。首先它常与其他成分预混合制成各种黏合剂，用于各种黏合操作，如纸箱和纸板的封贴、瓶子标签、胶带涂胶、信封黏合、壁纸黏合、卷烟过滤嘴接合等。此外，还可作医药片剂用的黏合剂、赋型剂和崩溃剂。黄糊精是铸造型砂的一种黏合剂；糊精在纺织工业上，可作为经纱上浆剂、印染黏合剂。食品工业中，白糊精可用作面团改良剂，也有把糊精用于各种干果表面挂浆，作为调味剂和着色剂的载体使用。它还是生产块状巧克力食品的良好赋型剂和增稠剂。

第四节　酸变性淀粉

用酸在糊化温度以下处理淀粉，改变其性质的产品称为酸变性淀粉（acid modified starch）。在糊化温度以上酸水解产品和更高温度酸热解的糊精产品，都不属于酸变性淀粉。酸变性淀粉没改变淀粉颗粒的结构，而糊精和酸氧化淀粉的颗粒原结构却遭到破坏。酸变性淀粉已有很久的历史，早在1886年就开始用盐酸处理淀粉。淀粉颗粒中直链淀粉分子间经由氢键形成结晶结构，酸渗入困难，其 $\alpha-1,4$ 糖苷键不易被水解，颗粒中无定形区域支链淀粉的 $\alpha-1,6$ 糖苷键较易被酸渗入，发生水解。试验结果表明，酸水解分两步进行，第一步是快速水解无定形区域的支链淀粉，第二步是水解结晶区域的直链淀粉和支链淀粉，水解速度较慢。在酸催化水解过程中，淀粉分子变小，聚合度下降，还原性增加，流度增高。

一、制备工艺与设备

1. 生产工艺流程

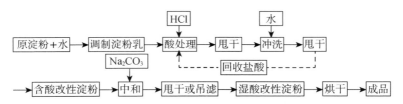

具体步骤为：称取 10 kg 玉米淀粉，置于搪瓷反应罐内，搅拌下加入适量水，调成浓度

40%的淀粉乳，升温到37～38℃，加入3 L盐酸，恒温酸解反应3.5 h，反应结束后，将酸变性淀粉乳泵入不锈钢离心甩干机中，甩干脱水约20 min，加入4 L水，再甩干约5 min，回收酸液供下批次生产用。然后用5 mol碳酸钠溶液中和酸变性淀粉乳至pH＝6，以终止淀粉继续变性。离心甩干后，用水洗去中和产生的盐，洗至流出液无咸味为止，然后离心脱水，即得湿酸变性淀粉，湿淀粉在80℃下烘干至水分低于12%，为成品酸变性淀粉。

2. 工艺条件　由于酸变性作用的主要目的是降低淀粉糊的黏度，因此转化过程中常用测定热浆流度的方法来控制。流度是黏度的倒数，黏度越低，流度越高。

（1）酸的种类及用量　工业化生产酸变性淀粉通常用稀盐酸和稀硫酸处理淀粉浆。当温度较高、酸用量较大或采用硝酸时，变性淀粉因发生副反应而使产品呈浅黄色，所以实际生产中很少使用硝酸。酸的催化作用与酸用量有关，酸处理过度时，淀粉将水解成糊精和葡萄糖。

（2）淀粉乳浓度　酸变性淀粉原料主要是玉米淀粉，也有少数用木薯、小麦及马铃薯淀粉，淀粉乳浓度应控制在40%左右。

（3）温度　温度要求在糊化温度以下，一般保持在25～55℃，尤以40～55℃者居多。

淀粉种类、酸种类和浓度、温度、时间对反应都有影响。表5-3列出一定温度下改变其他工艺条件对酸变性淀粉流度的影响，一般规律是，当酸浓度低时，即使温度高，作用时间也要很长；反之，提高酸浓度，即使温度低，作用时间也可缩短。酸用量对变性起着关键作用，如浓盐酸用量为淀粉质量的1.35%时，温度50～55℃，处理时间需15 h；同样的产品，浓盐酸用量为淀粉质量的13.5%，温度37～38℃，处理时间仅2～3 h。工业生产中，可用大剂量酸处理淀粉，以加速淀粉的改性，但处理必须是在低温、短时间条件下进行的；温度过高，时间过长，淀粉就会变成糊精和葡萄糖。

表5-3　50℃制取的酸变性淀粉的流度变化

淀粉和酸	酸的质量分数/%	反应时间/h	流度
玉米淀粉、硫酸	0.06	24	13.0
	0.13	24	32.0
	0.22	24	53.0
	0.29	24	64.0
	0.44	24	72.0
	0.61	24	74.0
玉米淀粉、盐酸	2.05	0.25	10.0
		0.47	20.0
		0.67	30.0
		0.87	40.0
		1.13	50.0
		1.50	60.0
		2.25	70.0
马铃薯淀粉、盐酸	2.05	0.67	3.0
		1.33	8.5
		2.00	15.5
		2.67	25.0
		3.33	37.0
		4.00	52.8

二、产品性质和质量标准

1. 颗粒特性　酸变性淀粉的颗粒结构基本类同于其母体淀粉，所以仍保持着双折射现象。酸处理主要破坏了颗粒内非结晶区，大部分结晶区仍保留原态。但在水中加热时，与未变性淀粉的特性十分不同，它不像原淀粉那样会膨胀许多倍，而是扩展径向裂痕并分裂成碎片，其数量随淀粉的流度升高而增加。

2. 糊的黏度和流度　酸变性淀粉的糊黏度远低于原淀粉，原淀粉在水中受热成糊时，黏度的大小主要取决于淀粉水溶液（连续相）中有多少溶胀颗粒（非连续相）。酸变性淀粉较低的糊黏度是由于连续相对不连续相的比例较大之故。也就是说，在酸变性淀粉糊中，溶胀的淀粉颗粒较少。酸变性淀粉糊的黏度随浓度增高而降低，流度增高。流度是酸变性淀粉产品的一项主要技术指标。

3. 凝胶性　酸变性淀粉具有较强的凝胶力和很强的亲水性。胶体微粒在热水中均匀分散，互相吸引，交织在一起，形成密集的网状结构。其中有很多空隙能吸附很多水分子或其他分子（如糖分子），当胶体冷却时形成半固体状态的凝胶，充塞在空隙内的水或糖也随之混成一体。不同品种淀粉经酸处理所得产品的凝胶性有所差异。酸变性淀粉糊相当透明，但是玉米、小麦等谷类酸变性淀粉的凝沉性较强，冷却后透明度较低，生成几乎不透明、强度高的凝胶。改变酸变性条件，虽能得到相同流度产品，却具有不同凝胶性，一般提高酸浓度，缩短反应时间的产品具有较高凝胶性，强度高。酸变性蜡质玉米淀粉与酸变性普通玉米淀粉不同，它是一种透明的能流动的热糊，冷却时不形成凝胶，流度高（80～90 流度）。由于酸的作用产生较多的直链状分子水解物，凝沉性增强，稳定性会降低。流度在 0～40 范围的酸变性木薯淀粉糊，在透明性和稳定性上与酸变性蜡质玉米淀粉相同。但流度 50 以上的产品，热糊透明度高，冷却时透明度会降低。酸变性马铃薯淀粉热糊的流动性和透明度都很高，凝胶性强，冷却后很快形成不透明的凝胶。

常用热黏度和冷黏度比表示凝胶性。由表 5-4 可以看出，由于酸变性淀粉热糊黏度比原淀粉低得多。因此，可形成高浓度胶体，并且形成胶体的强度和断裂强度都比原淀粉有显著下降，即韧性增加，它与淀粉冷热糊黏度比成正比。

表 5-4　酸变性玉米淀粉热糊黏度和凝胶性质

淀粉流度 /mL	热糊黏度 /（Pa·s）*	凝胶强度 /Pa**	凝胶断裂强度/ 10^2 Pa**	冷热糊 黏度比	对玉米原淀粉的比率		
					黏度	凝胶强度	断裂强度
未改性	34.0	185.0	194	54.0	1.000	1.000	1.000
10	15.1	114.0	118	75.5	0.444	0.615	0.610
20	8.5	81.0	71.5	95	0.250	0.438	0.368
30	6.0	73.8	61.1	120	0.175	0.398	0.314
40	3.6	51.0	40.3	140	0.105	0.276	0.207
50	3.0	42.2	32.6	140	0.088	0.238	0.166
60	1.1	31.8	23.6	290	0.031	0.172	0.121
70	0.2	15.6	13.4	300	0.006	0.085	0.069

*　浓度 9%，91℃，pH=6 时保温 30 min 所测得黏度。

**　在 25℃老化 24 h 所成凝胶的强度。

4. 碱值 碱值是在0.1 mol/L 氢氧化钠溶液中，用沸水浴（100℃）蒸煮10 g 干淀粉1 h 所消耗碱的数值（mmol）。在反应中，碱被还原端产生的酸所中和，所以可认为碱值是对链长度的一种标定。随酸对淀粉处理程度加大，其碱值增加，分子变小，黏度下降。

5. 相对分子质量与碘亲和力 酸变性淀粉的相对分子质量随流度升高而降低。从表 5-5 中看出，玉米淀粉直链组分未改性时 *DP* 值为 480，酸变性至流度 90 时 *DP* 值为 190；支链组分未改性时 *DP* 值为 1 450，酸变性后为 210。

淀粉的碘亲和力是指淀粉结合碘的量，它反映淀粉中直链淀粉的含量，酸变性作用对碘亲和力影响较小，酸变性后只有较轻微的下降。

表 5-5　酸变性玉米淀粉中直链和支链淀粉的性质变化

淀粉流度 /mL	直链淀粉级分					支链淀粉级分			
	DP 值	铁氰化物值	碱值	碘亲和力	收率原淀粉/%	DP 值	铁氰化物值	碱值	特性黏度（dl/g）
未改性	480	1.43	19.7	19.2	21.0	1 450	0.46	4.8	1.25
10	—	—	—	11.9	34.9	920	0.59	7.1	1.07
20	525	1.59	20.4	16.6	37.0	625	0.85	9.7	0.70
40	470	1.80	22.8	17.1	28.8	565	0.91	10.8	0.65
60	425	2.01	27.9	18.0	25.2	525	1.00	11.1	0.58
80	245	3.72	43.0	18.1	23.1	260	3.31	25.9	0.26
90	190	6.90	—	16.3	12.0	210	4.27	27.6	0.29

注：铁氰化物值即 10 g 淀粉还原的铁氰化物的物质的量（mmol）。

6. 溶解性 酸解时，随流度增加，热水中可溶解的淀粉量也增加。在制备高流度低黏度产品时，在较高转化温度下有相当数量淀粉转化成可溶性，这给过滤和离心回收淀粉带来困难，使转化淀粉产率下降。

7. 薄膜强度 酸变性淀粉热糊黏度比原淀粉低得多，可配制高浓度糊液，因含水量少，故易干燥，快速成膜。酸变性淀粉的薄膜比原淀粉厚，薄膜强度较高，特别适合于需要成膜性及黏附性的工业领域，如经纱上浆、纸袋黏合等。

8. 产品质量标准

（1）用于制造软糖

①性状：白色、粉末状。

②含水量：＜14%。

③流度：50～65。

（2）用于纺织工业

①含水量：＜11%。

②流度：85。

③pH（淀粉乳）：6。

④灰分：0.5%。

⑤水溶性物质：1.3%。

三、应　　用

酸变性淀粉是制造软糖的一种重要凝胶剂，胶体微粒在热水中溶散，当胶体溶液冷却时，形成半固体的凝胶，胶体稳实、富弹性和韧性。国内外多数糖果厂都应用酸变性淀粉，在高压蒸煮下制备淀粉软糖。还可以利用酸变性淀粉作食品黏合剂与稳定剂，制作各种果冻或儿童胶冻食品。

利用酸变性淀粉的成膜性、强度大、黏度低、可高浓度作业等优点，用作纸张的施胶料，主要应用于特种纸生产中的压光机施胶，以改善纸的耐磨性、耐油墨性、可印刷性等。用于纸板制造中，可以提高黏合剂的固形物含量，而且可快速凝结。

酸变性淀粉作为经纱上浆剂，增强纱布强度和降低纺织过程的摩擦阻力。用于精整工段的目的是提高终产品的度。

第五节　氧化淀粉

淀粉经不同的氧化剂处理后形成的一系列变性淀粉称为氧化淀粉（oxidized starch）。它与原淀粉比较，突出特点是淀粉经氧化作用，产生低黏度分散体系，并引进羰基和羧基，使糊液黏度明显降低，直链淀粉凝沉性降低。糊液黏度稳定性明显增加只有极弱的凝胶化作用。由于氧化淀粉具有上述优点，加之原料来源丰富，生产工艺简单，设备投资小，生产成本低廉，用途广泛，所以至今市场上盛行不衰。

氧化淀粉与漂白淀粉虽然都是受氧化剂作用，但两者有一定区别。氧化剂用量前者多，后者少。氧化剂如高锰酸钾、过氧化氢、次氯酸钠和高碘酸都已用于生产漂白淀粉。因氧化剂用量太少，以致淀粉结构没有明显变化，所以不被认为是氧化淀粉。制备氧化淀粉的氧化剂可分为酸性氧化剂、碱性氧化剂、中性氧化剂等。种类繁多，考虑到经济实用，工业大批量生产是以次氯酸钠为主，此外常用的还有过氧化氢和高锰酸钾。本节主要介绍次氯酸钠氧化淀粉和双醛淀粉。

一、次氯酸钠氧化淀粉

1. 反应机理　次氯酸钠属一般氧化剂。组成淀粉分子的脱水葡萄糖单位不同于醇的羟基，都能被次氯酸钠氧化。氧化方式包括：①直链淀粉与支链淀粉 C_1 原子的还原醛端基被氧化成羧基；② C_6 原子上的伯醇羟基被氧化成羰基，最后形成羧基；③ C_2 和 C_4 碳原子上的仲醇羟基氧化成羰基，最后也形成羧基；④ C_2 和 C_3 之间的键开裂。这几种氧化反应是复杂的，没有一定的相互关系和规律性。C_1 和 C_4 上的羟基的反应分别发生在还原端基及非还原端基上面，其羟基数相对要少，只能起次要作用；而 C_2、C_3 和 C_6 上的羟基数量多，主要是这些羟基的氧化反应改变了淀粉性质。

现在仅就 C_6 部位的氧化情况来阐述反应机理。在次氯酸钠作用下，C_6 上的伯醇基（—CH_2OH）先氧化成醛基（—CHO），再氧化成羧基（—COOH）。反应方式如下：

$$NaClO \longrightarrow NaCl + [O]$$

在酸性介质中，次氯酸盐很快转变成氯，氯与淀粉分子的羟基反应形成次氯酸酯和氯化氢。次氯酸酯再分解成一个酮基和一个分子的氯化氢。在这两步反应中，氢都是以质子形式从羰基上游离出来的。环境中质子过量会抑制氢原子释放出来。所以反应介质中酸度增加会减小氧化反应速度。反应式如下：

$$\text{H—C—OH} + \text{Cl—Cl} \xrightarrow{\text{快速}} \text{H—C—O—Cl} + \text{HCl}$$

$$\text{H—C—O—Cl} \xrightarrow{\text{缓慢}} \text{C=O} + \text{HCl}$$

在碱性介质中，次氯酸钠主要离解成带负电荷的次氯酸根（—OCl$^-$）。淀粉形成带负电荷的淀粉酯离子（淀粉—O$^-$），其数量随 pH 升高而增加。因为在较高 pH 时，带负电荷的次氯酸根离子增多、两种带负电荷的离子团因相互排斥很难发生反应，因此 pH 升高，也会限制氧化速度。反应式如下：

$$\text{H—C—OH} + \text{NaOH} \longrightarrow \text{H—C—O—Na} + \text{H}_2\text{O}$$

$$2\text{H—C—O}^- + \text{OCl}^- \longrightarrow 2\text{C=O} + \text{H}_2\text{O} + \text{Cl}^-$$

在中性介质中，次氯酸盐主要呈非离子状态，淀粉呈中性，淀粉与次氯酸盐反应能生成淀粉次氯酸酯和水，酯再分解成酮基和氯化氢。介质中存在的任何次氯酸根阴离子都会以相似的方式对非离解的淀粉的羟基发生作用。反应式如下：

$$\text{H—C—OH} + \text{HOCl} \longrightarrow \text{H—C—OCl} + \text{H}_2\text{O}$$

$$\text{H—C—OCl} \longrightarrow \text{C=O} + \text{HCl}$$

$$\text{H—C—OH} + \text{OCl}^- \longrightarrow \text{C=O} + \text{H}_2\text{O} + \text{Cl}^-$$

通过氧化反应生成羧基和羰基，它们的生成量和相对比例依反应条件而变化。生产次氯酸钠氧化淀粉时，次氯酸钠用量变化对羧基和羰基生成量有直接影响（表 5-6），随着次氯酸钠用量的增加，二者的生成量都增加，但羧基增加量远远超过羰基。次氯酸钠用量减少，羰基生成量高于羧基。随氧化程度增高，羧基生成量逐渐高于羰基。反应 pH 与氧化淀粉的羧基和羰基含量的关系见表 5-7，较低 pH 有利于羰基生成，但生成量随 pH 增加而迅速减少；羧基生成量则随 pH 增加而增加；在 pH＝9 时达到最高值，然后下降。

表 5-6　生产氧化玉米淀粉时次氯酸钠的用量对生成羧基和羰基的影响

项目	次氯酸钠液用量/%											
	0.20	0.50	0.70	1.0	2.0	3.0	4.0	5.0	6.0	7.0	8.0	9.0
羧基含量/%	0.065	0.14	0.16	0.36	0.72	1.1	1.7	2.2	2.7	3.0	3.5	4.3
羰基含量/%	0.14	0.18	0.18	0.18	0.24	0.24	0.30	0.60	0.61	0.60	0.73	1.0
羰基/羧基	2.2	1.3	1.1	0.50	0.33	0.22	0.14	0.27	0.23	0.20	0.21	0.23

表 5-7　生产氧化玉米淀粉时 pH 与羧基和羰基含量的关系

项目	反应 pH				
	7.0	8.0	9.0	10.0	11.0
羧基含量/%	0.72	0.77	0.81	0.75	0.70
羰基含量/%	0.26	0.14	0.11	0.065	0.045

次氯酸钠氧化淀粉中葡萄糖的仲羟基，引起糖苷键弱化，分子降解。随着次氯酸钠含量增加，平均分子质量下降。当氯浓度增加到大于 1 mg/g 时，数量平均分子质量下降的速度开始趋于缓慢。不同品种淀粉的氧化速度有所差异，这种差异与淀粉的颗粒大小、形状、精细物理结构，直链、支链比例或含量，平均分子质量的分布或聚合度以及分子结构中酸性和还原性基团有关。氧化作用使淀粉分子链上的糖苷键发生裂解，生成水溶性小分子，在过滤和水洗过程中损失掉，使产率降低。因此氧化程度越高，氧化淀粉的产率越低。

2. 次氯酸钠氧化淀粉生产工艺　次氯酸钠氧化淀粉的生产采用湿法生产工艺，其工艺流程如下：

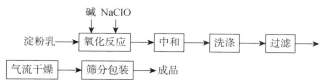

将淀粉在反应罐中调成浓度为 40%～45% 的淀粉乳，在不断搅拌下加入浓度 2% 的氢氧化钠溶液调节 pH 至 8～10，温度控制在 30～50℃ 范围内，加入有效氯浓度为 5%～10% 的次氯酸钠溶液。因为次氯酸钠溶液中有效氯含量变化比较大，所以每次使用前都必须进行测定，方法可采用碘量法或亚砷酸法。反应开始后有酸性物质生成，pH 不断下降，需不断滴加稀氢氧化钠溶液，使 pH 保持稳定。另外，在氧化过程中不断放出热量，因此反应罐必须安装冷却装置，使反应温度保持在规定范围内。当反应达到所要求的程度（用黏度计测定）时，先降低 pH 至 6.0～6.5，用 20% 的硫酸氢钠溶液中和反应液中多余的氯，经过滤或离心机分离，再经水洗除去可溶性副产物、盐及降解物，产品在 50～52℃ 下干燥，便可制成氧化淀粉。调节反应时间、温度、pH、氧化剂添加速度、淀粉乳与次氯酸钠的浓度，可以生产出不同性能的氧化淀粉。

3. 次氯酸钠氧化淀粉的性质与应用

（1）性质

①白度。用次氯酸盐氧化淀粉时，也会发生漂白作用。漂白作用能够溶解并洗脱蛋白质及其结合的色素，因此氧化淀粉比原淀粉的白度高些。在一定限度内，白度随处理强度增加而有所提高。但氧化淀粉的白度极不稳定，对许多因素都十分敏感，例如，温度、湿度和贮藏时间等。氧化淀粉高温下变成黄褐色，其水分散系糊化时或者加碱时都会变黄。变黄程度与氧化淀粉的醛基含量有关，醛基含量越高，越易变黄。贮存期过长也易变黄，所以氧化淀粉的贮存期不应超过 6 个月。

②颗粒特性。与原淀粉相似，氧化淀粉颗粒仍保持有偏光十字现象，X 光衍射图像也没有变化，表明氧化反应发生在颗粒的无定形区，仍保持着碘染色的特征。但用电子显微镜观

察表明，随氧化程度加大，颗粒表面显现粗糙不平，有裂纹和洞穴出现。氧化淀粉受热时，与原淀粉颗粒的膨胀不同，会沿裂纹方向崩裂成碎片。

③糊黏度和透明度。氧化淀粉的糊化温度低于其母体淀粉。次氯酸盐氧化淀粉形成的水分散系与原淀粉相比，具有较低的黏度和较高的透明度，糊的流动性好，不易凝沉。玉米氧化淀粉在热水中成糊及冷却时水分散系不会增稠，也不会像玉米原淀粉那样变硬，而且能形成较清晰的糊液。凝沉性和凝胶性的减弱是由于较大的羧基进入淀粉分子中，起到空间位阻作用，抑制直链淀粉分子间再次氢键结合。次氯酸盐处理的程度越强，所得的氧化淀粉的糊化温度越低，其糊的黏度也越低，凝沉倾向越弱，透明度越高。氧化淀粉糊具有较高的稳定性和保护胶体作用，这一点与其他低强度变性淀粉有很大区别（表5-8）。

表 5-8　马铃薯次氯酸盐氧化淀粉的性质变化

淀粉种类	有效氯/%	100 g 淀粉 羧基含量/mmol	100 g 淀粉 羰基含量/mmol	黏度 (1%溶液)/(mPa·s)	糊化温度/℃
原淀粉	0	0	0.4	84.62	59～74
氧化淀粉	0.5	2.4	1.2	14.51	56～71
氧化淀粉	1.0	3.9	4.5	6.84	54～70
氧化淀粉	2.0	8.2	6.5	2.63	52～68
氧化淀粉	3.0	12.5	10.8	1.82	50～67
氧化淀粉	5.0	26.6	11.9	1.42	43～67

④呈阴离子性质。氧化淀粉中有羧基存在，所以 pH 大于 5 时只有阴离子特征。对亚甲基蓝及其他阳离子染料有敏感性，容易吸附带阳电荷染料。但这不是氧化淀粉所独有的特性，所有阴离子取代基的淀粉衍生物（如羧甲基淀粉、磷酸淀粉）均能被染色。

⑤分子数量与特性黏度。淀粉在被氧化过程中，羧基及羰基进入分子的数量、切断糖苷键的数量等都取决于氧化程度。一般说来，随次氯酸盐处理程度加大，分子质量、聚合度及特性黏度降低，羧基或羰基含量增加。多数商品次氯酸盐氧化淀粉的羧基量在1.1%以上。

⑥薄膜性能。氧化淀粉能形成强韧、清晰且连续的薄膜。比酸解淀粉或原淀粉的薄膜更均匀，收缩及爆裂的可能性更小，薄膜也更易溶于水。

（2）产品质量标准

①国内淀粉厂企业标准。

含水量≤14%；

蛋白质≤0.5%；

羧基含量为 0.046%；

黏度（95℃下 6%浆液，mPa·s）120。

②低强度玉米氧化淀粉（瑞士 AMYLUM 公司）。

含水量在11.5%～13.5%；

蛋白质≤0.4%；

灰分≤1%；

pH 在 6～7；

可溶性物在 1.5％；

Brookfield 黏度（30％溶液）：

糊化完毕　　　500 mPa・s；

24h 后　　　　850 mPa・s。

（3）应用　工业生产氧化淀粉主要用作造纸工业的施胶剂和胶黏剂、纺织工业上浆剂、食品工业添加剂、建筑材料工业胶黏剂。

次氯酸钠氧化淀粉80％以上用于造纸工业。主要用作纸张表面施胶剂，表面施胶是利用氧化淀粉的适宜的强度范围和优异的稳定性。经过施胶后，能在纸表面封闭微孔、黏接松散的表面纤维组织，增强纸表面强度，提高油墨的印刷能力。还有些氧化淀粉作为涂布纸的胶黏剂，利用其高度流动性与黏合力，在纸机上使用效果良好。

次氯酸盐氧化淀粉还应用于纺织工业的经纱上浆、精整和印染过程中。氧化淀粉在高固形物含量下，仍保持着良好的流动性和黏着性，能使它更多地附着在纱线上，为纤维提供较强的耐磨性。而且氧化淀粉容易退浆，在精整工序中，氧化淀粉与填料（白土）混合以后，能够填平织物的缝隙，加强挺度，改善手感和悬垂性，而且增加织物的重量。在印染过程中、次氯酸盐氧化淀粉由于成膜性好，透明度高，所以能保持住染料原色，不至于暗淡花色。

在建筑工业中，用作保温板、墙壁纸和隔音板的原材料的黏合剂。在食品工业方面，氧化淀粉能代替阿拉伯胶和琼脂制造胶冻和软糖类食品；轻度氧化淀粉可用于炸鸡、水产食品的敷面料和拌粉中，对食品有良好的黏合力并可得到酥脆的表层。

二、双醛淀粉

1. 工艺原理　双醛淀粉（dialdehyde starch，DAS）是用高碘酸处理淀粉而制得的含有醛基的高分子混合物，也是一种氧化淀粉。它具有选择地氧化相邻的 C_2 及 C_3 上的羧基而生成醛基，并断开 C_2 与 C_3 之间的键，形成双醛淀粉。反应式如下所示：

$$-O\left[\begin{array}{c}CH_2OH\\ \text{OH}\\ OH\end{array}\right]_n O + HIO_4 \longrightarrow -O\left[\begin{array}{c}CH_2OH\\ \\ CHOCHO\end{array}\right]_n O- + HIO_3 + H_2O$$

由于高碘酸是一种价格昂贵的特殊氧化剂，工业化生产双醛淀粉时，在反应过程中高碘酸还原为碘酸后，将碘酸通过电解作用再转化成高碘酸，回收重复使用。

2. 生产方法　全过程分为两道工序，一为高碘酸氧化淀粉，生成双醛淀粉，另一工序为电解碘酸生成高碘酸回收利用。工艺流程如下：

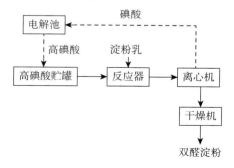

将淀粉乳在酸性（pH 0.7～1.5）环境下添加高碘酸（HIO_4）、温度控制在30～40℃范围。高碘酸的添加数量可以根据所要求的氧化程度进行调节，工业生产一般选用高碘酸与淀粉的物质的量比在1～1.2。连续搅拌约3 h，结束反应以后静置沉淀约1 h。将含75%左右碘酸（HIO_3）的反应清液用泵抽到电解池内，再生成高碘酸。如不用沉淀法，可将反应液经离心机进行固液分离，被氧化的湿淀粉水洗数次，重复过滤，至检测无酸根离子（IO^-）为止。当水洗液中碘酸浓度太低，没有回收价值，就应该排放。在每个生产周期，循环使用过程中约损失1%碘酸。过滤可得到含水量50%～60%的滤饼，50～55℃空气干燥20～40 h，粉碎筛分，得到含水量约10%的双醛淀粉。

在上述工艺过程中，淀粉大部分是在第一个小时内被高碘酸氧化的。因而表面氧化比较迅速，而高碘酸渗透到淀粉颗粒内部氧化是十分困难的，需要很长时间，生产实际控制淀粉中双醛基含量90%左右。生产应该采用聚乙烯、聚氯乙烯或玻璃钢设备，因为高碘酸对金属设备（包括不锈钢）都有腐蚀作用。

3. 理化性质 双醛淀粉中的醛基很少以游离状态存在，主要是与C_6伯醇基形成半缩醛结构（Ⅰ），与水分子结合成环形结构（Ⅱ），与水合物形成半醛醇（Ⅲ），其结构式如下：

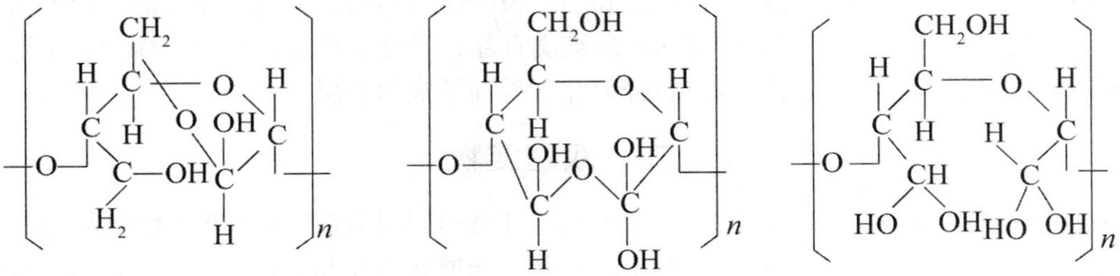

上面结构式表示的双醛基的环形结构都很脆弱，易断裂，使醛基游离出来，其反应活性与醛基化合物相同，易与亚硫酸盐离子、醇类、胺类以及具有毒性的肼类和酰肼类等试剂进行反应。

双醛淀粉仍保持有淀粉颗粒的原形状，不溶解于水，在90℃蒸煮条件下稍有膨胀。氧化程度越高，在水中蒸煮时颗粒越难分散。遇碘液不呈现蓝色。在偏光显微镜下观察，颗粒呈黑色，没有偏光十字。

4. 应用 双醛淀粉具有很高的化学活性，可与含羟基的纤维素反应，用于生产抗湿性的包装纸、高强度纸、卫生用纸、擦拭纸和地图纸等。双醛淀粉具有与多肽的氨基和亚氨基进行反应的能力，是一种很好的皮革鞣制剂。因双醛淀粉中的醛基能与聚乙烯醇或聚醋酸乙烯酯水解物的醇基反应生成缩聚醛，故能使聚乙烯醇分子或聚醋酸乙烯酯分子间发生交联，因而吹制的塑料薄膜耐水性明显提高。双醛淀粉能与明胶起交联反应，变成不溶解于水，在医用照相胶片生产中用作明胶硬化剂。它还可作为水泥缓凝剂，能增加水泥的压缩强度。在纺织工业中可作为棉花纤维的优质交联剂，但因价格高而很少使用。双醛淀粉因比热大，无毒性，故能用作冷藏库和冷冻库的蓄冷剂。

第六节　交联淀粉

交联淀粉（cross-linked starch）是多元官能团化合物作用于淀粉乳，使两个或两个以上的淀粉分子交联在一起的淀粉衍生物。淀粉交联的主要形式有酰化交联、酯化交联和醚化交联。使淀粉分子间发生交联反应的试剂称为交联剂，交联剂种类很多，都含双官能团或多官能团。工业生产中常用的交联剂有：环氧氯丙烷、三氯氧化磷和三偏磷酸钠等。前者具有两个官能团，后二者具有 3 个官能团。淀粉被多元官能团的交联剂处理后发生交联反应，促使分子间产生交联结构或搭成键桥。当然淀粉分子具有大量的羟基，除了分子间的交联反应外，发生反应的两个不同羟基也有的是来自同一淀粉分子，没有发生分子间的交联反应。反应试剂也可能只与一个淀粉分子的羟基发生了反应，没有在不同淀粉分子之间形成交联键。这两种情况（分子间和分子内部）都可能发生。但因为分子表面结构严实，反应因素影响不到分子内部，所以分子内部交联反应出现并不多，整个反应过程趋向分子间交联。

淀粉分子之间形成交联键能够增加分子的大小，提高平均相对分子质量，加强分子间氢键强度。这样使淀粉分子结构更牢固，糊化温度升高，糊的稳定性加强。较低程度的交联反应，如在淀粉乳中加入绝干淀粉质量的0.005%~0.1%的交联剂，就能对淀粉颗粒的膨胀、糊化产生很大的抑制作用，因此交联剂有时被称为"抑制剂"。当交联剂的分子数量增高到一定程度后，即使在沸水中加热，淀粉颗粒也不会膨胀糊化。

一、交联反应机理

1. 三氯氧磷交联　三氯氧磷（$POCl_3$）又称为磷酰氯，在 pH8~12 条件下，与淀粉反应：

$$2StOH+Cl-\overset{\overset{O}{\|}}{\underset{\underset{Cl}{|}}{P}}-Cl \xrightarrow[\text{pH8}\sim12]{\text{NaOH}} StO-\overset{\overset{O}{\|}}{\underset{\underset{ONa}{|}}{P}}-OSt+3Cl^-+H_2O$$

说明：式中 St 表示淀粉（starch）。

2. 三偏磷酸钠交联　将淀粉浸入 pH5~11.5的三偏磷酸钠溶液后进行反应到所需程度，过滤、干燥，再加热至 $100\sim160℃$，则可生成淀粉磷酸双酯。

$$2StOH + \text{（三偏磷酸钠环状结构）} \xrightarrow{Na_2CO_3} StO-\overset{\overset{O}{\|}}{\underset{\underset{ONa}{|}}{P}}-OSt + Na_2H_2P_2O_7$$

3. 环氧氯丙烷交联　环氧氯丙烷分子中有极为活泼的环氧基和氯基，具有极强的交联作用，与淀粉反应生成交联淀粉，称为双淀粉甘油醚。

$$2StOH+CH_2-\overset{O}{\overset{\diagup\diagdown}{CH}}-CH_2Cl \xrightarrow{OH^-} St-O-CH_2-\overset{\overset{OH}{|}}{CH}-CH_2-O-St+HCl$$

从上面反应式中可以看出环氧氯丙烷在阴离子作用下，环状结构被断开后，与两个淀粉分子形成羟丙基淀粉醚的结构。

实际上环氧氯丙烷分子与淀粉分子的交联反应是分几步进行的，过程如下：

$$St—OH+H_2C \overset{O}{\overset{\diagup\diagdown}{—}} CH—CH_2Cl \xrightarrow{OH^-} St—O—CH_2 \overset{OH}{\underset{OH}{\overset{|}{—}CH}} —CH_2Cl$$

$$\longrightarrow St—O—CH_2 \overset{O}{\overset{\diagup\diagdown}{—}CH—CH_2} \xrightarrow[St—OH]{OH^-} St—O—CH_2 \overset{OH}{\overset{|}{—}CH} —CH_2—O—St$$

$$\Big\downarrow OH^-$$

$$St—O—CH_2 \overset{}{—}CH \underset{OH}{\overset{|}{—}} CH_2OH$$

反应中环氧氯丙烷分子能与另一个淀粉分子反应，生成双淀粉甘油醚。也可把它的环氧环断开，形成 2，3-羟丙基淀粉醚。若增加反应体系中水与淀粉分子的比例，则反应有利于2，3-羟丙基淀粉醚的生成；在相同条件下，提高环氧氯丙烷与淀粉比例，则有利于双淀粉甘油醚的形成。在多相反应条件下，增大环氧氯丙烷与淀粉的物质的量比，可使几乎所有的环氧氯丙烷均按生成交联淀粉的反应方向进行，副反应所占比例很小。

二、交联淀粉的制备方法

在碱性淀粉乳中添加一定比例的交联剂，温度保持在 20～50℃。反应到所需时间以后，反应产物过滤、水洗和干燥，这是生产交联淀粉的常用方法。

1. 三氯氧磷酯化交联淀粉工艺操作　配制淀粉乳浓度 30％～40％，用氢氧化钠溶液调至 pH11。持续搅拌的同时，加热到反应所需温度，使反应体系温度达到平衡后，加入 0.005％～0.25％的三氯氧磷溶液，反应一定时间。反应结束后，用2％盐酸溶液调淀粉乳的 pH 在5.0～6.5范围。停止反应后，过滤、水洗、干燥后即得成品。用三氯氧磷对淀粉进行交联时，加入 0.1％～10％（按干淀粉量计）的中性碱金属或碱土金属盐（如氯化钠或硫酸钠），可使反应均匀并完成得彻底。原理在于这些盐类能加速水解交联剂，增强交联剂对淀粉颗粒的渗透能力；这些盐类还影响淀粉颗粒内部的水环境，改善水与淀粉间的交错结构；这些盐类还能防止淀粉分子从颗粒中离析出来。

2. 三偏磷酸钠交联淀粉工艺操作　将 180 g 玉米淀粉（含水 10％）分散到 325 mL 水（内含3.38 g 三偏磷酸钠）中，用碳酸钠将 pH 调至10.2，加热至50℃，反应 80 min。然后过滤、水洗，将 pH 调至6.7，干燥。酯化交联反应受 pH 影响很大，降低 pH 对交联反应有很强的抑制作用。在 pH11 条件下，反应 5 min 黏度达到最高值，反应 2 h 可达高度交联；在 pH 8 条件下，需要反应 24 h，黏度达最高值，即使反应很长时间也达不到高度交联的程度。

另外，有双抑制法生产交联淀粉。先用三偏磷酸盐处理淀粉，使之发生一次交联；然后将一次交联淀粉制成乳液（pH 7.8～8.1），添加0.03％～0.2％的三偏磷酸钠和0.5％的氯化钠，进行二次交联。滚筒干燥反应产物，在糊化过程中又发生交联反应，终产品可在冷水中分散且具有高黏度。

3. 环氧氯丙烷交联淀粉工艺操作　将环氧氯丙烷加在碱性淀粉乳中，在低于淀粉糊化温度下进行反应。2 kg 玉米淀粉（含水 10%），混入 3 kg 冷水中，加入 30 g 的 50% 氢氧化钠溶液和 10 g 环氧氯丙烷，在 25~30℃ 温度下保持搅拌 20 h，反应后用浓盐酸中和到 pH 5.5，过滤、冷水洗、室温干燥得成品。

另一例为：100 g 绝干玉米淀粉混于 150 mL 碱性硫酸钠溶液中，保持搅拌。每 100 mL 碱性硫酸钠溶液中含有 0.66 g 氢氧化钠和 16.66 g 无水硫酸钠。硫酸钠的作用是抑制淀粉颗粒的膨胀。将 20~900 mg 的环氧氯丙烷溶解于 50 mL 碱性硫酸钠溶液中，配制好的混合液于 3~5 min 内滴加淀粉乳中。在 25℃ 保持搅拌反应 18 h，用 3 mol/L 硫酸溶液中和到 pH 6，过滤、清洗。环氧氯丙烷易挥发损失，反应必须在密闭装置中进行。

应用不同交联剂，反应速度存在很大差异，三氯氧磷反应速度最快，三偏磷酸钠的反应速度较慢，环氧氯丙烷最慢。在较强碱性和较高温度时，环氧氯丙烷反应速度加快。

三、交联淀粉的性能

交联淀粉产品性能主要表现在糊化特性、黏度和抗剪切力等方面，这些参数可采用布拉班德黏度计（Brabender viscosimeter）和淀粉黏度计（Brookfield viscosimeter）来测定。

1. 颗粒　在室温下用显微镜检测水或甘油中的交联淀粉，发现颗粒外形与原淀粉相同。由于淀粉分子通过交联键更紧密地结合在一起，使淀粉颗粒内的小分子更难溶解出来，水分子也更难进入颗粒，同内部淀粉分子结合。同时，由于交联作用使得单位质量的淀粉颗粒的表面积减小，从而减少了淀粉颗粒表面对水的吸附，故淀粉经交联后溶解度和膨胀力都减小了。

2. 糊化特性　交联淀粉糊化特性的改变取决于交联程度。原淀粉颗粒在热水中受热，氢键强度减弱，颗粒吸水膨胀，黏度逐渐上升，温度上升到顶峰时，膨胀颗粒达到最大水合作用；继续加热，氢键遭到破坏，已膨胀的颗粒崩溃、分裂、黏度下降。交联淀粉颗粒随氢键变弱而膨胀。但颗粒破裂后，化学键的交联可充分地保证颗粒完整性，使已膨胀的颗粒保持完整，并使黏度损失降到最小甚至没有。从图 5-9 中可以看出，低交联度的淀粉（1/1 300 AGu），糊化温度和最高黏度比原淀粉都稍高，继续受热则黏度继续增高，冷却后黏度更高。中交联度淀粉（1/440 AGu），糊化温度稍增高，继续受热，不出现黏度峰值，冷却过程，黏度继续增高。高交联度淀粉（1/100 AGu），受热不膨胀，不糊化，无黏度。交联对淀粉糊黏度产生的影响在蜡质玉米淀粉和薯类淀粉中表现得更为显著。

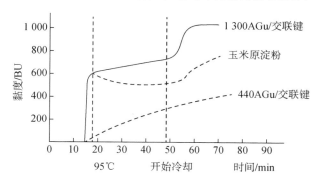

图 5-9　交联作用对玉米淀粉黏度的影响

3. 抗剪切性　交联淀粉的糊液具有较普通淀粉糊液更强的抗剪切性。原淀粉颗粒受到剪切作用时，结构被破坏，其糊的黏度明显降低。交联作用加固了淀粉颗粒的结构，增加了分子间的键合力。调整交联度可以使淀粉应用时更加适应机械搅拌和泵输送的剪切力的作用，以保持淀粉糊黏度的稳定性。如图 5-10 所示，蜡质玉米淀粉糊黏度在剪切力作用下降低很多，而经低度交联便能提高其稳定性。

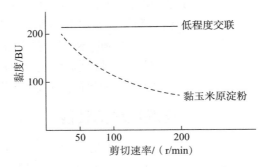

图 5-10　不同剪切速率对黏玉米淀粉及其交联淀粉黏度的影响

交联淀粉的糊黏度对热、酸、碱和剪切力影响具有高稳定性。其稳定性随交联化学键不同而有差异。环氧氯丙烷交联为醚键，化学稳定性高，所得交联淀粉抗酸、碱，剪切和酶作用强，其糊的稳定性高。三氯氧磷和三偏磷酸钠交联为无机酯键，所得交联淀粉对酸的作用稳定性高，对碱作用的稳定性低。交联淀粉还具较高的冷冻稳定性和冻融稳性。

4. 薄膜性能　表 5-9 说明从原玉米淀粉蒸煮液制得的薄膜的抗张强度明显受蒸煮时间的影响，而经适度交联（表中交联淀粉的交联度为 1/500 AGu），却基本不受蒸煮时间长短的影响。

在溶液蒸煮初期，以分子状态分散的直链淀粉是淀粉薄膜具有优良抗张强度的主要原因。但在继续蒸煮时，颗粒破裂成碎片，释放出支链淀粉，削弱了薄膜的抗张强度。而交联淀粉由于保持了膨胀颗粒的完整性，支链淀粉选择性地保留在膨胀颗粒中。因此在整个蒸煮期间保持着高浓度直链淀粉溶液的优点，其淀粉薄膜也就没有原淀粉薄膜那种抗张强度下降的情况。

表 5-9　沸水中受热时淀粉薄膜抗张强度的变化

蒸煮时间/min	平均抗张强度/MPa	
	原淀粉	交联淀粉
10	5.00	5.09
20	4.56	—
30	4.26	5.10
60	3.83	—
120	3.78	5.08
180	2.12	—

四、交联淀粉的用途

在实际生产过程中，交联淀粉可以形成一种高黏度而又稳定的液体，特别是在这种糊液经受高温、强剪切或者低 pH 处理时，交联淀粉就显示出独特的功能性质。一般都是将交联作用与其他类型的衍生和变性作用结合起来处理淀粉。例如高交联度淀粉可以再次变性处理，包括连续糊化、特殊工艺条件和挤压膨化等。

食品工业用淀粉（特别是以蜡质玉米、马铃薯、木薯为原料的）常常是交联的磷酸酯、醋酸酯或羟基醚类。它们具有理想的胶凝化、黏着性和组织化等功能性质，其中包括短时间内呈现膏状稠度。色拉调味汁用交联淀粉作增稠剂，在酸性环境中或高度剪切的情况下，保持着所需要的黏度。在蒸汽杀菌的罐头食品中，需要添加凝胶或者溶胀速度缓慢的交联淀粉。使罐头食品初黏度低、传热快、中心温度上升快，有利于瞬间杀菌，灭菌后产品增稠。交联淀粉还用于罐装汤、汁、酱和玉米糊中。也可用作甜饼果馅、布丁和油炸食品中的奶油替代原料。交联淀粉具有较高的冷冻和冰融稳定性。特别适于在冷冻食品中应用。

淀粉颗粒在干燥以前保持着组织性、黏度、保水性和抗剪切力，对食品有着特殊功效。滚筒干燥的交联淀粉能够赋予食品系统浆状组织。据报道，支链淀粉含量高的、用滚筒干燥的交联淀粉能够增加糕点的体积、酥脆性和柔软口感，保证糕点质量。酸转化交联淀粉经滚筒干燥生成能在冷水中分散的胶凝淀粉。用 β-淀粉酶处理交联淀粉（特别是蜡质类淀粉和淀粉衍生物），能够加强其水分散系的低温稳定性、食品生产要求交联淀粉具有最佳的增稠和流变学性质。

在医疗上，高度交联淀粉能用作外科手术橡胶手套的润滑剂，它对人体无毒无害，高温灭菌时不糊化，人的皮肤不与手套粘连，可被人体组织吸收。交联淀粉还用于吸湿制品中，含羧甲基或羟烷基的交联淀粉醚适于在人体卫生制品中作吸附剂。交联淀粉用在碱性织物印染浆中，使浆料呈高黏度和短时间内不黏着的组织结构。交联淀粉还用在瓦楞纸板黏合剂中，使之在强碱性条件下具有高黏度，在搅拌和泵送时黏度不变化。在其他方面的应用还有石油钻井泥浆，可以保持泥浆的稳定性；以及用作印刷油墨、煤坯和木炭坯的黏合剂，干电池的隔离介质，玻璃纤维和纺织的施胶剂等。交联反应也用在制造某些特殊淀粉过程中，如制造高温（例如杀菌温度）、强碱条件下不胶凝的淀粉。高交联度淀粉还用于生产耐火材料、微胶囊和透气膜中。

第七节　酯化淀粉

淀粉分子的醇羟基被无机酸或有机酸酯化而得到的产品称为酯化淀粉（esterized starch）。酯化淀粉又可分为淀粉无机酸酯和淀粉有机酯两大类，前者主要品种有淀粉磷酸酯、淀粉硝酸酯、淀粉黄原酸酯等，后者品种较多，如淀粉醋酸酯、淀粉琥珀酸酯等。酯化淀粉可采用干法或湿法来生产，产品具有溶胶稳定性、阴离子等特性，生产成本低廉，应用广泛。这里重点阐述淀粉磷酸酯、淀粉醋酸酯和淀粉黄原酸酯。

一、淀粉磷酸酯

（一）概述

淀粉易与磷酸盐反应制得淀粉磷酸酯（starch phosphate），即使很低的取代度也能明显改变原淀粉的性质。磷酸为三价酸，能与同一淀粉分子中的3个羟基起反应生成淀粉磷酸一酯、二酯和三酯。淀粉磷酸一酯又称为淀粉磷酸单酯，是工业上应用最广泛的淀粉磷酸酯。磷酸与来自不同淀粉分子的两个羟基发生酯化反应生成淀粉磷酸双酯，也属于交联淀粉。双酯交联反应的同时，也有少量一酯和三酯反应并行发生。

$$\underset{\text{一酯}}{\text{淀粉}-O-\overset{\displaystyle O}{\underset{\displaystyle OH}{\overset{\|}{P}}}-OH} \qquad \underset{\text{二酯}}{\text{淀粉}-O-\overset{\displaystyle O}{\underset{\displaystyle OH}{\overset{\|}{P}}}-O-\text{淀粉}} \qquad \underset{\text{三酯}}{\text{淀粉}-O-\overset{\displaystyle O}{\underset{\displaystyle O-\text{淀粉}}{\overset{\|}{P}}}-O-\text{淀粉}}$$

原淀粉颗粒中含有少量磷，马铃薯淀粉中磷的含量为0.07%～0.09%，磷酸一酯是磷酸基与支链淀粉结合，相当于每212～273个葡萄糖单位含有一个磷酸基，60%～70%的磷酸基是与C_6原子结合，其余与C_3原子结合，原淀粉的磷含量经分析为马铃薯淀粉0.083%（DS为4.36×10^{-3}），玉米淀粉0.015%（DS为7.86×10^{-4}），蜡质玉米淀粉0.004%（DS为2.13×10^{-4}），小麦淀粉0.055%（DS为2.89×10^{-3}）。原淀粉含有天然存在的磷酸酯，虽然取代度很低，但对淀粉的胶体性质也会有一定的影响，马铃薯淀粉在这一方面尤为明显。

（二）反应原理和制备方法

淀粉磷酸化是酯化过程。酯是酸分子中可电离的氢离子被羟基取代而生成的化合物。酯化过程是可逆的，淀粉磷酸酯在酯化反应中易水解产生醇和酸。所以生产过程要在加热或催化条件下进行。

1. 单酯型磷酸淀粉（淀粉磷酸单酯）　　生产淀粉磷酸单酯所采用的磷酸化试剂有：正磷酸盐、三聚磷酸盐、尿素磷酸盐和有机磷酸化试剂等。下面就不同磷酸化试剂分别叙述淀粉磷酸单酯的制法。

（1）正磷酸盐　　正磷酸盐主要是磷酸一氢钠（Na_2HPO_4）和磷酸二氢钠（NaH_2PO_4），反应式如下：

$$\text{淀粉}-OH+NaH_2PO_4/Na_2HPO_4 \longrightarrow \text{淀粉}-O-\overset{\displaystyle O}{\underset{\displaystyle OH}{\overset{\|}{P}}}-ONa$$

制备工艺分湿法和干法，将分别阐述。

①湿法工艺。湿法又称为浸泡法，工艺流程图如下：

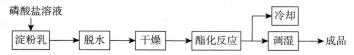

将淀粉和正磷酸盐（磷酸一氢钠和磷酸二氢钠的混合物）混合搅拌，调成浆状，含水量约40%。在搅拌下调节pH到5.0～6.5（常为6.0），控制温度为50～60℃，反应10～30 min，过滤。滤饼采用空气干燥或在40～45℃下将水分预干燥至5%～10%，在140～

160℃温度下加热2h或更长一些时间，然后冷却，经粉碎即得单酯型磷酸淀粉。

实验证明，在淀粉和磷酸盐混合后，湿度降低到20%以下。温度不应超过60～70℃，这样能防止凝胶化和副反应的发生。

湿法反应时，试剂与淀粉由于相互渗透，反应系统混合均匀度好，但会产生较多废水，而且由于滤饼湿度大，干燥后反应时间会延长。

②干法工艺。干法的工艺流程图如下：

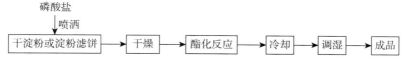

用少量水溶解正磷酸盐，将溶液直接用喷雾法喷到干淀粉上，然后持续搅拌均匀，烘干至含水量5%～6%，在140～160℃下反应一定时间，即可制成淀粉磷酸酯。例如，将5%（按干淀粉质量计）的磷酸盐喷洒到干淀粉中混合均匀，气流干燥至含水量小于10%，在140～160℃下反应1h得成品。干法反应优点是工艺流程短，能耗低，无废水产生。缺点是对喷雾混合设备要求高，生产粉尘大、易爆炸；产品均匀度不如湿法，产品质量不稳定。干法制造淀粉磷酸单酯可以采用焙烧糊精的设备，用流动熔烧法或减压焙烧法生产，制得的产品质量稳定。

也有人对湿法进行改进，提出淀粉与磷酸盐的浓溶液通过捏合设备或搅拌设备达到混匀的目的，省掉淀粉的浸泡和过滤工序。该法被称为半湿法。

淀粉与磷酸一氢盐和磷酸二氢盐的混合物（pH5～6.5）反应可生成取代度达0.2的淀粉磷酸单酯。但是淀粉也发生部分水解，产品具有很宽的流度范围，随反应的pH、温度和时间的变化而改变。制取高取代度产品时，于叔胺存在下，淀粉与四聚磷酸钠作用，获得取代度接近1.0的产品。

（2）三聚磷酸钠　采用三聚磷酸钠（STP）作磷酸化剂，对淀粉进行磷酸化，反应式如下：

$$淀粉—OH + NaO—\overset{\overset{\displaystyle NaO}{|}}{\underset{\underset{\displaystyle O}{|}}{P}}—O—\overset{\overset{\displaystyle O}{\|}}{\underset{\underset{\displaystyle ONa}{|}}{P}}—O—\overset{\overset{\displaystyle ONa}{|}}{\underset{\underset{\displaystyle O}{|}}{P}}—ONa \longrightarrow$$

$$淀粉—O—\overset{\overset{\displaystyle O}{\|}}{\underset{\underset{\displaystyle ONa}{|}}{P}}—ONa + Na_3HP_2O_7$$

同正磷酸盐一样，也可采用干法或湿法将淀粉与三聚磷酸钠反应生成淀粉磷酸酯。采用干法时，淀粉与三聚磷酸钠反应温度为100～120℃，比淀粉与正磷酸盐的反应温度（140～160℃）要低。三聚磷酸钠与淀粉混合的pH为8.5～9.0，反应期间降低到7.0，副产品焦磷酸钠也能与淀粉起酯化反应。采用湿法时，三聚磷酸钠作为酯化剂的反应pH 5.0～8.5，pH太高、会生成以交联双酯为主体的产品。反应温度也比正磷酸盐作酯化剂时要低。例如，将含有5%三聚磷酸钠的滤饼在60℃下干燥到12%的含水量，然后在120～130℃加热反应1h，水洗试样含0.37%的磷，如继续加热处理到2h，产品含磷量会提高到0.49%。三聚磷酸钠被用来制取淀粉磷酸单酯，其取代度比较低，一般为0.02。

还有一种方法为挤压法。将淀粉用蒸馏水洗涤，40℃干燥，粉碎至60目，加入三聚磷酸钠后用水调成浆状，通过单螺旋挤压机挤压。挤压法是将料浆在高温下瞬间挤出，时间短，无污染，三聚磷酸钠用量为干法的1/3。产品取代度与干法相近，但是产品的黏度和糊化温度比干法要低。

（3）磷酸盐和尿素 磷酸盐和尿素的使用与淀粉反应有特定的效果，即酯化与交联。采用较低的反应温度、较短的反应时间及较少的磷酸盐用量即可制得稳定的淀粉产品。这种产品比上述方法制得的淀粉磷酸酯有更高的黏度和更浅的色泽。尿素起交联作用和取代基的作用，减少了降解产物，交联后相对分子质量增加，阻止了有色物质的生成，并有含氨基甲酸酯基团衍生物的生成。如采用淀粉质量的2%～5%尿素，会有不同数量的正磷酸盐生成。在pH4～8、140～160℃下加热数小时，可获得含1%～5%结合磷的产品。应用三聚磷酸钠和尿素，用量分别为玉米淀粉质量的2%～3%，在140～150℃下加热20～30 min后产品含磷量约达0.3%，糊化温度降低，糊黏度有所增加。

（4）有机含磷试剂 在生产低取代度、非交联的淀粉磷酸酯及高取代度淀粉磷酸酯时，有机含磷试剂比无机磷酸盐效果好得多。如水杨基磷酸胺、N-苯酰磷酸胺及N-磷酰基-甲基咪唑盐就是生产低取代度、非交联的淀粉磷酸酯所用的试剂。淀粉与有机磷试剂悬浮液在30～50℃下进行反应，水杨基磷酸胺和N-苯酰磷酸胺在pH 3～8下进行，N-磷酰基-甲基咪唑盐在碱性条件（pH 11～12）下进行。

水杨基磷酸胺　　　　　　　N-苯酰磷酸胺　　　　　　N-磷酰基-甲基咪唑盐

2. 双酯型磷酸淀粉（淀粉磷酸双酯） 双酯型磷酸淀粉是由一个淀粉分子中的两个羟基同一个正磷酸（即磷酸三钠，Na_3PO_4）分子酯化反应的生成物；或者两个淀粉分子中的各一个羟基同一个正磷酸分子酯化反应的生成物。这两种双酯以盐的形式出现时，称为淀粉磷酸双酯。双酯型磷酸淀粉可用湿法生产。三氯氧磷和三偏磷酸钠为酯化剂，生产淀粉磷酸双酯的方法已在交联淀粉章节中介绍。三聚磷酸钠也可用来生产淀粉磷酸双酯，采用湿法生产，pH 为11，因为酯化反应随pH的提高取代效率越来越低，所以在实际工业生产中该法没有意义。此外，酯化剂还可采用醋酸酐、马来酸酐及醋酸乙烯单体等，在pH 7.5以上的碱性悬浮液中添加上述酯化剂进行反应、中和，然后水洗、干燥便获得终产品。

（三）性质

淀粉磷酸单酯是阴离子衍生物，它比原淀粉有较高的黏度、糊液呈现较清晰及较稳定的分散体系。提高取代度会使糊化温度降低，取代度达到0.05以上时，产品有冷水膨胀性，糊液透明，表现高分子电解质所特有的高黏度和结构特性。最有用的性质是耐老化，即使是取代度为0.01的加热糊化型产品也很难老化。淀粉磷酸酯的分散液对冷冻十分稳定，在几次冻结-熔化循环变化后，淀粉糊没有水分溢出，同时组织结构仍保持其平滑及流动性。淀粉磷酸酯还是一种良好的乳化剂，其分散液能和动物胶、植物胶、聚乙烯醇及聚丙烯酯相混，一般取代度为0.02～0.10的淀粉磷酸单酯表现出很好的分散稳定性，常作为食品和其他工业的乳化剂。交联的淀粉磷酸双酯的分散液有较高的黏度，对高温、剪切力、pH 等表现出更强的稳定性，所以常作为增稠剂和稳定剂应用。

（四）应用

淀粉磷酸酯具有黏性大、耐老化性、冻融稳定性、良好的分散性、乳化性和保型等特点，因而广泛应用于造纸工业、食品工业、纺织工业等领域以及用作黏合剂和防垢剂等。

淀粉磷酸酯在造纸工业中用作湿部添加剂，能够改善纸张的强度，提高填料的留着率。低黏度的淀粉尿素磷酸酯作为涂布黏合剂用于高级涂布纸生产，制成的纸具有良好的耐水性能。含氮磷酸酯淀粉因有较高黏度还可代替水玻璃，作为瓦楞纸板层间的黏合剂和增强剂使用。由于黏度高、不返碱、用量小、成本低而受到欢迎。

淀粉磷酸酯作为食品的乳化剂、增稠剂和稳定剂，适于不同食品加工中应用。在冷水中膨胀的淀粉磷酸酯可作水果布丁的添加剂，改变食品的黏稠结构。它还是良好的乳化剂，可与醋、酱油、植物油、果汁、肉汁、菜汁等形成稳定的乳化分散液。在制作色拉调味品时，它是最好的乳化剂。在食品工业中常用作冷冻食品的保型剂，在反复冻融过程中仍能发挥出良好的保型作用。添加淀粉磷酸单酯的调味汁无论在冷冻或加热情况下，其流动性均不发生变化。此外，淀粉磷酸单酯用作色拉油、菜籽油、豆油的稳定剂，可与油中微量金属离子形成络合物，通过过滤除掉，从而防止这些金属离子促进油的氧化。用适量的淀粉磷酸双酯代替原淀粉添加在罐头食品中，可改善产品质量。美国食品药品管理局规定，只能用磷酸二氢钠、三聚磷酸钠和三偏磷酸钠制备的淀粉磷酸酯作为食品添加剂，并且淀粉磷酸酯中残留的磷酸含量不得大于0.4%。

用于纺织工业的上浆、印染和织物整理过程中。上浆后的纱线、胶浆久存性好，纱线光滑不断头，织物平整，饱满挺括，有一定的保色效果。用作印染增稠剂，可以改善印染的均匀性和渗透性。淀粉磷酸酯还是良好的沉降剂，适用于工厂废水处理、矿物浮选和从洗煤水中回收细煤粉等。水中加入少量淀粉磷酸酯（10 mg/L）即能防止或抑制锅垢的积累。

二、淀粉醋酸酯

淀粉醋酸酯（starch acetate）又称为醋酸淀粉或乙酰化淀粉。在工业上一般使用的都是低取代度（取代度在0.2以下）的产品，应用于食品、造纸、纺织和其他工业。高取代度（取代度为2～3）的淀粉醋酸酯的性质与醋酸纤维素相似，可溶于有机溶剂，具有热塑性和成膜性，但因强度及价格方面的问题，尚未大规模生产。

（一）生产方法

1. 反应机理　淀粉分子中的葡萄糖苷单位的 C_2、C_3 和 C_6 上都存在羟基，在碱性条件下能被多种乙酰基取代，生成低取代度淀粉醋酸酯。所用的酯化剂有醋酸、醋酸酐、醋酸乙烯、醋酐-醋酸混合液等，工业化生产一般以醋酸酐居多。

（1）与醋酸酐反应　工业生产低取代度产品是用淀粉乳在碱性条件下与醋酸酐反应而制得。应用醋酸酐试剂的反应表示如下：

$$淀粉—OH+（CH_3CO）_2O+NaOH \longrightarrow 淀粉—OCOCH_3+CH_3COONa+H_2O$$

在反应过程中，醋酸酐和生成的淀粉醋酸酯受碱的作用各自发生水解反应，这是不利的副反应，选择合理的生产条件尽量抑制这些反应发生：

$$（CH_3CO）_2O+H_2O \xrightarrow{NaOH} 2CH_3COONa$$

$$淀粉—OCOCH_3+H_2O \xrightarrow{NaOH} 淀粉—OH+CH_3COONa$$

（2）与醋酸乙烯反应　通过碱性催化的酯基转移反应，醋酸乙烯能作用于淀粉，易于生成淀粉醋酸酯衍生物，这是工业常用方法。在反应中除了生成淀粉醋酸酯外、还会生成乙烯醇（$CH_2{=}CHOH$）。乙烯醇很不稳定而分子重排，形成乙醛。

$$淀粉{-}OH+CH_2{=}CHOC\overset{\displaystyle O}{\overset{\|}{}}{-}CH_3 \xrightarrow{Na_2CO_3} 淀粉{-}OCOCH_3+CH_3CHO$$

在反应过程中，醋酸乙烯和生成的淀粉醋酸酯都受到碱性催化作用发生水解反应（如下式），也是不利的副反应，应尽量抑制副反应发生。

$$CH_2{=}CHO\overset{\displaystyle O}{\overset{\|}{}}CCH_3+H_2O \xrightarrow{NaOH} CH_3COONa+CH_3CHO$$

2. 制备方法

（1）低取代度淀粉醋酸酯的制备

①以醋酸酐为酯化剂。将淀粉用水调成40%淀粉乳，用3%氢氧化钠溶液调节 pH 到8.0，缓慢加入需要量的醋酸酐，为了防止醋酸酯水解副反应，反应在室温（25～30℃）下进行。在加入醋酸酐的同时。要不断加入3%氢氧化钠溶液以保持 pH 8.0～8.4。反应时间因反应条件不同而不同，一般为 1～6 h。实际生产反应时间一般控制在 2～4 h。反应时间过长且在碱性条件下，淀粉醋酸酯就要水解脱酯。反应结束后用0.5 mol/L 盐酸调节 pH 为 5.5～7.0，然后离心、洗涤、干燥制得成品。反应温度与 pH 有关，25～30℃时 pH 为 8～8.4；38℃时 pH 为 7；20℃以下时，pH 为8.4以上。反应得率约为70%。

试验室制备方法如下：淀粉162 g（按干基计）置于400 mL 烧杯中，加入220 mL 水，25℃下搅拌得到均匀淀粉乳。继续保持不停搅拌，滴加3%氢氧化钠溶液调 pH 为8.0，再缓慢滴入10.2 g 醋酸酐，同时加入碱液保持 pH 8.0～8.4。加完醋酸酐后，用0.5 mol/L 盐酸调到 pH 4.5，过滤，将滤饼分散在150 mL 水中，水洗再过滤。再重复操作一次。粉碎滤饼并干燥，得到取代度约0.07的淀粉醋酸酯。

②以醋酸乙烯作酯化剂。将淀粉分散在含有碳酸钠的水中，然后加入需要量的醋酸乙烯，溶液 pH 调节到7.5～12.5，于24℃反应 1 h，过滤、水洗和烘干，即得淀粉醋酸酯和一种含乙醛的副产品。乙醛可在 pH 2.5～3.5时交联乙酰化淀粉。例如，混合 10 g 玉米淀粉（含水量12%）于含0.057 mol 碳酸钠的 150 mL 水中，再加入醋酸乙烯10 g，保持38℃下搅拌，反应 1h。在反应过程中由 pH10 降到 pH 8.6，用稀硫酸调 pH 至 6～7，过滤、水洗和干燥制得成品。产品含乙酰基3.6%。

（2）高取代度淀粉醋酸酯的制备　制备高取代度的淀粉醋酸酯需要在无水介质中进行，但是反应速度慢，取代也不完全。应该对淀粉进行活化预处理，疏松颗粒结构，提高反应活性。混合淀粉于无水吡啶（又称为氮苯）中，115℃加热回流 1 h，淀粉未糊化，仍保持干粉状态，就可制得高取代度淀粉醋酸酯。另一种方法是加淀粉于60%吡啶水溶液中，加热到80～90℃，淀粉糊化，共沸蒸馏（沸点93℃）除去水分，补充加无水吡啶，温度上升到115℃，将水分全部除去后加入醋酸酐，保持115℃反应 1 h 后，得到取代度达 2～3 的淀粉醋酸酯。另一种活化方法是用高温蒸煮和强烈剪切力作用破坏淀粉颗粒结构，再用无水酒精沉淀，将活化淀粉真空干燥到水分 5%以下，与吡啶和醋酸酐反应 4 h，反应温度控制在

100℃，所得产物酯化程度更均匀。

工业生产用醋酸酐和醋酸为混合酯化剂，比用醋酸酐和吡啶有优点，因为醋酸价格便宜，又无不良气味，且能重复使用，但是反应速度慢。如在无催化剂条件下，用醋酸酐与醋酸50℃反应6 h，产物中乙酰含量只有4.1%。但使用1%硫酸为催化剂，酯化速度加快，同样条件下乙酰含量达40.9%。酯化反应速度随硫酸用量的增大和温度上升而加快。乙酰基含量增加到35%～40%以后，反应速度变慢，并随酸浓度、反应温度和时间的增加，淀粉降解的速度也加快。

（二）产品的性质及用途

1. 低取代度淀粉醋酸酯的性质与应用

（1）基本性质　低取代度淀粉醋酸酯的颗粒形状与原淀粉无差别。醋酸根属非离子性的，用阳离子或阴离子颜料进行染色，其变色反应也与原淀粉相同。淀粉醋酸酯易被碱作用脱去乙酰基，所得的再生淀粉与原淀粉颗粒的形状以及性质完全相同。

淀粉醋酸酯在原淀粉中引入少量的乙烯基后，会阻止或减少直链淀粉分子氢键的缔合。工业生产的淀粉醋酸酯取代度小于0.2（5%醋酸根），就已使它形成的胶体溶液具有非常好的稳定性，也因此使淀粉醋酸酯有许多性质优于原粉。例如，糊化温度低、容易糊化、糊稳定性增加、凝沉性减弱。如图5-11所示。乙烯基含量1.8%的玉米淀粉醋酸酯与原淀粉布拉班德曲线比较表明，糊化温度下降6℃，最高热黏度峰值的温度比原淀粉低10℃，随着乙酰化程度增大，糊化温度与最高热黏度峰值的温度差进一步扩大。而在冷却过程中，玉米淀粉醋酸酯的黏度比玉米原淀粉的黏度上升得缓慢，而且黏度较低。这些特点说明淀粉醋酸酯具有很好的黏度稳定性。

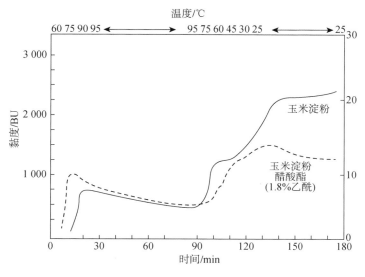

图5-11　玉米淀粉与其醋酸酯黏度比较

（2）用途　淀粉醋酸酯含乙酰基0.5%～2.5%，在食品加工中主要作为增稠剂使用，其糊具有黏度高、透明度高、凝沉性弱、贮存稳定等优点。在实际应用中常进行复合变性，如交联、酰基化、预糊化等联合处理。交联乙酰化淀粉能经受住低 pH、高剪切力、高温及低温的处理，满足某些应用工艺条件要求，可用于罐头、冷冻、焙烤和干制食品中，也用于罐装或瓶装的婴儿食品及水果酱、奶油的饼馅中，还能满足长时间陈列在货架上承受各种温度的变化。经预糊化的乙酰化淀粉被用在预烹调食品、速溶肉汁和果馅中。交联乙酰化木薯、马铃薯和蜡质玉米淀粉，由于它们的黏度高、有利于罐装均匀，可加快罐头的传热速度，缩短杀菌时间。羟丙基淀粉醋酸酯可作口香糖的基质。

美国食品药品管理局法案规定食品用淀粉乙酰基的含量可达2.5%。

淀粉醋酸酯在造纸工业中主要用作表面施胶剂，能够改善纸张的可印刷性，纸张具有较小而均匀的孔隙，增加表面强度、耐磨性、保油性、抗溶剂性。用作胶带纸的胶黏剂，胶膜光亮、柔软、再湿性好，而且无毒。

纺织工业中淀粉醋酸酯的主要用途是经纱上浆。这种淀粉成膜性好，浆纱后纱强度高，织物柔软，耐磨性高。它还可与热固性树脂混合使用于织物整理过程中，能降低成本，增加织物的重量和改善手感。

2. 高取代度淀粉醋酸酯的性质与应用 高取代度淀粉醋酸酯的性质与所用原料淀粉和制备方法有关。不同种类的淀粉、直链淀粉和支链淀粉的组成比例，不同活化和酯化方法对产物性质都有影响。取代度由2.0提高到3.0的淀粉醋酸酯，粉末的色泽由白色转为棕褐色。随乙酰基含量的增高，相对密度、比旋光和熔点都降低。其溶解性质取决于取代程度和聚合度。在水中的溶解度随乙酰基含量增加而降低，当乙酰基含量达 15% 时，可溶解在 50～100℃的水中；乙酰基含量大于 40% 时，不溶于水、乙醚、脂肪醇及脂肪烃中，可溶于丙酮、乙二醚、苯等溶剂中。

虽然高取代度淀粉醋酸酯能制成薄膜、纤维和塑料，但是它们的成膜性很不理想，强度十分脆弱，工业生产一直未能发展起来。从发展前途上看，最有希望的是直链淀粉三醋酸酯，它的薄膜与醋酸纤维膜在抗张强度和伸长率方面接近，增塑作用大于醋酸纤维素。在涂层试验中，直链淀粉三醋酸酯膜有较好的耐油性能及满意的防热水、冷水性能，可抵抗气候变化，但涂膜易从金属板上剥落，附着力低。

三、淀粉黄原酸酯

淀粉黄原酸酯（starch xanthate）是淀粉在强碱性条件下与二硫化碳（CS_2）反应的产物。反应式如下：

$$St—OH + CS_2 + NaOH \longrightarrow St—O—\overset{\displaystyle S}{\overset{\|}{C}}—SNa + H_2O$$

淀粉黄原酸酯是在发明了纤维素黄原酸化反应后不久研制成功的。科学研究证明，因为淀粉的结晶程度比纤维素更低，所以淀粉比纤维素更易与二氧化硫发生黄原化反应。反应得率明显高于纤维素，可达 92%。

（一）制备方法

反应原理见上面的反应式。制备方法有两种：湿法和挤压法。

湿法是在水媒介中进行的。玉米淀粉 324 g（含水量0.01%），与烧杯内 2 400 mL 水搅拌成淀粉乳，加入氢氧化钠溶液（40 g 氢氧化钠溶入 200 L 水中），快速搅拌 30 min。加入 24.3 mL 二硫化碳，烧杯罩盖，防止挥发，反应时间为 1 h。反应产物中黄原酸酯的取代度能达到0.1。挤压法是将淀粉、二硫化碳和氢氧化钠按一定比例，连续加入挤压机内，在高压和剪切的作用下进行混炼，发生黄原化反应 2 min 后，从卸料口流出黏稠状物体，干燥即得成品淀粉黄原酸酯。该法可以连续生产，较为广泛采用。

（二）性质

淀粉黄原酸酯本身稳定性不好，主要因为黄原酸酯遇见空气中的氧而转化成多种含硫单体。10%淀粉黄原酸酯溶液呈黄色黏稠液体并会发出硫黄气味，稳定性也很差。水溶性淀粉黄原酸酯不易由水溶液中分离，加酒精可以沉淀出来。只有在浓度 2%以下时，淀粉黄原酸酯才是稳定的，一般来说室温下可以贮存数月。将淀粉黄原酸酯交联后，稳定性可明显提高。

淀粉黄原酸酯能与重金属离子进行离子交换，形成絮状沉淀物。反应式如下：

$$2St—O—\overset{\overset{\displaystyle S}{\|}}{C}—S^-Na^+ + Zn^{2+} \longrightarrow (St—O—\overset{\overset{\displaystyle S}{\|}}{C}—S—)_2Zn\downarrow + 2Na^+$$

（三）应用

1. 处理工业废水中的重金属离子 由于淀粉黄原酸酯能与重金属离子（如锌、酮、铁）进行离子交换并形成絮状沉淀物，所以利用澄清、过滤和离心等方法去除含重金属的沉淀物，净化工业废水，达到排放标准。目前，淀粉黄原酸酯已经广泛应用在电镀、采矿、铅电池和有色金属冶炼等行业，处理工业废水取得明显效果。

2. 橡胶工业 在橡胶中加入交联淀粉黄原酸酯，其强度类似中等炭黑。因橡胶中加入交联淀粉黄原酸酯，而改变了橡胶的传统加工过程，工艺简捷，能耗降低，经济效益明显提高。含有 3%～5%淀粉和 95%～97%橡胶的交联淀粉黄原酸酯-橡胶的混合物，能够容易和各种添加剂拌合在一起，注塑成多种橡胶制品。

3. 造纸工业 可溶性淀粉黄原酸酯在制浆过程中，可作为湿部添加剂。提高纸张的干、湿强度、抗撕裂力和耐折度。

4. 农药 淀粉黄原酸酯能够包埋多种农药，避免或减少由于挥发、光照分解和包装漏失造成的散失和污染。置于水或土壤中，包埋农药的有效成分会从淀粉基质内缓慢释放出来。实验证明，等同有效成分经淀粉黄原酸酯包埋的农药，大田控制杂草生长期 120d，未包埋的仅控制 45d。

第八节 醚化淀粉

醚化淀粉（etherified starch）是淀粉分子的一个羟基与烃化合物中的一个羟基通过氧原子连接起来的淀粉衍生物。它包含许多品种，其中工业化生产的有 3 种类型：羟烷基淀粉、羧甲基淀粉和阳离子淀粉。对淀粉进行醚化变性，目的是保持黏度的稳定性。特别是在高 pH 条件下，醚化淀粉较氧化淀粉和酯化淀粉的性能更为稳定，所以应用范围较为广泛。

一、羧甲基淀粉

羧甲基淀粉（carboxymethyl starch，CMS）是一种阴离子淀粉醚，通常是以钠盐形式制取。工业生产主要为低取代度产品。由于羧甲基淀粉的糊液透明、细腻、黏度高、黏接力大、流动性和溶解性好，且有较高的乳化性、稳定性和渗透性，不易腐败霉变。在食品、医药、纺织、印刷、造纸、冶金、石油钻井和铸造等行业中都有着广泛的用途，是一类重要的淀粉衍生物。

（一）反应机理和制备工艺

1. 反应机理 淀粉与一氯醋酸在氢氧化钠存在的情况下产生醚化反应，属于双分子亲核取代反应，葡萄糖分子中的醇羟基被羟甲基取代，其反应式为：

$$淀粉—OH + NaOH \longrightarrow 淀粉—O—Na + H_2O$$

$$淀粉—ONa + ClCH_2COOH + NaOH \longrightarrow 淀粉—O—CH_2COONa + NaCl + H_2O$$

所得产物属于羧甲基钠盐类，称为羧甲基淀粉钠，习惯上称为羧甲基淀粉。每个葡萄糖单位只有 3 个游离醇羟基，C_2 和 C_3 原子上带有仲醇羟基，C_6 原子上带有伯醇羟基，羧甲基取代反应优先发生在 C_2 和 C_3 原子上，随取代度的提高，C_6 原子也被逐渐取代。

除主反应外，在含水介质中一氯醋酸还与 NaOH 发生下列副反应：

$$ClCH_2COOH + NaOH \longrightarrow HOCH_2COOH + NaCl$$

一般在含水介质中反应制得低取代度的产品，而高取代度的产品是在有机介质中反应制取的。

2. 制备工艺

（1）水媒法 因为取代度为0.1或在 0.1 以下的羧甲基淀粉不溶于冷水，所以水媒法工艺一般适用于低取代度（$DS \leqslant 0.01$）产品的生产。工艺过程为是在反应器中加入水作分散剂，搅拌下加入淀粉，然后加入氢氧化钠进行活化，再加入适量的一氯乙酸，在低于糊化温度的条件下进行醚化反应。反应结束后，过滤、水洗、脱水、干燥即得羧甲基淀粉产品。水媒法工艺中反应物浓度、固体与液体比例、反应温度和时间对产物取代度和一氯醋酸反应效率都有影响。氢氧化钠溶液浓度增高，取代度和反应效率都增高，在 4 mol/L 时达最高值，再增高反而下降。同时增高一氯醋酸和氢氧化钠溶液浓度可提高取代度，但是会降低反应效率。降低液体比例，延长反应时间都能提高取代度和反应效率。综合各种因素选择的工艺条件为：水与淀粉比例为 1：（0.25～0.4）；淀粉、氢氧化钠、一氯醋酸的比例为 1：（0.6～0.8）：（1.3～1.6）；反应时间 5～6 h；温度 65～75℃。水媒法因制得的羧甲基淀粉的取代度很低，应用范围很狭窄，工业生产意义不大。

（2）有机溶剂法 有机溶剂法生产羧甲基淀粉工艺流程如下：

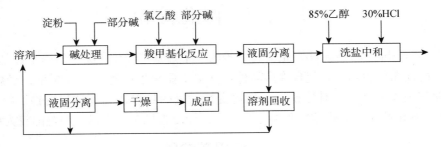

在水介质中反应，随着反应的进行，反应物越来越黏稠，搅拌困难，进而给脱水、洗涤带来一系列问题。高取代度的羧甲基淀粉都是在有机溶剂介质（一般以能与水混溶的有机溶剂为介质）中反应，在少量水分存在的条件下进行醚化反应，以提高取代度和反应效率（RE）。有机溶剂的作用是保持淀粉不溶解，使产品仍保持颗粒状态。常用的有机溶剂为甲醇、乙醇、丙酮、异丙醇等。例如，在反应器中加入 250 kg 淀粉，400 L 乙醇（86%），开动搅拌，升温至 45～50℃。然后将事先用 600 L 乙醇（86％）与 112 kg 氢氧化钠配制成的溶液，连续加到淀粉乳中，再加入 94.5 kg 氯乙酸（溶于 200 L 的 86％乙醇中），反应 3 h，离心分离，用 86％乙醇洗涤，再离心分离，烘干。与水介质中的情况相似，反应产物的取代度与碱和氯乙酸的浓度、反应时间、反应温度等因素有关。除此之外，还与反应介质以及溶剂与水的比例有关。在有机介质中醚化反应的条件作如下讨论：

①反应介质。不同反应介质对取代度的影响如表 5-10 所示。从表中看出，相同条件下采用不同溶剂所制备的羧甲基淀粉的取代度大小顺序为：异丙醇＞乙醇＞丙酮＞甲醇＞水。工业生产中多选乙醇为介质。以下的讨论中，也是在乙醇为介质的基础上进行。

表 5-10　不同反应介质对取代度影响

项目	溶剂				
	丙酮	异丙醇	甲醇	乙醇	水
取代度	0.379 3	0.589 7	0.229 4	0.475 6	0.175 5

②淀粉与溶剂的比例。当淀粉与溶剂的比例从 0.5 增至 2.5 时，取代度迅速增加。当比例超过 2.5 后，溶剂的浓度提高，反应物碰撞概率下降。因此，淀粉分子、氢氧化钠和氯乙酸的反应物的数量降低，取代度下降。

③碱的用量和加入方式。适量的碱能够中和反应产生的酸，同时又促进淀粉颗粒溶胀。吸附了大量碱的淀粉颗粒，增加了醚化反应的活性。当淀粉与溶剂比例为 1∶2.5、氢氧化钠溶液浓度增至 8 mol/L 时，取代度和反应率明显增大；继续提高氢氧化钠用量，取代度和反应率均下降。原因是氢氧化钠在临界值以下，主反应占优势；随氢氧化钠量的增加而超过临界值时，副反应就会逐渐占优势，而且氢氧化钠超过一定量后还会使淀粉糊化。为了反应生成颗粒完整的羧甲基淀粉，则需在氢氧化钠溶液中加入硫酸钠或氯化钠，作为淀粉颗粒保护剂。传统方式是一次性加入保护剂。改良法分为两次加入保护剂，一次在碱化处理时加入，另一次在羧甲基化时加入，以便保持反应系统 pH 的稳定性，抑制副反应，制得高取代度羧甲基淀粉。

④物料配比。物料配比对反应产物的质量有很大影响。取代度越高，要求氯乙酸用量就越多，但反应效率相应也会下降。从理论上讲，制备取代度为 1 的羧甲基淀粉，则要求淀粉、氯乙酸、氢氧化钠的物质的量比为 1∶1∶2。但在实际生产中，氯乙酸用量应适当提高。

⑤反应温度和时间。反应温度包括加碱温度和醚化反应温度。试验数据证明，两个温度的影响接近，一般都应在 35～55℃，以 40～50℃为最好。温度超过一定范围，淀粉分子链处于碱降解和热降解状态，颗粒过度崩解破碎，导致羧甲基淀粉的水溶液的黏度下降。反应时间越长，给予淀粉颗粒充分时间进行膨胀、分散和吸附反应剂，反应进行得越充分，取代度和反应效率越高。但反应达平衡后，时间再延长，取代度和反应效率都不会提高。在比较理想的反应条件下，反应 3 h 以后，取代度和反应效率的增加则不够明显。

⑥乙醇纯度。乙醇含水量在 13％～14％时可获得高取代度产物。这可能是由于羧甲基淀粉是吸水的，反应试剂是由颗粒表面向内部浸润，在反应中期，颗粒已明显吸水溶胀，若此时溶剂含水过多，则易在颗粒外表面及浅层形成较细密的强性薄膜，阻碍醚化剂向颗粒内

部渗透。但乙醇含水过低，则极性弱，大部分氢氧化钠分子状态活性低，同样不利于醚化反应。试验证实在高于95％（体积分数）乙醇中原淀粉的羧甲基化反应难以发生。

溶媒法的碱化和醚化较均匀，产品透明度高，经洗涤除杂后，可生产纯度和黏度较高产品。产品仍具有原淀粉的颗粒形态，色泽较白，质量优于干法和水媒法的产品。但溶媒法的工艺设备较复杂、投资大，操作程序繁琐。由于生产过程中耗用大量有机溶剂，所以生产成本较高，需要安装有机溶剂回收装置。

在生产高取代度羧甲基淀粉时，如反应条件控制不好，易出现糊化凝胶现象，造成反应失败，出现困难，产品报废。解决和防止的办法有：降低反应温度，延长反应时间，尤其是不能提高反应后期的温度；控制反应体系内的水分含量，应考虑到原淀粉所含的水分和反应过程中生成的水分；添加氯化钠或硫酸钠能够抑制反应体系出现糊化凝胶现象。

（3）干法　干法是指在生产过程中不用水或使用很少量的水生产羧甲基淀粉的方法。将干淀粉、固体氢氧化钠粉末和固体一氯醋酸按一定比例加入反应器中，充分搅拌，升温到一定温度，反应较短时间（约30 min）即可得产品。经改进的半干法可制备冷水能溶解的羧甲基淀粉。具体做法：用少量的水溶解氢氧化钠和一氯醋酸，搅拌下喷雾到淀粉上，在一定的温度下，反应一定时间，所得产品仍能保持原淀粉的颗粒结构，流动性好，易溶于水，不结块。在干淀粉中加入碱液，会使淀粉碱化，结固成团。如果用醇的水溶液溶解碱，可避免上述现象出现，加入的乙醇或甲醇，约为淀粉的1/10即可。例如，在6.5份淀粉中加入0.4份氢氧化钠，碾碎碱块后，再加4份淀粉混合1 h，加入1.2份一氯乙酸混合1 h，然后喷洒0.8份8.5％乙醇溶液，在50℃下反应5 h。

干法和半干法工艺的优点是反应效率高，操作简单，生产成本低廉，无废水排放，有利于环境保护。缺点是产品中含有杂质（如盐类等），反应均匀度不如湿法，影响产品质量的稳定性。

（二）性能与用途

1. 基本特性　羧甲基淀粉属阴离子型高分子电解质，呈白色或淡黄色粉末，无色无味，具有吸湿性。因此羧甲基淀粉必须贮存在密闭的容器内。不溶于乙醇、乙醚、丙酮等有机溶剂，与重金属离子或钙离子能生成白色混浊物甚至沉淀，从而丧失功能。

工业品级的羧甲基淀粉的取代度一般在0.9以下，以0.3左右居多。取代度0.1以上的产品，能溶于冷水，得到澄清透明的黏稠溶液，与原淀粉相比羧甲基淀粉黏度高、稳定性好，适用作增稠剂和稳定剂。随取代度增加，糊化温度下降，在水中溶解度也随之增加。羧甲基淀粉具有较高黏度，虽然黏度随取代度的提高而增加，但二者之间并不存在一定的比例关系。黏度受若干因素的影响，与盐类的含量有关，盐类除去越彻底，黏度越高；与温度有关，随温度升高，黏度值下降；与pH有关，一般情况下受pH影响小，但在强酸下能转变成游离酸型淀粉分子，使溶解度下降，甚至析出沉淀。

羧甲基淀粉有优良的吸水性，溶于水时充分膨胀，体积可达到原有的200～300倍。羧甲基淀粉还具有良好的保水性、渗透性和乳化性。

2. 应用　在食品工业中羧甲基淀粉可作为增稠剂，比其他增稠剂（如海藻酸钠、羧甲基纤维素等）具有更好增稠效果，加入量一般为0.2％～0.5％。羧甲基淀粉还可作为稳定剂，加入到果汁、奶类或乳类饮料中，加入量为蛋白质的10％～12％，可以保持产品的均匀稳定，防止乳蛋白的凝聚，从而提高乳制品饮料的质量，并能长期、稳定地低温贮存，不腐败变质。用作冰淇淋的稳定剂，冰粒形成快速，组织化细腻，风味好。羧甲基淀粉可作为食品保鲜剂，将其稀水溶液雾化喷洒在肉类制品、蔬菜和水果等食物表面，可以形成一层极薄的膜，保持食品的鲜嫩，能长时间贮存。

在医药工业，可用作药片的黏合剂和崩解剂，能加速药片的崩解和药物的有效溶出。

石油钻井领域中，羧甲基淀粉作为泥浆降失水剂在油田钻井过程中得到广泛使用。它具有抗盐性和抗钙质板结能力，可以防止井壁塌落，被公认为优质的降失水剂。

纺织工业中，羧甲基淀粉作经纱上浆剂，具有调浆方便、浆膜柔软、乳化性和渗透性良好等特点，而且用冷水即可退浆。

在造纸工业中，可作为纸张增强剂及表面施胶剂，并能与聚氯乙烯（PVC）合用形成抗油性和水不溶性薄膜。

在日化工业中，作肥皂和家用洗涤剂的抗污垢并沉淀助剂、牙膏的添加料。化妆品中加入羧甲基淀粉可保持皮肤湿润。经交联的羧甲基淀粉可作面巾、卫生餐巾及妇女用品的吸湿剂。

在农业领域中，可用羧甲基淀粉作化肥的缓释剂和种子包衣剂等。

在环境保护和建筑业领域中，羧甲基淀粉作为絮凝剂、整合剂和黏合剂用于污水处理和建材混合。

二、羟烷基淀粉

淀粉与环氧烯烃反应生成的淀粉醚称为羟烷基淀粉。这类淀粉醚为呈非离子状态，淀粉糊十分稳定，甚至在高 pH 条件下醚键也不能被水解。羟乙基淀粉（hydroxyl ethyl starch）和羟丙基淀粉（hydroxy-propyl starch）是淀粉醚类的典型产品。

（一）羟乙基淀粉

1. 反应机理　淀粉与环氧乙烷反应：

$$\text{淀粉—OH} + \text{CH}_2\text{——CH}_2 \xrightarrow{\text{OH}^-} \text{淀粉—O—CH}_2\text{CH}_2\text{OH}$$

在羟乙基化反应中，环氧乙烷能与脱水葡萄糖单位的 3 个高活性羟基中的任何一个发生反应。还能与已取代的羟乙基起反应生成多氧乙基侧链，如下面反应式所示：

$$\text{淀粉—OCH}_2\text{CH}_2\text{OH} + n\text{CH}_2\text{——CH}_2 \xrightarrow{\text{OH}^-} \text{淀粉—O—(CH}_2\text{CH}_2\text{O)}_n\text{—CH}_2\text{CH}_2\text{OH}$$

由于这种原因，一般不用取代度（DS）表示反应程度，而是用分子取代度（MS）表示，即每个脱水葡萄糖单位与环氧乙烷起反应的分子数。每个脱水葡萄糖有 3 个高活性羟基，因此 DS 值最高不能超过 3，但 MS 都能高过此数值。

另外还存在以下一些副反应：

$$\text{CH}_2\text{——CH}_2 + \text{H}_2\text{O} \longrightarrow \text{HOCH}_2\text{CH}_2\text{OH}$$

$$\text{CH}_2\text{——CH}_2 + \text{OH}^- + \text{H}_2\text{O} \longrightarrow \text{HOCH}_2\text{CH}_2\text{OH} + \text{OH}^-$$

一般只有 50%～75%或更少的醚化剂与淀粉反应，有 25%～50%的醚化剂水解生成乙二醇。工业化生产的羟乙基淀粉产品的 DS 仅 0.2，后续发生的反应十分微弱，所以 DS 基本上等于 MS。

2. 制备方法　淀粉颗粒和糊化淀粉都易与环氧乙烷起醚化反应生成部分取代的羟乙基淀粉衍生物。生产方法有湿法、有机溶剂法和干法。工业上生产低取代度产品（MS 在 0.1 以下）采用湿法。制备较高取代度产品，不宜用湿法工艺，而采用有机溶剂法或干法工艺。

（1）湿法　制备低取代度羟乙基淀粉的方法如下：淀粉乳浓度 350～450 g/L，加入盐类（通常为硫酸钠或氯化钠）以抑制淀粉颗粒溶胀，用量为绝干淀粉的 5%～10%。加入 NaOH 作为催化剂，用量为绝干淀粉的 1%～2%。为防止局部碱液过浓，先将 NaOH 配制成约 5%水溶液。加入时应在搅拌下缓慢添加，也可在碱液中混入一定量的盐以抑制淀粉颗粒的溶胀。然后插入一个浸入器皿，把 1.5%（相对于绝干淀粉质量）的环氧乙烷加入到淀粉悬浮液中。在加入前，必须用氮气充满封闭式反应器的上部空间，以免环氧乙烷与空气形成爆炸性混合物，具有潜在危险，同时造成环氧乙烷损失，这点十分重要。反应混合物在密封反应器中，于 38℃下反应 24 h。反应结束后，用盐酸中和到 pH5，过滤、洗涤除去盐和可溶性的副产物，直到不含氯化钠为止。于室温干燥至含水量 9%～11%，得到羟乙基淀粉。

湿法反应的优点是容易控制反应的进行，产品仍保持颗粒状，易于过滤、水洗和干燥。缺点是反应时间长，产品取代度低。

（2）有机溶剂法　制备较高取代度羟乙基淀粉须在有机溶剂中进行。有机溶剂分子虽然也有羟基，但因淀粉吸收碱，羟基反应活性高，环氧乙烷优先与淀粉起反应。有机溶剂包括甲醇、乙醇、丙酮、异丙醇和苯等。实验室制备 0.5 分子取代度（MS）羟乙基淀粉方法如下：在密闭容器中，将 100 份玉米淀粉（含水 10%），分散在 100 份异丙醇中，加入 3 份 NaOH（溶于 7.7 份水中）和 15 份环氧乙烷，44℃反应 24 h。之后用醋酸中和，真空过滤，用 80%乙醇洗涤到不含乙酸钠和其他有机副产物为止。制备更高取代度的羟乙基淀粉，应该用高脂肪醇作溶剂。

有机溶剂法的工艺与湿法大体相同，但溶剂价格昂贵、易燃、有毒性、回收困难，因此限制了该法的应用。

（3）干法　干法是制备较高取代度羟乙基淀粉的方法。淀粉颗粒和环氧乙烷进行气固态反应，为了加快反应速度，首先让淀粉吸附催化剂（如 NaOH 和 NaCl），然后在高压反应釜内进行醚化反应，反应完成后用有机溶剂清洗，产品仍保持颗粒状。也可用叔胺碱和或季铵碱作催化剂。干法可以得到洁白粉状、取代度较高的产品。但终产品难于净化，给应用于食品工业带来问题。另外环氧乙烷的爆炸浓度极低，且在高温、高压和碱催化条件下容易发生聚合反应，难以实现工业化生产。

3. 性能和应用　低取代度羟乙基淀粉的颗粒与原淀粉十分相似。羟乙基淀粉的糊化温度，随着取代度增高而降低。由于羟乙基的引入，淀粉分子间氢键重新结合趋向被抑制。亲水性比原淀粉高，糊液黏度稳定，透明度高，胶黏力强，凝沉性和凝胶性脆弱，冻融稳定性高，贮存稳定性好。羟乙基淀粉糊液体经干燥形成水溶性膜，薄膜比原淀粉膜清透、柔软、耐折、光滑、均匀，提高了抗油性。羟乙基醚键对酸、碱、热和氧化剂的作用有一定抗力，十分稳定。羟乙基淀粉能在较宽 pH 范围内应用仍保持优良品质，羟乙基为非离子基，受电解质和 pH 的影响要比原淀粉小得多。

高取代度羟乙基淀粉的 MS 在0.5以上，可溶于冷水，黏度稳定，耐剪切力，抗强酸强碱腐蚀，耐酶的侵蚀，盐类对这类产品几乎没有影响。随取代度的增加，羟乙基淀粉冻融稳定性增高，较强的抗生物降解力。

羟乙基淀粉在造纸工业中可作为表面施胶剂和涂布剂，赋予纸张优良的强度、耐折性和着墨性。低取代度的羟乙基淀粉作为纸制品的黏合剂时可以单独使用，也可与其他化学聚合物混合使用。

羟乙基淀粉浆膜强度高、柔软、糊黏度稳定，宜作纺织经纱浆料。糊化温度低，适于低温上浆。糊液耐酸耐碱，能与许多印染化学药品相溶，是理想的印花糊料。能与热固性树脂反应，可作为织物耐久性的抗皱整理剂。

高取代度羟乙基淀粉主要用于医药工业。以蜡质玉米淀粉为原料制备的羟乙基淀粉可用作代血浆，其支叉结构与身体中的糖原相似，并且在血液中不受酶分解，分子大小符合流变特性要求，不会在机体组织中沉着。羟乙基淀粉代血浆的制备包括水解、胶凝化、醚化反应等步骤。得到成品 MS 0.4～1.0，平均相对分子质量为 5 万～30 万。

MS 为0.7～0.8的羟乙基淀粉还是冷冻保存血液中血细胞的保护剂，可以防止红细胞在冷冻和融解过程中发生溶血现象，能够抑制红细胞的低温凝聚作用，可以保护细胞壁表面，易于洗脱。

（二）羟丙基淀粉

1. 反应机理　环氧丙烷与淀粉的碱催化反应是双分子亲质子反应：

$$淀粉—OH + NaOH \longrightarrow 淀粉—O—Na + H_2O$$

$$淀粉—O^-Na^+ + CH_2—CHCH_3 \xrightarrow{NaOH} 淀粉—OCH_2CHCH_3 + NaOH$$

取代程度增高时除了上面主反应外，还有副反应，环氧丙烷与已取代的羟丙基起反应生成多氧丙基侧链。

$$淀粉—O—CH_2CHCH_3 + nCH_2—CH—CH_3 \xrightarrow{OH^-}$$

$$淀粉—O(CH_2CH—O)n—CH_2CH—OH$$

2. 制备方法　与羟乙基淀粉的制备方法基本相同，也分为湿法、有机溶剂法和干法，只是醚化剂为环氧丙烷。

采用湿法生产羟丙基淀粉工艺条件为：催化剂 NaOH 为干淀粉质量的0.5%～1%，NaOH 浓度为 5%～7%；膨胀抑制剂为硫酸钠或氯化钠，加入量为干淀粉质量的 5%～15%；环氧丙烷用量一般是干淀粉质量的 5%～10%；反应温度 40～50℃，时间约需 24 h。生产出的羟丙基淀粉取代度在0.1或以下。因环氧丙烷与空气混合有引起爆炸的可能，所以与生产羟乙基淀粉一样，必须在密闭反应器内进行并通入氮气排除空气。

应用于食品工业中的羟丙基淀粉，在制备时所使用的试剂和产品质量都有严格规定。氯化钠与环氧丙烷起反应可生成氯丙醇，因此要求环氧丙烷残余量应在百万分之五以下。

有机溶剂法可在高温下及较短时间内制得较高取代度的产品。例如，在装有回流冷凝器的反应器中，加入16.7份水，6份NaOH和150份异丙醇及100份的30%浓度的蜡质玉米淀粉乳，100份环氧丙烷，加热至45℃回流开始时，加入0.3份H_2O_2，在随后的7h内温度逐渐升至75℃，在此温度下回流停止，用冰醋酸中和。

高取代度的羟丙基淀粉常由干法制得。工业上是采用带有搅拌、加热、加压的反应器进行。淀粉和NaOH在反应器中混合，混合物中水分控制在10%～20%，用氮气清洗反应器，并通入气态的环氧丙烷，在温度85℃及压力30kPa下反应。这种反应可用磷酸钠或硫酸钠等盐类催化，淀粉湿饼被盐化后干燥，使淀粉中的含水量保持在7%～10%，盐含量是干淀粉重量的1%～2%，然后送入反应系统中。首先盐与环氧丙烷反应使pH升至碱性，以引发环氧丙烷与淀粉反应。反应完毕用柠檬酸调整pH，用醇洗涤混合物，除去反应副产物。

3. 性质和应用　羟丙基淀粉在糊化温度、糊液性质、醚键特性、成膜特性上与羟乙基淀粉相似。羟丙基具有亲水性，能减弱淀粉颗粒内部氢键强度，使淀粉颗粒易于膨胀和糊化，所得淀粉糊透明度高，流动性好，凝沉性弱，稳定性高。糊的冻融稳定性高、在低温下存放或冷冻再融化，重复多次，仍能保持原来的胶体结构，无水分析出。糊液黏度稳定是最大的特点，在室温条件下存在120h，黏度几乎没有什么变化。冷却时黏度虽也增高，但幅度不大，经重新加热后，仍能恢复原来的热黏度和透明度。糊的成膜性好，膜透明、柔软、平滑、耐折性好。羟丙基具有非离子性质，受电解质影响小，取代醚键的稳定性高，在水解、氧化、交联等化学反应过程中取代基不会脱离，能在酸碱度pH较宽的条件下使用。

羟丙基淀粉主要用于食品增稠剂，特别用于冷冻食品和方便食品中，使食品在低温贮藏时具有良好的保水性，可加强食品耐热、耐酸和抗剪切性能。用作肉汁、沙司、果汁馅料、布丁的增稠剂，使之口感平滑，浓稠透明、清晰、无颗粒结构，并有良好的冻融稳定性及耐煮性。羟丙基淀粉也可作悬浮剂，加于浓缩的果肉橙汁中，流动性好，放置长时间也不分层或沉淀。交联羟丙基淀粉在常温下受热黏度低，在高温受热黏度高，并且稳定，特别适于罐头类食品中用作增稠剂和胶黏剂。

羟丙基淀粉也可用于非食品工业中，但不像用于食品中那样普遍。非食品工业上的应用主要是利用其良好的成膜性，如用于纺织工业的上浆和造纸工业的施胶，用于洗涤剂中防止污物沉淀，用于石油钻井过程中防止失水，并用作为建筑材料的黏合剂和涂料，在化妆品或有机液体中可作为凝胶剂。

三、阳离子淀粉

胺类化合物易与淀粉的羟基起反应，生成带有正电荷的醚类化合物，称为阳离子淀粉（cationic starch）。所生成的淀粉醚衍生物含有氨基，并在氮原子上带有正电荷。根据胺类化合物的结构或产品的特征，可分为叔胺型、季铵型、伯胺型、仲胺型以及其他类阳离子淀粉。目前，新型的阳离子淀粉醚仍在继续开发，但叔胺烷基醚和季铵烷基醚是主要类型的阳离子淀粉，尤其是季铵型阳离子淀粉是继叔胺型阳离子淀粉后发展起来的，各方面性能均优于叔胺型阳离子淀粉。本章节重点介绍这两类阳离子淀粉醚。

（一）制备方法
1. 叔胺烷基淀粉醚的制备
（1）反应原理　用含有β-卤代烷、2，3-环氧丙基或3-氯-2-羟丙基叔胺的醚化剂，在强碱性条件下处理淀粉乳，淀粉的羧基醚化形成叔胺醚，再用酸处理转化游离的氨基为阳离子叔胺盐。

用来制造叔胺烷基淀粉的卤代胺包括 2-甲基胺乙基氯、2-乙基胺乙基氯和 2-甲基胺异丙基氯等。以 2-乙基胺乙基氯为例，反应式如下：

$$淀粉—OH+Cl—CH_2CH_2N(C_2H_5)_2 \xrightarrow{\quad OH^- \quad}$$

$$淀粉—O—CH_2CH_2N(C_2H_5)_2 \xrightarrow{\quad HCl \quad}$$

$$\left[淀粉—O—CH_2CH_2NH(C_2H_5)_2 \right]^+Cl^-$$

（2）制备方法　通常采用湿法，以水为反应介质。先将淀粉调成浓度为 35%～40% 的淀粉乳。由于反应是在碱性条件（pH10～12）下进行，必须在反应介质中加入 10% 左右的氯化钠，抑制淀粉颗粒膨胀。加入醚化剂后将反应温度控制在 40～50℃ 范围，反应时间视取代度要求来确定，一般为 4～24 h，反应结束后，用盐酸中和至 pH 5.5～7.0。最后离心、洗涤、干燥。

醚化剂用量随要求的取代度、碱性高低和反应温度而不同。用量为每摩尔绝干淀粉 $(C_6H_{10}O_5)_n$ 约0.07mol 的醚化剂，产品的取代度约0.05。要严格控制反应的 pH，在反应过程中，一部分碱被消耗，必要时需添加碱保持要求的 pH。氢氧化钠用量约为每摩尔淀粉 0.1mol 的 NaOH。尽管制备叔胺烷基淀粉醚所用的阳离子试剂成本较低，但由于叔胺烷基淀粉醚只有在酸性条件下呈强阳离子性，因而在使用上受到了一定限制。

2. 季铵烷基淀粉醚的制备

（1）反应机理　叔胺或叔胺盐易与环氧氯丙烷反应生成具有环氧结构的季铵盐。季铵盐再与淀粉起醚化反应制得季铵型淀粉醚，如下面反应式所示：

$$(CH_3)_3N+Cl—CH_2—\underset{O}{CH}—CH_2 \longrightarrow [H_2C—\underset{O}{CH}CH_2N(CH_3)_3]^+Cl^-$$

$$淀粉—OH+[H_2C—\underset{O}{CH}CH_2N(CH_3)_3]^+Cl^- \longrightarrow$$

$$[淀粉—O—H_2C—\underset{|}{CH}CH_2N(CH_3)_3]^+Cl^-$$
$$\qquad\qquad\qquad OH$$

叔胺与环氧氯丙烷反应后必须用真空蒸馏法或溶剂抽提法除去剩余的环氧氯丙烷或副产物如 1，3-二氯丙醇等，以避免与淀粉发生交联反应。发生交联反应会降低阳离子淀粉的分散性和应用效果。

也可使用 3-氯-2-羟丙基三甲基季铵盐为醚化剂，它在水中稳定，但加入碱后，很快转变成反应活性高的环氧结构，如下面反应式所示，这个转变是可逆的，根据 pH 而定。

$$[Cl—CH_2\underset{|}{CH}—CH_2N(CH_3)_3]^+Cl^-+NaOH \rightleftharpoons$$
$$\qquad\qquad OH$$

$$\left[H_2C—\underset{O}{CH}CH_2N(CH_3)_3 \right]^+ Cl^-+NaCl$$

（2）制备方法　与叔胺淀粉醚相比，季铵淀粉醚阳离子性能较强，且在广泛的 pH 范围内均可使用，因此其制备方法也很受重视。一般采用湿法、干法和半干法制备，极少使用有机溶剂法。

湿法是目前使用最普遍的方法。一般为采用容积 250 mL 的密闭容器，安置搅拌器，在水浴中保持 50℃，加入 133 mL 蒸馏水、50 g Na₂SO₄ 和2.8 g NaOH，完全溶解以后，加入81 g 玉米淀粉（绝干计），搅拌 5 min，加入8.3 mL 的 3-氯-2-羟丙基三甲基季铵氯（内含4.71 g，即0.025 mol 活性试剂），反应 4 h，取代度达0.04以上，反应效率84%。

有机溶剂法所用溶剂是低碳醇，此法专供制备具有冷溶性的高取代度阳离子淀粉醚。

干法一般将淀粉与试剂掺和，60℃左右干燥至基本无水（<1%），于 120～150℃反应1 h 得到产品。干法的缺点是反应转化率较低，只有 40%～50%，产品中含有杂质及盐类，难以保证产品质量。优点是工艺简单，基本无三废产生，不必添加催化剂与抗胶凝剂，生产成本低。

半干法是利用碱催化剂与阳离子剂一起和淀粉均匀混合，在 60～90℃反应 1～3 h，反应转化率达 75%～95%。季铵盐醚化剂没有挥发性，适于采用干法或半干法制备阳离子淀粉。

（二）性能和应用

阳离子淀粉与原淀粉相比糊化温度大幅下降，原玉米淀粉的糊化温度一般为 72℃，而取代度为0.025的阳离子淀粉，糊化温度为 60℃；取代度为0.05时，糊化温度约 50℃；取代度为0.07时，可以室温糊化，冷水溶解。随取代度提高，糊液的黏度、透明度和稳定性明显提高。

阳离子淀粉的另一特征是带正电荷，由于受静电作用的影响，阳离子淀粉对阴离子物质的吸附作用很强，且一旦吸附上，则很难脱离开来。因造纸用的纤维、填料均带阴电性，很容易与阳离子淀粉的分子相互吸附，这种性质应用在造纸工业上尤其重要。

应用阳离子淀粉的主要领域是造纸工业。造纸上所用的取代度一般为0.01～0.07。阳离子淀粉利用其带正电荷和强黏结性作造纸过程的内部添加剂，这一点是阴离子淀粉所无法比拟的。作为造纸湿部添加剂，起增强、助留、助滤等功效。此外还可在纸的表面作施胶剂和涂布黏合剂使用。

阳离子淀粉除应用于造纸行业外，还应用于纺织、选矿、油田钻井、黏合剂及化妆品等领域。如作纺织经纱上浆剂，无机或有机悬浮物的絮凝剂，环保净水剂和石油钻井用降失水剂，以及油包水或水包油的破乳剂。羟烷基化的季铵淀粉醚与其他配料混合可制得洗发香波。

第九节　接枝共聚淀粉

淀粉能与丙烯酸、丙烯腈、丙烯酰胺、甲基丙烯酸甲酯、丁二烯、苯乙烯和其他人工合成单体起接枝反应，生成淀粉接枝共聚物，称为接枝共聚淀粉（graft poly-starch）。在化学领域内，这是天然聚合物与人工合成聚合物结合的一种途径。淀粉分子链连接上这些人工合成的高分子单体，因而具有天然和人工合成的两类高分子的性质。

不同的接枝单体可以根据接枝百分率、接枝效率、接枝频率和平均分子质量，可以制得各种具有独特性能的产品。接枝百分率是指接枝共聚物含有接枝高分子的质量分数；接枝效率是指接枝量占单体聚合总量的百分比；接枝频率是指接枝链之间平均葡萄糖单位数目，由接枝百分率和接枝共聚物平均分子质量计算而得。另外，接枝的高分子物质为两种或更多时，不同高分子的接枝比例也影响共聚物的性质。淀粉接枝共聚物在塑料、造纸、工业废水处理和吸水剂等方面有着广泛的应用前途。

一、接枝共聚反应

接枝共聚反应是人工合成单体发生的聚合反应，生成高分子链，经共价化学键接到淀粉分子链上，简单表示于图 5-12。图中，AGU 为淀粉链的脱水葡萄糖单位，M 为人工合成单体。

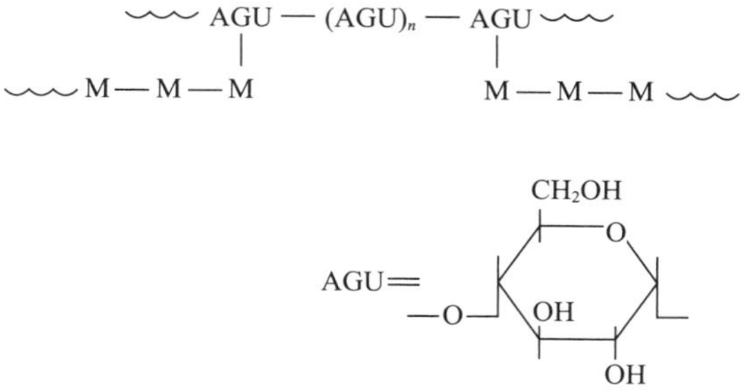

图 5-12　淀粉接枝共聚结构

人工合成单体在接枝反应中，一部分聚合成高分子链，接枝到淀粉分子链上。另一部分聚合而没有接枝到淀粉分子上，这种聚合高分子物质称为均聚物。

接枝共聚物中，淀粉链分子上连接合成高分子的支链。若支链为丙烯酸、丙烯酰胺等所形成的共聚物则溶于水；若支链为丙烯腈、丙烯酸甲酯形成的共聚物则不溶于水。根据上述结构来看，淀粉接枝共聚反应是在淀粉链的骨架上引发出自由基，而后再使自由基与可聚合的乙烯基或丙烯基单体发生接枝反应。一般用物理或化学的引发方法来合成淀粉的共聚物。目前工业生产应用的引发方式有：铈离子氧化法、芬通氏（Fentons）试剂法和辐射法。

1. 铈离子氧化法　最常用的化学引发剂是铈离子，如硝酸铈胺 $[Ce(NH_4)_2(NO_3)_6]$。在下图中，① 铈离子（Ce^{4+}）氧化淀粉生成络合结构的中间体，即淀粉—Ce^{4+} 络合物；② Ce^{4+} 被还原成 Ce^{3+}，一个氢原子被氧化，葡萄糖单位的 C_2—C_3 键断裂，生成淀粉自由基；③ 淀粉自由基与单体起接枝反应。

① 形成中间体淀粉—Ce^{4+} 络合物。

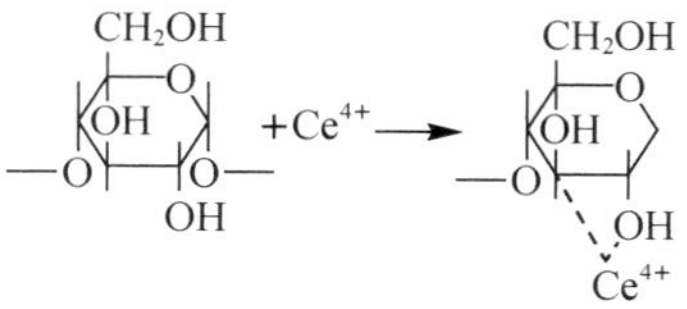

② 生成淀粉自由基。

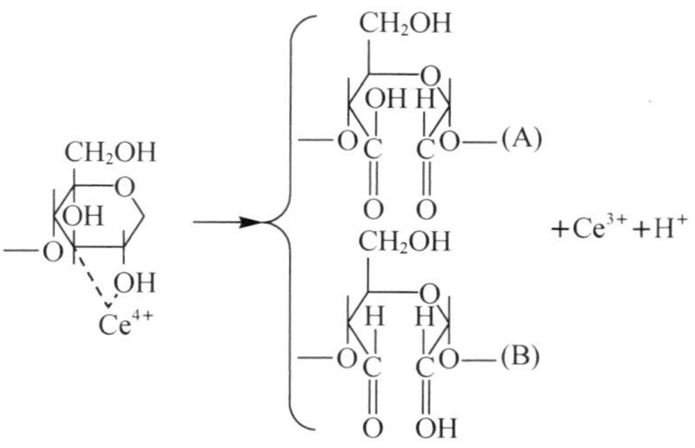

③自由基与单体接枝共聚。

接枝的单体可以是丙烯腈、丙烯酰腈、甲基丙烯酸甲酯、苯乙烯等。其中最常用的是丙烯腈。接枝百分率随丙烯腈的浓度提高而增长，但接枝频率没有明显变化。铈盐作为引发剂，其引发反应的活化能较低，在室温下就能顺利地进行，而且引发速度快，引发效率较高。铈盐不能引发烯类单体发生均聚，因而反应体系中均聚物含量较少。铈盐在使用中也存在一些缺点，如接枝率较低，价格昂贵，用量较大，工艺条件要求较苛刻，引发反应初期反应体系温度急剧上升，需要一定的控温措施，这些因素都限制了铈离子引发体系的更广泛应用。

2. 芬通氏（Fentons）试剂法　芬通氏（Fentons）试剂是一种含有过氧化氢和亚铁离子的溶液，是一个氧化还原系统。亚铁盐（如硫酸亚铁）首先与过氧化氢反应，释放出一个氢氧游离基（·OH）。

$$Fe^{2+} + H_2O_2 \longrightarrow Fe^{3+} + \cdot OH$$

游离基从淀粉链上夺取一个氢原子形成水和一个淀粉游离基。淀粉游离基与单体接枝聚合，以此形成淀粉接枝共聚物。

$$淀粉—OH + \cdot OH \longrightarrow 淀粉—O \cdot + H_2O$$
$$淀粉—O \cdot + M \longrightarrow 接枝共聚物$$

常用的单体有甲烯酸甲酯、丙烯腈、醋酸乙烯酯等。该法反应过程中的过量引发剂易于消除，终产物不带废渣，无污染。与铈盐相比，产品成本明显降低，但接枝率低，均聚物多，而且过氧化氢贮藏过久易失效，引发效率和实验结果重现性较差。

3. 辐射法　用放射性元素（如^{60}Co）的γ射线照射，淀粉先被辐射引发而产生自由基，然后加入高分子单体的水溶液，在20～30℃起反应。为了防止空气中氧气的不利影响，照射是在氮气中进行的。在无氧存在的条件下，淀粉自由基的稳定性较高。

$$淀粉—OH \xrightarrow{hv} 淀粉—O \cdot + H$$
$$淀粉—O \cdot + M \longrightarrow 接枝共聚物$$

（注：式中 hr 为 homogeneous reactor 缩写，均匀反应堆。以下同）

辐照过程中，淀粉也有可能先形成过氧化物，然后再分解成自由基进行接枝共聚。

$$淀粉—OH \xrightarrow[在空气和水中]{hv} 淀粉—OOH$$
$$淀粉—OOH \longrightarrow 淀粉—O \cdot + HO \cdot$$
$$淀粉—O \cdot + M \longrightarrow 接枝共聚物$$
$$HO \cdot + M \longrightarrow 均聚物$$

如果加入还原剂 Fe^{2+}，则均聚物大量减少。

$$淀粉—OOH + Fe^{2+} \longrightarrow 淀粉—O \cdot + Fe^{3+} + OH^-$$

辐照时应该保持低温、低水分含量和在无氧条件下，利于增加自由基的稳定性、所用的单体包括丙烯酰胺、丙烯腈、丙烯酸甲酯-苯乙烯混合物等。乙烯乙二醇、甘油、环己醇等能加速接枝反应，其中乙烯乙二醇效果最好。

二、淀粉与丙烯腈的接枝共聚物（SPAN）

1. 制备方法

（1）淀粉与丙烯腈的接枝共聚反应　聚丙酸腈在淀粉分子上很容易进行丙烯腈接枝共

聚。反应如下：

$$淀粉自由基＋nCH_2CHCN \longrightarrow 淀粉丙烯腈共聚物（SPAN）$$

共聚物的实验室制备举例如下：将淀粉（小麦淀粉）42.2 g 分散在 400 mL 水中，85℃ 加热 1 h 糊化。之后充氮气除氧，冷却至 25℃ 后，加入硝酸铈试剂（将 0.11 m/L 硝酸铈铵溶于 1 mol 硝酸中）14.6 mL。在 20 min 后加入丙烯 61.6 g，重新蒸馏以除去阻聚剂，这些操作仍在氮气中进行。聚合反应是放热的，通过冷却使温度保持温度 30～33℃，经过 2～3 h 的反应，产品过滤回收并用水洗去掉酸和未反应的丙烯腈。空气干燥滤饼、粉碎、得固体产品 73.5 g。

采用颗粒淀粉也可制成 SPAN，在聚合反应之前先把淀粉放在水中，于 50℃ 下加热 1 h，使淀粉溶胀，然后冷却至 25℃ 后进行聚合，加入对氢醌或用水稀释溶液以终止聚合反应。

（2）影响淀粉与丙烯腈接枝共聚反应的因素　不同引发剂对淀粉与丙烯腈接枝在效率方面存在明显差别。曾比较过分别用铈、锰和铁盐对丙烯腈与马铃薯淀粉接枝共聚反应的引发功能，实验结果证明铈离子引发的功能高，接枝效率高，是性能良好的催化剂。影响铈离子引发的淀粉与丙烯腈接枝共聚反应的因素包括：①铈盐浓度。在 $5.0×10^{-3}$ mol/L 时，共聚物中聚丙烯腈含量最高，在铈盐更高浓度时反稍有降低。②铈盐与丙烯腈的先后加入次序。铈盐于丙烯腈后加入，所得共聚物中含聚丙烯腈量高出很多。③丙烯腈浓度。随浓度增高，共聚物中聚丙烯腈含量增加，在 1 mol/L 浓度达到最高值。但在最适的铈盐浓度 $5×10^{-3}$ mol/L 时，接枝效率更高，达到 87%。④反应时间和温度。反应 30～40 min 可达最高值，以后趋向平衡。最佳反应温度在 30℃ 左右。

（3）淀粉与丙烯腈的接枝共聚的皂化物　淀粉丙烯腈共聚物的侧链上带有腈基，而腈基是疏水基团。这类化合物不吸水。为了使它吸水，必须加碱进行皂化水解，使腈基转变为酰氨基和羧酸根或羧酸盐基等亲水基团，才能形成吸水基团。加碱皂化后，用酸溶液中和至 pH2～3，转变成酸型；经沉淀、离心分离、洗涤，最后把产物用 NaOH 溶液调至 pH7～9，在 110℃ 下干燥，粉碎即得产品，属于吸水性极强的吸水剂。

淀粉丙烯腈接枝共聚物吸水剂的具体生产方法为：共聚物粗品制成 5%～10% 的水溶液，加入一定量的氢氧化钠（或氢氧化钾）。在 90℃ 条件下搅拌约 2 h，直到加碱出现的红棕色消失为止，得到浅黄色黏稠液。冷却至室温，加硫酸调至 pH 3.2，共聚物沉淀出来，离心分离，用水、甲醇丙酮（5:1）溶液、丙酮分步清洗，过滤，滤饼在 25℃ 干燥，最后粉碎。取上述产物 5 g，过筛后混入快速搅拌状态的 500 mL 水中，继续搅拌 30 min，用 1 mol/L NaOH 调节溶液至 pH 6～9，将所得黏稠液分散于平板上，在 25～35℃ 下脱水成薄膜，磨碎成片状，用转鼓干燥器在 132℃ 下干燥至水分 10%，再次磨碎，即为淀粉丙烯腈接枝共聚物吸水剂。

2. 性质和用途　淀粉丙烯腈类接枝共聚物皂化水解后有很强的吸水性，由糊化淀粉制得纯净的 SPAN 能吸收本身重量的 3 000～1 500 倍，由颗粒淀粉制得的纯净 SPAN 只有 200～300 倍的吸收能力。由于高吸水性树脂是高分子类的电解质，其吸水能力易受水中盐含量和 pH 变化的影响，对有机溶剂则没有吸收能力。高吸水性树脂一旦吸水后，水分不易除去，有一定的保水性。淀粉类高吸水性接枝共聚物具有膨胀和收缩的可逆性，当从水中以干燥形式离析时，共聚物颗粒相互凝聚在一起；在含水流体中膨胀时，又回复成原有的凝胶状态。

淀粉丙烯腈类接枝共聚物最主要的应用是作人体卫生材料，如幼儿用一次性"尿不湿"

或纸尿裤、妇女卫生用品、便溺失禁病人垫褥的添加材料。在农业上可作为树苗移植用保水剂和实验土壤的保水剂。还可作有机溶剂的脱水剂，如油品含有少量水时，由于吸水性树脂对有机物没有吸收能力，很容易将油中的水分吸收，是理想的油水分离剂。高吸水性树脂在建材中有防水堵漏作用。一些化妆品，如雪花膏、香粉、花露水等在制备时加入少量淀粉质高吸水性树脂，可防止香精或乙醇等挥发。SPAN 的应用范围远不止这些，而且还有不断扩大的趋势。

三、水溶高分子接枝共聚物

淀粉与丙烯酰胺、丙烯酸的几种氨基取代阳离子单体接枝共聚，所得到的共聚物具有热水分散性，用作增稠剂、絮凝剂和吸收剂。

1. 制备方法　普遍使用的是由 ^{60}Co 或电子束照射。淀粉经照射后加入到丙烯酰胺水溶液或丙烯酰胺的含水有机溶剂中，可制得高接枝效率的产品。一种大规模生产的工艺是：淀粉薄层厚 0.3～0.5 cm，在氮气保护下用电子束照射，然后加到反应釜中，同时加入丙烯酰胺溶液，反应约 30 min。共聚物内含聚丙烯酰胺量随丙烯酰胺与淀粉分子比例增加而提高。在分子比 1∶1 时，电子照射 15～20 μGy，接枝分支的聚丙烯酰胺含量高达 25%。淀粉与丙烯酸的接枝共聚工艺同聚丙烯酰胺共聚相似。

高铈离子及亚铁离子-过氧化氢还原体系也都可引发接枝聚合反应，但效能差，接枝百分率低，分子质量相对小，并产生较大数量的未接枝均聚物，所以一般情况下很少采用该法。

2. 性质与用途　这类接枝共聚物可在水中充分溶胀，有很大的分子空间体积和细长的支链，因而比聚丙烯酰胺有更大的絮凝能力和较强的适应性和稳定性。

水溶性高分子接枝共聚物为有效的絮凝剂、沉降剂或悬浮剂，用于浮选矿石或处理工业废水。它又是优良的造纸化学助剂，兼具有天然淀粉与合成聚合物的优良特性，可用作造纸制浆的助留剂、助滤剂和增强剂等。在纺织工业上可作为印染糊料的增稠剂。在石油钻井领域可作为泥浆增稠剂。

四、热塑性高分子接枝共聚物

淀粉与热塑性丙烯酸酯、甲基丙烯酸酯或苯乙烯接枝共聚，所得共聚物具有热塑性，能热压成塑料或薄膜，具有生物可降解性。一般在合成可降解塑料时把淀粉称为填料，实际上淀粉塑料中，淀粉分子与合成高分子是经共价键结合而接枝的。这与一般意义上的填料是不同的。

1. 制备方法　甲基丙烯酸酯与淀粉的接枝共聚，可用各种游离基引发体系，如过氧化氢-亚铁离子-抗坏血酸体系或高铈离子体系都取得较好的效果，用照射方法引发的研究相对较少。

丙烯酸甲酯与淀粉的接枝共聚可用高铈离子引发，很容易接枝聚合到颗粒状淀粉或糊化淀粉。共聚物接枝百分率 40%～75%，均聚物 7%～20%，均聚物易用丙酮抽提除掉。

淀粉与苯乙烯的接枝共聚物很易用 ^{60}Co 同时照射法制备。淀粉、苯乙烯与水、有机溶剂混合，用 ^{60}Co 照射，剂量 10 μGy，共聚物接枝百分率达 24%～29%。省去有机溶剂，单独用水为介质，接枝百分率反而提高，达 43%。铈盐对苯乙烯接枝共聚反应的引发效能低，

而 Fe^{2+}/H_2O_2 接枝效率可达 $35\%\sim76\%$。

2. 性质与用途　热塑性淀粉接枝共聚物的最有价值的应用是制成生物可降解塑料。用热塑性淀粉接枝共聚物作为填充料的塑性材料，可制成农用薄膜、购物方便袋、快餐盒、一次性饮料杯等。这类可降解塑料具有一定的物理强度。废弃物在自然环境中，在微生物和光的作用下，经过一段时间后可以降解，重新为自然界所吸收利用。用铈盐引发制备的几种淀粉共聚物可用作聚氯乙烯塑料的填充料，其中淀粉-甲基丙烯酸甲酯-丙烯腈共聚物的应用效果最好，有一定的抗张强度和透明度，制品具有微生物降解性。接枝共聚工艺简单，淀粉资源丰富，用来替代有限的石油资源，并可减轻白色污染。然而，目前的研究水平尚没有达到完全降解，塑料变成碎片乃至颗粒碎末。虽然淀粉被土壤中的微生物代谢了，剩余的聚乙烯或聚氯乙烯仍然会造成污染。因此，开发能完全降解的淀粉塑料是今后重点研究课题。

思考题

1. 为什么要对淀粉进行变性？简述淀粉变性内容及变性淀粉的取代度和分子取代度的定义。

2. 变性淀粉的干法和湿法生产工艺有什么区别？两种生产工艺的优缺点是什么？

3. 说明测量变性淀粉黏度的方法。

4. 阐述预糊化淀粉的生产机理、工艺、设备和应用。

5. 阐述次氯酸氧化淀粉的生产机理、工艺、设备和应用。

6. 生产交联淀粉的交联剂有哪些种？说明交联淀粉的性质与应用。

7. 简述羧甲基淀粉的生产工艺、性质与应用。

8. 简述阳离子淀粉的生产工艺、性质与应用。

9. 接枝共聚淀粉有几种生产方法？简述各种生产方法。

第六章 淀粉及变性淀粉的应用

第一节 淀粉在造纸工业中的应用

变性淀粉是重要的造纸化学品，变性淀粉在造纸行业中的应用给造纸行业带来了显著的经济和社会效益。变性淀粉应用于造纸工业的主要作用如下：用于湿部添加、用于层间喷涂、用于纸张的表面施胶、用于涂布加工纸。

一、湿部添加剂

通过向湿部体系中添加变性淀粉，可以优化湿部化学，从而控制湿部化学组分的平衡，以达到提高纸机抄造性能和纸张质量的目的。

（一）助留、助滤剂

淀粉作为湿部添加剂，其主要作用是助留、助滤。主要用来提高细小纤维与填料的留着，提高网部滤水速度，从而可提高成纸的白度、不透明度，同时还可减轻纸厂三废污染。

1. 阳离子淀粉 阳离子淀粉在造纸上主要用作湿部添加的助留、助滤和增强剂。经特殊加工处理的阳离子淀粉还能用作表面施胶剂和涂布黏合剂。阳离子淀粉由于本身带有正电荷，可直接和带负电荷的纤维和填料作用，起助留、助滤和增强的效果，能降低造纸成本，减少纸厂三废污染，且在比较广泛的 pH 范围均能适用，是目前所有变性淀粉系列中使用范围最广、使用量最大的一种改性淀粉。

2. 磷酸酯淀粉 磷酸酯淀粉属阴离子型淀粉。选用不同的试剂和工艺可以制成磷酸单酯、磷酸双酯及交联磷酸酯淀粉。控制不同的磷酸试剂用量及工艺条件，又可制得不同取代度的产品。在造纸上所用的磷酸酯淀粉一般为磷酸单酯淀粉，取代度约0.01。经磷酸酯化的淀粉在性质上与原淀粉相比已有了很大的变化，如黏度、透明性、糊液稳定性均明显提高，阴离子性明显增强。磷酸单酯淀粉在造纸上主要用作助留、助滤剂和增强剂。

3. 预糊化淀粉 预糊化淀粉最重要的特征是能在冷水中迅速膨胀溶解。这一特性使其在化妆品、制药、食品、造纸及饲料等行业中具有广泛的用途。在造纸工业中，一般的湿部添加变性淀粉，如阳离子淀粉、阴离子淀粉、两性淀粉等均可制成预糊化淀粉。这种预糊化造纸淀粉在纸厂使用时，直接将干粉投入打浆池或其他部位，就可取得预期的效果。

（二）增强剂

增强剂主要用来提高纸张的物理强度，如耐破度、抗张力、抗张能量吸收值、耐折度等指标。我国造纸行业木浆紧缺，纸张中草浆、竹浆、二次纤维等含量很高，成纸强度普遍偏低，故迫切需要纸张增强剂，尤其是对提高草浆强度的改性淀粉。最常用的改性淀粉增强剂有中等取代度的阳离子淀粉、两性及多元变性淀粉、磷酸酯淀粉、接枝共聚淀粉、羧甲基淀粉等。

1. 两性及多元变性淀粉　两性及多元变性淀粉除具有相应的单变性淀粉的某些性质外，一般呈电中性或微阳性。这类淀粉抗杂离子干扰作用强，分子中的阳离子取代基对阴离子取代基起保护作用，反之亦然。故对含杂离子较多的草类纤维、二次纤维及含木素较多的磨木浆等均具有很好的应用效果。特殊的多元变性淀粉还能用作表面施胶剂和涂布黏合剂。

2. 接枝共聚淀粉　淀粉能与丙烯腈、丙烯酸、醋酸乙烯、甲基丙烯酸甲酯、苯乙烯等单体进行接枝共聚反应，形成接枝共聚淀粉。不同的接枝单体、接枝率、接枝频率和支链平均相对分子质量，可以制得各种具有独特性能的产品。例如，淀粉与丙烯腈、丙烯酸接枝共聚，可制得高吸水性树脂，吸水能力可达自身重量的数百倍至数千倍，广泛用于卫生巾、尿布、病床垫褥和石油钻井泥浆等方面；淀粉与丙烯酰胺接枝共聚可以制成造纸用增强剂、助留剂、助滤剂，具有用量少，效果好等明显优点。

二、表面施胶剂

纸张是由许多植物纤维形成，为使纸张具有光滑的表面、一定的强度、较好的书写和印刷性能，就要在生产过程中添加施胶剂，变性淀粉应用于表面施胶剂不仅提高了纸张的抗水性，还能提高耐破度、耐折度、抗张强度、平压强度、环压强度等强度指标。

1. 氧化淀粉　氧化淀粉在造纸上主要用作涂布黏合剂和表面施胶剂，还可以与聚乙烯醇等化工原料复配进行表面施胶，增加成膜性，提高纸张表面的平滑度和强度。但氧化淀粉带有羰基和羧基，电性呈阴性，且与纸浆中的铝离子络合能力差，故使用氧化淀粉的纸，损纸回用时，在纸浆中留着率低，会使纸浆负电位增加，从而影响填料和细小纤维的留着并增加白水浓度。因此在高档纸的表面施胶中，氧化淀粉已逐渐被阳离子淀粉及其他本身留着率高的淀粉所代替。

2. 醋酸酯淀粉　造纸上所用的醋酸酯淀粉一般是低取代度的产品。通过特殊的加工方法，可合成取代度高的醋酸酯淀粉。与原淀粉比较，醋酸酯淀粉的糊化温度下降，糊液黏度降低。低取代度醋酸淀粉在造纸工业中主要用于表面施胶和涂布黏合。用醋酸淀粉进行表面施胶能改善纸张的印刷适性，增加表面的耐磨性、保油性和抗溶剂性。

三、涂布黏合剂

变性淀粉是涂布配方的重要组分，主要用作胶黏剂，它具有一系列的优点，具有良好的黏结特性，能使颜料颗粒相互黏结并黏附在纸张上；具有良好的保水性，能防止涂料在制作时出现脱水现象；能提高刮刀涂布时的流变性，有较宽的黏度范围，可满足大多数涂料的黏度要求；能够与许多合成乳胶具有良好的相容性，且能改善合成乳胶的性能等。用变性淀粉代替价格昂贵的干酪素、合成树脂等，可大大降低涂布加工的生产成本，并且可以提高纸张的适印性能，使印刷时不易掉毛、掉粉、断头和糊版，并能控制纸张油墨的吸收性、平滑性、光泽度、白度等。

1. 羟烷基淀粉　羟烷基淀粉属非离子型淀粉，是由淀粉在碱性水溶液中与环氧乙烷或环氧丙烷反应生成。由于环氧乙烷沸点低（10.7℃）、易挥发，与空气混合可能引起爆炸，故目前在造纸上倾向于选用羟丙基淀粉。羟烷基淀粉与原淀粉对比，胶化温度下降，糊液透明性、流动性、稳定性明显提高，尤其是成膜性好，膜透明、柔韧、平滑、耐折性好。因此在造纸上特别适用于表面施胶和涂布黏合，加上它属非离子性，可以与许多助剂配伍应用。

2. 喷雾淀粉 喷雾淀粉主要用来提高厚纸和纸板的物理强度及层间剥离强度。喷雾淀粉不需要糊化，只要将淀粉在冷水中分散成悬浮液。当纸和纸板在纸机湿部成形时，把悬浮液均匀喷洒在纸或纸板上，淀粉颗粒被纤维构成的纸页裹住，随后从烘缸处获得热量而凝胶化。这个喷雾淀粉系统，可使淀粉在纸页的整个厚度上均匀分布，或者根据需要可限定大部分颗粒分布在纸的一侧，或者喷雾在多层纸板的层间复合处，起层间增强作用。应用喷雾淀粉是目前公认的提高纸和纸板挺度和内结合强度的最有效的方法。

第二节 淀粉在食品工业中的应用

一、变性淀粉在食品中的作用

变性淀粉在食品工业中被广泛用于饮料、冷食、面制品、调味品、罐头食品、色拉调料、糖果、面粉改良剂等的生产中。

（一）肉及鱼类制品

在肉制品中，变性淀粉的性能具体表现在耐强加工过程（高温、低 pH）、吸水性、黏着性和凝胶性等，使肉制品的结构、切片性、口感、持水性提高。

①在中国腊肠中添加变性淀粉作黏结剂与组织赋形剂，可改善产品的性状。

②在点心馅料中作保水剂，可坚固组织，改善产品冻融稳定性。

③在火腿和热狗中作保水剂和赋形剂，可以减少皱折，改善制品的冻融稳定性和保水性。

④在肉与鱼丸中作胶凝剂，使制得的产品具有良好的弹性和稳定性。

（二）面食制品

①变性淀粉在新鲜面中的应用研究证明，加入面粉量 1% 的脂化糯玉米淀粉或羟丙基玉米淀粉，可降低淀粉的回生程度，使经贮藏的湿面仍具较柔软的口感，面条的品质、溶出率等都得到改善。

②在方便面中添加一类保水性好、糊化温度低、黏度高、成膜性佳的变性淀粉，可使面条口感爽滑、耐煮而且色泽鲜亮，提高面条的复水性。

③在即食面中添加变性淀粉可以改善面条的复水性、咀嚼性与弹性，减少煮制时间。

④在面食点心中添加变性淀粉可以降低吸油量，改善面食的酥脆性，延长制品的储存时间。

⑤在米粉生产时添加变性淀粉，作为组织形成剂与黏结剂，可以增加制品的透明度与润滑度，减少黏性。

（三）乳制品

①在酸奶加工中使用变性淀粉，可使其味道温和，产品的光亮度提高，并赋予酸奶光滑细腻的组织结构，使低脂奶达到类似高脂奶的组织状态，可提供醇厚口感，提高消费者的可接受性，增稠稳定性好，有助于防止乳清析出，提高货架稳定、提高加工耐受性，并降低其他胶类的用量。

②在乳饮料制作中添加具有独特流变特性的变性淀粉还能够增进口感。

③在冷冻甜品中用作品质改良剂,赋予制品黏性、奶油感、增加制品的贮存稳定性。

④在高温杀菌布丁中可用作胶凝剂,可提供制品合适的加工黏度,制得的产品具有良好的稳定性与口感。

(四) 在调味品、馅料中的应用

①调味料包括辣椒酱、草莓酱、番茄酱等,该类酱需要使用增稠剂。使用变性淀粉后,一方面成本比原来使用胶类大大下降;同时,酱稳定,长时间存放不分层,酱的外观有光泽、口感细腻。这类增稠剂可选用氧化淀粉,但交联酯化淀粉更为合适。

②豆沙馅是由赤豆经漂洗、蒸煮、沥水、炒沙(加油、加糖)工艺制得的。传统工艺制得的豆沙馅放置时间长后易回生,口感变粗不细腻。若在炒沙过程中加入15%左右醋酸酯化与交联复合变性的淀粉,利用这种淀粉的亲水性和保水性能好的特点,使成品豆沙馅吸水能力大大增加,提高出品率,缩短炒沙时间,成品放置一段时间后,不回生,口感仍然细腻如初;另一方面,由于醋酸酯化与交联复合变性淀粉具有一定的乳化性,使贮藏一段时间后的豆沙馅中油不析出。

(五) 糖果制品

①变性淀粉在硬胶和软胶糖中作凝胶剂,提供产品凝胶结构,采用适当的变性淀粉可代替阿拉伯胶,制品具有良好的口感和透明度,如牛皮糖中用的酸解淀粉。

②一些变性淀粉具有良好的成膜性和黏接性,常用作糖果的抛光剂,其形成的膜光泽、透明,并能降低产品的破裂性。

(六) 冷冻食品

①添加变性淀粉的甜品具有良好的稠度和冻融稳定性,制品口感润滑,具有奶油状组织。

②在果酱中添加适当的变性淀粉,可以控制制品的结构与黏度,使制品具有光泽,而且耐热与冷冻加工。

③变性淀粉是良好的保水剂与组织成形剂,在点心卷皮中添加适当的变性淀粉可使制品具有良好的冻融稳定性,不易破裂。

④淀粉经适当变性后制成脂肪代用品,将其添加于冰淇淋等冷冻甜品,可以部分代替乳固体和昂贵的稳定剂,降低热量,产品具有良好的抗融化性和贮存稳定性。

(七) 饮料制品

①在饮料中作稳定剂,改善产品的口感与体态,遮盖干涩味道。

②在乳化饮料中作乳化香精的稳定剂,部分取代阿拉伯胶。

③在奶精粉和椰浆粉等微胶囊化产品中作包埋剂。

(八) 烘烤食品

①变性淀粉在蛋糕生产中用作酥油代替品,提供良好的容量与结构。

②变性淀粉在焙烤食品中作釉光剂,可形成良好、清晰与光亮的薄膜,代替昂贵的蛋白和天然胶。

③在水果饼、馅饼、馅料中作稳定剂和增稠剂。

二、食品加工中常用变性淀粉

食品加工中常用的变性淀粉有预糊化淀粉、糊精、酸解淀粉、氧化淀粉、羧甲基淀粉、交联淀粉、羟丙基淀粉、磷酸酯淀粉、醋酸酯淀粉等。

1. 预糊化淀粉　由于预糊化淀粉能够在冷水中溶胀、分散，形成具有一定黏度的糊液，起到增稠、改善食品口味等功效，且其凝沉性比原淀粉小，在使用时省去蒸煮加热操作，使用方便，故被广泛用于各种方便食品中。例如，用预糊化淀粉配制的各种营养糊类、速溶汤料等，用温水即可冲服食用；在欧美，以预糊化淀粉为基料，添加一定量的淀粉糖、营养强化剂、调味剂等制成的速溶布丁粉是十分畅销的方便食品。预糊化淀粉的保水性很强，用在焙烤食品中可使产品保持柔软蓬松的状态、延缓老化。而其吸水性强，黏度及黏弹性都比较好，用在火腿、腊肠等食品中，可提高成型性，增强弹性，防止产品析水。

2. 交联淀粉　交联后的淀粉对剪切、高温、酸、碱导致的破坏作用有较强的抗性。如交联淀粉可用作色拉调味汁的增稠剂，使它在酸性条件和均质过程中产生的高剪切力下仍能保持所需黏度。适度交联的变性淀粉具有较高的热稳定性和良好的耐酸性和耐热性，被广泛用作罐头食品、冷冻食品的增稠剂。

3. 酸变性淀粉　酸变性淀粉具有较低的热糊黏度，水溶性好，淀粉的凝胶性有了较大的提高。酸变性淀粉可以按溶解程度不同做成系列产品，用于果冻、夹心饼、软糖的生产。用作软糖的填充料，可使软糖不粘牙。

4. 氧化淀粉　在软糖生产中，氧化淀粉可代替琼脂和果胶等食用胶。在面包生产中加入氧化淀粉能改善生面团的物理特性及面包孔的结构，提高气体保持能力，缩短发酵时间，增加面包体积，同时能增加面包弹性，延长货架期。

5. 羟丙基淀粉　淀粉经羟丙基化后，其冻融稳定性、透光率均有明显提高。它最广泛的应用是在食品中用作增稠剂。羟丙基淀粉在肉汁、果冻、布丁中用作增稠剂，可使之平滑、浓稠透明、无颗粒结构，并具有良好的冻融稳定性和耐煮性，口感好。羟丙基淀粉也是良好的悬浮剂，如用于浓缩橙汁中，流动性好，静置也不分层或沉淀。由于羟丙基淀粉的亲水性比小麦淀粉大，易吸水膨胀，能与面筋蛋白、小麦淀粉相互结合形成均匀致密的网络结构，所以在面制品的生产中加入面粉量1‰的羟丙基淀粉，可降低淀粉的回生程度，使放置贮藏后的湿面仍具有较柔软的口感，面条的品质、溶出率等都得到改善。

6. 淀粉磷酸酯　淀粉磷酸酯的水溶性较好，并具有较高的糊黏度、透明度和稳定性，在食品工业中可用作增稠剂、稳定剂、乳化剂。淀粉磷酸酯可以在橙汁生产中作乳化剂，代替价格较高的阿拉伯胶。在面条加工中，淀粉磷酸酯作为增稠剂，由于其具有良好的黏附性能，当加入面粉和面时，能使面筋与淀粉颗粒、淀粉颗粒与淀粉颗粒以及它们与破碎的面筋片段能很好地黏合起来，形成具有良好黏弹性和延伸性的面团。

7. 淀粉醋酸酯　由于在淀粉分子中引入酯化基团后，分子间不容易形成氢键，从而降低了糊的凝沉性，糊的透明度明显变好。醋酸酯淀粉在食品中的应用非常广泛，可用来生产罐头、烘烤、冷冻和儿童食品。

第三节　淀粉在纺织工业中的应用

一、变性淀粉在经纱上浆中的应用

经纱上浆的目的在于提高经纱的可织性。对于短纤维来说，主要是通过在纱线表面形成保护性的浆膜而提高其耐磨性；对于长丝来说，主要是通过增加单丝间的抱合力，增强集束作用而提高其耐磨性；对于强度不足或不匀较为明显的经纱，通过增强纤维之间的黏附性来提高强度。经纱上浆后，使单纱纤维间黏结力增加，从而提高了纱线的强度，使毛羽贴伏，提高了纱线的平滑度，从而使开口清晰、断头减少。

（一）经纱浆料应具备的性能

作为理想的经纱用浆料必须具备以下的性能：质量均匀；浆膜形成能力强；可以增加纱的强度；具有充分的弹性；具有适当的柔软性；黏结力强；耐摩擦性好；具有适当的吸湿性；浆膜透明；具有防霉性；退浆容易；对浆纱机烘筒等不黏附；浆液具有适当的渗透性；浆液稳定性好；具有适当黏度；与其他调浆成分配伍性好；不易起泡沫；无臭味。

能全部满足上述条件的浆料其特别重要的性能作用如下：

1. 黏结性　黏结性是浆料特别重要的特性。上浆经纱在织机上要受到综、箱、梭子的摩擦，如果纤维间的黏结不良，浆膜就会从纱上脱落，使长丝单纤维相互间的抱合力降低，产生毛羽，影响织造。

2. 黏度的稳定性　为了获得一定均匀度的上浆率，浆液黏度必须稳定。

3. 渗透性　浆的胶质体包在纱的外表，使毛羽贴伏，同时渗透到纱的内部形成胶质体，使单纤维互相胶着，这样使纱的表面光滑，同时也增加了强力，从而使织造性得以提高。

4. 适度的吸湿性　要使上浆纱具有柔软性，吸湿性是必要的，对合成纤维纱来说，如含有一定水分可起到抗静电作用，但吸湿过多，浆膜的强度将下降，纱表面发黏，反而会降低织造性能。

5. 退浆性　坯布一般都要经过漂、染、整理，因而要求易于退浆，对精练、漂、染不发生障碍。

6. 经济性　无论浆料的性能怎样好，也不能忽视其经济性。首先，价格高但性能好，可以减少用量提高上浆效果；其次，调浆手续简便，可节省人工、蒸汽及时间。

（二）浆料

1. 浆料的种类　经纱用的浆料可分为天然浆料、变性浆料及合成浆料三大类。各类又按其化学组成与结构的不同而分为许多种。目前，经纱上浆的浆料，主要有聚乙烯醇（PVA）类、丙烯酸类和淀粉及变性淀粉三大类。前两类浆料具有良好的上浆性能，尤其对合成纤维及其混纺纱的上浆效果较为理想，但价格偏高，而且聚乙烯醇会严重污染环境。天然淀粉上浆性能不如化学浆料，但资源充足、价格低廉。天然淀粉通过适当的变性处理，性能可得到改善，从而可较大比例替代化学浆料。

2. 变性淀粉　目前国内生产使用的变性淀粉主要有酸解淀粉、氧化淀粉、酯化淀粉、醚化淀粉、交联淀粉及复合淀粉等。目前，国内变性淀粉类浆料用量约占纺织浆料总用量的2/3。

（1）酸解淀粉　浆液黏度低、流动性好，适于制成高浓度低黏度的浆液，但在低温下会形成凝胶。黏附性与天然淀粉基本相同。容易形成均匀的浆膜，浆膜脆硬，强度虽较原淀粉有所下降，但并不十分明显。

酸解淀粉可作为黏胶纱及苎麻纱的主浆料，与聚乙烯醇或聚丙烯酸酯组成的混合浆可作涤-棉、涤-黏或涤-麻混纺纱的浆料。

（2）氧化淀粉　浆液有较好的流动性，尤其在低温时，基本没有凝冻现象，黏度低且稳定，能在高浓度下应用。常用次氯酸钠作为氧化剂，使淀粉分子中部分羟基被氧化成羧基和醛基。在氧化过程中，有部分羟基被氧化成羧基而使淀粉浆液的稳定性提高，超过酸解淀粉。羧基的引入也增加了氧化淀粉与纤维素之间的亲和力。由于羧基易形成氢键，从而增加了氧化淀粉对疏水性纤维的黏着力。因此，从原理上来说，氧化淀粉优于酸性淀粉。另外，由于氧化剂对于淀粉的氧化变性反应速度较慢，变性工艺参数较易控制，产品质量易掌握。

氧化淀粉可作为中号及细号棉纱、麻纱的主浆料。其浆纱的物理机械性能和织造性比原淀粉好，与聚乙烯醇、聚丙烯酸酯类合成浆料有较好的相容性，混合浆可用于涤-棉、涤-黏、涤-毛等纺纱上浆。

（3）淀粉醋酸酯　醋酸酯淀粉糊化温度低、黏度稳定、凝沉性减弱、成膜性好、透明度好、膜柔软、胶黏力强。它易被碱解离，因此，这类浆液的 pH 宜控制在6.5～7.5。对棉纤维和涤纶纤维的黏附性均有所提高。特别对涤-棉混纺纱有更好的黏附性。浆膜柔韧，耐弯曲，有良好的溶解性，易退浆。

醋酸酯淀粉可作为天然纤维纱及涤-棉混纺纱的浆料。作为高密棉织物及苎麻纱的主浆料，也可作为涤-棉、涤-黏、涤-毛等混纺纱的混合浆料。

（4）淀粉磷酸酯　磷酸酯淀粉黏度高、胶黏性强、凝沉性弱。作为纺织浆料，用量少，效果好，又易于退浆。

淀粉磷酸酯可作为棉-纱、涤-棉、涤-黏混纺纱的浆料，效果良好。

（5）羧甲基淀粉（CMS）　羧甲基淀粉是由淀粉与氯乙酸经醚化反应生成。羧甲基的引入，增加了淀粉的亲水性与纤维的亲和力，浆膜柔软，退浆容易。但浆膜耐磨性差，浆纱手感较软，易起毛，不适合作经纱的主浆料。

羧甲基淀粉宜与其他浆料混合使用，可代替 CMC（羧甲基纤维素）用于涤-棉等混纺纱的混合浆料中。

（6）羟乙基淀粉（HES）　羟乙基淀粉水溶性好，黏度低，不易凝冻，浆膜坚韧透明，易退浆，与聚乙烯醇相容性好。

羟乙基淀粉适用范围与羧甲基淀粉相似。

（7）交联淀粉　淀粉经交联后，黏度稳定、耐热、耐剪切、耐酸、耐碱，但黏度增大。

交联淀粉可用作被覆为主的经纱上浆，如麻细布、粗斜纹棉布等，与聚丙烯酸酯等混合用于涤-棉、涤-麻及涤-黏等织物的经纱上浆。

二、变性淀粉在印花糊料中的应用

（一）变性淀粉在印花糊料中的应用

①作为印花色浆的增稠剂，参与染料的固着。

②作为印花色浆的稳定剂和延缓色浆中各组分彼此间相互作用的保护胶体。

③作为印染或轧染后，在接触式烘干过程中的抗泳移作用的匀染剂。

（二）用作印花糊料的淀粉及变性淀粉

1. 小麦淀粉　小麦淀粉是丝绸印花中应用较为广泛的糊料之一。它廉价、成糊率高，制成色浆印制后给色量高，得色浓艳，黏度和透网性合适，用以印制精细花纹可以得到清晰的轮廓，本身无色、无还原作用，可耐弱酸弱碱。缺点是渗透性差，印花后水洗困难，不易去除；能与活性染料反应，不能用于活性染料印花。

2. 预糊化淀粉　预糊化淀粉溶液稳定，不会凝胶。与水解法配合制成预糊化淀粉适于印制精细雕刻的花纹。

3. 糊精　糊精略具有还原性，尤其是黄糊精，常被用作还原染料色浆的糊料，印花得色均匀，印花后易被洗去。和小麦淀粉混用，可改善色浆性能。

4. 氧化淀粉　可用于活性染料印花，但对织物的黏着性差。

5. 交联淀粉　原糊冷却时不会分解，黏度保持恒定，可适应各种印花要求。

6. 酯化淀粉　酯化淀粉如醋酸酯淀粉和磷酸酯淀粉。经酯化变性后，其化学稳定性增加，结构黏度下降，流变性改善，但其溶解性能不及醚化淀粉。

7. 醚化淀粉

（1）羧甲基淀粉（CMS）　羧甲基淀粉的印花性能主要取决于取代度的大小，取代度越大，淀粉大分子上所带的负电荷越多，可增加糊料的抱水性和水溶性。羧甲基淀粉在加酸或加碱时，黏度都会下降，但加碱影响较小。若取代度大于1.0以上，那么原糊的化学稳定性大为提高，其流动性和渗透性也较好，从而改善印花性能。

（2）羟乙基淀粉　羟乙基淀粉的取代度在0.5以上时，可溶于冷水。它与金属盐、酸或酸式盐均有良好的相容性。耐酸、耐碱、耐氧化剂及还原剂，与染化药剂的相容性好，印花性能和易洗除性能均较好，可作活性染料、分散染料、冰染染料等染料的原糊。

（3）氰乙基淀粉　氰乙基淀粉是淀粉在碱性催化剂存在下与丙烯腈醚化反应而制成的，可作活性染料的增稠剂。印花后，手感、耐摩擦牢度、耐汗渍牢度等均优于原淀粉，与褐藻酸钠相同。

第四节　淀粉在石油钻探中的应用

随着科学技术的进步，越来越多的淀粉产品被开发出来，其中许多产品被应用于石油工业，如石油钻井、石油采集、油田的污水处理等。

目前，用于石油工业的淀粉产品主要有淀粉微生物多糖和变性淀粉等。淀粉微生物多糖，如黄原胶、环糊精等；变性淀粉，如预糊化淀粉、醚化淀粉、接枝淀粉、交联淀粉、酯化淀粉、氧化淀粉等。这些淀粉产品具有许多优良的性能。淀粉具有增稠、凝胶、黏结与成膜等性能，通过改变淀粉的特性，可人为提高或抑制原有的某些性能，或赋予它新的特性，因而是具有多种功能的水溶性聚合物之一。又因原料来源丰富且价格便宜，在石油工业应用中，占有油田化学剂中水溶性聚合物的一定比例。

淀粉在石油工业中最早的应用是钻井液方面。在钻井作业中淀粉及其衍生物如预糊化淀粉、羧甲基淀粉、羟丙基淀粉、接枝共聚淀粉等用作钻井液的降失水剂。在压裂液中，利用淀粉及变性产品的吸水膨胀和在一定条件下可降解的特性，用作可降解低伤害的降滤失剂。由特殊工艺变性的淀粉，能够与硼离子等交联成有一定黏弹性的冻胶，为其在压裂液增稠剂方面的应用开创了新领域。

淀粉和合成聚合物的接枝共聚物以及由淀粉开发的微生物聚合物，在堵水调剖和强化采油等提高采收率方面也有应用。

另外，在石油开采以及石油环保的聚丙烯酰胺分析和油水污染处理中，也有淀粉或其变性产品的应用。应该说淀粉及其衍生物作为难得的具有多功能的水溶性聚合物之一，在石油工业中应用广泛，并且随着石油工业的发展和淀粉技术的进步，其应用范围还会越来越广。

一、石油钻井液

在石油钻井中，水基泥浆中的游离水渗入地层的现象称为失水。如果泥浆中失水太多、太快，则会出现井壁坍塌、井径缩小、钻井液变稠等问题，进而引起卡钻等事故，同时还会使水敏性泥岩、页岩膨胀和运动，产生地层堵塞，影响油气的顺利采出。所以，必须加入降失水剂，以控制钻井泥浆的失水量。许多淀粉产品就是钻井液的降失水剂。

1. 黄原胶 黄原胶是一种优良的钻井泥浆添加剂，主要优点有：流变性好，有很好的剪切稀释性，既可以润滑钻头，又可以在相对静止时钻头部位保持高的黏度，防止井壁倒塌；具有抗钙、抗盐性，在海洋、盐层钻井中更优越；具有低的摩阻特性；对酸、碱、热稳定。黄原胶被广泛用于石油钻井，特别用于海洋石油钻井。

2. 羧甲基淀粉 低取代度（0.2～0.5）的羧甲基淀粉具有优良的降失水性能和抗盐、抗钙能力，可耐130℃的高温，改善钻井泥浆的流动性、触变性和失水值，具有增黏、保护油层不受污染的特点。和羧甲基纤维素钠相比，羧甲基淀粉性能更优良，成本低，已经大量用于海水或盐水泥浆的钻井液中。

3. 羟丙基淀粉 羟丙基淀粉在油田化学品中可以显著降低饱和盐水泥浆的失水能力。降失水能力和羧甲基淀粉相当，但是抗钙、镁能力强于羧甲基淀粉，且用量少、性能稳定、维护周期长和较好的抗温能力；处理的钻井液有泥饼薄而韧、摩擦系数小等优点；能够改善井眼条件、稳定井壁等。

4. 预糊化淀粉 预糊化淀粉主要用于盐水或饱和盐水钻井液的降失水剂。由于它的生产工艺简单、价格便宜，所以是钻井液中用量最大的淀粉产品之一。其降失水性与羧甲基纤维素钠相当，但是耐盐性较羧甲基纤维素钠好。

5. 接枝淀粉 接枝淀粉是近几年发展较快的一类钻井液处理剂。这类淀粉产品由于性能优良，被用于更复杂地形的钻井液。如以硝酸铈-乙酸乙酯为引发剂，合成的淀粉丙烯酰胺-聚乙烯醇接枝共聚物，有良好的抗高温降失水能力，抗高温限可达到170℃。

6. 阳离子淀粉 阳离子淀粉用于石油钻井液的降失水剂，具有抗盐和抗高温性能，作为高钙、高盐的钻井流体损失控制剂，比传统淀粉性能优越得多。

除上述几种淀粉外，用作钻井液的降失水剂的淀粉产品，还有工艺简单的膨化淀粉等。

二、压裂液

油田的压裂增产技术，是指在高压下使井底的地层形成延伸的裂缝，不断将压裂液注入缝中，使裂缝向前延伸和得以填充，然后压裂液破胶，降解为低黏度状态而排出，产生高导流能力的通道，有利于油气从底层远处流向井底。该技术是油田二采、三采中应用的技术，以达到石油增产的目的。淀粉产品在压裂液中主要为降滤失剂和稠化剂。

1. 压裂液中的降滤失剂 淀粉类产品作为压裂液的降滤失剂，主要是因淀粉分子中含有很多羟基，使其具有独特的吸水膨胀特性。另外，淀粉分子具有螺旋形结构，这种淀粉的螺旋结构能紧密压实，有利于形成良好凝胶。淀粉螺旋结构还会把结构中的羟基置于螺旋圈内，使硼酸盐和锆盐等交联剂难以与其交联，这一特性使得人们将淀粉及变性产品用作压裂液的降失剂时，不需要过多考虑它会不会影响到植物胶压裂液的增黏和交联性能。黄原胶是较早用于压裂液的淀粉产品。变性淀粉（如羟丙基淀粉、羧甲基淀粉、交联的马铃薯淀粉等）和原淀粉按一定的比例混合，性能较单一淀粉优越得多，通常含有 30%～50% 变性淀粉的混合物最有效。较好的变性淀粉，如羟丙基羧甲基土豆淀粉，交联的预糊化土豆淀粉及交联的羟丙基土豆淀粉等都是高膨胀性淀粉，吸水量是其质量的许多倍，并会形成一种有助于捕集其他粒子的凝胶膜，从而形成一层有效的滤饼。

2. 压裂液中的稠化剂　在压裂采油技术中，为便于增加地层裂缝宽度、支撑剂的输送和降失水等，压裂液中要加入一定量的稠化剂。最早使用的稠化剂是淀粉。淀粉是植物作为养分储存的，纤维素和植物胶质是植物体建造结构的填充物，因此尽管它们都是多糖聚合物，化学性质上也有相似之处，但却存在着很重要的区别。即淀粉和纤维素及植物胶连接糖基的键不同，淀粉是 α 键而纤维素和胶质是 β 键，因此淀粉是螺旋结构而纤维素和胶质是三元线性结构。这种线性结构使纤维素和胶质适合用来作可交联的稠化剂。但淀粉的螺旋结构能更紧密压实，不会构成足够长的链，形成良好的胶液，而且淀粉的螺旋结构还会把羟基置于螺旋圈内，使硼、钛、锆之类的交联剂难以使淀粉交联。因此这就限制了淀粉在增黏稠化剂方面的应用。但是淀粉来源广泛，易于变性，人们关心能否通过对其化学改性得到更低廉的稠化剂。天津工业大学研制了一种特制的变性淀粉 MST，其增黏和交联性能都很好，价格比植物胶便宜，但还未进行工业化应用。

三、调剖剂和堵水剂

注水开发的油田，用以调整渗水地层吸水剖面、堵住高渗透层的物质，称为调剖剂；堵水剂用于降低水在地层中的流动性而不显著改变油的流动性，从而提高原油的采收率。淀粉产品作堵水剂、调剖剂，一般是利用其遇水膨胀而成胶的性质，堵塞地层，或利用淀粉作营养源生成合适的聚合物来堵水调剖。淀粉膨化后和丙烯腈、丙烯酰胺接枝共聚，所生成的接枝淀粉可作堵水剂。

四、强化采油

注水采油后，约有 2/3 的原油滞留在油层中，由于毛细作用，其中部分原油滞留在较细的毛细孔中，通过向地层中注入其他工作试剂和其他能量，将这部分原油驱赶出来，为强化采油。许多淀粉产品就是很好的强化采油工作试剂。黄原胶在低浓度时具有高的黏性，对热、盐、温度、切变力稳定，不易被多离子吸收。用于洗涤并提取油带多孔岩石中的原油，大大提高采油率。环糊精能起到一般表面活性剂不能起到的作用，能促进沙中油和沙的分离，有利于采油。

五、油田污水处理

油田污水主要包括原油脱出水、钻井污水和井站内其他类型的污水等。大量的污水不仅会影响地面设备正常工作，而且会引起地层堵塞，造成环境污染等。改性阳离子淀粉絮凝剂具有无毒、可降解、廉价等特点，用于油田污水中悬浮固体的分离。取代度 0.1～0.45 的季铵淀粉醚，可以破坏油包水或水包油乳化液，用于油水分离。不溶性（交联）阳离子淀粉可有效除去废水中的重金属离子。

六、其他应用

有些接枝淀粉具有超强的吸水性，用于油水分离剂，如油品脱水剂、除水滤油器等。环糊精，可在油料废液中回收燃料油，又可在焦油渣中回收油和清洗油料。以淀粉为原料制取油水分离的破乳剂，石油采集中的清蜡剂等。以黄原胶为起始剂与环氧丙烷、环氧乙烷合成的黄原胶类破乳剂，用于油田的油水分离。

第五节　变性淀粉在医药工业中的应用

变性淀粉在医药工业主要用作片剂的赋形剂、外科手套润滑剂、代血浆、药物载体、药用基材的增稠剂。另外在治疗尿毒症、降低血液中胆固醇和防止动脉硬化等产品中也用到变性淀粉。应该说变性淀粉作为具有多功能的水溶性聚合物之一，在医药工业中应用广泛，并且随着淀粉技术的进步，其应用范围还会进一步扩宽。

一、片剂的赋形剂

（一）赋形剂的种类及特性

在片剂的生产过程中，都需加入适当的赋形剂。赋形剂按其作用分为稀释剂、吸收剂、黏合剂、润滑剂、润湿剂和崩解剂。

（二）用作赋形剂的变性淀粉品种

目前，用作片剂的赋形剂的变形淀粉主要有预糊化淀粉、糊精和羧甲基淀粉钠等。

1. 预糊化淀粉　预糊化淀粉含水量一般为 $10\%\sim13\%$，对湿敏感的药物无明显的影响。由于其流动性和可压缩性较通常的原淀粉为好，故多用于直接压片工艺。可作为片剂（或胶囊）的稀释剂、片剂的黏合剂、片剂的崩解剂、色素展延剂。另外，预糊化淀粉与其他淀粉相似，加压后发生弹性变形，片剂的硬度较差，在直接压片的处方中需加入含量不超过 0.5% 的硬脂酸镁（量多会产生软化效应）或加入硬脂酸或氢化植物油等润滑剂，以改善其硬度。

2. 糊精　糊精在片剂中主要作为外科敷料的黏合剂和增稠剂、片剂的颗粒黏合剂、糖衣组分中的成形和黏合剂、悬浮液增稠剂。

3. 羧甲基淀粉钠（CMS-Na）　羧甲基淀粉钠具有较强的吸水性及吸水膨胀性，有很好的活动性及可压性。它作为一种优良的崩解剂广泛应用于片剂和胶囊的生产。使用的浓度为 $2\%\sim10\%$，压紧力对崩解时间无明显影响，但含羧甲基淀粉钠的片剂在高温、高湿中储存会增加崩解时间和降低溶出速度。

二、外科手套润滑剂、赋形剂及医用撒粉敷料

以前，外科手套润滑剂主要是滑石粉，价格便宜。但由于滑石粉存在不易被人体吸收等缺陷，目前逐渐使用一种高交联变性淀粉。该淀粉可抵抗高压灭菌而不影响淀粉的组织和可被吸收的特性，故可用作外科手套润滑剂和赋形剂，也可供作吸收性的医用撒粉敷料。

三、代血浆及冷冻血细胞保护剂

较高取代度的羟乙基淀粉对淀粉酶略有抵抗性，这种抵抗性随取代度的增加而增加，因

此在医药界用为代血浆和冷冻保存血液的血细胞保护剂。羟乙基淀粉作为代血浆需要较高的取代度，除防止其在血液中受酶分解外，还需要用酸水解到一定分子大小范围使其具有适宜的流变性质。提高特性黏度，会促进血沉；而降低特性黏度，维持血压或保持血液量的效果会变差。

冷冻是医药界长期贮存血液的方法，为防止红细胞在冷冻和融化过程中发生溶血现象，就需要用保护剂，如甘油和二甲亚砜。羟乙基淀粉（MS：$0.7\sim0.8$）具有更好的保护效果。因为羟乙基淀粉是处于血细胞外面起保护作用，容易洗掉，而甘油和二甲亚砜分子小，进入血细胞内起保护作用，以后需要彻底洗涤才能除去。

四、药物载体淀粉微球

药物载体系统主要用于载运活性分子（如细胞毒制剂和各种酶）至恶性肿瘤组织和人体器官，然后在靶器官内控制释放。因此，有可能利用药物载体系统来减少对药物的不良反应，改善药物的某些物理性质，提高药物的选择性，从而提高药物的治疗指数。淀粉微球作为药物载体的优点是：生物降解性，生物相容性，降解速度可调节，无毒，无免疫原性，贮存稳定，淀粉来源充足，价格低廉，与药物之间相互无影响及符合给药系统的其他各项要求。

五、变性淀粉在医药工业中的其他应用

环状糊精医药上用以改善药物的溶解性，提高药物的稳定性，使油状、低熔点物质粉体化；防止挥发，矫味，矫臭；减轻局部刺激。

硫酸酯淀粉具有生理活性，在医药工业中可作用胃蛋白酶抑制剂、肝素代用品。它具防止动脉硬化、抗凝血、抗脂血清、抗炎症等功能，可作为血浆代用品、肠溃疡的治疗剂。

淀粉磷酸酯可提高前列腺素对热的稳定性，它可作为标记放射性的诊断剂。用甘油-山梨醇（2∶30）混合物增塑过的淀粉磷酸酯薄膜包扎皮肤创伤和烧伤，能促进创伤迅速愈合、减少污染等。

第六节　淀粉在其他行业中的应用

一、变性淀粉在工业废水处理中的应用

变性淀粉在工业废水处理中可作絮凝剂、离子交换剂、螯合剂。

（一）淀粉衍生物絮凝剂

絮凝剂是一种能使溶胶变成絮状沉淀的凝结剂。絮凝剂可分为无机物和有机物两大类。为提高药剂的絮凝作用、降低成本、减少毒性和提高药剂在水中的溶解度，国外已经试制成变性有机絮凝剂，淀粉衍生物是其中的一种。

1. 非离子型淀粉衍生物絮凝剂

（1）糊精　在浮选金矿时，为了改善矿物的可浮性，提高浮选的选择性，加入糊精可降低矿物的可浮性。煤和焦油砂等矿藏开采时，常伴随很多淤泥，用糊精作絮凝剂，可使淤泥沉积下来。

（2）丙烯酰胺接枝淀粉　这种水溶性接枝共聚物，对水介质中的任何悬浮细粒固体都具有絮凝作用。它能使悬浮液达到澄清并回收其中的悬浮固体，或将悬浮固体沉淀在理想的表面上。可用于净化工业废水、澄清工业和家庭用水，从矿石中提取金属的絮凝剂，如可作为高岭土胶体悬浮液、炭黑、白土及煤渣泥的絮凝剂。

2. 阴离子型淀粉衍生物絮凝剂

（1）淀粉磷酸酯　淀粉磷酸酯是阴离子型的，可作为泥浆、鱼类加工厂、屠宰厂、发酵工厂废水、蔬菜水果浸泡水、纸浆废水的絮凝剂。如每 907 kg 煤渣使用 0.28 kg 淀粉磷酸酯和 0.016 kg 水溶性聚丙烯酰胺混合物，可得到良好的絮凝效果。

（2）淀粉黄原酸酯　淀粉黄原酸酯可以从水中除去重金属离子，并可与许多高价金属离子生成难溶性盐。可用于电镀、采矿、黄铜冶炼等工业废水中重金属离子的清除，从淤泥中回收有危险、有价值的金属。

（3）用环氧氯丙烷交联的羧甲基淀粉　此淀粉用作絮凝剂，除去钙离子比葡萄糖酸钠和柠檬酸效果好。

3. 阳离子型淀粉衍生物絮凝剂

淀粉经糊化与季铵盐反应制得的高取代物衍生物，可从悬浊液絮凝有机或无机微粒，如白土、二氧化钛、煤、炭、铁矿砂、泥浆、阴离子淀粉、细小纤维及重金属颜料等，含15%～25%季铵型阳离子淀粉是一种全面、有效的絮凝剂，能使无规则丙烯从有规则聚丙烯的分离单元中脱离出来，絮凝效果与相对分子质量成正比。

各种不同结构的淀粉，它们絮凝作用和机理都有差异。淀粉衍生物的絮凝作用包括氢键、范德华力、双电层静电力及化学吸附。

（二）淀粉衍生物离子交换剂和螯合剂

自从 20 世纪 70 年代中期以来，已经合成了一系列交联淀粉为骨架的离子交换剂和螯合剂，并有效地用于重金属工业废水的处理。其中，含氮交联淀粉性能稳定，对重金属离子去除率高。将含有羧基的变性淀粉经交联后可用作阳离子交换剂，如交联羧甲基淀粉。丙烯酰胺接枝共聚物的水解物也可作阳离子交换剂。交联淀粉与丙烯腈接枝共聚物经水解后可用作交换剂。

二、变性淀粉在饲料工业中的应用

变性淀粉对饲料品质的改良作用可概括为以下几个主要方面。

（一）附载饲料功能性成分

变性淀粉附载饲料功能性成分的作用可分为微胶囊化壁材的成膜作用、环状糊精的包接络合作用及微孔淀粉的吸附作用。将目的物质微胶囊化后用变性淀粉作壁材包被，经动物口腔机械作用或肠溶性物质溶解作用后释放，可以有效保护在空气中易氧化分解的不稳定功能性物质而不影响其消化吸收收果，如番茄红素、大豆磷脂及酶制剂等。环状糊精分子具有独特的环状空间结构，这种结构对酶、酸、碱、热等稳定，环状空腔内疏水，能与有机分子形成稳定的包合络合物。在饲料中使用环状糊精能稳定饲料营养成分，避免氧化、还原、热分解和挥发反应；掩盖饲料原料本身的苦味和异味，提高饲料适口性；脱除胆固醇；防止饲料吸湿或潮解。

（二）替代饲料脂肪

在高浓度乙醇（95％）的环境下，利用盐酸作用于淀粉链的非结晶区，可得到具有合适属性的淀粉片段，即微晶粒淀粉基脂肪代用品。其黏度、乳化性及稳定性与脂肪相近，具有油状、软滑等模拟脂肪的感官特征。在满足蛋白质水平和能量水平的前提下，用其完全代替饲料中的脂肪或按一定比例与饲料脂肪结合，可以提高畜禽胴体的瘦肉率。

（三）增强饲料黏性与稳定性

变性淀粉分子中含有醇羟基或羧基等亲水基团，能与水发生水化作用。羟丙基、羧甲基、磷酸根和醋酸根等基团的引入，削弱了原淀粉分子间的氢键作用，使水化作用进一步增强。因此，大多数变性淀粉能在水中甚至是冷水中膨胀，形成透明的糊液，糊液黏度大且稳定性好，具有良好的增稠性能。所以，变性淀粉在改善水产饲料结构与黏度方面具有良好的作用。如利用马铃薯三偏磷酸钠交联变性淀粉作鳗鱼饲料黏合剂，可取得黏度大、易消化、富营养、透明、无毒的理想效果。

三、变性淀粉在铸造工业中的应用

淀粉和淀粉变性产品有很多种类，在铸造生产中得到应用的主要有 3 种：普通淀粉（β-淀粉）、预糊化淀粉（α-淀粉）和分解淀粉（糊精）。在我国应用得最多的是作为芯砂添加剂的糊精，而国外应用得最多的是预糊化淀粉作为湿型砂的添加剂。通常通过加入淀粉和变性淀粉材料来提高型砂韧性和表面强度，减小起模摩擦力，降低水分敏感性，防止铸件产生夹砂、结疤类缺陷和冲砂、砂孔等缺陷，降低铸件表面粗糙度。预糊化淀粉的优点更加突出，它的优点是：抗黏砂作用很明显，因而可以代替倍量的煤粉来防止黏砂缺陷和降低表面粗糙度，从而改善劳动环境；可提高砂型抗风干能力，减少铸件冲砂缺陷，使用 α-化度较高的预糊化淀粉时效果更加明显；能够显著降低型砂对水分的敏感性，并能减少型砂的水分和提高型砂的紧实率，使型砂更易于造型，大大降低由于型砂水分高引起的气孔等缺陷；预糊化淀粉使型砂的高温强度降低，因而改善落砂性能。

四、变性淀粉在建筑材料工业中的应用

建材中的石膏板、胶合板、陶瓷用品和墙面涂料黏合剂等产品的生产要用糊精、预糊化淀粉、羧甲基淀粉、磷酸酯淀粉等。如预糊化淀粉用于水质涂料，黄糊精可用作水泥硬化延缓剂。

变性淀粉在陶瓷中的应用尤其是作为陶瓷添加剂已成为目前的研究热点之一。传统的陶瓷添加剂如聚乙烯醇等成本高，存在环境污染等诸多问题，而变性淀粉若能在性能上取得突破，取代传统的陶瓷添加剂将会有良好的发展前景。变性淀粉在陶瓷中一般作为添加剂使用，其主要作用有：作为黏合剂，起黏结作用，增加坯釉强度，减少釉的干燥收缩，使坯体和釉结合牢固，不易脱落，便于工艺操作，防止滚釉、缺釉等缺陷；作为分散剂，使浆料粒子分散更加均匀，改善坯、釉浆的流动性，使料浆在低水分含量的情况下，具有适当的黏度、良好的流动性，便于操作；作为造孔剂（这主要是对制备多孔陶瓷而言），在烧结过程中产生气孔，并且控制气孔的大小和分布以及气孔率，降低坯体收缩或用作媒介，促进水分分布均匀和加速排水，减少因水分难以排出而引起的应力集中，减少坯体开裂。

思考题

1. 淀粉及变性淀粉在造纸工业中有哪些应用？
2. 淀粉及变性淀粉在食品工业中有哪些应用？
3. 淀粉及变性淀粉在纺织工业中有哪些应用？

第七章 淀粉在高分子复合物中的应用

淀粉作为聚合物应用原料的研究已经有近 200 年的历史了。1811 年 Kirchoff 用酸对淀粉进行处理的本意是寻找替代天然橡胶的低成本物质，结果意外获得具有甜味的物质，开启了研究淀粉高分子的大门。人们展开了大量开发淀粉基聚合物的研究，原因是淀粉来源广泛，是一种可持续性并具有可降解性的资源。

用淀粉作为高分子材料的原因是人们认识到处理固体塑料非常困难。塑料在产品包装中替代金属、玻璃和纸张等传统材料而大量应用，结果处理起来极为困难。2005—2010 年，美国低密度和高密度聚乙烯、聚丙烯和聚苯乙烯等塑料制品的年平均增长率为 8.9%；包装行业和其他用途塑料制品的日常消耗量大约是每年 8×10^9 kg。因为密度低，塑料制品占到了掩埋处理固体废品体积的 20%，而重量只有 7%。虽然焚烧塑料能获得较高的能量，但由于公众的反对限制了塑料制品的焚烧处理。这些因素促使人们在开发生物降解塑料作为传统塑料替代品方面做了大量的工作，尤其是在包装制品和一次性制品中的应用。

淀粉用作塑料制品原料优点：可持续生产，具有多种植物来源，成本低。将淀粉作为生物降解塑料的原料是因其具有生物降解性，微生物普遍可以利用淀粉作为碳源。

淀粉的结构特点限制了其应用范围。每个脱水葡萄糖残基具有 3 个羟基使淀粉具有很高的亲水性，在一般环境中淀粉的平衡湿度为 10%～12%。水是淀粉的高效塑化剂，淀粉中的保持平衡水分的得失会使淀粉基材料的物理性能和机械性能产生显著的变化，这与当前使用的疏水性合成高分子材料不同。淀粉基材料的吸水性也影响其在包装材料中的应用，因为吸收和渗入一定数量的水分后会破坏包装材料的应用特性。另外，相对于直链淀粉来说，支链淀粉的分枝性使其制得的聚合物性能较差。过量的分支结构降低了支链淀粉在熔融状态和固体状态时的分子缠绕趋势，这是高分子聚合物获得有用性能的必要途径。这种低缠绕密度在支链淀粉膜或挤出产物的脆性特征中表现突出。

小麦淀粉用作造纸添加剂、黏合剂、纺织上浆剂已经有几百年的历史了，但淀粉作为结构聚合物是最近才发展起来的。淀粉作为水基或溶剂型涂层方面已经做了大量的研究工作。这些物质一般在固化时形成交联热固性树脂。本章主要阐述利用传统塑料加工技术（如挤出成型和注塑成型工艺）时，淀粉在高分子复合材料和共混材料中的应用。

第一节 淀粉基泡沫材料

泡沫材料是塑料中的一大类，也是现代塑料工业的重要组成部分。泡沫材料是聚合物基体和发泡气体组成的复合材料，具有密度小、导热率低、隔热、吸音及缓冲等优良性能，价格低廉，制造工艺简单，因而在工业、农业、军事、日用品和办公用品等各方面得到广泛应用。但由于大多泡沫材料制品如：聚苯乙烯、聚乙烯、聚丙烯、聚氯乙烯、聚氨酯等泡沫材料难以降解，在实际应用中造成了严重的环境污染，因此近年来各国都限量使用以上产品，并且投入大量的人力、物力、财力研究可生物降解的泡沫材料。

淀粉是一种来源广泛、价格低廉、可以完全生物降解的丰富的可再生资源，具有良好的发泡性能。淀粉在泡沫材料中的应用将会在很大程度上减轻目前泡沫材料工业面临的巨大的环境压力。近年来，在对淀粉进行广泛改性的基础上，性能各异的各种淀粉类生物降解泡沫材料不断涌现；其中有些淀粉类生物降解泡沫材料缓冲性能优异，堪与聚苯乙烯泡沫材料（EPS）相媲美，如果疏水性能得到进一步提高，有望在松散填充和缓冲包装材料等领域代替不可降解树脂泡沫材料。淀粉类生物降解泡沫材料的性能受各种因素的影响。各种具有生物降解性能的合成树脂和天然聚合物在提高淀粉类生物降解泡沫材料的物理机械性能方面有重要作用，极大地拓宽了其应用范围。此外，淀粉类生物降解泡沫材料的性能还受到成型方法（如烘焙成型和挤出成型等）、发泡剂的种类和含量、温度和湿含量等因素的影响。

淀粉泡沫材料是淀粉类生物降解泡沫材料的一大类，主要包括天然淀粉泡沫材料和变性淀粉泡沫材料。由于未加入其他增强填料，该类泡沫材料具有良好的生物降解性能。

一、天然淀粉泡沫材料

天然淀粉包括玉米淀粉、马铃薯淀粉、小麦淀粉、蜡质玉米淀粉、高度支化马铃薯淀粉、木薯淀粉以及西米淀粉等，一般呈粒状，含有不同比例的直链和支链结构。普通淀粉（包括玉米淀粉、马铃薯淀粉、小麦淀粉等）中直链结构的淀粉含量一般在 $22\%\sim28\%$，蜡质玉米淀粉中不含直链淀粉，高直链淀粉（从普通淀粉经过分离提纯制备而来）中直链淀粉含量至少达到 45%，一般在 65% 左右。

普通淀粉泡沫材料大都是开孔结构，泡孔均匀性差，较脆；而高直链淀粉泡沫材料则形成闭孔结构，泡孔小而且比较均匀，压缩强度较普通淀粉泡沫材料小，脆性明显降低。值得注意的是，直链淀粉含量为 70% 的高直链淀粉泡沫材料的堆密度和缓冲性能与 EPS 相近，甚至比 EPS 还要好。

二、变性淀粉泡沫材料

变性淀粉包括酯化淀粉、醚化淀粉、接枝共聚改性淀粉、酸水解淀粉、交联淀粉和酶转化淀粉等，其中酯化淀粉、醚化淀粉和接枝共聚改性淀粉较为常见，尤其是乙酰化淀粉（SA）。

1. 乙酰化淀粉泡沫材料　普通淀粉经乙酸酐酰化后成为乙酰化淀粉。由于羟基被乙酰基团取代，淀粉乙酰化后其吸水性显著降低，尺寸稳定性相应提高。乙酰化淀粉泡沫材料的吸水性随着其取代度（DS）的增加而变化，当水作发泡剂时，随着 DS 从 1.11 增加到2.23，乙酰化淀粉泡沫材料的吸水性能降低。尤其值得注意的是，乙酰化淀粉泡沫塑材料具有相当优异的缓冲性能，其弹性指数高达 96.8%，甚至高于 EPS；而其压缩强度较大，这可能与乙酰基团的刚性有关，但是将其作为缓冲包装材料的前景是相当诱人的。

2. 羟丙基醚化高直链淀粉泡沫材料　羟丙基醚化普通淀粉泡沫材料性能和普通淀粉泡沫材料相似，而羟丙基醚化高直链淀粉泡沫材料则形成闭孔结构，泡孔均一，堆密度和压缩强度和醚化前相似，但弹性指数有较大提升。美国国民淀粉公司以高直链淀粉和变性淀粉为原料，已经开发了 Eco-form 系列的松散填料供应市场。该系列泡沫材料可以完全生物降解，且具有较好的性能，但遗憾的是，其市场价格较普通的泡沫材料（EPS）高，限制了其广泛的应用。

3. 淀粉接枝聚甲基丙烯酸酯泡沫材料　和其他变性淀粉泡沫材料一样，淀粉接枝聚甲基丙烯酸酯泡沫材料（S-g-PMA）拥有和 EPS 相近的缓冲性能，而堆密度则相对 EPS 较高。

不同的是，淀粉接枝聚甲基丙烯酸酯泡沫材料在较低的相对湿度下变脆，浸在水中会收缩，30 min 后又会恢复，这种特性赋予淀粉接枝聚甲基丙烯酸酯泡沫材料在更广的天气条件下使用的可能性。生物降解测试结果显示，淀粉接枝聚甲基丙烯酸酯泡沫材料中的淀粉很快降解，而聚甲基丙烯酸酯则相对稳定。可见，淀粉接枝聚甲基丙烯酸酯泡沫材料有望在缓冲包装材料方面代替 EPS。

4. 淀粉-合成树脂复合泡沫材料　淀粉泡沫材料吸水性较强，脆性较大，性能不能满足工业生产的要求，迫切需要对其进行增强改性。许多可以生物降解的合成树脂如聚乳酸（PLA）、聚羟基醚酯（PHEE）、醋酸纤维（CA）、聚乙烯醇（PVOH）、聚己内酯（PCL）、羟基丁酸-羟基戊酸共聚酯（PHBV）、对苯二甲酸、己二酸共聚丁二醇酯（PBAT）、聚酯酰胺（PEA）和聚琥珀酸-丁二醇酯（PBSA）等具有优良的物理机械性能，与淀粉共混后，可以有效提高淀粉泡沫材料的物理机械性能，拓展其应用范围。各种淀粉-合成树脂复合泡沫材料的物理性能不尽相同，PLA、PHEE 和 PHBV 与普通玉米淀粉共混挤出后显著提高了复合泡沫塑料的膨胀率，降低了其单位密度（$\leqslant 33$ kg/m³）（unit density，采用已知密度、直径 0.1 mm 的玻璃微珠为替代介质，来替代泡沫材料测出其体积，相应的泡沫材料的质量与其体积的比值即为单位密度），尤其是淀粉-PLA（20%）复合泡沫材料达到了商业化淀粉泡沫材料对其单位密度的要求（20 kg/m³左右）。此外，淀粉种类对淀粉-合成树脂复合泡沫材料的性能也有相当大的影响。

淀粉-超细聚乙烯醇-低聚酰胺复合泡沫材料作为一种新型的可完全生物降解材料，单位密度$\leqslant 47.0$ kg/m³、压缩强度$\geqslant 0.018$ MPa，市场价格和 EPS 相仿，而且不产生静电，是替代填充用无形状要求 EPS、解决白色污染的理想产品。

5. 乙酰化淀粉-合成树脂复合泡沫材料　乙酰化淀粉和可生物降解的合成树脂共混可以进一步提高淀粉类生物降解泡沫材料的疏水性能和缓冲性能。与淀粉-聚对苯二甲酸己二醇酯（EBC）复合泡沫材料相比，乙酰化淀粉-EBC 复合泡沫材料的膨胀率和弹性指数提高了约 10%，差示扫描量热仪（DSC）和傅立叶变换红外光谱仪（FTIR）测试结果显示，乙酰化淀粉与合成树脂有更好的相容性；由于乙酰化淀粉分子的刚性，其压缩强度较高。PLA 的吸水性较大，和乙酰化玉米淀粉（DS 为2.3）和乙酰化马铃薯淀粉（DS 为1.07）共混后疏水性能得到较大改善。通过 DSC、FTIR 和 X 射线衍射仪（XRD）分析发现，乙酰化玉米淀粉-PLA 复合泡沫材料和乙酰化马铃薯淀粉-PLA 复合泡沫材料的相容性均较好，由于 PLA 和乙酰化马铃薯淀粉（DS 为1.07）吸水性相近，乙酰化马铃薯淀粉-PLA 复合泡沫材料的相容性相对好些。

6. 乙酰化淀粉-天然纤维复合泡沫材料　目前，乙酰化淀粉泡沫材料的高成本是其工业化的主要障碍。考虑到植物纤维，如木纤维、燕麦纤维、玉米棒纤维和玉米秸秆纤维等来源广泛、价格低廉，采用这些天然纤维增强乙酰化淀粉泡沫材料可以大大降低生产成本。植物纤维主要由纤维素、半纤维素和木质素等构成，一般是亲水性的，和疏水性的乙酰化淀粉共混时，相容性不太理想，需要对其进行处理以提高相容性。

未改性的木纤维含有大量热固性的木质素，使得其中的纤维素、半纤维素和木质素紧密结合在一起，以至于挤出机内高温、高压和高剪切力的作用也不能使其软化，因而，乙酰化淀粉-木纤维复合泡沫材料中木纤维和乙酰化淀粉分子间的作用力很弱，木纤维只起到填充的作用，相容性差。在发泡过程中，乙酰化淀粉倾向于单独发泡，木纤维作为不能发泡的独立相，对乙酰化淀粉基体泡沫材料泡孔的生长起阻碍和破坏作用，导致泡孔塌陷。乙酰化淀粉-燕麦纤维复合泡沫材料和乙酰化淀粉-玉米棒纤维复合泡沫材料的情况类似，只是程度不同而已。相反，纤维素和乙酰化淀粉分子间作用力强，相容性好，分散均匀，因而乙酰化淀粉-燕麦纤维素复合泡沫材料综合性能更优异。

从乙酰化淀粉-玉米棒纤维和乙酰化淀粉-纤维素复合泡沫材料的微观结构可以看到，乙酰化淀粉-玉米棒纤维泡沫材料的泡孔大小明显地不均一，且收缩的泡孔中含有成团状的玉米棒纤维，表明有未熔融的玉米棒纤维存在，玉米棒纤维之间氢键强烈的相互作用阻碍了其在泡沫材料基体中地均匀分布；而乙酰化淀粉-纤维素复合泡沫材料泡孔大小均一，分布均匀，呈五边形或六边形，平均泡孔大小是前者的 1/4，这表明纤维素与乙酰化淀粉形成强烈的相互作用。此外，对乙酰化淀粉-木纤维和乙酰化淀粉-燕麦纤维复合泡沫材料再次用蒸汽膨胀，可以使残留的发泡剂继续膨胀，泡孔趋向于均一，泡沫材料的物理机械性能都有所提高。

玉米秸秆纤维经 NaOH 处理后，木质素基本被除去，与乙酰化淀粉之间相容性明显提高，这可以从乙酰化淀粉-玉米秸秆纤维复合泡沫材料的微观结构看到，在玉米秸秆纤维含量较低（低于 10%）时，其分散较为均匀，相容性很好，因而相应地物理机械性能也较好；然而，玉米秸秆含量超过 10% 时，其分散变得不均匀，导致物理机械性能下降。

7. 乙酰化淀粉-有机黏土纳米复合泡沫材料　近年来，以有机黏土尤其是改性的蒙脱土（MMT）填充改性的各种纳米材料由于其优异的物理机械性能而备受关注。将改性的 MMT 以纳米级分散在乙酰化淀粉中，由于纳米效应将可以进一步提高乙酰化淀粉泡沫材料的某些性能。

已经报道的乙酰化淀粉-MMT 纳米复合泡沫材料是以乙醇为发泡剂，采用双螺杆挤出机熔融插层法制备的。其在改性蒙脱土时采用了 4 种不同的烷基铵盐，其商品名分别为：30B、10A、25A 和 20A，相应地制备了 4 种不同的纳米复合泡沫材料。通过广角 X 射线衍射仪（WAXD）、扫描电子显微镜（SEM）、DSC 和热重分析仪（TG）分析表明，乙酰化淀粉分子已经进入蒙脱土片层之间，形成了插层型的纳米复合泡沫材料。

乙酰化淀粉分子进入蒙脱土片层之间后，其运动受到限制，同时也有效阻碍了氧的渗透，使得乙酰化淀粉-MMT 纳米复合泡沫材料的玻璃化转变温度和分解温度较乙酰化淀粉泡沫材料都有所提高。由于纳米效应增强了分子间作用力，乙酰化淀粉-MMT 纳米复合泡沫材料的压缩强度较乙酰化淀粉泡沫材料有较大地降低，而对弹性指数影响甚微。这种效果随着蒙脱土改性剂的不同而变化。显然，乙酰化淀粉-MMT 纳米复合泡沫材料的热性能和缓冲性能都得到了较大的提高。

8. 醚化淀粉复合泡沫材料　醚化淀粉与可生物降解的合成树脂共混亦可以扩展淀粉类复合泡沫材料的应用范围。羟丙基醚化高直链淀粉（HPHS）和对苯二甲酸、己二酸共聚丁二醇酯（PBAT）共混制备 HPHS-PBAT 复合泡沫材料可以进一步提高醚化高直链淀粉泡沫材料的机械性能和疏水性。然而，HPHS-PBAT 复合泡沫材料中存在相分离现象，对该泡沫材料的性能产生不利影响。如果采用马来酸接枝 PBAT（M-g-PBAT）作为增容剂，可以有效抑制 HPHS-PBAT 复合泡沫材料的相分离现象。HPHS-M-g-PBAT-PBAT 复合泡沫材料的膨胀率相当高（49.4倍），远远超过目前其他淀粉类生物降解泡沫材料，单位密度与缓冲性能均和 EPS 相当；是目前综合性能优异的淀粉类生物降解泡沫材料之一，有望在缓冲包装材料领域取代 EPS。

第二节　淀粉基共混塑料

将淀粉混入到塑料中可以采用多种途径。广义上可以分为以下几种方法：通过与羟基反应的化学变性法；颗粒淀粉复合物；淀粉接枝共聚物；热塑性淀粉；淀粉挤出泡沫。当然在这些分类中相互之间存在交叉，比如说接枝共聚材料可以通过挤出进入到泡沫中。不过这些分类可以区分利用淀粉开发的复合材料。

一、淀粉酯

从客观上来说，淀粉的化学变性是第一种被广泛研究的制备淀粉基塑料的方法。通过研究利用淀粉或直链淀粉制备膜的实验发现，膜的性能在很大程度上与相对湿度有关；低湿度条件使膜变得易碎。为了解决这个问题，人们把目光集中在利用淀粉或分离后的直链淀粉制备淀粉酯上。三醋酸酯塑化淀粉膜的拉伸性能与三醋酸酯纤维素相近。支链淀粉酯或全淀粉酯却柔弱易碎，这是由于支链淀粉具有高度分枝的特点。淀粉酯及其他衍生物没能在市场上全面应用，原因是作为一类材料，它们的生产成本与同类产品相比没有明显的竞争优势，因而不能成为具有吸引力的产品，事实上这些产品在使用时不具有突出的优点。

利用甲酸盐、乙酸盐、丙酸盐、丁酸盐或苯甲酸盐可以制备混合直链淀粉酯。利用混合直链淀粉酯可以制成拉伸强度为 4.9×10^6 kg/m²、伸长率为 $12\% \sim 20\%$、表面光滑的塑料盘。与具有长链取代基团淀粉酯相比，淀粉甲酸酯易碎，老化迅速，热加工窗口窄。直链淀粉醋酸三酯与纤维素醋酸三酯的性能相近，但比醋酸酯纤维素差一些。直链淀粉醋酸酯的使用优势与分离和生产直链淀粉的成本密切相关。

利用取代度大约2.8的高直链淀粉丁酸酯、戊酸酯和己酸酯制造淀粉基热塑性材料，利用动态分析仪测量时发现，随着酯链长度的增加，纯酯和塑化酯的熔融点及玻璃化转变温度均平滑降低。在低拉伸速率的拉伸实验中，戊酸酯和己酸酯形成稳定的拉伸瓶颈，戊酸酯形成不能延长的拉伸瓶颈。在高拉伸速率条件下，丁酸酯呈现脆性断裂，而己酸酯在拉伸过程中形成稳定拉伸瓶颈。

在疏水性变性淀粉与原淀粉的共混方面，通过制备取代链长度从 C_2 到 C_6、不同取代度的淀粉酯进行研究。厌氧性生物降解实验结果表明，酯链长度增加或取代度增加减少了达到实质性降解所需的时间。以 DS 为参照时生物转化曲线为 S 形；当取代链长度增加时，在取代度低时生物转化率降低。

对疏水性及斥水性淀粉酯与生物降解聚酯的共混进行研究发现，利用 DS 至少在1.5以上的高直链淀粉酯和各种塑化剂制成的淀粉酯具有热塑性加工特性。利用高直链淀粉制成的淀粉丙烯酸酯（DS 为2.4）与聚乳酸内酯或聚羟基丁酸戊酯（PHBV）共混后形成的物质在90%的湿度条件下保持良好性能。DS 为1.7的淀粉丙烯酸酯与 PHBV 混合后经挤出加工可以形成透明、柔韧性好的膜。用聚己酸内酯代替 PHBV 能获得具有相似性能的物质。适当地选择聚酯、塑化剂和滑石粉能制成性能与一般用途聚苯乙烯相类似的注塑成型制品。

二、颗粒型淀粉复合物

在塑料工业中，经常使用充填剂来改善高分子聚合物树脂的性能。可以利用充填剂改善的性能包括硬度、强度、韧性、热扭、阻尼、渗透性、电学特征、密度及成本。一般情况下，充填剂的正向贡献通常会引起其他有用性能衰减，比如拉伸强度、冲击强度或伸长率。填充后的高分子材料的性能很大程度上与填充物的尺寸和形状及母体聚合物与填充物表面间的结合程度有关。

当淀粉共混入聚合物后经常发现拉伸性能和冲击性能的降低，当母体聚合物和颗粒表面将缺少相互作用力（如氢键或共价键）颗粒填充复合物随之也会看到相同的趋势。亲水性淀粉颗粒与疏水性高聚物母体间存在很高的表面能，这使两者间的黏合力很低。这种低黏合性降低了物质横截面的负载能力，导致拉伸强度降低。众所周知，颗粒的平均尺寸显著影响机械性能。一般情况下模量和拉伸强度随尺寸的减小而增加。淀粉与聚乙烯形成的棕色淀粉膜的拉伸强度较高，复合物中淀粉的含量在 20% 左右，屈服强度和伸长率随淀粉尺寸的增加而降低；在 40% 淀粉填充的聚乙烯中没发现颗粒尺寸效应。在这两个淀粉含量中均发现拉伸强度和断裂伸长率随着淀粉含量的增加而降低。淀粉膜的其他性能包括各种气体的渗透率、水蒸气透过率和吸水动力学也进行了测定。

在 20 世纪 60 年代晚期至 70 年代初期，人们对淀粉作为塑料和橡胶填充物的兴趣越来越浓。人们开始研究颗粒淀粉在各种塑料中的应用。Bennett 等人发现将颗粒淀粉或糊精混入硬质聚氨酯泡沫降低了压缩强度，但是泡沫在点燃后具有自熄性。硬质聚氨酯泡沫中混入质量比 60% 的颗粒淀粉仍具有良好的强度和硬度，但断裂伸长率和冲击强度降低。

20 世纪 70 年代初期，废旧塑料处理引起的环境问题引起了人们对可降解材料开发的兴趣，从而导致很多人研究利用淀粉制备生物降解材料来替代不可降解树脂。最初的尝试是将颗粒淀粉与合成树脂简单混合。Westhoof 等人将质量比例达 40% 的淀粉与聚乙烯醇（PVC）混合制成了易被微生物降解的材料。虽然材料具有生物降解能力，但随着淀粉含量的增加，材料的拉伸强度和断裂伸长率降低。PVC 基质是耐微生物降解的，所以有人推测淀粉填充物的大量降解导致了塑料在自然力量下开始受腐蚀。

同时，人们开展了将颗粒淀粉和多种聚合物共混的研究工作。人们知道淀粉容易被土壤中的微生物吸收，但合成高分子材料却不易被吸收。混入自氧化物质（通常是不饱和脂肪酸盐或不饱和脂肪酸酯）后产生过氧化物，可以使多羟基化合物的链断裂，降解后的塑料可能被轻易地消化吸收。结果在含有占质量 50% 淀粉的聚乙烯、聚苯乙烯和 PVC 中得到验证。总体结果是，随着淀粉含量的增加，材料的机械性能降低。

淀粉填充复合材料性能的劣化可以通过处理淀粉颗粒的表面使其具有疏水性来改善。经过处理可以改善粒子/基质界面的附着力及张力的传递，与未处理的材料相比，性能得到改善，但与未经填充处理的材料相比较性能仍然有所降低。

20 世纪 80 年代中期，人们重新唤起了对淀粉基生物降解塑料的兴趣，并进一步开发了颗粒淀粉复合物。人们试图通过淀粉的共混加强材料的生物降解性能，通过改善淀粉和基质的界面结合作用来降低性能的衰减。研究发现与未变性处理相比，用辛烯基琥珀酸盐

（NOS）对淀粉进行变性处理后，可以改善淀粉与线性低密度聚乙烯（LLDPE）共混膜。对于两种淀粉来说，随着淀粉含量的增加，膜的性能均降低。在酶消化实验中，辛烯基琥珀酸淀粉比未处理淀粉的水解速度慢。同时发现使用高相对分子质量氧化聚乙烯（OPE）能改善淀粉-PE 膜的拉伸强度，OPE 与淀粉的比例为（1～2）∶4，淀粉的含量可达 50%。材料性能的改善是因为 OPE 的羧基与淀粉颗粒的羟基之间产生相互作用。

其他改善淀粉填充聚烯烃材料性能的方法：将乙烯-丙烯酸共聚物加入到淀粉和 PE 的共聚物中，加入乙烯与丙烯酸甲酯、丙烯酸乙酯或丙烯酸丁酯的共聚物可以改善聚乙烯膜的性能，可以使用更高的淀粉含量。研究中使用到了在共混挤出淀粉膜的外层混入氧化降解助剂。内层可以含有高达 40% 的淀粉，外层不含淀粉可以使膜具有要求的机械性能。在处理时，外层通过氧化降解，从而使含有淀粉的内层易于被降解。

利用马来酸化聚丙烯（MPP）可以制备生物降解型淀粉-聚丙烯复合物。与未变性处理的聚丙烯相比，加入含有 0.2%～0.4% 马来酸酐的共聚物制成的复合物在任意淀粉含量条件下拉伸强度都得到显著提高。例如，为变性聚丙烯中加入 40% 淀粉将损失大约 40% 原始拉伸强度，而聚丙烯-马来酸酐共聚物（含 0.2% 马来酸酐）在相同淀粉含量条件下只损失 22% 的原始拉伸强度。性能提高归功于马来酸化聚丙烯的酸酐与淀粉颗粒的羟基之间的相互作用。基质和填充物间形成的共价键改善界面间的应力传递。

利用淀粉与马来酸-乙烯-丙烯（EPMA）共聚物或苯乙烯-马来酸酐共聚物（SMA）熔融共混也得到了相似的结果，淀粉的含量可达 50%～80%。功能化处理后的共聚物在熔融共混时比相应的未变性聚合物产生更高的扭矩。马来酸化处理聚合物的拉伸强度更高，在淀粉含量 30%～40% 时，差不多是未变性聚合物的两倍。动态力学分析表明淀粉-EPMA 共混有两个玻璃化转变温度，淀粉-SMA 共混有一个较宽的玻璃化转变温度。随着淀粉含量、共混时间或共混速度的提高，通常会使两种共混物的贮能模量和损耗模量共同提高。共混有 60%～70% 的淀粉共混物因降解作用在重挤出时表现出剪切稀化行为和熔体黏度显著降低的现象。采用这种工艺过程用淀粉、蛋白质及（或）面粉制成的互聚复合物已经有人申请了专利。

在淀粉-聚乙烯共混时加入低相对分子质量偶联剂进行反应挤出，低相对分子质量偶联剂包括马来酸酐和甲基丙烯酸酸酐。聚乙烯粒料表面包覆偶联剂溶液、自由基引发剂和其他添加剂，之后与含量达 60% 的淀粉进行挤出。淀粉和基质间的偶联作用能将通常情况下淀粉加入到热塑性塑料中引起的性能损失降到最低。利用乙烯-丙烯酸离子交联共聚物预酯化处理淀粉制成的压缩成型聚乙烯-淀粉材料的性能比单纯将三种组分熔融共混的性能有明显的改善。与未经离子交联的共聚物相比较性能得到改善，前提只限于淀粉组分含量低于 20%。

虽然疏水性聚烯烃共混物中的淀粉容易生物降解，但占复合材料大部分物质的树脂组分还是无法被微生物降解的。尽管淀粉成分能迅速降解，但合成高分子物质仍然残留。Griffin 在 20 世纪 70 年代初期发现了这一现象，之后开始利用过渡金属元素催化剂加强聚烯烃机制的氧化降解能力。能否将这类物质视作"生物降解"的争论限制了其被市场接受。鉴于此点，人们在淀粉与生物降解高分子材料共混方面做了大量的工作。

人们在颗粒状淀粉与聚羟基链烷酸酯（PHA）复合物方面进行了大量的研究。PHA 是多种微生物作为体内贮能聚合物合成出来的。其中聚羟基丁酸戊酯共聚物（PHBV）已经实现工业化生产。这些共聚物完全生物降解，但目前这些共聚物的成本是通用聚合物如聚乙烯和聚苯乙烯的数倍。因为淀粉成本低，所以是这类物质理想的填料。在研究与各种多糖共混后对 PHBV 水解降解能力的影响发现，多糖填料的存在显著提高了 PHBV 在广泛 pH 和温度条件下的水解速率，去除填料后孔洞的增加将导致基质材料最终垮塌。在 PHBV 中混入小麦淀粉含量达 50% 时，与微生物共培养时降解速率增加。利用微生物共混培养时降解纯 PHBV 需要 20 d 以上，而有淀粉存在时降解时间缩短到 8 d。材料中淀粉含量为 50% 时，拉伸强度大约降低为原来的一半，模量增加大约 65%。

利用聚氧乙烯（PEO）对淀粉材料进行表面包覆后能提高淀粉-PHBV 复合材料的机械性能。选择 PEO 是因为它与 PHBV 的相容性。在挤出前将淀粉用 PEO（大约占淀粉质量的 9%）进行预包覆，与未包覆淀粉相比，拉伸强度和伸长率大约增加两倍。将淀粉-PHBV 复合材料与活性污泥混合的实验结果表明，包覆淀粉减慢了失重速率。

利用聚对二甲苯酸乙二醇酯和非芳香酸，聚乙烯醚或羟基酸的共聚物与淀粉共混后可以制备纤维和膜一类的复合物，淀粉含量可达 80%。

利用淀粉和纤维素酯可以制成复合材料，淀粉含量可达 30%～70%。按配方，醋酸酯纤维素（DS 为 2.5）、25% 淀粉和 19% 丙二醇制成的复合物的机械性能与通用聚苯乙烯相近。加入大约 5% 的碳酸钙用于中和在加工过程中释放出来的乙酸，能明显地提高复合物的机械性能。利用淀粉和聚乙烯醇、聚乳酸及聚己内酯也可以制成类似的生物降解复合材料。在不考虑生物降解性方面，在聚碳酸酯树脂中加入占重量 1% 的淀粉能制成低摩擦静电系数、高透光性和低混浊度的膜。

三、淀粉在橡胶中的应用

橡胶复合物中通常含有大量的炭黑作为补强剂。为了提供补强作用，填料颗粒要小，一般尺寸在 2 μm 或更小。淀粉可以代替炭黑作为橡胶中的补强剂使用，但大多数淀粉颗粒尺寸都大于 2 μm，因此要用淀粉作为补强剂时，必须想办法降低淀粉颗粒的尺寸。

淀粉黄原酸酯（SX）在各种橡胶复合物中可以作为强化剂。通过将淀粉黄原酸酯（DS 为 0.07）与弹性体胶浆加入硫酸锌来制备母料，制备过程中可以形成淀粉黄原酸酯为连续相的凝胶。干燥后，将团粒磨碎，这时发生相转化，生成含有淀粉黄原酸酯细粒分散相的橡胶复合物。增强作用与橡胶类型有关，天然橡胶即使每百份橡胶加入 30 份淀粉黄原酸锌也变化很小，随着每百份橡胶中加入的淀粉黄原酸锌从低含量达到 40 份，经羧基化变性处理橡胶的增强作用稳定增强；丁苯橡胶的结果类似，每百份橡胶加入超过 10 份淀粉黄原酸锌会加速橡胶复合物的熟化速度。

淀粉黄原酸锌对丁苯橡胶和丁腈橡胶复合物具有补强作用，但对天然橡胶无补强作用。加入占淀粉质量 8% 的间苯二酚甲酯（resorcinol-formaldehyde）树脂能显著的提高以上 3 种橡胶复合物的机械性能。利用淀粉黄原酸酯与亚硝酸盐交联反应制成淀粉黄原酸-橡胶复合物的性能测试结果与添加间苯二酚-甲醛的效果类似。

通过粉碎法或挤出法可以制备淀粉和磺酸盐粉的粉末复合物。配方能容纳高含量的添加色素。在成型前对复合物粉碎或挤出造粒，有助于提高终产物的性能。利用 DS＞0.1 的黄原酸酯制成淀粉黄原酸酯-橡胶复合物无需添加硫黄或加速剂就可以硫化。淀粉黄原酸酯包覆橡胶可以通过乙醇脱水制成适合粉碎或挤出的干团粒。黄原酸酯补强的乙烯-丙烯三元共聚复合物可以通过在淀粉黄原酸酯中乳化三元乙丙橡胶（EPDM）正己烷溶液来制备，随后用酸或亚硫酸盐协同沉淀。

利用淀粉黄原酸酯和聚乙烯亚胺反应制得的淀粉-聚乙烯亚胺硫化聚氨酯橡胶具有适合作为橡胶补强剂的特性。母料用取代度范围在0.08～0.58的淀粉黄原酸酯的制备，用量为15～50 phr。DS 大约为0.22，用量为 25 phr 的淀粉所得产品效果最佳，硬度通常随取代度和淀粉含量的增加而升高，压缩形变和抗磨损性降低。

在研究控制淀粉-人造橡胶复合物性质的参数时，Buchanan 等人利用实验设计法考察决定复合物性质的因素。利用颗粒状玉米淀粉、酸变性玉米淀粉、蜡质玉米淀粉、高直链玉米淀粉及玉米粉和小麦粉制备了黄原酸酯衍生物。设计的变量包括淀粉填充量、黄原酸酯取代度、交联度、与间二苯酚-甲醛树脂的共聚度、填充物或油脂填充物种类及加工条件。一般来说，高直链淀粉黄原酸酯填充物的物理性能较差并且吸水性降低。面粉基黄原酸酯制成的材料性能与淀粉黄原酸酯相似，只是颜色较深。DS 为0.06的淀粉黄原酸酯效果最佳。与间二苯酚-甲醛树脂共同反应提高淀粉黄原酸酯的补强效应。挤出干燥工艺比高温湿法工艺或干法工艺效果好。最佳橡胶复合物含 30 phr 或 45 phr 淀粉黄原酸酯。

淀粉黄原酸酯淀粉补强的橡胶复合物膨胀效果优于传统材料补强的复合物。浸泡 90 d 后的膨胀比低于利用淀粉黄原酸酯体积分数和其膨胀行为的计算值。膨胀后的样品干燥时尺寸和机械性能的膨胀效应具有可逆性。间二苯酚-甲醛树脂或氨基硅烷偶联剂的使用降低材料在水中的膨胀能力。尽管高直链淀粉黄原酸酯膨胀行为比普通淀粉黄原酸酯优越，但通常其机械性能较差。大多数需要具有耐水性的黄原酸酯补强复合物可以通过适当的调整配方和复合工序制备，与传统橡胶复合物相比在室外的性能差别不大。改变共聚沉淀时的变量可以控制黄原酸酯的颗粒大小和结构，这些能显著地影响补强复合物的性能。

羧基人造橡胶可以用阳离子淀粉进行补强作用。复合物可以通过溶液混合后在干燥制得，或者用扭矩流变仪制备。加入阳离子淀粉可以显著降低羧基化橡胶在甲苯中的溶解度。这些复合物的物理性能均优于利用未变性的颗粒淀粉制备的产品。

四、淀粉接枝共聚物

混合淀粉合成高分子聚合物的方法是经过接枝共聚反应，这种方法的优点是合成高分子聚合物与淀粉间通过在接枝反应中形成的共价键偶联在一起。利用淀粉醇钠和氯甲酰基聚环氧乙烷或环氧乙烷进行反应的方法制备淀粉接枝共聚物。淀粉-g-聚苯乙烯共聚物可以用带亲核基团的阴离子活化聚苯乙烯和变性淀粉反应制备。这种反应方法可以制得在淀粉分子上连有可控的重量平均分子质量分布的接枝共聚物。

淀粉接枝共聚物也可以利用在含有不饱和单体（如乙烯或丙烯酸复合物）的体系中引发淀粉分子自由基的方法合成。这种方法可以利用不同的自由基引发方法与不同的单体物质或单体物质的复合物反应，很可能生成一系列产物。各种各样的阳离子或阴离子单体物质由于生产共聚物，这些共聚物可以用作絮凝剂、分散剂、造纸添加剂或超级吸水剂。有人对淀粉接枝共聚物在这些方面的应用进行了综述。

早期对淀粉接枝共聚物的应用发现，如果接枝共聚物中多元醇的含量少于 20%，淀粉接枝共聚物或其他含有丙烯酸乙酯或丙酸丁酯的多元醇与聚苯乙烯共混能提高冲击强度。

通过捏合引发淀粉自由基能用于制备淀粉与聚苯乙烯及聚丙烯酰胺的块状共聚物。

Thewlis 通过将小麦淀粉或小麦面粉与丙三醇及单体在混合杯中在 10℃捏合 30 min 制备了接枝共聚物。苯乙烯、甲基丙烯酸甲酯、丙烯酸乙酯、丙烯腈和甲基丙烯酸等作为单体。苯乙烯和甲基丙烯酸甲酯产物的接枝含量分别为 8％和 6％。自由基清除剂邻苯三酚的加入大大降低了接枝单体的数量，说明淀粉中通过捏合产生的自由基对聚合有很大的影响。通过这种工艺制成的产物硬如岩石，形状与单体的选择和捏合时间关系密切。

利用不同的自由基引发方法、多种不同单体物质和共聚用单体复合体系、不同来源的颗粒淀粉或预糊化淀粉制备了大量的淀粉接枝共聚物并进行了性质测定。自由基引发机制包括：致电离辐射（如 ^{60}Co 射线）、硫酸亚铁-过氧化氢引发法、硝酸铈铵引发法。可能用于塑料用途的单体物质普遍用作共聚物的单体，如：甲基丙烯酸甲酯（MMA）、苯乙烯（PS）、乙酸乙烯酯（VA）和丙烯酸甲酯（MA）。

Bagley 等制备了淀粉-聚苯乙烯、淀粉-聚甲基丙烯酸甲酯、淀粉-聚丙烯酸甲酯、淀粉-聚丙烯酸丁酯（PBA）等共聚物，共聚物接枝率为 40％～50％。单体物质的选择是为了赋予共聚物广泛的 T_g 值。含有大约 9％聚苯乙烯均聚物的淀粉-聚苯乙烯共聚物在 175℃具有良好挤出特性，在 150℃或 190℃时挤出物的性质较差。共聚物在 175℃的挤出物的拉伸强度大约为 7 500 psi，和聚苯乙烯均聚物相当。要制备具有良好特性的淀粉-聚甲基丙烯酸甲酯（47％接枝率）挤出物需要加入增塑剂。具有相似接枝率的含有丙烯酸甲酯（MA）或丙烯酸丁酯（BA）的共聚物在挤出时的扭矩要低，能生成柔软有韧性的挤出物，拉伸强度大约是 3 000 psi（$2.1×10^6$ kg/m²）；挤出物的挤出膨胀率小；挤出机制可能是粉料在口模处经历高压熔结在一起。

用硝酸铈铵（CAN）引发体系提高接枝链的数量可以改善淀粉-聚甲基丙烯酸甲酯（大约 60％接枝率）的性能。提高硝酸铈铵的浓度会使接枝聚甲基丙烯酸甲酯链的分子质量从 936 000 u（3.3 mm CAN）降至 252 000 u（71.2 mm CAN）。聚甲基丙烯酸甲酯链的分子质量为 465 000 时，拉伸强度和伸长率达到大约恒定值，分别为 22 MPa 和 230％。聚合物在各种接种微生物中暴露 3 周明显失重且拉伸性能降低。共聚物材料可用作农用地膜。

Swanson 等人研究了共聚物含量在淀粉-聚甲基丙烯酸甲酯挤出物中的作用。当接枝物的含量从 42％增加到 77％时，终产物的拉伸强度从 30 MPa 降至 20 MPa。断裂伸长率从 65％增至 320％。PMA 含量高的共聚物材料韧性好，因为应力-应变曲线下的面积随 PMA 含量的增加而增大。不考虑 PMA 的含量影响，PMA 均聚物的去除对材料的拉伸强度影响不大。均聚物在 PMA 共聚物中的含量约占 16％。

Patil 和 Fanta 大量研究了硝酸铈铵体系引发淀粉-聚甲基丙烯酸甲酯共聚条件对结构和性能的影响。结果表明每 100～200 脱水葡萄糖单元中有大约 1 个铈离子就能为接枝共聚物提供足够高的转化率。与普通玉米淀粉相比高直链淀粉的接枝链相对分子质量较低。聚合前对淀粉进行糊化与颗粒淀粉原料比较可以获得较高的相对分子质量和低的接枝频率，尽管差别不如淀粉-聚丙烯腈接枝共聚物中明显。25℃反应 30 min 将反应体系固形物含量提高到 50％可以使单体转化率达 90％以上。

淀粉种类和硝酸铈铵引发剂对接枝共聚的影响也有人进行了研究。在相同的聚合条件下，蜡质玉米淀粉制备的接枝共聚物接枝分子容易分离，接枝率较低，接枝链相对分子质量高。这些影响在淀粉与 MA 比例低时效果更显著。淀粉种类对拉伸强度影响很小，但随着直链淀粉分子含量的增加，伸长率降低而撕裂强度升高。分批添加硝酸铈铵引发剂与一次性添加相比，接枝共聚物中接枝物含量略有降低，而接枝物的分子质量升高。另外，分步添加硝酸铈铵引发剂的接枝共聚物的拉伸强度略有下降，但伸长率和撕裂强度明显增加。

用玉米粉替代玉米淀粉能生成更具有韧性的共聚物，与玉米淀粉共聚物相比拉伸强度降低但伸长率和撕裂强度更高。玉米粉-聚丙烯酰胺共聚物可以挤出后进行吹膜，利用颗粒淀粉制成的淀粉-聚丙烯酰胺共聚物性能与之相反。顺序添加硝酸铈铵引发剂的作用与在淀粉-聚丙烯酰胺共聚物中观察到的结果相似。

Henderson 和 Rudin 研究了在相同接枝率条件下水对淀粉-聚丙烯酰胺共聚物和淀粉-聚苯乙烯共聚物的作用。与不含水提物的共聚物相比，淀粉-聚苯乙烯浸没中水中质量增加约9%，横截面面积增加7%。在相同的浸泡条件下，淀粉-聚丙烯酰胺共聚物质量增加25%，横截面面积增加50%。淀粉-聚丙烯酰胺共聚物的水溶性成分为12.4%。吸水性显著降低共聚物的拉伸强度；降低程度在淀粉-聚丙烯酰胺共聚物尤为显著达85%，而淀粉-聚苯乙烯共聚物只有45%。吸水后淀粉-聚丙烯酰胺共聚物的伸长率从70%增加到大约300%，尽管没观察到质量和伸长率增加与之有联系。浸泡 1 h 与浸泡 10 d 相比，伸长率没有明显的增加。干燥时，淀粉-聚苯乙烯恢复原来的截面积和拉伸强度。干燥后，淀粉-聚丙烯酰胺共聚物的截面积增长保留；拉伸强度回复原始值，伸长率保持在250%，比初始值显著增加。接枝共聚物的动态分析结果表明淀粉被在浸泡时吸收的水分塑化。

Trimnell 等人研究了接枝物含量和挤出条件对淀粉-聚丙烯酰胺共聚物的影响。利用硝酸铈铵为引发剂制备聚丙烯酰胺含量为10%、30%、46%及58%的共聚物，挤出时含水量为10%或30%，温度为140℃或180℃。聚丙烯酰胺含量为10%时，共聚物无法挤出生产可测试的条。通常，含水量10%时，挤出物表面光滑，含水量30%时，挤出物表面粗糙。不考虑聚丙烯酰胺含量或挤出温度，含水量增加时挤出物的拉伸强度降低，伸长率增加。含水量不变，在180℃挤出时拉伸强度和伸长率增加。吸水率随挤出时的含水量或温度的增加而升高，随聚丙烯酰胺含量的增加而降低。

通常淀粉共聚物由间断聚合法制备，淀粉的挤出反应也有人进行了研究。淀粉、聚苯乙烯、苯乙烯、碳酸氢钠、柠檬酸和水的混合物在 100～200℃ 进行挤出。结果表明，利用这种工艺可以制得膨化的接枝共聚物，淀粉的含量大约为60%。推测在挤出过程中激活产生了自由基和正碳离子。淀粉与聚苯乙烯间的接枝数据通过用 β-淀粉酶处理挤出物的水提物和DMSO 提取物获得。当提取物用酶处理后发现，苯环（苯乙烯中）在 262 nm 的吸收峰向低相对分子质量（利用色谱分析）处移动。

Carr 等人研究了淀粉与丙烯酸甲酯、丙烯酰胺和丙烯腈阳离子单体经由挤出反应进行接枝共聚。淀粉、单体物质和硝酸铈铵引发剂计量加入双螺杆挤出机中，淀粉含量大约占固体物质的35%。丙烯酸甲酯单体在挤出过程中反应活性低，几乎没有接枝反应。丙烯酰胺-淀粉体系（质量分数1∶1）的转化率大约20%，接枝率16%～18%。丙烯腈在挤出过程中反应活性最高，转化率在丙烯腈、淀粉比为 1∶1 和 1∶2 时分别能达到74%和63%。对应的接枝率是 27%和42%。

淀粉接枝共聚物显示出不同寻常的挤出特性，比如说挤出膨胀的降低。在低含水量时，淀粉-聚丙烯酰胺共聚物在挤出过程中保持颗粒结构，原因是口模处的高压区域中变形淀粉颗粒的熔结作用。挤出过程中颗粒的形变与丙烯酰胺的含量有关，丙烯酰胺的含量减少，挤出过程中颗粒形变增加。接枝水平30%时，在含水量为30%发生彻底的相转变，淀粉成为连续基质相，而聚丙烯酰胺成为分散相。

淀粉-苯乙烯接枝共聚物和淀粉-聚丙烯酰胺接枝共聚物呈现剪切稀化行为，这是多数热塑性聚合物熔融时的特征。要想获得令人满意的淀粉-聚苯乙烯接枝共聚物的挤出物，需要螺杆的压缩比大于 3∶1。当淀粉-MA 接枝共聚物在 PMA 溶解中浸泡时会发生崩解但不溶解，可能是由于淀粉接枝共聚物流的超粒子机理，其中变性粒子流难以与高分子熔融物或溶剂区分，这一行为与接枝物含量有关。

有人研究了乙酰化淀粉接枝共聚物的性能，各种淀粉和直链淀粉先用丙烯酸乙酯（EA）或丙酸丁酯（BA）接枝后再进行乙酰化，乙酰化接枝共聚物易碎，但具有良好的绝缘特性。乙酰化直链淀粉接枝共聚物韧性好，不用添加增塑剂即可制成各种形状，未接枝共聚乙酰化的直链淀粉没有这种性质。接枝率 49% 的乙酰化直链淀粉的拉伸强度为 4 150 psi（4.2×10^6 kg/m²），伸长率为 27%；未接枝共聚乙酰化直链淀粉拉伸强度为 6 000 psi，伸长率为 7.9%。

利用 ^{60}Co 辐射可以制备淀粉与乙酸乙烯酯接枝共聚物。在辐射剂量为 1.0 kJ/kg 时单体近乎定量转化成聚合物，尽管接枝效率 <50%。低辐射剂量的转化率和接枝率较低。单体混合体系中加入 10% 的丙烯酸甲酯，接枝效率可以提高到 70%。氢氧化钠甲醇体系处理特定的共聚物可以生成淀粉-聚乙烯醇接枝共聚物。利用水解接枝共聚物制成的膜的拉伸强度高于那些淀粉和聚乙烯醇物理混合材料。

淀粉-聚丙烯酰胺甲酯接枝共聚物的令人感兴趣的特征是它们在高湿度条件下可以收缩。但聚丙烯酰胺甲酯的含量为 40%～70% 时，吹出的膜在 100% 相对湿度条件下可以收缩超过 60%。有报道称，收缩膜在恢复至室温和相对湿度条件下可以稳定保持一年以上。收缩后这些膜可以通过浸泡于水中去除。

淀粉接枝共聚物胶乳可以通过超声处理反应混合物制备。将聚丙烯腈接枝到阳离子淀粉上可以制得清晰的黏性膜。阳离子淀粉-聚丁烯接枝共聚物膜柔软，如果利用超声处理，胶乳制备膜将更加柔软。含 30% 淀粉的淀粉和异戊二烯与丙烯腈（2∶1）共聚物可以捏合制成适合硫化用的柔韧性好的膜。淀粉接枝共聚反应体系胶乳中通过超声处理制得的颗粒直径一般在 0.3×10^{-7}～1.5×10^{-7} m。

有人研究了利用淀粉与丙烯腈、甲基丙烯酸甲酯或二者混合物制成的接枝共聚物作为聚乙烯醇填充物。接枝淀粉比未接枝淀粉赋予共混物明显增强的拉伸强度。淀粉含量高于 30% 时，拉伸强度高于 PVC 树脂。丙烯腈-甲基丙烯酸甲酯接枝物的性能优于聚丙烯腈或甲基丙烯酸甲酯单独接枝共聚产物。接枝前对淀粉进行糊化处理，再将接枝共聚物与 PVC 树脂湿混制膜，降低了膜的不透明性。利用 PVC 胶乳和糊化淀粉接枝共聚物制得的塑料清晰度最高。使用双醛淀粉赋予共混物具有最高的强度。

五、热塑性淀粉共混物

由于在拉伸强度上存在损失，又由于加工高充填剂高分子材料的困难程度，颗粒淀粉复合物中一般将淀粉含量控制在 40% 或更低。加入水或其他增塑剂将颗粒淀粉转化成热塑性淀粉可以将填充淀粉含量显著提高。挤出加工可以将淀粉在低于成糊的含水量条件下转化成热塑性物质。将淀粉转化成热塑性物质为淀粉与亲水性合成高分子物质共混以利用每种物质优点提供了可行途径。早期将淀粉和其他高分子物质混合的工作使用的是传统的糊化技术，这样直接导致使用挤出工艺来去除水分。这方面的工作在后来的研究中也依然在做，这些工作主要是利用挤出工艺生产热塑性淀粉或解聚淀粉的共混物。

最早用来和淀粉共混的合成高分子物质是聚乙烯醇（PVA）。Otey 等人用含有增塑剂（甘油）的水溶液制成了淀粉和聚乙烯醇涂膜。膜涂在玻璃盘上在 130℃ 干燥。少量加入甲醛一类的交联剂通常能增加伸长率但降低了拉伸强度。在高甘油含量条件下，交联作用提高拉伸强度。在淀粉-PVA 膜表面包覆疏水性聚合物显著提高湿强度。

用甘油增塑的淀粉-PVA 膜因老化变脆，采用各种多元醇作为增塑剂可以减弱这种趋势，山梨醇和乙二醇苷表现良好。单独使用山梨醇时，会迁移到膜表面产生结晶。当山梨醇和乙二醇按重量比 3∶1 混合时，膜稳定且山梨醇没有明显结晶。用 PVA 替代增塑剂对膜没有明显影响，利用淀粉替代增塑剂时，膜更易老化。

乙撑-丙烯酸共聚物（EAA）对淀粉-PVA-甘油膜的性能产生影响，加入 6% 左右的 EAA 能明显的改善膜伸长率。在高浓度 PVA 和甘油条件时，EAA 阻止相分离。另一方面，太多的 EAA 湿磨变脆。统计结果表明，膜伸长率与 EAA、PVA 及甘油之间的相互作用正相关。EAA 与淀粉和 PVA 形成螺旋内含复合物。

淀粉-PVA 混合膜可以通过二者的混合液流延制膜或干混熔融制膜。流延膜浸泡在水中是相对透明，柔软且稳定。与此相反，干混物制成的膜在淀粉含量高于 30% 时变得不透明，在高淀粉含量条件下拉伸性能差。制备柔韧的膜不需要增塑剂。淀粉-EAA 膜也可以通过挤出制备。

聚乙烯（PE）也可以共混入淀粉-EAA 复合物中。淀粉、水和 EAA 在 95～100℃ 加热混合器中混合。加入氨水可以迅速增加混合物的黏度（此步混合时可以加入 PE）。之后混合物在螺杆挤出机 130℃ 条件下挤出；有些情况下令挤出物通过多重途径来使水分降低到预期水平。挤出物透明有弹性，可以很容易的吹成膜。加工过程中添加氨水至关重要，不添加氨水时制成的膜有条纹不均匀。含水量在 5%～8% 是制成的膜透明度最高。PE 含量达 30% 时，淀粉-EAA-PE 膜的拉伸强度随淀粉或 PE 的含量变化很小，而伸长率随淀粉含量的增加而降低。尿素、多元醇和 PVA 也可以混入膜复合物中。以尿素作为增塑剂的配方在中试时具有良好的表现。

利用数学统计方法分析了配方中各组分在膜和注塑成型中的作用。在淀粉-EAA 配方中使用氨水以外的强碱可以生产出具有更高透明度和渗透性的耐水膜。有人报道了膜对尿素、氯化钠和糖类等溶质渗透性情况：尿素的扩散性最高，淀粉含量增加明显提高各种溶质的渗透性。

人们对淀粉和 EAA 之间的作用特性进行了广泛的研究。Fanta 等人发现，无论在直链淀粉还是直链淀粉溶液中分散 EAA 时都会产生沉淀，并且沉淀无法通过溶剂提取法分离。低分子质量淀粉和高分子质量葡聚糖与 EAA 混合时不会产生沉淀，这可能是因为淀粉和 EAA 之间会形成螺旋内含复合物。通过手性光学方法，X 射线衍射分析和 NMR 进一步分析淀粉-EAA 复合物在溶液中和固体状态的特征所得结论支持这一观点。在挤出制备淀粉-EAA 膜时用氨水溶液替代水形成的复合物更多。

淀粉-EAA 复合物对挤出物质的外观产生有趣的影响。Shogren 等人发现，PE 与淀粉-EAA 复合物不能融合，在挤出过程中形成条形结构。利用糊精代替整粒淀粉在吹膜时能形成疏水表面和水敏性内核。循环利用含糊精的膜会降低其水敏性；用水浸泡膜然后浮起外层

PE 表层能制得薄的半透性 PE 膜。

淀粉在含水量少于 20％时可以注塑成型。沿注塑成型机螺杆各点所取淀粉的显微镜照片显示淀粉的均质和颗粒结构的丧失是渐进的过程。用淀粉和水注塑成型的物品透明、易碎，对空气湿度敏感。这对胶囊和控释基质非常有用。这些发现为 Warner-Lamber 公司 Novo 部实现淀粉基塑料工业化生产的努力提供了技术基础。热塑性塑料复合材料基于解构淀粉与各种亲水性聚合物［如乙烯-乙烯醇共聚物（EVOH）］共混的研究。疏水性聚合物与添加剂如增塑剂和润滑剂也包含在内。该技术为注塑成型和基础工艺提供了不同级别的产品。

George 等人报道了淀粉和 EVOH 共混材料的加工工艺和性质研究。进行注塑成型时，用高直链含量淀粉比用低直链含量淀粉共混物质需要更高的注射压力。蜡质玉米淀粉共混物更硬，而用高直链淀粉共混能得到更大的伸长率。淀粉-EVOH 复合物的拉伸强度大约为 2.1×10^6 kg/m^2，当淀粉含量从 75％降至 25％时，伸长率从 100％增至 250％。

"解构"的概念由 Stepto 和 Tomka 最先提出，是指在高压条件下将淀粉加热至高于其各组分的玻璃化转变温度和熔点以上温度的加工工艺。分子和颗粒结构发生熔融和无序化生成热塑性物质。在同一时期，意大利 Ferruzzi 集团的 Novamont 分公司热衷于将热塑性淀粉共混聚合物实现工业化生产。他们的商品名为 Mater-Bi 的产品，通常由至少 60％的淀粉或自然来源的添加物和亲水性、生物降解性合成聚合物组成。这些共混物在分子水平上形成互穿型或半互穿型结构。典型的工业化配方产品的性能与低密度或高密度聚乙烯产品的性能接近。有报道说，Mater-Bi 产品和生物降解聚酯的共混物在水不透性膜生产中非常有用。

近年来，人们广泛研究了热塑性淀粉复合物。Simmons 等人研究了热塑性淀粉复合物的流体学特性和熔融纺丝特性。Novon 和 Mater-Bi 的熔体显示剪切稀化行为，能熔融纺织成可以冷拉的纤维。对淀粉-EVOH 和淀粉-PVA 共混物的流体学性质研究发现，所有的共混物都有剪切稀化行为，随淀粉含量或直链淀粉含量增加，共混物的非牛顿流体行为随之增加，一般呈幂律指数变化。幂律指数随淀粉-EVOH 与甘油共混物中水分含量的增加而降低。其他影响热塑性淀粉流体学性质的因素包括挤出前含水量和低相对分子质量添加剂用量。研究中发现甘油单酯与淀粉在含水量 15％时挤出能形成稳定的内含复合物。在挤出时要想塑化淀粉需要的有热能和机械能，数值从玉米淀粉的 380 kJ/kg 到马铃薯淀粉的 651 kJ/kg；相对应的聚乙烯所需的能力为 585 kJ/kg。

对热塑性淀粉的形变和断裂特性的研究发现，挤出小麦淀粉条带的断裂张力和断裂应力在水分含量 10％～12％时达到最大值。在淀粉-木糖醇和淀粉-甘油复合物中均有相似的结果，而模量随着水分含量的增加稳步下降。显微照片显示，水分含量接近 10％时淀粉条带形变能力增加。薄淀粉膜生成变形区域需要的应力与挤出温度有关，140～150℃挤出的样品所需应力最大。低温挤出时，变形区从残余的颗粒开始；挤出温度升高，残余颗粒消失。超过 150℃，由于淀粉的降解减少了起始变形时所需的温度。低于玻璃化温度韧化处理（物理老化）对挤出淀粉形变特性产生作用。与普通淀粉相比，高直链淀粉具有较低老化速率，原因是高直链淀粉比普通淀粉的支链淀粉分子有更多的链末端。稀淀粉、糊化淀粉的接枝共聚物，包括羟烷基淀粉、1, 3-丁二烯-苯乙烯胶乳和其他种类聚合物作为纸张的包覆材料，具有非常有用的性质。

第三节 淀粉基可降解薄膜

一、简 介

淀粉在自然界中分布很广，它是绿色植物进行光合作用的产物，也是糖类的主要形式。淀粉由两种高分子组成，即直链淀粉和支链淀粉，与石油化工原料相比，淀粉具有来源广泛、价格廉价、可再生、可生物降解并且降解产物对环境没有危害等优点，符合环境保护和可持续发展战略的要求。近年来，淀粉在非食用领域的开发和应用已引起世界上许多国家的重视，是制备可生物降解塑料的理想原料。

淀粉基可降解薄膜泛指其组分中含有淀粉或其衍生物以及其他可降解成分的薄膜，以天然淀粉为填充剂和以天然淀粉或其衍生物为共混体系的薄膜都属于此类。淀粉基可降解薄膜是生物降解塑料制品的一大类，对其降解性而言，可分为淀粉填充聚烯烃材料的生物崩解型和以淀粉及可生物降解树脂为主要原料的完全生物降解型。前者包括国外所称的第一、第二代淀粉填充型塑料薄膜产品，采用颗粒状淀粉为原料，以非偶联方式与聚烯烃结合，添加量在 15% 以下。由于采用不能生物降解的聚乙烯或其他聚酯材料为原料，除了添加的淀粉能够降解外，剩余的大量 PE 或聚酯薄膜碎片仍然残存而不能完全生物降解，这样反而对废弃物的处理造成更大的混乱和麻烦，这类产品在国外已属于淘汰型。从 20 世纪 80 年代开始，科学家们将注意力投向研究开发改性淀粉和完全生物降解的降解塑料上来，淀粉与可生物降解树脂的共混受到重视，完全生物降解的淀粉基聚乙烯醇塑料薄膜制品就成为研究开发的热点，在世界范围内，尤其是在发达国家得到深入开发和充分认可。

二、淀粉基可降解薄膜的降解机理

淀粉基可降解材料的降解机理主要有 4 类：①生物降解，即在自然界中通过微生物分解不会对环境造成恶劣影响。②光降解，通过将含有光敏基团的单体与其他单体共聚得到具有光降解性的材料。③光-生物降解，在生物降解材料中加入光敏剂制成，使之同时具有光降解和生物降解的特点，克服了淀粉基降解材料在非生物环境中的降解问题。④水降解，在材料中添加吸水性物质，使其用完后弃于水中被溶解。

三、国内外发展概况

发达国家经历了满怀憧憬解决塑料污染的填充型淀粉塑料的风波后，政府及有关企业制订了各种计划。目前，世界各国竞相开发和应用降解塑料，如美国、日本、德国等都先后制定了限用或禁用非降解塑料的法规，不少国家还制定了降解塑料的研究开发计划和措施，投入了大量的人力物力，研制各种真正能完全降解的塑料，因而使降解塑料在这些地区得到了迅速发展，在北美以每年 17% 的速度增长，在欧洲以每年 59% 的速度增长，这些降解塑料不仅用在医用行业，也用在农业和包装行业，如日本商事公司等宣称含淀粉 90% 以上的全淀粉塑料研究成功，且其在较短时间内能完全生物降解而不留任何痕迹，无污染。

全淀粉热塑性塑料几乎全部以淀粉为原料，对于美国这样的玉米生产大国，开辟玉米淀粉的应用途径，将会减轻联邦政府对稳定其价格的困扰，并可增加农民收入和促进农业的发展，所以，美国玉米种植协会和国防部拨巨款资助淀粉塑料的推广计划。美国 Warner-Lambert 公司研究出一种能注塑、挤出加工的全淀粉热塑性塑料全部由马铃薯、玉米和其他农产品的淀粉组成，并已建成了两个中试装置，1992年兴建生产4.5万 t 的生产厂，产品有挤出成型片材、吹塑薄膜、流延薄膜、注塑制品、中空容器和玩具等，意大利 FerruzZi 公司宣称热塑性淀粉塑料研究成功，可用通用塑料设备加工，性能近似 PE，其薄膜3周内即可降解，可用于生产农用薄膜饲料袋和肥料袋，使用后其袋子可以造粒，当作饲料。德国法兰克福 Battelle 公司研究的热塑性塑料，其淀粉从豌豆中取得，这样的薄膜是较为透明的且能溶于水，并能用常规设备加工，在使用后放入水中自行化掉，无污染，对某些用途包装十分方便。热塑性淀粉塑料虽已问世，但并未得到大规模推广，一是由于其价格过高，为普通塑料的4～8倍，无法与现行塑料竞争；二是由于其耐水性、力学性能等还存在不足之处，聚合物的降解必然损害产品的耐久性，也在一定程度上降低了其力学性能，从而限定了生物降解聚合物作为农膜使用；三是降解速率不易控制。所以其在国外也只能用于特定领域，如英国用于高级化妆品包装容器，美国用于海军携带出海的食品容器等。

我国淀粉基生物降解塑料的研究开始于20世纪80年代中期，20世纪90年代初期得到迅速发展。其中光-生物降解、可环境降解（光、氧、生物降解）塑料地膜先后列入国家"八五""九五"攻关项目，改性淀粉及其生物降解功能母料及制品于1999年被国家发展计划委员会列为产业化示范工程项目。从总体上看，除可完全降解塑料外，我国生物降解塑料的研究开发进程与国际同步，技术水平与世界先进水平接近。

据不完全统计，目前国内从事降解塑料的单位有100多家，建成的双螺杆降解母料生产线约100条，能力约100 kt。其中，天津丹海公司开发的淀粉基生物降解技术和生态系列产品拥有独立的知识产权，用其制得的薄膜，淀粉填充量高达50%，育苗钵和注射制品甚至高达60%以上。江西科学院应用化学研究所、华南理工大学、天津大学、兰州大学、重庆化工研究院、长春应用化学研究所、四川联合大学、北京化工大学、北京理工大学及天津丹海、南京苏石、深圳绿维等单位均开展了淀粉填充聚乙烯制备生物降解材料的研究与开发，并都已成功试制了淀粉基降解地膜和薄膜。昆明理工大学利用我国南方芭蕉芋淀粉开发了芭蕉芋淀粉基降解塑料，能用于耐油及干性包装材料。武汉绿世界生产的以淀粉为原料的餐具产品，在沸水中2 h完全不变形，保温性能优良，并具有完全生物降解性。成都科力化工研究所开发的淀粉基塑料薄膜，其中淀粉含量达60%，于常温下在淀粉酶作用51 h后的生物降解量达到4.8%左右，可用于吹塑薄膜、发泡网及快餐盒等制品。此外，国内也开展了全淀粉降解塑料的开发研究，其中江西科学院应用化学研究所多年来在国家自然科学基金的支持下，对淀粉结构的无序化工艺进行了比较系统地研究，制得所谓"热塑性淀粉塑料"并加工成薄片和薄膜，其力学性能接近通用塑料的性能指标，具有完全生物降解性能，也能够通过改变配方实现降解速率的调控。

四、淀粉薄膜的成膜方法

淀粉塑料薄膜的成型方法很多，如压延法、流延法、挤出成型法、双向拉伸法等。

1. 压延法 压延法是将熔融塑化的树脂喂入压延机辊筒间，经几道旋转的辊筒挤压延展成型，再经冷却、牵伸、定型。压延薄膜常用的原料有聚氯乙烯、聚丙烯、润滑聚乙烯等。薄膜的厚度最薄可达0.05 mm，最厚达1.25 mm，宽度最宽达2.7 m，压延后再经扩幅的薄膜宽度可达 5～6 m。

2. 流延法　流延膜是通过熔体流涎骤冷生产的一种无拉伸、非定向的平挤薄膜。流延法薄膜有挤出流延膜和溶剂流延膜两种。

溶剂法生产的流延膜工艺是：将热塑性塑料的溶液或使用热固性塑料的预聚体溶胶涂布在可剥离的载体上，经过一个烘道的加热干燥，进而熔融塑化成膜层冷却下来后，从载体离型面上剥离下来卷曲而成膜。载体可以是钢带、涂布硅橡胶的离型纸或辊筒。

挤出流延成型薄膜的制备是经挤出机机筒塑化后的熔融态原料，经成型模具挤出时，熔料呈液态状流出，成型模具控制流延料的宽度和厚度，然后流到均匀、平稳转动的冷却辊筒上，冷却定型后被剥离辊筒，成为挤出流延薄膜。

3. 挤出成型法　挤出成型薄膜的生产方式，又分为挤出吹塑成型薄膜、挤出流延成型薄膜和挤出牵引成型薄膜 3 种生产成型方法。其中，以挤出吹塑成型薄膜生产方法应用最多。

挤出吹塑成型薄膜生产方式，是把经挤出机机筒塑化的熔融料，通过成型模具制成圆筒状膜坯挤出，然后向筒内吹入有一定压力的空气，把圆筒状膜坯塑料吹胀，达到生产要求的膜筒直径和厚度，经冷却定型成为薄膜制品。吹塑成型得到的薄膜是筒状，可用热风机械制成袋子，也可切割展开成平膜，规格范围较宽，厚度在 0.008～0.3 mm，展开宽度最大可达20 m。

4. 双向拉伸法　薄膜双向拉伸技术的基本原理为：高聚物原料通过挤出机被加热熔融挤出成厚片后，在玻璃化温度以上、熔点以下的适当温度范围内（高弹态下），通过纵拉机与横拉机时，在外力作用下，先后沿纵向和横向进行一定倍数的拉伸，从而使分子链或结晶面在平行于薄膜平面的方向上进行取向而有序排列，然后在拉紧状态下进行热定型，使取向的大分子结构固定，最后经冷却及后续处理便可制得薄膜。

五、淀粉基可降解膜生物降解性能的评价方法

对淀粉基可降解膜生物降解性能的试验评价，各国都有不同的方法，如美国的 ASTM、国际上的 ISO、德国的 DIN 等，但归纳起来主要有以下 4 种：

①土壤试验。

②环境微生物试管试验。

③培养特定微生物试验。

④酶解试验。

对淀粉基可降解膜生物降解性能的试验评价依据有：

①质量依据：根据一定的试验标准，测定试样在试验前后的质量变换，此法不能排除试验过程中因碎片脱落而造成的质量损失，因而不能准确反映生物降解情况。但这种方法因其简单易行而普遍使用。

②力学性能依据：在降解试验过程中测定其力学性能的变化，其缺点同样是不能准确判断生物降解的详细情况。

③结构变化：借助于现代分析手段如红外光谱（FTIR）、核磁共振（NMR）、X 射线衍射、光电子能谱（XPS）等手段检测实验前后试样表面结构的变化，这种方法在生物降解的初始阶段是比较有效的。

④分解产物的检测：检测试验过程中氧气的消耗量或 CO_2 的排放量，可以直接反映生物

分解的代谢产物，但不能追踪试验过程的中间产物。另外，在实际操作过程中，往往是根据具体情况综合运用以上方法。

六、淀粉基可生物降解薄膜塑料的应用

淀粉塑料的问世虽然有可能成为治理塑料污染环境的希望途径之一，但即使不计较其成本，它的性能目前也不可能代替所有的现行塑料，但在以下几个方面是可以开发的。

①农用、水产用材：首先是农用地膜，从环境评价角度应优先使用，我国是世界上覆盖农用地膜最多的国家，但是长期覆盖的现行塑料薄膜残留积累，将严重影响土壤的耕作品质，造成农作物大幅度减产。另外，还有多用途的多层膜，农药和肥料用的缓释性包覆材料，移植用苗钵、渔网和钩线等。

②餐具：一次性餐具、食品托盘、超市净菜盘等，价格不能太高。

③饮料瓶：饮料瓶在运输过程中不应破碎，还要符合食品卫生要求。另外，还有雪糕杯、一次性茶杯等。

④杂货用瓶，化妆品、洗发香波等容器。

⑤包装材料：购物袋作为一般用品，无消化高成本能力，但政府或环保工作者大力提倡，已有各种光降解塑料购物袋和生物降解购物袋在国内外使用；垃圾袋，也是一般用品，现已有部分垃圾袋使用降解塑料，但其价格上无法与现行塑料竞争；食品包装用膜、袋，饮料用包装内衬层、生鲜食品盘等。

⑥卫生用品：因重视制品的功能，因而，卫生用品有消化较高成本的能力。纸尿布、生理卫生用品等产品可望有较高需求使用生物降解塑料。

⑦园艺用品：在育苗钵等产品方面是需积极推广应用的领域。

⑧土木建设用材：荒地沙漠绿化保水基材、工业用保水板、植被网、改建困难的土木构件型框等。

⑨野外休闲制品用材：高尔夫娱乐用材、钓具、船上运动的一些休闲制品等。

七、淀粉基可降解膜存在的问题

目前，国内外对淀粉基可降解膜尤其是普通淀粉基可降解膜的研究比较多，存在的问题也比较集中，主要体现在以下几个方面：

①淀粉与可降解载体或助剂的相容性不够，部分淀粉颗粒仅起到填充作用，影响淀粉膜的力学性能和透光性，因此，需要找到对这两种高聚物相容性均有良好增容作用的增容剂，以增加它们之间的相容性。

②淀粉膜具有淀粉基塑料制品耐水性差、强度低的问题，而这正是传统塑料在使用中的最大优点。目前，国内外所制备的淀粉-PVA可降解薄膜的吸水率一般在 100% 以上，有的甚至超过 200%，这么高的吸水率必然会限制此类降解膜的应用。

通常采用的提高淀粉膜耐水性的方法主要有：Ⅰ. 在薄膜两侧涂布或层压防水性材料。Ⅱ. 采用脂肪族聚酯、纤维素及其衍生物、水溶性聚氨酯等疏水性材料与淀粉共混。Ⅲ. 采用乙二醛、己二醛等交联剂，进行交联改性。Ⅳ. 对淀粉进行疏水化改性制备淀粉衍生物，如酯化淀粉、氧化淀粉、醚化淀粉、接枝共聚淀粉等。

③虽然近年来国内外所报道的淀粉膜的力学性能较以往已经有了很大的提高，但从总体

来看，薄膜的强度一般都在 20 MPa 以下，与传统的聚烯烃塑料薄膜还存在一定的差距，因此，需要通过物理和化学的方法对原料进行改性以及对成膜的工艺条件进行摸索和优化，从而提高薄膜的力学强度，拓展淀粉基可降解膜的应用范围。

④我国目前市场上出现的淀粉基可降解膜多为国外已经淘汰的淀粉填充型产品，虽然其力学性能和耐水性较好，但并不能完全生物降解，而且可能给环境保护带来更大的威胁，对解决塑料垃圾污染问题没有任何意义，因此应当加快对完全生物降解薄膜的研究和开发，尽快取代目前的这种非完全降解产品。

八、淀粉基生物降解塑料发展前景

为了解决严重的"白色污染"问题，世界各国都很重视降解塑料的研究，近年来更强调采用天然原料制造完全降解塑料。随着环保意识的增强和环保法规的完善，生物降解聚合物市场仍将迅速扩大。包装材料将是生物降解塑料最主要的潜在市场，如在化妆品、购物袋、垃圾袋、堆肥袋及一次性餐具等方面的应用。日用品、园艺用品、农林业生产资料、肥料及农业的缓慢释放基材及一次性医用材料等都会大量使用淀粉塑料或其他可生物降解材料。

生物降解塑料的潜在市场是巨大的，其中淀粉基生物降解塑料是最重要的。目前，阻碍完全降解塑料发展的首要问题是成本，就目前问世的完全降解塑料品种而言，成本降低可能性最大的是淀粉基生物降解塑料。因为淀粉基降解塑料的原料是淀粉，其单位价格远比传统塑料原料低，更不用说与现在合成的可降解树脂相比了。淀粉是可再生资源且售价较低，具有良好的可利用性和生物降解性，成为制备降解材料的良好原料。所以在现行的生物降解材料中，玉米淀粉基降解材料是种类和数量最多的。

思考题

1. 变性淀粉泡沫材料有哪些种类？
2. 淀粉基共混塑料的原料有哪些？
3. 淀粉基可降解薄膜的降解机理是什么？
4. 淀粉薄膜的成膜方法有哪些？
5. 简述淀粉基可降解膜生物降解性能的评价方法。

第八章　淀粉及淀粉制品检测技术

第一节　淀粉的检验测定技术

一、淀粉颗粒形态观察与结构分析

（一）光学显微镜观察

光学显微镜可以用来观察淀粉颗粒形态特征、尺寸大小、对各种染色剂的反应以及颗粒溶胀和糊化状态。

1. 淀粉颗粒形态和大小的观察

（1）淀粉颗粒形态的观察　在一般光线下，用光学显微镜观察干淀粉颗粒是无色透明的。低度放大可以估计淀粉粒的聚合程度和纯度；中度放大可以对淀粉粒个体进行识别以及显示小淀粉粒的排列；高度放大可以研究颗粒表面的细微结构。

淀粉粒按其来源不同有各种形状，可以是多角形、圆形、椭圆形，甚至还有凸凹不规则的形状，由此可以确定淀粉的类型。如在大麦淀粉中能清晰地看到有两种大小不同的淀粉颗粒存在，玉米淀粉为多角形，木薯淀粉为一端平头的卵圆形，水稻淀粉是复合型的，由多个小的单一颗粒聚集在一起。通过显微镜观察还发现淀粉粒的形状随其生长环境的不同发生变化。

（2）淀粉颗粒大小的观察　淀粉颗粒的大小相差很大，直径从 $1\sim2~\mu m$ 至 $200~\mu m$ 不等。淀粉粒大小通常用 μm 以最长轴的长度来表达，应记下最大的尺寸和最小的尺寸以及平均尺寸。测量淀粉颗粒的大小应使用测量显微镜，这是一种具有目镜测微尺和机械底座的显微镜（或在普通生物显微镜的目镜中增加目镜测微尺），适合于测定粒的大小和分布。目镜测微尺应该是对着台式测微计校准，并且与为各种显微镜物镜组合而准备的校准台保持一致。

2. 染色技术　由于淀粉与有机染料间的亲和力极强，所以不仅用染色的方法能确认存于组织中的淀粉，而且能判断已分离的淀粉中是否存在的损伤淀粉和原淀粉中是否混有异种淀粉。对于淀粉颗粒来说，能持久固定的合适染色剂有亚甲基蓝、番红、甲基紫、中性红等带正电荷的染料，可以染色具有阴离子特性的淀粉；而酸性品红、橙黄 G 等负电荷染料具有染色阳离子淀粉的特性。淀粉粒染色后镜检，可以判断出混合淀粉中所含有的原料淀粉的种类。例如，有人曾提出一套染色技术，使染色后的马铃薯淀粉成暗红色，小麦淀粉为粉红色，黑麦淀粉为黄褐色。

3. 损伤淀粉的观察　所谓损伤淀粉，是相对于正常淀粉粒而言，由于物理作用（压力、剪切力、张力等）以及高温干燥作用而受损伤的淀粉。损伤淀粉能很快被淀粉酶所消化，因此它的存在会对淀粉的物理特性产生一系列的明显变化，尤其在食品加工中，会直接影响到使用效果。损伤淀粉更易染色,所以利用染色法,可以很容易地判断淀粉样品中损伤淀粉的存在。取淀粉 0.1～0.5 g,放入 10～50 mL 离心管中,与 1% 番红水溶液混合,染色 15 min,加入蒸馏水,离心去除过剩染料,将充分水洗后的试料放在载玻片上,加上 1% 的尼格兰 4B 水溶液染至正常的蓝色,可观察到正常淀粉呈红色,损伤淀粉呈蓝色。

4. 淀粉颗粒膨胀和糊化状态的观察 淀粉经稀碱液处理会发生溶胀、糊化现象,不同淀粉颗粒在碱液中溶胀和糊化的速度不同,导致淀粉颗粒糊化所需稀碱溶液的临界浓度也有一定差异。用显微镜观察这种差异,可以判断淀粉种类及混合淀粉的组成成分。

5. 偏光显微镜与淀粉颗粒的偏光十字 偏光显微镜的基本构造是在普通光学显微镜试样台上下各加有一块偏振片,下偏振片称为起偏片,上偏振片称为检偏片。当用偏光显微镜观察原来在普通光学显微镜下呈透明状的淀粉颗粒时,就会看到这种双折射现象。会在颗粒的种脐处出现交叉的暗十字影像,将淀粉颗粒分成 4 个白色区域,称为偏光十字。淀粉颗粒具有偏光十字说明淀粉粒具有结晶结构,在光学方面是各向异性的。

(二) 电子显微镜观察

电子显微镜分为透射电子显微镜(TEM)和扫描电子显微镜(SEM)。在淀粉颗粒观察中使用较多的是扫描电镜。

1. 透射电子显微镜(TEM) 透射电镜基本构造与光学显微镜相似,主要由光源、物镜和投影镜 3 部分组成,只不过用电子束代替光束,用磁透镜代替玻璃透镜,但二者在图像分辨率、放大倍数上却有极大差别。

利用 TEM 观察淀粉颗粒可采用多种方法进行。因为供透射电镜观察的样品既小又薄,可观察的最大限度不超过 1 mm,在 50～100 kV 加速电压下样品厚度应小于 100 μm,较厚样品会产生严重的非弹性散射,因色差而影响图像质量。电子射线也无法射透淀粉颗粒,所以一般需把淀粉颗粒制成厚度大约 50 μm 左右的超薄切片。制成的样品还可以用化学法或酶法染色,染色剂与试样的某些组分化合为正染色,只是为电子透明目标提供一个电子密度轮廓可进行负染色。另一种方法不必将淀粉颗粒制成超薄切片,而是将淀粉颗粒表面结构转在薄膜上,再进行观察,又称为复制法。这种方法可以大致了解淀粉颗粒表面的凹凸状态。冰冻蚀刻法是一种新发展起来的方法,将含水试样在液氮中迅速冻结,此时所含水呈玻璃态,将试样用锋利的小刀割成碎片,在低温下蒸发掉部分基质水分,断口表面就能显现试样的内部结构详情。然后将试样涂上一薄层碳膜,同时镀上金属膜,最后用铬酸将原物料破坏,洗净的碳和金属膜层就是显示断口表面细节的复制件。

已经利用 TEM 观察得到了有关淀粉颗粒微细结构的一系列信息。如观察到淀粉颗粒生长环的存在,并在径向有明显的 (60～70) $\times 10^{-10}$ m 的周期性,这个周期恰好相当于支链淀粉束状模型中各束间的平均间距,从而支持了支链淀粉一般是作径向取向的说法。用电镜观察淀粉粒的超薄切片,还可以得到以往所不知道的有关颗粒内部结构的情况。在玉米淀粉粒中,观察到呈放射状取向的明显的纤维状结构存在,被认为是颗粒中的直链淀粉分子。用复制法观察到大米和豆类淀粉颗粒表面结构,但不如透射电镜效果好。

2. 扫描电子显微镜(SEM) 扫描电子显微镜的最大特点是焦深大,图像富有立体感,特别适于表面形貌的研究,可以直接观察大面积的试料表面,制样简单,不需要试样的包埋、制作超薄切片等麻烦的手续。放大倍数可从十几倍到两万倍,在许多方面优于 TEM,所以,SEM 成为淀粉颗粒研究的重要手段(如图 8-1 为小麦淀粉的扫描电子显微镜照片)。

图 8-1　小麦淀粉扫描电子显微镜照片

扫描电子显微镜焦点深度可达到 35～50 μm，即使表面结构复杂、凹凸极大的试样也可以观察到鲜明立体感的影像。通常淀粉粒的直径 5～50 μm，因此只要将焦点聚集在整个颗粒上，就可以清楚地观察到整个的淀粉粒。在用 SEM 观察大麦淀粉颗粒时，颗粒分大小两种，大颗粒表面有锯齿形结构清晰可见，并有一个处于中心的槽存在，小颗粒表面则是一些蜂窝状结构；马铃薯淀粉粒较圆，表面光滑，少有痕迹；水稻淀粉的复合淀粉粒为一个松散的球形；高直链玉米淀粉粒的表面观察到一种奇特的形状，有一个有别于正常淀粉的管状物存在。当较大颗粒的大麦淀粉粒在水中被加热时，淀粉粒膨胀并形成扁平的圆形，接着膨胀发生在中轴面上，随温度升高，表面出现皱纹。部分种类淀粉颗粒放大 5 000 倍的扫描电子显微镜照片如图 8-2 所示。

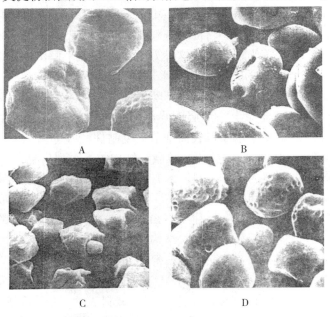

图 8-2　淀粉颗粒的扫描电子显微镜照片（放大 5 000 倍）
A. 玉米淀粉　B. 小麦淀粉　C. 稻米淀粉　D. 高粱淀粉

SEM 也有一定不足之处。首先分辨率为 100×10^{-10} m，低于 TEM 的 2×10^{-10} m。另一个问题是淀粉粒弱于电子射线，容易为电子射线所损伤，应降低电压在 10 kV 以下，或增加镀膜的厚度。但蒸涂被膜厚的试样保存性较差，最好蒸镀后迅速观察。在观察淀粉颗粒内部结构时，SEM 受到一定限制，这是它的一个弱点。

（三）X 射线衍射分析与淀粉颗粒结晶结构

淀粉在自然界通常是以小的颗粒状态存在，因此，早期 X 射线衍射研究是用天然淀粉或用淀粉溶液在不同温度下慢慢蒸发后所制备的样品，用粉末照相法进行的，用特制胶片记录多晶试样的衍射方向与衍射强度。后来出现 X 射线衍射仪法，大大提高了工作效率，使衍射定量分析更准确。因此，现有关于淀粉结构结晶方面的知识都是来自多晶 X 射线衍射仪器（图 8-3）。

图 8-3　X 射线衍射仪

1. 工作原理　淀粉是含有许多超微结晶的多结晶体，X 射线射入淀粉晶体，使晶体内原子中的电子发生频率相同的强制振动，使得每个原子又可作为一个新的 X 射线源，向四周发射波长和入射 X 射线相同的次生 X 射线。单个原子的次生 X 射线是微不足道的，但晶体中存在着按一定周期重复的大量原子，这些原子产生的次级 X 射线就会发生干涉现象，干涉的结果，使这些光波或相互叠加，或减弱，或基本相互抵消。而只有光波相互叠加时，才能达到足够的强度被我们观察到（图 8-4）。

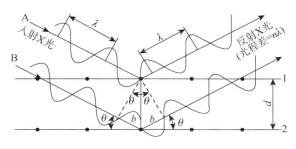

图 8-4　晶体产生衍射的条件

2. 多晶 X 射线衍射仪结构　仪器由 X 射线高压发生装置、测角仪和外围设备（记录仪、仪器处理系统、测角仪控制系统）组成。测角仪是核心设备，它由同轴的两个联动的转盘构成，大盘和小盘的联动角速度恒比为 2∶1，使试料与计数管各以 θ 和 2θ 的角速度旋转，以保证计数管能准确的收到粉末试样晶面产生的衍射，在记录仪的对应位置上绘出衍射峰，每一个衍射峰都是大量符合衍射条件的小晶粒产生衍射的总和（图 8-5）。用测角仪捕捉一系列范围的衍射 X 射线的强度，便可得到以衍射角为横轴、以衍射强度为纵轴的记录图。

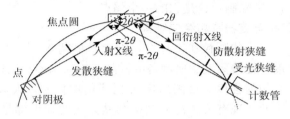

图 8-5　X 射线衍射仪的工作原理

3. X 射线衍射图谱的特征

（1）典型聚集态衍射谱图的特征　衍射谱图是记录仪上绘出的衍射强度（r）与衍射角（2θ）的关系图。图 8-6 是几种典型聚集态衍射谱图的特征示意图，其中，a 表示晶态试样衍射，特征是衍射峰尖锐，基线缓平；b 为固态非晶试样散射，呈现为一个（或两个）相当宽化的隆峰；c 与 d 是半晶样品谱图，c 有尖锐峰，且被隆拱起，表明试样中晶态与非晶态差别明显；d 呈现为隆峰之上有突出峰，但不尖锐，表明试样中晶相很不完整。

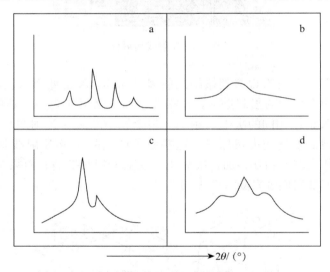

图 8-6　4 种典型聚集态衍射谱图的特征

（2）淀粉粒衍射谱图的特征　不同来源的淀粉颗粒衍射图有一定差异，通常把这些衍射图分为 3 类：谷物淀粉如大麦、玉米和水稻淀粉为 A 型；块茎淀粉（如马铃薯）和高直链玉米淀粉为 B 型；豆类淀粉为 C 型；C 型是一种中间类型，源自 A 和 B 的混合型。3 种类型淀粉的衍射图谱及相关内容的讨论，已在前文中有过较为详细的介绍，不再重复。当淀粉结晶结构破坏，成为无定形结构，就会出现类似典型图谱 b 那样的无明显衍射峰的弥散衍射图谱（图 8-6b）。如果淀粉中存在脂肪酸和长链醇类，就会获得 V 型淀粉结晶结构衍射图谱（图 8-7）。

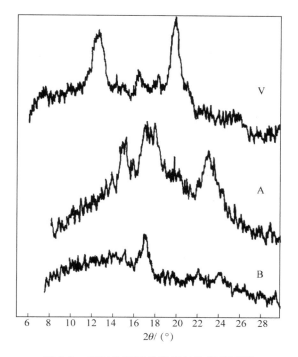

图 8-7　不同类型淀粉结晶结构衍射图谱

各种淀粉粒均属半晶态聚合度，在获得一个淀粉样品的衍射图谱后，可根据其峰位、相对强度及试样结构推测该淀粉属于 3 种类型中的哪一类。

4. 结晶度的测定　结晶度是指试样中结晶部分占总体质量或体积的百分比。可由尖锐的衍射峰和弥散的隆峰面积计算（图 8-8）。一般以各衍射峰面积之和 S_c 及弥散隆峰面积 S_a 代入公式计算结晶度 X_c。

以图 8-8 为例，图中 a 为样品的衍射曲线，它由结晶部分衍射与非晶部分产生的散射叠加而成。要求 X_c，先需要处理淀粉试样，使结晶结构破坏，在与 a 相同试验条件下得衍射图 b。以一定作图方式，将 b 曲线成比例的在 a 中绘出，得到图 a 中的虚线。虚线与实线基线之间的空白面积为 S_a，实曲线与虚线之间的空白面积为 S_c，由此可算出 X_c 值。

$$X_c = \frac{S_c}{S_c + S_a}$$

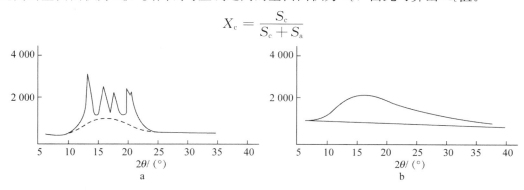

图 8-8　尖锐的衍射峰和弥散的隆峰

（四）凝胶渗透色谱（GPC）与淀粉颗粒的相对分子质量分布

凝胶渗透色谱（GPC）是一种新型液相色谱，可直接测定出聚合物的相对分子质量分布，并计算出聚合物的各种平均相对分子质量。凝胶渗透色谱仪已发展成为体积小、效率高、速度快、全自动和连续化的测定仪器，是研究淀粉分子质量分布的重要工具和手段。

1. 工作原理 凝胶渗透色谱对分子链分级的理论基础是体积排除理论。让被测量试样溶液通过一根内装不同孔径凝胶的色谱柱，柱中可供试样分子通行的路径有粒子间的间隙（较大）和粒子内的通孔（较小）。当试样溶液流经色谱柱，较大的分子被排除在粒子的小孔之外，只能从粒子间的间隙通过，速率较快；而较小的分子可以进入粒子中的小孔，通过的速率则要慢得多（图8-9）。经过一定长度的色谱柱后，相对分子质量大的淋洗时间短，在前面；相对分子质量小的淋洗时间长在后面。配以浓度检测器，就可测定出不同淋洗时间下试样的浓度变化，即试样中不同相对分子质量淀粉分子的含量。根据检测器所记录的过程，得到GPC谱。

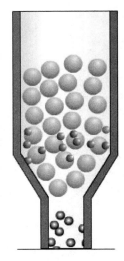

图8-9 凝胶渗透色谱原理

同其他类型的色谱一样，GPC方法也需要用相对分子质量已知的一组标样，预先做好一条淋洗时间（或淋洗体积）与相对分子质量的对应关系曲线。通过标样曲线，就能从GPC谱图上得到淀粉试样的相对分子质量和相对分子质量分布。

2. 凝胶渗透色谱仪的构造 凝胶渗透色谱仪一般由泵系统、自动进样系统、凝胶色谱柱（分离系统）、检测系统和数据采集与处理系统组成。泵系统可使流动相以恒定的流速流入色谱柱，自动进样系统则从配置好的溶液中取固定量的样品，所取样品被流动相溶剂所溶解，进入分离系统（色谱柱），这是GPC的核心部分，它由一根不锈钢空心细管和管中加入的孔径不同的微粒所组成，每根色谱柱都有一定的相对分子质量分离范围和渗透极限，所以必须选用与试样相对分子质量范围相匹配的色谱柱。检测器有多种，用于淀粉试样的检测器为示差折光检测器（RI检测器）。测试数据处理由仪器上的计算机自动完成。

（五）直链淀粉与支链淀粉的测定

1. 碘显色比色法 淀粉与碘形成碘淀粉复合物，并具有特殊的颜色反应。支链淀粉与碘生成棕红色复合物，直链淀粉与碘生成深蓝色复合物。在淀粉总量不变的条件下，将这两种淀粉分散液按不同比例混合，在一定波长和酸度条件下与碘作用，生成紫红到深蓝一系列颜色，代表其不同直链淀粉含量比例，根据吸光度与直链淀粉浓度呈线性关系，可用分光光度计测定。

2. 碘亲和力测定法 碘亲和力测定法是根据直链淀粉和支链淀粉对碘吸附能力大小不同，从而引起电学性质（电流、电压）的变化进行测定的，一般又分为电位滴定法和电流滴定法。我们仅介绍应用较多的电位滴定法。

碘结合量测定（电位滴定法）原理：当将淀粉溶液用碘进行电位滴定时，在碘与淀粉形成络合物期间电位无变化，但一有游离碘存在时，电动势便会增加，可以看到电位变化。因此可从电位滴定曲线求出用于形成络合物的碘量，计算相当于淀粉量的碘结合量，用百分率表示，即为碘亲和力。支链淀粉的碘亲和力非常小，直链淀粉的碘亲和力非常强，淀粉介于二者之间，因此可由淀粉的碘亲和力值，求出它的直链淀粉和支链淀粉比率。

二、淀粉理化分析

（一）水分含量

所测样品充分混合后，放在密封和防潮的容器内，取样后迅速密封，以备下次测试时再取。取铝盒（直径 55～65 mm，高 15～30 mm，壁厚约0.5 mm）经 130℃ 干燥和在干燥器内冷却后，称取盒和盖子质量，精确至0.001 g，把 5 g±0.25 g 的充分混合样品倒入盒内，样品不能含有硬块和团状物，将样品均匀分布在盒底面上，厚度不得超过 0.3 g/cm²，盖上盖子，即刻称重以确定测样质量，精确至0.001 g。打开盖子，将盛有样品的铝盒放入已预热的130℃干燥烘箱内，盖可靠在铝盒旁，在 130～133℃范围内干燥 90 min，烘干后迅速盖上盖子，放入干燥器内，冷却 30 min 至室温，在 2 min 内完成称量，精确至0.001 g。

$$x = \frac{m_1 - m_2}{m_1 - m_0} \times 100\%$$

式中，x 为样品水分含量，%；m_0 为干燥后空盒和盖的质量，g；m_1 为干燥前带有样品的盒和盖的质量，g；m_2 为干燥后带有样品的盒和盖的质量，g。

（二）灰分

淀粉灰分是指淀粉样品灰化后得到剩余物，以样品剩余物质量对样品原质量或样品干基质量的质量百分比表示。

在测定之前，对坩埚先用沸腾的盐酸洗涤，再用自来水洗涤，然后用蒸馏水漂洗。将洗净的坩埚置于焚化炉内，在 900＋25℃ 下加热 30 min，并在干燥器内冷却至室温，然后称重，精确至 0.000 1g。样品进行充分混合后，根据对灰分的估计值，迅速称取样品 2～4 g，精确至0.000 1 g，将坩埚置于灰化炉口或电热板上，小心加热坩埚，直至样品完全炭化（炭化时要避免自燃，自燃会使样品从坩埚中溅出来而导致误差），然后将坩埚移入高温炉内，在 900±25℃下灼烧 1 h，待剩余炭全部消失，残渣呈白色或灰白色粉末，将坩埚放入干燥器内加盖，冷却 30 min 至室温，称重，精确至0.000 1 g。计算如下：

①灰分以样品剩余物质量对样品原质量的质量百分比表示。

$$x = \frac{m_1 - m_2}{m_3 - m_2} \times 100\%$$

②灰分以样品剩余物质量对样品干基质量的质量百分比表示。

$$x = \frac{m_1 - m_2}{m_3 - m_2} \times \frac{1}{1 - H} \times 100\%$$

式中，x 为样品灰分质量分数，%；m_1 为坩埚和灰分的质量，g；m_2 为坩埚的质量，g；m_3 为坩埚和样品的质量，g；H 为样品的水分百分含量，%。

本法适用于灰分不大于 2% 的原淀粉和变性淀粉，不适用于水解产品、氧化淀粉和含氯量大于0.2%（以氯化钠表示）的样品。

（三）硫酸化灰分测定

本方法适用于淀粉及其衍生物样品硫酸化灰分的测定。淀粉及其衍生物硫酸化灰分：样品加入硫酸后进行灰化得到剩余物的质量。以样品剩余物的质量对样品原质量或样品干基质量的质量百分比来表示。

1. 原理　加入硫酸的样品在温度为（525±25）℃下灰化，得到样品的剩余物质量。

2. 仪器和试剂

仪器：100~200 mL 坩埚；灰化炉；干燥器；电热板或本生灯；水浴；分析天平。

试剂：硫酸溶液，100 mLρ_{20} 为 1.83 g/mL 的浓硫酸加到 300 mL 水中混合而成；盐酸溶液，100 mLρ_{20} 为 1.19 g/mL 的浓盐酸加到 500 mL 水中混合而成。

3. 测定步骤　坩埚必须先用沸腾的盐酸溶液洗涤，再用大量自来水洗涤，然后用蒸馏水漂洗。

将洗净的坩埚置于灰化炉内，在（525±25）℃下加热 30 min，并在干燥器内冷却至室温，然后称重，精确至 0.000 2 g。

样品应充分混合。如样品直接精确称量有困难（如葡萄糖成团状），则可采用下列的方法：先称取 100 g 样品，精确至 0.01。倒入预先已带盖子一起称重并精确至 0.01 g 的干燥容器，加入约 100 mL 90℃的水，盖上盖子搅拌直至样品完全溶解，冷却至室温并称重，精确至 0.01 g；或不加水溶解，盖上盖子直接插入水浴中，温度控制在 60~70℃，使样品熔化，从水浴中取出容器，不取下盖摇荡，将冷凝水与样品混合，然后冷却至室温称重，精确至 0.01 g。如稀释过程已做好，则样品可按稀释液的等分量来进行取样。

根据对硫酸化灰分的估计值，按表 8-1 的样品量称取样品，精确至 0.001 g。将样品均匀分布在坩埚内。

表 8-1　加样量

硫酸化灰分的估计值/%（质量分数）	样品量/g
≤5	10
>5，≤10	5
>10	2

将 5 mL 硫酸溶液加入样品或所取的稀释液中，用玻璃棒搅拌混合，并用少量水漂洗，将漂洗物收集入坩埚内。坩埚放在电热板或本生灯上，小心加热，直至全部炭化（此步骤最好在排气罩下进行。）

把坩埚放入灰化炉内，将温度控制在（525±25）℃，并保持此温度直至炭化物完全消失为止，至少 2 h。

使坩埚冷却，滴几滴硫酸溶液入残存物中，将它放在焚化炉边上蒸发，并再次焚化 30 min。然后把坩埚移入干燥器内，冷却至室温。称坩埚和所含剩余物质量，精确至 0.000 2 g。灰化要直至质量恒定，每次放入干燥器的坩埚不得超过 4 个。

对同一样品做二次测定。

4. 计算　若硫酸化灰分以样品剩余物质量对样品原质量的质量百分比表示，公式为

$$X_1 = \frac{m_2 - m_1}{m_0} \times 100\%$$

若硫酸化灰分以样品剩余物质量对样品干基质量的质量百分比表示，公式为

$$X_2 = \frac{m_2 - m_1}{m_0(100 - H)} \times 100\%$$

式中，X_1 为样品硫酸化灰分，%；X_2 为样品硫酸化灰分（以干基计），%；m_0 为样品的原质

量，g；m_1 为灰化前坩埚的质量，g；m_2 为灰化后坩埚和剩余物的质量，g；H 为样品按 GB/T 12087—2008、GB/T 22428.2—2008、GB/T 22428—2008 的规定方法测定的该样品的水分。

同时或迅速连续进行二次测定，其结果之差的绝对值为允许差，当硫酸化灰分大于 2%（质量分数）时，应不超过平均结果的 4%；当硫酸化灰分小于 2%（质量分数）时，应不超过平均结果的 0.08%。如允许差符合要求，取二次测定的算术平均值为结果。结果保留两位小数。

（四）酸度

淀粉酸度以中和 10 g 样品所耗用的 0.1 mol/L NaOH 标准溶液的体积来表示。

称取已混合好的样品 10 g（精确至 0.1g），倒入锥形瓶内，加预先煮沸放冷的无二氧化碳水 100 mL，振荡混合均匀，向锥形瓶滴入酚酞指示液 2～3 滴，放在磁力搅拌器上搅拌，用 0.1 mol/L NaOH 标准溶液滴定，直至锥形瓶中刚好出现粉红色且保持 30s 不褪色为终点，记下耗用 NaOH 标准液的体积，同时做空白试验。

$$x = \frac{(V_1 - V_0) \times c \times 10}{m \times (1 - H) \times 0.1}$$

式中，V_1 为滴定时消耗 NaOH 标准溶液的体积，mL；V_0 为空白试验消耗 NaOH 标准溶液的体积，mL；c 为 NaOH 标准溶液浓度，mol/L；m 为样品的质量，g；H 为样品的水分，%。

（五）白度

淀粉白度是指在规定条件下，淀粉样品表面光反射率与标准白板表面光反射率的比值。以白度计测得的样品白度值来表示。

不同原料制作的淀粉其颜色基调有所差别。但是，同一原料制作的食用淀粉，其白度越高，品质越好。各种食用淀粉白度指标见表 8-2。

表 8-2 食用淀粉白度指标（以 440 nm 蓝光反射率% ≥）

食用淀粉	指标		
	特级	一级	二级
食用玉米淀粉	97.5	96.0	95.0
黄玉米	92.0	92.0	90.0
食用小麦淀粉	97.0	96.0	95.0
食用马铃薯淀粉	94.0	89.0	84.0

样品经充分混合，按白度仪所提供的样品盒装样，并根据白度仪所规定的方法制作样品白板。按白度仪所规定的操作方法进行操作，将标有白度的陶瓷白板或优级纯氧化镁制成的标准白板进行校正。用白度仪对样品白板进行测定，仪器显示数即为白度值。对同一样品进行两次测定。

（六）斑点

淀粉斑点是指在规定条件下，用肉眼观察到的杂色斑点的数量。以样品每平方厘米的斑点个数来表示（表 8-3）。

淀粉斑点主要来自淀粉原料的皮层碎片。斑点的多少不仅影响食用淀粉的品质，而且影响其商品外观价值。因此，对各种食用淀粉的斑点要求，在质量标准中都有明确的规定。

表 8-3　食用淀粉斑点指标

食用淀粉	指标（每平方厘米内所含的斑点个数）		
	特级	一级	二级
食用小麦淀粉	≤2	≤4	≤6
食用玉米淀粉	≤0.4	≤1	≤2
食用马铃薯淀粉	≤3	≤8	≤10

测试仪器为 SBN 型淀粉斑点计数器（图 8-10）。称取混合好的样品 10 g（精确至 0.1 g），均匀分布平铺在清洁的白纸、玻璃或瓷板上，将淀粉斑点计数器盖到已均匀分布的待测样品上，并轻轻压平，在充足的光线下，眼与计数器的距离保持 30 cm，用肉眼观察样品中的斑点，并进行记录。记下 10 个空格内淀粉中的斑点总数。淀粉不要重复计数，然后将同一样品再次充分混匀，以同样方法重复检测一次。

$$斑点数 = \frac{10 \text{ 个空格内样品斑点总数}}{10}$$

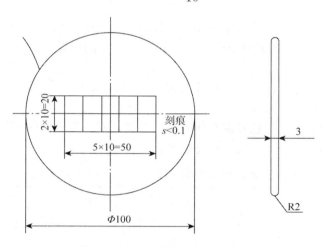

图 8-10　SBN 型淀粉斑点计数器

（七）细度

淀粉细度即淀粉的粗细程度，用分样筛筛分淀粉样品，以样品通过分样筛的质量对样品原质量的质量分数来表示。食用淀粉细度越高，品质越好。各种食用淀粉细度指标见表 8-4。

表 8-4　食用淀粉细度指标（孔径0.147 mm 筛通过率）

食用淀粉	指标/%		
	特级	一级	二级
食用小麦淀粉	≥99.8	≥99.5	≥99.0
食用玉米淀粉	≥99.9	≥99.0	≥98.0
食用马铃薯淀粉	≥99.5	≥99.5	≥90.0

称取混合好的样品 50 g（精确至0.1 g）倒入分样筛，加盖，均匀摇动分样筛，直到筛分不下为止，筛分后小心倒出筛上的剩余物，称重精确至0.1 g。

$$细度=\frac{样品的筛前质量-筛上物质量}{样品质量}\times100\%$$

（八）蛋白质

1. 原理　在催化剂作用下，用硫酸分解样品，然后中和样品液进行蒸馏使氨释放，用硼酸收集，再用标定好的硫酸溶液滴定，得到硫酸的耗用量转换成氮含量。测得试样含氮量，乘以相关的蛋白质换算系数，即为蛋白质含量。

2. 仪器　凯氏烧瓶 500 mL，锥形瓶 500 mL。常量定氮蒸馏装置见图 8-11。

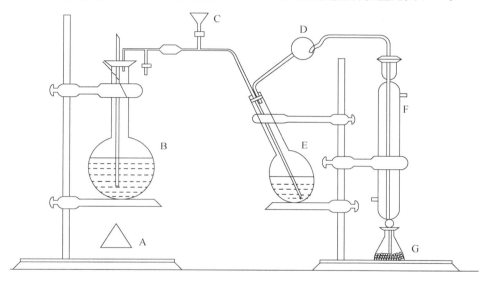

图 8-11　常见定氮蒸馏装置
A. 电炉　B. 圆底烧瓶　C. 漏斗　D. 定氮球　E. 凯氏烧瓶　F. 冷凝管　G. 锥形瓶

3. 试剂　40%氢氧化钠溶液；0.05 mol/L 硫酸标准溶液；2%硼酸溶液；浓硫酸；复合催化剂：硫酸钾 97 g 和无水硫酸铜 3 g 的混合物；混合指示剂：0.1%的甲基红乙醇溶液 20 mL，加0.2%溴甲酚绿乙醇溶液 30 mL，摇匀即得。

4. 试验程序

（1）分解　称取混匀的样品 3～4 g（精确至0.01g），放入干燥的凯氏烧瓶中（避免样品黏在瓶颈内壁上），加入复合催化剂 10 g，硫酸 25 mL 和几粒玻璃珠，轻轻摇动烧瓶，使样品完全湿润。然后将凯氏烧瓶以 45°角斜放于支架上，瓶口盖以玻璃漏斗，用电炉开始缓慢加热，当泡沫消失后，强热至沸。待瓶壁不附有炭化物时，且瓶内液体为澄清浅绿色后，继续加热 30 min，使其完全分解（以上操作应在通风橱内进行）。

（2）蒸馏　待分解液冷却后，用蒸馏水冲洗玻璃漏斗及烧瓶瓶颈，并稀释至 200 mL，将凯氏烧瓶移于蒸馏架上；在冷凝管下端接 500 mL 锥形瓶作接收器，瓶内预先注入 2%硼酸溶液 500 mL 及混合指示液 10 滴。将冷凝管的下口插入锥形瓶的液体中，然后沿凯氏烧瓶颈壁缓慢加入 40%氢氧化钠溶液 70～100 mL，打开冷却水，立即连接蒸馏装置，轻轻摇动凯氏烧瓶，使溶液混合均匀，加热蒸馏，至馏出液为原体积的 3/5 时停止加热。使冷凝管下口离开锥形瓶，用少量水冲洗冷凝管，洗液并入锥形瓶中。

（3）滴定　将锥形瓶的液体用0.05 mol/L硫酸标准溶液滴定，使溶液由蓝绿色变为灰紫色，即为终点。同时做空白试验。

5. 计算　计算公式为

$$x = \frac{(V_1 - V_0) \times c \times 0.028 \times 6.25}{m \times (1-H)} \times 100\%$$

式中，x为样品中蛋白质的含量，%；V_1为滴定样品时消耗硫酸标准溶液的体积，mL；V_0为空白试验时消耗硫酸标准溶液的体积，mL；c为硫酸标准溶液的浓度，mol/L；m为样品质量，g；H为样品的水分，%；6.25为氮换算成蛋白质的系数；0.028为1 mL 1 mol/L硫酸标准溶液相当于氮的质量，g。

（九）脂肪

用乙醚将样品中的脂肪抽提出来干燥后，得到样品的总脂肪剩余物质量占原样品质量的百分率。

精确称取绝干样品5 g（精确至0.000 1 g），用经过干燥的脱脂滤纸将样品包好，置于滤纸筒中，放入索氏提取器抽提筒内，将抽提筒与经过干燥的已知质量的抽提瓶连好，将乙醚倒入抽提筒内至虹吸管高度上边，使乙醚虹吸下去。两次后，再倒入乙醚至虹吸管高度2/3处，装上冷凝管，在65℃蒸馏水的水浴上回流抽提4 h。取出滤纸筒，回收乙醚，至抽提瓶中残留液为1~2 mL时，取下抽提瓶，在水浴上去除残余的乙醚，洗净瓶外部，置于105℃烘箱中，烘至恒重（前后两次称量之差不得超过0.2 mg，取较小的称量结果）。

计算公式为

$$x = \frac{m_1 - m_2}{m_0} \times 100\%$$

式中，x为样品的脂肪含量，%；m_1为抽提瓶和残留物的质量，g；m_2为抽提瓶的质量，g；m_0为绝干样品的质量，g。

（十）二氧化硫

淀粉中二氧化硫的含量，以1 000 g样品中二氧化硫的质量来表示。

1. 原理　将样品酸化和加热，使样品释放出二氧化硫，并随氮流通过过氧化氢稀溶液而吸收，氧化成硫酸，用氢氧化钠溶液滴定形成的硫酸，并将氢氧化钠标准溶液的耗用体积转化为二氧化硫质量，其结果以1 kg样品中二氧化硫的质量来表示。

2. 试剂　在测定过程中，只可使用分析纯而且不含有硫酸盐的试剂和蒸馏水（水应是煮沸后不久的）。

①氮气（无氧）。

②过氧化氢溶液。将30%的过氧化氢30 mL，倒入1 000 mL容量瓶内，加水至刻度，此溶液应新鲜配制。

③盐酸溶液。量取浓盐酸150 mL，倒入1 000 mL容量瓶内，加水至刻度。

④溴酚蓝指示剂。将100 mg的溴酚蓝溶于20%乙醇溶液中。

⑤氢氧化钠标准溶液。0.1 mol/L和0.01 mol/L。此溶液应用无二氧化碳含量的水配制，该水可通过将水烧沸之后，用氮流进行冷却而得到。

⑥0.01 mol/L碘标准溶液。

⑦5 g/L 淀粉溶液。将0.5 g 可溶性淀粉溶于 100 mL 水中，加热搅拌至沸腾，再加入 20 g 氯化钠，搅拌烧煮直至完全溶解为止，使用前应冷却至室温；

⑧焦亚硫酸钾和乙二胺四乙酸二氢钠溶液。将0.87 g 焦亚硫酸钾（$K_2S_2O_5$）和0.20 g 乙二胺四乙酸二氢钠（Na_2H_2EDTA）溶于水中，并定量地倒入 1 000 mL 容量瓶内，加水至刻度，充分混合。

3. 仪器 磁力搅拌器：带有有效的加热器，适用于圆底烧瓶（容量为 250 mL 或更大）。

雾状仪（图 8-12）：仪器组成为 A：圆底烧瓶，容量为 250 mL 或更大些，并有一开口，以便插入一温度计；B：竖式冷凝器，固定于烧瓶 A 上；C：分液漏斗，固定于烧瓶 A 上；D：连有苯三酚碱性溶液吸收器的氮流入口处；E 和 E'：串连的两个起泡器，与冷凝器 B 相接；F：温度计。测定时，若雾状发生速度较慢、较稳定，在第二次测定时，只需清洗烧瓶 A。

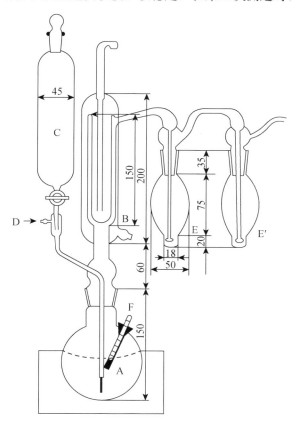

图 8-12 雾状仪（单位：mm）

仪器应满足下列要求：

①在烧瓶 A 中加入 100 mL 水，按测定步骤中成雾一步进行，进行后，两个起泡器内溶液应是中性的。

②进行下列操作。Ⅰ. 在烧瓶 A 中加入 100 mL 的水，用吸管加入 20 mL 试剂 8 进行二氧化硫的成雾和测定。按测定步骤中成雾、滴定两步进行；Ⅱ. 用吸管将 20 mL 碘溶液（试剂 6）、5 mL 盐酸溶液（试剂 3）和 1 mL 淀粉溶液（试剂 7）移入 100 mL 锥形瓶中，用滴

定管以试剂 8 进行滴定直至变色；Ⅲ. 用上述两法测定的二氧化硫含量之差应不超过算术平均值的 1%。两法操作的间歇应不超过 15 min，以免焦亚硫酸钾-乙二胺四乙酸二氢钠溶液中可能发生的二氧化硫含量的变化。

4. 测定步骤

（1）样品的准备 将样品混合均匀，按二氧化硫估计含量值称取样品量，小于 50 mg/kg 时，取样品量 100 g（精确至 0.01 g）；50～200 mg/kg 时，取样品量 50 g；大于 200 mg/kg 时，进一步减少样品量，使之所含二氧化硫不超过 10 mg。样品定量地移入烧瓶 A，加入 100 mL 水，摇晃使之混合均匀。

（2）成雾 ①在漏斗 C 中放入 50 mL 盐酸溶液；②用吸管在起泡器 E 和 E′中分别注入 3 mL 过氧化氢溶液和 0.1 mL 溴酚蓝指示剂，并用 0.01 mol/L 氢氧化钠标准溶液中和过氧化氢溶液；③将冷凝器 B、起泡器 E 和 E′连接到仪器上，慢慢地通过氮气，以排出仪器中全部空气，并开始向冷凝器放入水流；④将漏斗 C 内盐酸溶液放入烧瓶 A 中，必要时可暂停氮气进入；⑤混合物在 30 min 内加热到沸腾，然后保持沸腾 30 min，同时通入氮气，不停地搅拌。

（3）滴定 定量地将第二个起泡器内溶液倒入第一个起泡器内，根据二氧化硫含量估计值，用 0.1 mol/L 或 0.01 mol/L NaOH 标准溶液滴定已形成的硫酸。对同一样品进行两次测定。如有挥发性有机酸存在，则应煮沸 2 min，再冷却至室温，然后滴定。

（4）检查 如果使用 0.01 mol/L 氢氧化钠标准溶液，体积耗用小于 5 mL，或使用 0.1 mol/L 氢氧化钠标准溶液，体积耗用小于 0.5 mL，则应增加样品量。

5. 结果计算 淀粉的二氧化硫含量按下式计算

$$二氧化硫含量 = \frac{320.3 \times V}{m}$$

式中，m 为样品的质量，g；V 为 0.01 mol/L NaOH 标准溶液体积耗用数或 0.1 mol/L NaOH 标准溶液的 10 倍体积耗用数，mL；320.3 为检测计算系数。

（十一）铁盐

1. 原理 淀粉加水和盐酸后，铁的氧化物被盐酸溶解，三价铁与硫氰酸铵生成红色的硫酸氰酸盐，其呈色深浅与含铁的浓度成正比，利用此红色进行比色测定。

2. 仪器和试剂

仪器：200 mL 锥形瓶；50 mL 纳氏比色管；分光光度计。

试剂：30% 硫氰酸铵；盐酸；过硫酸铵；正丁醇；硫酸；铁标准溶液（10 μg/mL）：称取 0.864 g 硫酸铁铵 [$FeNH_4(SO_4)_2 \cdot 12H_2O$] 溶于水，加 2.5 mL 硫酸，移入 1 000 mL 容量瓶中，稀释至刻度。临用前取 10 mL，置 100 mL 容量瓶中，加水至刻度，摇匀，即得每 1 mL 相当于 10 μg 的 Fe。

3. 测定步骤

①称取样品 0.5 g（精确至 0.000 1 g）置于 200 mL 锥形瓶中，加水 15 mL 和浓盐酸 2 mL，振摇 5 min，过滤于纳氏比色管中，用少量水洗涤残渣，合并洗液。加过硫酸铵 50 mg，用水稀释成约 35 mL，加硫氰酸铵溶液 3 mL，再加水适量稀释成 50 mL，摇匀。

②精确吸取铁标准溶液 0、0.2 mL、0.4 mL、0.6 mL、0.8 mL、1.0 mL（相当于铁含量 0、2 μg、4 μg、6 μg、8 μg、10 μg）置 50 mL 纳氏比色管中，加水后成 25 mL，加浓盐

酸 2 mL，以下处理同样品。用 1 cm 比色皿，于波长 485 nm 处在分光光度计上测吸光度，绘出标准曲线图。

③测样品的吸光度，由标准曲线查出样品溶液的 Fe 含量。

4. 计算　计算公式如下

$$W_{Fe} = \frac{m_{Fe}}{m \times 10^6} \times 100\%$$

在工业玉米淀粉质量标准中规定铁盐≤0.002%，只需样品与 10 μg/mL Fe 的标样比较即可，目视比色，若试样管颜色比对照管浅，则铁盐含量小于0.002%；若试样管颜色深于对照管，则铁盐含量大于0.002%，判为不合格。

本试验所用仪器必须用稀硝酸煮沸，用去离子水冲洗干净。

（十二）氯化物含量测定

本方法适合于原淀粉中氯化物含量的测定，也适用于淀粉衍生产品氯化物含量的测定。氯化物含量：淀粉及其衍生物样品中氯化物的含量。以样品氯化钠质量对样品原质量的质量百分比来表示。

1. 原理　用已标定的硝酸银溶液对样品溶液或样品悬浮液进行电位滴定，将得到的硝酸银溶液体积的耗用数转化成氯化物含量。

2. 仪器和试剂

仪器：250 mL 烧杯；1 mL 吸管；10 mL 滴定管；分析天平；电位计或 pH 计（刻度应以毫伏分度，并根据使用说明进行校正）；银-氯化银电极（制作：将银电极插入约 0.1 mol/L氯化钾溶液中，并将它与 4 V 电池的正极相连，将负极与另一根极或铂极相连，然后通电 5 min。直至正电极的表面颜色变暗，再用水小心洗涤正极，放置于水中待用）；参比电极；磁力搅拌器。

试剂：70%硝酸（质量分数）；0.05 mol/L 或 0.02 mol/L 的硝酸银标准溶液；在测定过程中，只可使用分析纯的试剂和蒸馏水。

3. 测定步骤　将样品充分混合均匀，根据表 8-5，按估计的氯化物含量称取适当质量的样品，精确至0.001 g。

表 8-5　取样量

氯化物含量估计值（质量分数，以 NaCl 计）/%	样品量/g
<0.05	25
0.05～0.2	15
0.2～0.5	5
0.5～1	2.5
1～5	0.5

在磁力搅拌器进行搅拌时，将 100 mL 样品倒入 250 mL 的烧杯内，对可溶性物质，搅拌至样品全部溶解。对不溶性物质，则需搅拌至均匀状悬浮液后，再搅拌 15 min。将电极插入样品溶液或样品悬浮液中，同时，将银-氯化银电极与电位计正极相连；参比电极与负极相连，搅拌，并用吸管加入 1 mL 硝酸。

用硝酸银溶液滴定烧杯中溶液，刚开始时，可以 1 mL 量加入，接近终点时，按0.2 mL

量加入。每次加入，待稳定后读数。

绘出以加入硝酸银体积为函数的电位曲线，以曲线的拐点为终点，确定对于终点的硝酸银体积耗用数。

对同一样品进行二次测定。

4. 计算方法　淀粉氯含量是以样品氯化钠质量对样品原质量的质量百分比表示，计算公式为

$$X = \frac{0.058\ 45 \times c \times V}{m} \times 100\%$$

式中，X 为样品氯含量，%；c 为已标定硝酸银溶液的精确浓度，mol/L；V 为标定硝酸银溶液体积耗用数，mL；m 为样品的质量，g。

同时或迅速连续进行二次测定，所得值之差的绝对值为允许差，当氯化物含量大于 1% 时，应不超过算术平均值的 2.5%；当氯化物含量小于 1% 时，应不超过算术平均值的 0.03%。如允许差符合要求，取二次测定的算术平均值为结果。

（十三）总磷含量的测定

本方法适用于采用分光光度法测定淀粉，包括其衍生物和副产品中总磷含量。采用本方法，预期的以磷计算的总磷含量，不能超过 5%（质量分数）。

1. 原理　通过与硫酸-硝酸消解，破坏试样中的有机物质，并把磷酸盐转化成正磷酸盐。加入还原剂形成磷钼酸盐，即我们所熟知的钼蓝。在波长 825 nm 处用分光光度计测定蓝光的强度。

2. 仪器和试剂

仪器：容量瓶；锥形瓶；消解瓶；移液管；循环冷浴；沸水浴；分光光度计；电热板；分析天平。

试剂：试剂要用分析纯级。水需要蒸馏水或至少同等纯度的水。主要试剂有：硫酸-硝酸试剂；硝酸溶液；抗坏血酸溶液；钼酸铵溶液氢氧化钠磷标准溶液。

3. 测定步骤　试样彻底混匀。称取 0.5 g 试样，精确至 0.2 mg（调整样品量和样品浓度，使测试吸光值在 0.1~0.7）。放入消解瓶，加入 15 mL 硫酸-硝酸混合物在电热板上进行消解，直到蒸出的棕色气体变为白色并且液体变清。加入硝酸再煮解，并蒸出硝酸。混合物冷却后加入水，并用氢氧化钠把 pH 调至 7。转入容量瓶，并用水稀释至刻度。

根据预期的磷含量，移取确定体积的试液，加入 50 mL 锥形瓶中，加入磷钼酸铵溶液和抗坏血酸，混合均匀。沸水浴加热 10 min 后浸入冷水浴冷却至室温。用分光光度计测定溶液在 825 nm 处的吸收。需做校准曲线和空白试验。

4. 计算　计算公式为

$$w = \frac{m_1 \times V_0 \times 100}{m_0 \times V_1 \times 10^6}$$

式中，w 为磷含量，%；m_0 为样品的质量，g；m_1 为从标准曲线查得样液的磷质量，mg；V_0 为样液的定量体积，mL；V_1 为用于测定的样涮的等分体积，mL。

同时或迅速连续进行二次测定，所得值之差的绝对值为允许差，当磷含量大于 0.2% 时，应不超过算术平均值的 2%；当氯化物含量小于 1% 时，每 100 g 样品中磷的差异应不超过 4 mg。如允许差符合要求，取二次测定的算术平均值为结果。

三、淀粉黏度及糊化特性测定分析

（一）黏度测定

1. 淀粉黏度的测定（旋转黏度计法）　按 GB/T 22427.7—2008 规定，通过旋转式黏度计可得到黏度值。

测定方法：称取样品6.0 g（干基质量），倒入烧杯，用水调制成浓度为 6 g/100 mL 的淀粉乳液。按黏度计所规定的操作方法进行校正调零，并将仪器测定筒与保温装置相连。将淀粉乳液定量移入装在保温装置内的烧瓶中，烧瓶上装有搅拌器和冷凝器，并且密闭。打开保温装置、搅拌器和冷凝器。将测定筒和淀粉乳液的温度通过保温装置分别同时控制在 45℃、55℃、65℃、75℃、85℃、92.5℃。在保温装置到达上述每个温度时，从装有淀粉乳的烧瓶中吸取淀粉乳液，加入到黏度计的测量筒内，测定黏度，读下各温度时的黏度值。以黏度值为纵坐标，温度变化为横坐标，根据所得数据作出黏度值与温度变化曲线。从曲线图中找出最高黏度值及当时温度值即为样品的黏度。

在实际应用中，由于不同使用对象的差异，对黏度要求不一，测量方法、测定仪器、固含量、测定温度及转子的转速也不相同。

2. 淀粉黏度的测定（布拉本德黏度计法）

（1）原理　布拉班德黏度仪是一种可以连续的记录黏度与温度关系的旋转式黏度计，并将记录的温度、黏度随时间的变化情况绘制淀粉黏度曲线，从而连续追踪淀粉糊化过程中的黏度变化。布拉班德黏度计从该曲线可分析出起始糊化温度、最高黏度、最低黏度、最终黏度、黏度破损值、回老值等参数。

（2）仪器和试剂　仪器：分析天平；布拉班德黏度仪（图 8-13）Viscograph-E 型（图 8-13a）或 Micro Visco-Amylo-graph 型（图 8-13b）；具有玻璃塞的 500 mL 锥形瓶。

试剂：蒸馏水或者去离子水。

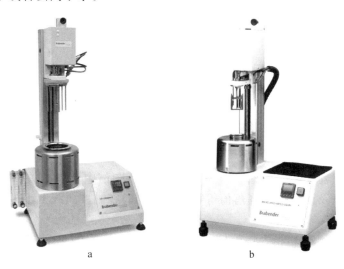

a　　　　　　　　　　　　　　　　b

图 8-13　布拉班德黏度计
a. Viscograph-E 型　b. Micro Visco-Amylo-graph 型

Viscograph-E 型黏度计测量杯可容纳淀粉糊 500 mL 左右，相应的转速为 250 r/min，升降温速度为1.5℃/min；Micro Visco-Amylo-graph 为微型黏度糊化仪，测量杯可容纳淀粉糊 100 mL 左右，相应的转速为 75 r/min，升降温速度为7.5℃/min；完成测试所需时间为 Viscograph-E 型的 1/5 左右，具体操作过程如下。

Viscograph-E 型：

称取一定量的样品（精确至0.1 g）于 500 mL 锥形瓶中，加入一定量的水，使得试样总量为 460 g。

启动布拉班德黏度仪，打开冷却水源。黏度仪的测定参数如下：转速 75 r/min，测量范围 700 cmg，黏度单位 Bu（或 mPa·s）。

设定温度控制程序：以1.5℃/min 的速率从 35℃升至 95℃，在 95℃保温 30 min，再以1.5℃/min 的速率降温至 50℃，在 50℃保温 30 min。

待准备好仪器和淀粉悬浮液后，充分摇动锥形瓶，将其中的悬浮液倒入布拉班德载样筒，再将载样筒放入布拉班德黏度仪中。按照布拉班德黏度仪操作规程启动实验（将测量探头插入载样筒，启动黏度计，载样筒旋转，测量探头同载样筒间相对运动，检测淀粉的黏度）。

Micro Visco-Amylo-graph 型参数如表 8-6，其他与 Viscograph-E 型相同。

表 8-6　Micro Visco-Amylo-graph 型黏度计测量参数

项目	待测样品		
	玉米淀粉	番薯淀粉	小麦面粉
样品量/g	10	5	15
加水量/mL	105	110	100
升降温速率/（℃/min）	7.5	7.5	7.5
测量范围/cmg	235	120	300
温度程序	从 30℃升温至 93℃，恒温 5 min，降温至 50℃，恒温 1 min	从 30℃升温至 92℃，恒温 5 min，降温至 50℃，恒温 1 min	从 30℃升温至 92℃，恒温 1 min
转速/（r/min）	250	250	250

测量结束后，仪器会绘出图谱（图 8-14），并可从图谱中获得相关评价指标：样品的成糊温度、峰值黏度以及回生值、降落值等特征值。同时在黏度曲线上也可直接读出不同温度时的黏度值。

（3）表观黏度的测定　非牛顿流体与牛顿流体不同，它的黏度随剪切速率的变化而变化，在一定测试条件下，所获得的非牛顿流体黏度值就是表观黏度。表观黏度常用于研究淀粉溶液的流变学性质以及浓度、温度、pH 对流变特性的影响。例如，交联淀粉在淀粉糊浓度为 3%，剪切速率850 s^{-1}，25℃条件下测得表观黏度为 26 mPa·s，同样条件下原淀粉的黏度为16.5 mPa·s。

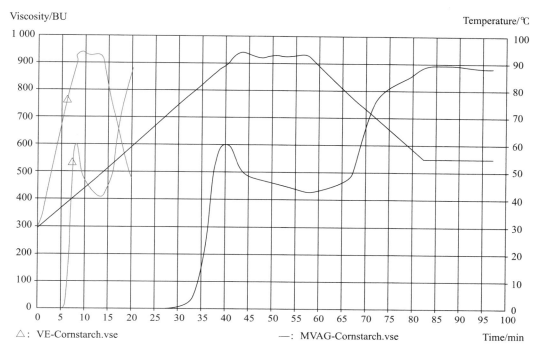

图 8-14　布拉班德黏曲线

（4）特性黏度的测定　很低浓度的淀粉糊化液在冷却时将保持一定的黏度，此黏度值较小，其黏度值是随其浓度 c 的增加而增加，将溶剂的黏度设作 η_0 时，溶液黏度较溶剂黏度增加的倍数定义为增比黏度，以 η_{sp} 表示，$\eta_{sp} = (\eta - \eta_0) / \eta_0 = \eta / \eta_0 - 1$。$\eta_{sp}$ 为浓度的函数，即在低浓度时它的变化大体上与浓度成比例。η / η_0 可用 η_r 表示，称为相对黏度。对若干不同浓度溶液进行测定后，以 η_{sp}/c 或 η_r/c 对 c 作图，得到直线，将其外推到 $c \rightarrow 0$，截距为 $[\eta]$，称为特性黏度（intrinsic viscosity）或极限黏度值（limiting viscosity number）。即

$$[\eta] = \lim_{c \to 0}\left[\frac{\eta_{sp}}{c}\right]$$

特性黏度主要用于测定高分子聚合物的相对分子质量。由 Mark-Houwink 公式可得

$$[\eta] = KM^{\alpha}$$

式中的 K 和 α 在一定温度、一定的聚合物/溶剂、一定相对分子质量范围内是常数，由 $[\eta]$ 可求得 M。

特性黏度的测定可用乌氏黏度计进行。其构造见图 8-15。它由 3 根管组成，在管 2 毛细管的上端有缓冲球和定量球，其定量球的上部和下部各有一条刻线。在测定时因为要做成牛顿流动体，所以使淀粉全部分散成分子是很重要的，为此事先应对测试样品进行预处理。

我们以接枝淀粉接枝支链黏均相对分子质量的测定为例，说明特性黏度的测定过程。

称取 0.6～0.9 g（精确至 0.001 g）的淀粉试样于 100 mL 容量瓶中，加入约 90 mL 丙酮，试样溶解后，置于 30℃ 水浴中，恒温后用丙酮稀释至刻度，摇匀，用干燥的玻璃砂芯

漏斗过滤，所得溶液置恒温水浴中备用。在乌氏黏度计的管 2、管 3 的管口接上乳胶管。将黏度计垂直固定在恒温水浴中，水面应高于缓冲球 2 cm。

用移液管吸取 10 mL 试样溶液，由管 1 加入黏度计。恒温 10 min 后，紧闭管 3 上的乳胶管，慢慢用注射器将溶液抽入定量球，当液面升到缓冲球一半时，取下注射器，放开管 2 上的乳胶管，让溶液自由下落，当液面下降到上刻度线时，启动秒表，至下刻线时停止秒表，记录 3 次。测定 3 次，每次流经时间的差值应不超过 0.2 s。取平均值为浓度 c 的试样溶液流经时间 t_1。

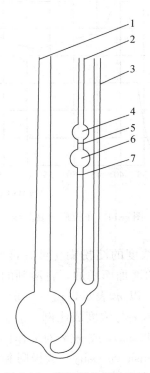

图 8-15　稀释型乌氏黏度计
1. 注液管　2. 测量毛细管　3. 气悬管　4. 缓冲球　5. 上刻线　6. 定量球　7. 下刻线

用移液管吸取 5 mL 已恒温的丙酮，由管 1 加入黏度计。紧闭管 3 上的乳胶管，用洗耳球从管 2 打气鼓泡 3～5 次，使之与原来的 10 mL 溶液混合均匀，并将溶液吸上压下 3 次以上，此时的浓度为 $2/3\ c$。测得流经时间 t_2。再分别逐次加入 5 mL、10 mL、10 mL 丙酮，分别测得浓度为 $1/2\ c$、$1/3\ c$ 和 $1/4\ c$ 的流经时间 t_3、t_4、t_5。洗净黏度计，干燥后，加入经过滤的丙酮 10～15 mL。恒温 15 min 后。测出溶液丙酮的流经时间 t_0，则有

$$\eta_r = \frac{t}{t_0},\ \eta_{sp} = \frac{t - t_0}{t_0} = \eta_r - 1$$

分别计算出 t_0、t_1、t_3、t_4、t_5 的 η_r 和 η_{sp}。以浓度为横坐标，η_{sp}/c 和 $\ln\eta_r/c$ 为纵坐标作图，通过两组点各作直线，外推至 $c \rightarrow 0$，截距为 $[\eta]$。若图上两条直线不能在纵轴于交于一点时，取两截距的平均值为 $[\eta]$。$[\eta]$ 的计量单位为 g/mL（图 8-16）。

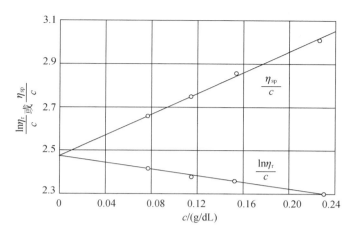

图 8-16　测定特性黏度的数据处理

（二）糊化特性的测定

1. 黏度曲线　用布拉班德黏度计测得。一般的步骤是：根据来源不同，选用一定浓度的淀粉悬浮液（马铃薯淀粉 5％，甘薯淀粉 6％，小麦和玉米淀粉 10％）倒入测量筒内，从 25℃ 开始以 1.5℃/min 的升温速率加热至 95℃，在 95℃ 保持 10～60 min，然后通入冷水缓慢的以同样速率降至 50℃，保持 10～60 min。以黏度对时间作图可以得到黏度曲线。

从该曲线可分析出起始糊化温度、最高黏度、最低黏度、黏度破损值、稠度、回老值及糊化时间等参数。有关黏度曲线的分析已在第二章进行过讨论。

2. 糊化温度　糊化温度的测定有由一台偏光显微镜和一个电加热台组成的偏光十字测定技术，此外还可以使用 BV 测定、RVA 测定及 DSC 分析技术等。具体内容已在"淀粉的糊化"一节中作过详细的介绍。偏光十字法的局限是观察颗粒轮廓及偏光变化过程不够清晰，较为吃力。将 BV、RVA 和 DSC 3 种测定方法比较发现，BV 耗时长，样品需要量大，但能较为真实地反映淀粉糊化的实际情况；RVA 速度快，用料少，可以测定绝对黏度；DSC 用料少，速度快，可以提供糊化所需热焓，但不能反映黏度。BV 和 RVA 测定的糊化温度一致，而 DSC 测定的糊化温度明显低于前两者。除上述方法外，也可用比色计或分光光度计测定淀粉乳液经逐次加热过程中透光率变化时的温度作为糊化温度。

3. 淀粉糊透光率测定通用测定方法　配制 1％淀粉乳，在沸水浴中搅拌 30 min，冷却至 25℃，用水调整体积至原浓度，以蒸馏水作参比，在 650 nm 波长下测定其透光率。也可用碱常温糊化法来测定淀粉糊的透光率，称取 0.5 g 淀粉样品（干基），置于 5 mL 水（包括淀粉中水）湿润后，加入 45 mL 1％NaOH 溶液搅拌 3 min，静置 27 min（25℃），即得 1％的淀粉糊，用分光光度计于 650 nm 下测定透光率。

淀粉乳液在加热条件下透光率的变化也是追踪淀粉加热糊化过程的常用方法。将分光光度计加上自动升温装置即可连续记录加热淀粉稀悬浮液的透光率变化。从室温开始逐渐加热至 95℃，记录透光率变化，可从变化曲线中求出糊化起始温度。

4. 淀粉糊稳定性的测定

（1）冰融稳定性　配制 6％淀粉乳于沸水浴中加热搅拌 20 min，冷却，用水调整糊体积至原浓度，于 -20～-15℃ 冰箱内放置 24 h，取出自然解冻，在 3 000 r/min 下离心 20 min，去上清液，称取沉淀物质量，计算其析水率。

另一种方法为：在沸水浴中搅拌糊化淀粉 20 min，冷至室温，调成 6% 质量浓度的糊，置于 -20～-15℃ 冰箱内，24 h 取出自然解冻，再冷冻、解冻，观察到凝胶有水析出，记录冻融次数，次数越多，表示糊的冻融稳定性越好。

（2）淀粉糊抗酸稳定性的测定　用 pH 3 的磷酸氢二钠-柠檬酸缓冲溶液调制浓度为 6% 的淀粉乳，用 Brabender 黏度计测黏度曲线。与 pH 6.5 的黏度曲线比较，分析曲线上特征点的数值变化。

（3）淀粉糊抗碱稳定性的测定　用 0.1 mol/L NaOH 调节浓度 6% 淀粉乳 pH 为 12，用 Brabender 黏度计测黏度曲线。与 pH 6.5 的黏度曲线比较，分析曲线上特征点的数值变化。

（4）淀粉糊抗剪切特性的测定　将淀粉样品配成 3% 的糊液，在固定温度下以一定剪切速率进行剪切，每隔一定时间用旋转黏度计测定糊的表观黏度。由糊黏度随剪切时间延长下降幅度判断抗剪切能力。

5. 淀粉糊的凝沉性和凝胶性强弱判断　由淀粉的 Brabender 黏度曲线可以判断溶粉糊的凝沉性和凝胶性的强弱。

以（最终黏度-最高黏度）/最高黏度表示凝沉性强弱。最终黏度是指糊从 95℃ 降至 50℃ 后的黏度，最高黏度（峰值黏度）是指糊化开始后出现的最大黏度。

以稠度/最低黏度表示凝胶性强弱。稠度是指最终黏度与最低黏度的差，最低黏度则为糊在 95℃ 保温 30min 后的黏度值。

（三）淀粉凝胶的测定

将高浓度的淀粉糊化液冷却放置，便会形成一种亲水性的胶体，称为淀粉凝胶。不同淀粉的胶凝性相差很大，这可能与脂肪含量、直链淀粉相对分子质量、直链淀粉与支链淀粉分子在淀粉颗粒中的分布和结合形式有关。

淀粉凝胶的测定主要包括凝胶刚度和凝胶强度。此外，淀粉凝胶是典型的黏弹性物体，有时也进行黏弹性测定。

淀粉凝胶刚度可用稠密度计或莫斯特朗张力测试仪测定，以凝胶压缩深度与添加质量的函数来测定。

凝胶强度的测定主要是了解凝胶破坏所需的最大力，所需仪器与凝胶刚度测定基本相同，也可用勃鲁姆凝胶计，以累加小铅球质量来测定凝胶强度。凝胶黏弹性主要表现为蠕变、应力松弛和动态力学性质 3 个方面，前两者属于静态黏弹性，后者属动态黏弹性，它们各有其弹性模量，可用来量度淀粉凝胶的黏弹特性，有关这方面的专业知识可参考食品流变学专著。

第二节　淀粉糖的测定技术

淀粉经过酸法、酶法或酸酶法液化以后，可以进一步加工成各种淀粉糖制品。本节主要介绍有关淀粉水解产物的理化检验、组分测定、色谱分析和质量检测等方面的知识。作为淀粉水解产品分析的实验室，除应具备一般分析化验的设备以外，还需考虑重点配置以下几种设备：带有差示检测器和自动进样器的液相色谱仪；用于阳离子分析的离子色谱仪；用于分析高果糖浆中痕量乙醛的气相色谱仪；测定结晶葡萄糖和果糖的自动旋光计；对医药工业葡萄糖产品中痕量金属进行分析的原子吸收分光光度计；进行糖浆颜色测定的扫描紫外-可见分光光度计等。随着淀粉糖工业的发展，有关糖的分析技术也有很大的进步，不断有新的方法被推出，不过在一些主要的分析方法上，已逐渐达成共识，形成被认可的统一的测试方法和质量标准。

一、淀粉糖制品的理化检验

（一）水分测定方法

结晶和粉末状的淀粉糖制品可由干燥法定量水分，但结晶麦芽糖（β-含水结晶）用普通的干燥法不能除去结晶水，应由 Karl-Fischer 法定量水分。麦芽糖液、转化糖液等液状物料的水分往往采用在担体（砂皿、滤纸、薄膜）扩大表面积的干燥法，其中以聚乙烯薄膜法更为方便。测定折光率来求水分的方法方便，精度和再现性也好，在工厂被广泛使用，但这种方法对低浓度的物料效果较差，不够准确。黏度低的溶液使用比重计的方法也很实用。

1. 烘箱真空干燥法　烘箱真空干燥法是最基本的水分测定方法。根据所试物料载体的不同又分滤剂法、滤纸法、砂皿法和聚膜法。

在烘箱干燥中，为了使水分充分挥发，将糖浆均匀地涂在砂皿、滤纸或硅藻土上，放于烘箱中，烘箱气压要≤3.3 kPa，温度为 100℃ 或 70℃。若糖浆 DE 值大于 58 或含有果糖、蔗糖、糖蜜，则温度要低些，减压烘至恒重为止。

采用硅藻土法，首先要将硅藻土酸洗、预干燥。一般是用0.1%的稀盐酸冲洗硅藻土，直到过滤漏斗滤纸显红色，再继续冲洗数次，达到 pH 等于或略大于 4 时为止，置 105℃ 烘箱一昼夜。取待测样品 4～7 g（干基）用水稀释以减少黏度，并均匀地涂在 30 g 硅藻土上。真空干燥箱要同已配有干燥塔和装有浓硫酸的吸收瓶的干燥装置相连，用真空泵低速从烘箱中将潮气抽出。干燥时第一步需 5 h，达到近似固体状态，第二步撤走真空泵，样品冷却，碎成粉末状，再次加热抽真空直至恒重（约需 10 h）。每次加热结束，关掉真空泵停止抽气以后，都要让空气经干燥装置缓慢进入干燥箱，使之与大气平衡。

采用聚乙烯薄膜法要比砂皿、滤纸法效果更好。具体做法是：将约 2 g 的样品放入质量已知的耐热性聚乙烯薄膜袋中，精确称重。从袋的外侧辗压试样，使试样能均匀地延展开来，敞开袋口，吹鼓薄膜袋，放在圆盘上，使之保持倾斜，用 90℃ 减压干燥处理方法进行预干燥，再将袋辗压，使试样均匀地延展开来，放在 90℃ 的减压干燥器中减压至2.67 kPa，这样反复操作 2～3 次后，在2.67 kPa 压力下干燥3.5 h。干燥处理完毕，从干燥箱内取出样品时，要先关闭真空泵侧的阀门，然后往器内一点一点地送入通过浓硫酸的干燥空气，使之回复至常压，同时立即将袋移入一干燥器中，放冷至室温后称重，计算出干燥后质量减轻的百分比（%）即为水分含量。

2. Karl-Fischer 法　此方法为专门测定水分含量使用。尽管此法对控制条件要求严格，但在现代自动滴定装置已具备标准化水平条件下，终点滴定的控制变得容易，仍不失为测定水分的主要方法。

（1）原理　根据碘、二氧化硫、吡啶和 2-甲基乙醇（或甲醇）形成的卡氏试剂与预先已分散到甲醇/甲酰胺混合物中的样品水分进行反应，从而得到卡氏试剂体积耗用量，并转化成含水量。反应式为：

$$H_2O + I_2 + SO_2 + 3C_5H_5N \longrightarrow 2C_5H_5N \cdot HI + C_5H_5N \cdot SO_3$$

$$C_5H_5N \cdot SO_3 + R\text{—}OH \longrightarrow C_5H_5NH \cdot OSO_2 \cdot OR$$

其中 R 为 2-甲氧乙基根。

（2）试剂与仪器　卡氏试剂：称取碘（置硫酸干燥器 48 h 以上）110 g，置干燥的具塞烧瓶中，加无水吡啶 160 mL，注意冷却，振摇至碘全部溶解后，加无水 2-甲基乙醇 300 mL，称定质量，将烧瓶置冰浴中冷却，通入干燥的二氧化硫至质量增加 72 g，再加无水 2-甲基乙醇，使成 1 000 mL，密塞，摇匀，在暗处放置 24 h。本液应遮光，密封，置阴凉干燥处保存。临用前应标定浓度。

甲醇/甲酰胺溶剂：由 700 mL 无水甲醇和 300 mL 无水甲酰胺混合而成。

酒石酸钠（$Na_2C_4H_4O_6 \cdot 2H_2O$ 晶体）：酒石酸钠要捣碎，使它能全部通过孔径 250 μm 的筛子，含水量约在15.66%（质量分数），可通过用 150℃真空干燥至恒重来测定。

仪器：卡氏滴定仪（图 8-17）、吸管、称量瓶、注射器。

（3）操作方法

①仪器准备。若仪器装置保留超过 24 h，最好将试剂倒回贮液瓶内，但在滴定前，滴定管需充满几次，使滴定管内试剂浓度恒定。若仪器的滴定容器没有用过或已经排空，则需注入 20 mL 甲醇/甲酰胺溶剂，加入量必须足够浸没铂电极端，电极也应调至不阻碍搅拌珠转动的位置。调节搅拌速度，加入卡式试剂，直至达到等电点，并维持 60 s。当被分析样品连续加入到滴定容器内的液体中而容器满时，可通过盖上的圆孔或通过容器底部的阀门排放。

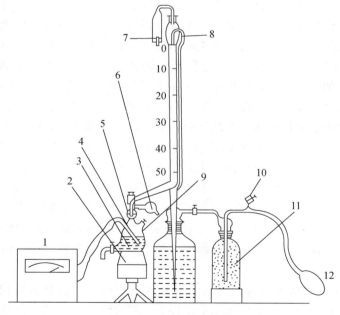

图 8-17　卡氏滴定仪

1.用于终点检测的电子仪器　2.电磁搅拌器　3.聚四氟乙烯搅拌珠　4.铂电极　5.S-2S（18/15）球形玻璃接头　6.护管（装有无水硅酸钠铝）　7.护管（装有无水硅酸钠铝）　8.自动滴定管，容量 25 mL 或 50 mL，刻度0.05 mL　9.滴定容器装有卡氏试剂的试剂瓶　10.螺旋夹子　11.装有干燥剂的气体洗瓶　12.橡皮球

②卡氏试剂标定。用称量瓶通过减量法称取 500～700 mg 的酒石酸钠，精确至0.5 mg。

倒入滴定容器，搅拌 3 min，使酒石酸钠充分溶解在甲醇/甲酰胺溶剂中。然后用卡氏试剂滴定直至再次达到等电点，读取卡氏试剂体积耗用量。

卡氏试剂的水当量以每毫升试剂的毫克水表示，即

$$T = \frac{m_0 \times w}{100 \times V_0}$$

式中，T 为卡氏试剂的水当量，mg/mL；m_0 为标定时的酒石酸钠的质量，mg；w 为酒石酸钠含水量，%；V_0 为标定时的卡氏试剂体积耗用量，mL。

③滴定。将样品尽可能快地加入滴定容器中，通过再称称量瓶或注射管的质量，算出加入的精确量。对于液体样品，它的精确质量应等于吸量管吸取样品的体积乘以它的密度。打开搅拌器，搅拌至样品全部分散，以提取出全部水分。用卡氏试剂滴定，直至到等电点。

（4）计算　淀粉水解产品的含水量以样品含水质量对样品原质量的质量分数来表示，即

$$w = \frac{V \times T \times 100}{m}$$

式中，w 为样品含水量，%；V 为滴定时的卡氏试剂体积耗用数，mL；m 为样品的质量，mg；T 为卡氏试剂的水当量，mg/mL。

3. 折光率法　溶液的折光率是光在真空中的速度和在该溶液中的速度比，它和溶液的组成、浓度和温度有关。因此，溶液的组成和温度已知的话，在规定温度下测定样品的折光率，并通过折光率、固形物含量对照法，可求出固形物含量和样品的浓度。该法适合固形物含量 3%～85% 的样品。

（1）仪器　阿贝折光仪：量度范围 1.300 0～1.531，精度 0.000 3；温度计范围 10～60℃，分刻度 0.5℃。

超级恒温水浴：温度范围室温至 95℃，精确度 0.1℃。

（2）测定　先进行仪器校正，在 20℃ 时，用水校正折光仪，使其折光率读数为 1.333 0，相当于固形物含量为零。使用期间，至少每天校正一次。

将折光仪与温度恒定为 20℃（或 30℃、45℃）±0.2℃ 的超级恒温水浴连接，并使棱镜也处于同样温度，打开折光仪的棱镜，用玻璃棒（末端弯曲扁平）加 1～3 滴样品于棱镜面上，注意玻璃棒不要和棱镜表面接触，要避免形成空气泡，立即闭合棱镜，停留 3 min，使样品达到棱镜的温度，旋转棱镜手轮直至视场分为明暗两部分，旋转色散补偿器手轮使视场中除黑白二色外无其他颜色，继续旋转棱镜手轮使黑白分界线对准在十字线中心，从标尺上读取折光率（读至 0.000 1）。再立即重读一次，两次读数的算术平均值作为一次测定值。洗净并擦干两个棱镜，将同一样品按上述方法进行第二次测定。两次测定值之差应小于 0.2%，取两次测定值的算术平均值作为样品的折光率，从附表中查出样品的固形物含量，%（质量分数）。

如果没有超级恒温水浴装置，需对测定结果进行温度校正。对于每种不同的淀粉糖浆来说，折光率是其固形物含量的特征值，因此建立了一系列的不同糖品的折光率与固形物含量的对照表，使用时应合理地加以选择。

4. 蒸馏法（甲苯）　A 为 500 mL 的短颈圆底烧瓶；B 为水分测定管；C 为直形冷凝管，外管长 40 cm。使用前，全部装置应清洁，并置烘箱中烘干。

取供试品适量（相当于含水量 1～4 mL），精密称量，置 A 瓶中，加甲苯约 200 mL，

必要时加入玻璃珠数粒，将仪器各部分连接，自冷凝管顶端加入甲苯至充满 B 管的狭细部分。将 A 瓶置电热套中或用其他适宜方法缓慢加热，待甲苯开始沸腾时，调节温度，使每秒钟馏出 2 滴。待水分完全馏出，即测定管刻度部分的水量不再增加时，将冷凝管内部先用甲苯冲洗，再用饱蘸甲苯的长刷或其他适宜方法，将管壁上附着的甲苯推下，继续蒸馏 5 min，放冷至室温，拆卸装置，如有水黏附在 B 管的管壁上，可用蘸甲苯的铜丝推下，放置使水分与甲苯完全分离（可加亚甲蓝粉末少量，使水染成蓝色，以便分离观察）。检读水量，并计算成供试品中含有水分的百分数。

5. 比重计法　黏度低的麦芽糖液、转化糖液由比重计或波美计测定。要得到正确的结果，应注意温度、泡沫除去的时间、液面的读法等都有严格的规定。

（二）*DE* 值的测定

DE 值是指用葡萄糖干基来表示还原糖的百分含量，在淀粉糖的糖组成上常用 *DE* 值表示。*DE* 值的测定主要用铜还原法，铜还原测定又可细分两种方法，一是标准费林氏液的完全还原法，其结果 *DE* 值是以还原端基团在水解产物中的百分含量来表示。二是未还原的过量铜试剂的碘量滴定法，此法速度快，但 *DE* 值达到 50 以上时所测结果偏高，可用于 *DE* 值在 5～20 产品的测定。Wilstatter - Schudel 法也是一种精确度比较高的方法，主要在日本使用。此外用仪器测定聚合物的渗透压的方法也可测定水解产品的 *DE* 值。*DE* 值可通过糖浆中各种聚合度的量的总和计算得到，如实验室配有液相色谱仪，计算 *DE* 值更为经济方便。

1. Lane-Eynon 恒量滴定法

（1）原理　此法属标准费林试剂的完全还原法。原理是在特定条件下用样品溶液滴定已知量的混合费林试剂，铜离子（Cu^{2+}）全部被还原为低价铜（Cu^+），同时溶液的蓝色消失。亚甲基蓝作指示剂，可借助它颜色的变化，使得终点的灵敏度提高。

（2）试剂　费林 A 液：称取 69.3 g 硫酸铜（$CuSO_4 \cdot 5H_2O$），溶于水中，并定容至 1 000 mL，贮于棕色瓶中。

费林 B 液：称取 346.0 g 酒石酸钾钠（$KNaC_4H_4O_6 \cdot 4H_2O$）和 100.0 g 氢氧化钠，溶于水中，并定容至 1 000 mL，贮于橡胶塞玻璃瓶中，使用前若有沉淀，则吸取上层清液使用。

费林氏溶液：将费林 A 液和费林 B 液等量混合，使用前当天配制，不宜保存。

亚甲基蓝指示剂：称取亚甲基蓝（$C_{16}H_{18}ClN_3S \cdot 2H_2O$）1 g，用水溶解并定容至 100 mL。

0.6％葡萄糖标准溶液：称取在 105℃下干燥至恒重的无水葡萄糖 0.600 0 g，用水溶解，并定容至 100 mL，应在使用当天配制新鲜溶液。

（3）仪器　容量 25 mL 酸式滴定管；容量 250 mL 锥形瓶；容量 50 mL 纳氏管；可调温电炉；实验室常用设备。

（4）操作方法

①费林试剂的预标定。吸取 25 mL 费林试剂于 250 mL 锥形瓶中，将 0.6％葡萄糖标准溶液注入 25 mL 滴定管中至刻度 0 处。从滴定管中将 18 mL 0.6％葡萄糖标准溶液注入锥形瓶中，摇匀。将锥形瓶置于事先调好的电炉上加热，控制在（120±15）s 内加热至沸腾，保持 2 min，加入 1 mL 亚甲基蓝指示剂，趁热滴加 0.6％葡萄糖标准溶液，从滴定管中每次加

入0.5 mL，直至溶液蓝色刚好消失即为终点，滴定过程中应始终保持沸腾状态，记录消耗0.6％葡萄糖标准溶液的总体积 V（mL）。

另取一份费林试剂同上述操作，直到加入 1 mL 亚甲基蓝指示剂，趁沸滴加葡萄糖标准溶液，每次滴加0.2 mL，接近终点时滴加间隙在 10～15 s，直至溶液蓝色消失（整个滴定过程应在 60 s 内完成，以使整个沸腾时间不超过 180 s）。

第三次滴定时，为达到时间上的要求，可适当调整葡萄糖标准溶液的初加量。读取葡萄糖标准溶液的体积耗用量（葡萄糖体积耗用量应在 19～21 mL，若超出此范围，可适当调整费林 A 液的浓度，并重复整个标定过程）。

②费林试剂标定。吸取 25 mL 费林试剂于 250 mL 锥形瓶中。将0.6％葡萄糖标准溶液注入 25 mL 滴定管中至刻度 0 处。从滴定管中预先将 V 为 0.8 mL 葡萄糖标准溶液注入锥形瓶中，摇匀，将锥形瓶置于同一电炉上加热使其在 2 min 左右至沸，保持沸腾 2 min，并加入 1 mL 亚甲基蓝指示剂。逐滴加入葡萄糖标准溶液，最后滴定速度应为 10～15 s 1 滴。整个滴定操作应在 1 min 内完成。记下消耗的葡萄糖标准溶液的体积，重复上述操作，两次消耗的0.6％葡萄糖标准溶液的体积的算术平均值为 V_1（mL）。

对于日常的费林试剂的标定，由于已知 V_1 的准确值，因此只需标定一次即可。

③样品的准备。样品如粉状或晶体，应捣碎后混合均匀装入密封容器内。样品是非晶体的固体，应放入密封的容器内，浸在 60～70℃ 水浴内加热，然后冷却至室温，摇动几次，使容器内冷凝水与样品充分混合。样品如是液体，应在容器内搅动。若表面有凝结，则表皮应除去。

④样品预测。吸取 25 mL 费林试剂，置于 250 mL 锥形瓶中，从滴定管中加入 10 mL 样品溶液，控制在（120±15）s 内加热至沸，加入 1 mL 亚甲基蓝指示剂，趁沸继续滴定，每次加入1.0 mL，间隙 10 s，直至蓝色消失。如果在样品液未加至 1 mL 蓝色已消失，就应降低样品溶液浓度，然后重新滴定。读取样品溶液耗用体积数 V'（mL）。V' 应不大于25 mL，如超过 25 mL，就要增加样品溶液的浓度。

样品的大约还原力按下式计算

$$x = \frac{F \times 100 \times 500}{V' \times m_0} = \frac{300 \times V_1}{V' \times m_0}$$

式中，x 为样品大约还原力，g/100g；F 为 $0.6 \times V_1/100 = 0.006 \times V_1$；$m_0$ 为 500 mL 样品液中样品的质量，g。

所以样品的质量 m_0 可按下式计算

$$m_0 = \frac{300}{x}$$

⑤样品溶液制备。称取样品，精确至 1 mg，样品中还原糖的含量在2.85～3.15 g。将样品溶于水中，然后将溶液定量转移至 500 mL 容量瓶中，加水至刻度，充分摇匀。

⑥样品溶液测定。按步骤④测定，读取样品溶液的体积耗用量 V_2（mL）。样品溶液体积耗用量基本应在 19～21 mL，如超出此范围，就要增加或降低样品溶液的浓度，然后重新滴定。

⑦干物含量测定。根据样品来源不同，分别用真空干燥法或折光率法测定。

（5）计算　计算公式为

$$DE = \frac{0.6 \times V_1 \times 500}{V_2 \times m} = \frac{300 \times V_1}{V_2 \times m}$$

式中，V_1 为费林试剂在标定葡萄糖标准溶液所耗用的体积，mL；V_2 为样品溶液在测定时所耗用的体积，mL；m 为配制 500 mL 样品溶液时样品的质量，g。

2. 直接滴定法

（1）原理　与前述的恒量滴定法基本相同，也属于完全还原法。其原理为在特定条件下用试样溶液滴定已知量的费林试剂，铜离子被还原成红色的氧化亚铜，用亚铁氰化钾络合红色的氧化亚铜，可使终点更易辨别。

（2）仪器　同恒量滴定法。

（3）试剂　费林氏甲液：称取硫酸铜（$CuSO_4 \cdot 5H_2O$）15 g 及亚甲基蓝 0.05 g，用水溶解并定容至 1 000 mL，贮于棕色玻璃瓶中。

费林氏乙液：称取酒石酸钾钠（$KNaC_4H_4O_6 \cdot 4H_2O$）50 g 及氢氧化钠（NaOH）75 g，用水溶解，再加入亚铁氰化钾 $[K_4Fe(CN)_6 \cdot 3H_2O]$ 4 g，完全溶解后和水定容至 1 000 mL，贮于橡皮塞玻璃瓶中；

0.1‰葡萄糖标准溶液：称取在 105℃下干燥至恒重的无水葡萄糖 1.000 0 g，用水溶解各加入 5 mL 浓盐酸，再用水定容至 1 000 mL。

（4）试验程序

①费林氏溶液的标定。吸取费林氏甲、乙液各 5 mL，置于 250 mL 三角瓶中，加水 20 mL，加入玻璃珠 2 粒，从滴定管中滴加约 9 mL 0.1‰葡萄糖标准溶液，将三角瓶置于电炉上加热使其在 2 min 内至沸，趁沸腾时以每 2 s 1 滴的速度继续滴加 0.1‰葡萄糖标准溶液，直至溶液蓝色刚好褪去即为终点，记下消耗的 0.1‰葡萄糖标准溶液的总体积。重复上述操作，两次消耗的 0.1‰葡萄糖标准溶液的体积的算术平均值为 V_1（mL）。

②试样制备。称取样品 1.25～1.35 g 于 10 mL 烧杯中，用水溶解后稀释定容至 100 mL。

③预备试验。吸取费林氏甲、乙液各 5 mL，置于 250 mL 三角瓶中，加水 20 mL，加入玻璃珠 2 粒，将三角瓶置于电炉上加热，使其在 2 min 内至沸，趁沸腾时以先快后慢的速度从滴定管中滴加试样液，并使溶液保持沸腾状态，待溶液颜色变浅时，以每 2 s 1 滴的速度滴定，直至溶液颜色刚好褪去为终点，消耗试样的体积为 V'（mL）。

④正式试验　基本同预备试验，从滴定管中滴加试样于三角瓶的体积为（$V'-1$）（mL），其后以每 2 s 1 滴的速度继续滴定，记录滴定至终点所消耗试样的体积 V_2（mL）。

（5）计算　计算公式为

$$DE = \frac{0.1 \times V_1 \times 1\,000}{V_2 \times m \times G}$$

式中，V_1 为标定时消耗 0.1‰葡萄糖标准溶液的体积，mL；V_2 为测定时消耗试样的体积，mL；m 为样品质量，g；G 为样品的固形物含量，%。

3. 碘量滴定法

（1）原理　还原糖在碱性溶液中将硫酸铜的二价铜离子（Cu^{2+}）还原成氧化亚铜的一价铜离子（Cu^+），多余的 Cu^{2+} 在酸性溶液中与碘化钾作用析出碘，用标准硫代硫酸钠溶液滴定所析出的碘,由此可推算出还原糖的含量。

(2)试剂和仪器

①试剂。费林溶液 A:称取 30 g 硫酸铜(CuSO$_4$·5H$_2$O)溶于 500 mL 蒸馏水中。

费林溶液 B:称取 93.8 g 酒石酸钾钠与 62.5 g 氢氧化钠,溶于 500 mL 蒸馏水中。

混合费林溶液:临用前将 A 与 B 等体积混合,有时为了简化操作步骤,可将 30%碘化钾溶液预先加到费林试剂中,混合时,费林试剂:30%碘化钾溶液=4:1(体积分数)。

硫代硫酸钠溶液:称取 125 g 结晶硫代硫酸钠(Na$_2$S$_2$O$_3$·5H$_2$O)溶于 500 mL 新煮沸而冷却的蒸馏水中,并加入 2 g 碳酸钠(Na$_2$CO$_3$),贮于棕色瓶中,放置 2~3d 后标定。

淀粉指示剂:称取 0.5 g 可溶性淀粉,加 10 mL 蒸馏水,搅成糊状,倒入正沸腾的 95 mL 蒸馏水中,随倒随搅拌,继续煮沸 2~3 min,到溶液透明为止,放冷至室温,倒在滴瓶内,加甲苯数滴,摇匀。

②仪器。碘瓶、碱式滴定管、电炉。

(3)操作方法

①硫代硫酸钠标准溶液的标定 取已配好的 1 mol/L 硫代硫酸钠溶液 50 mL,放入 500 mL 容量瓶中,用经过煮沸冷却后的蒸馏水定容至刻度,即成 0.1 mol/L 硫代硫酸钠溶液。摇匀,装入 50 mL 碱滴定管中备用。精确地吸取 20 mL 0.1 mol/L 碘酸钾溶液,移入 250 mL 碘瓶中,各加 1.0 mL 10%碘化钾溶液,10 mL 2 mol/L(1/2H$_2$SO$_4$),立刻塞好玻璃塞,在玻璃塞与瓶颈之间加数滴 10%碘化钾溶液封闭缝隙,以免碘挥发损失。然后置暗处 5 min,取出,加 20 mL 蒸馏水,立即用待标定的 0.1 mol/L 硫代硫酸钠溶液滴定,当黄色快要褪尽时加入数滴淀粉指示剂,继续滴定到蓝色刚刚消失时即为终点,得滴定值 A。同时做空白滴定,即以 20 mL 蒸馏水代替碘酸钾溶液,其他操作同上,得滴定值 B。

$$N_1 = \frac{N_2 V_2}{A - B}$$

式中,N_1 为硫代硫酸钠标准液待标定浓度;N_2 为碘酸钾标准溶液浓度;V_2 为滴定时所取碘酸钾溶液体积,mL。

②标准糖溶液的配制。取 1 000 g 预先在 105℃干燥至恒重的无水葡萄糖,用蒸馏水溶解,定容至 100 mL,浓度为 10 mg/mL。

③标准曲线制定。取 250 mL 锥形瓶,用标准糖溶液分别配成 10 mL 糖液各含有 100 mg、80 mg、60 mg、40 mg、20 mg 葡萄糖的溶液加到锥形瓶内,每一锥形瓶中均加入 20 mL 费林试剂,在电炉上加热至沸腾,3 min 后取下,在冷水中冷却至室温,应该加过量的费林试剂,使其与测定液中的糖作用后还有剩余的 Cu^{2+}。因此,沸腾以后溶液必须呈蓝色,如蓝色消失,必须适当稀释测定液以减少糖含量。

溶液冷却后,立即加入 15 mL 4 mol/L(1/2H$_2$SO$_4$),析出碘。迅速用 0.1 mol/L 硫代硫酸钠溶液滴定到浅黄色,加入数滴淀粉指示剂,再继续滴定,直至蓝色刚消失为止,即为终点,记下滴定值。以 10 mL 蒸馏水代替样品,进行空白滴定,得空白滴定值。不同浓度糖溶液的滴定值减去空白滴定值为不同糖含量相应的 0.1 mol/L 硫代硫酸钠的毫升数。以糖的毫克数为横坐标,以相应的 0.1 mol/L 硫代硫酸钠溶液毫升数为纵坐标。可绘制出标准曲线。

④样品的制备和测定。称取一定量样品于 10 mL 烧杯中,用水溶解并定容至 100 mL。

样品量应控制在 10 mL，糖液内还原糖含量为 10～90 mg。

样品测定方法同标准糖溶液测定，只是以样品溶液代替标准糖溶液。然后从标准曲线上查出相应的糖含量，考虑样品的稀释倍数，计算出样品中还原糖的百分含量，可得 DE 值。

（三）酸度和 pH

1. 酸度 以干物质计，100 g 样品消耗 0.1 mol/L NaOH 的体积（mL）即为酸度。称取 10 g 样品，置于 250 mL 三角瓶中，加入中性蒸馏水 100 mL 及酚酞指示剂 5 滴，用 0.1 mol/L NaOH 标准溶液滴定呈微红色，保持 30 s 不褪色即为终点。记下消耗 NaOH 的体积（mL），按下式计算

$$酸度(°T) = \frac{F \times V}{W(1 - 水分\%)} \times 100$$

式中，F 为 NaOH 溶液换算为 0.1 mol/L 的系数；V 为滴定消耗 0.1 mol/L NaOH 的体积，mL；m 为样品的质量，g。

2. pH 称取样品 30.0 g（按固形物计），用水溶解，并定容至 100 mL，试样浓度 30%（质量浓度），测定温度为 25℃，稀释使用蒸馏水应为中性，用 pH 计测值。

（四）灰分

1. 灰化法 称取试样 10.000 g，置于已灼烧至恒重的瓷坩埚中，加入 5 mL 1:3 硫酸，将坩埚置于电炉上缓慢小心加热直至炭化，放入高温炉中，在 550℃ 高温下灼烧至完全炭化，一般约需 2 h，取出冷却后，再加几滴 1:3 硫酸润湿，放入高温炉中，在 550℃ 下继续灼烧 0.5 h；置于干燥器内冷却，称重，直至恒重。

$$A = \frac{m_2 - m}{m_1 - m} \times 100\%$$

式中，A 为样品的硫酸灰分含量，%；m 为瓷坩埚的质量，g；m_1 为瓷坩埚加样品的质量，g；m_2 为瓷坩埚加灰分的质量，g。

此过程需时较长，可通过浓硫酸作用将炭化过程缩短到 30 min。具体做法是：坩埚中放入糖溶液和浓硫酸并不断旋转，糖、水、酸的质量比为 10:6:7（包括样品中的水），几秒钟内样品即被炭化成海绵状，易碎，用刮勺捣碎，轻微加热到接近干燥，再放入高温炉。

2. 电导率法 离子交换前，葡萄糖浆灰分含量为 0.2%。离子交换后或结晶葡萄糖和果糖产品中，灰分含量还不到 0.01%。由于离子交换树脂脱盐精制的淀粉糖灰分极小，灰化法测定误差大，可采用电导率求灰分的方法。

配制 25%（质量浓度）的试样溶液，配制时所用蒸馏水的电导率应在 2 S/cm 以下，测定温度 (20±0.2)℃，分别测试样溶液和所用蒸馏水电导率，由下式计算

$$灰分含量\% = 6 \times 10^{-4}(C_样 - 0.35C_水) \times [1 - 0.026(T - 20)]$$

式中，$C_样$ 为试样溶液的电导率，S/cm；$C_水$ 为蒸馏水的电导率，S/cm；T 为测试温度，℃。

（五）色度和透光度的测定

1. 着色度 称取样品 30.0 g（按固形物计），用水溶解并定容至 100 mL。由分光光度计在波长 420 nm 和 720 nm 处分别测定吸光度。纯度高的糖液比水吸收少，在 720 nm 处吸光度有可能出现负值，这时做 "0" 处理。色度受 pH 变化影响，应调整 pH 后再测定。

$$x = A_{420} - A_{720}$$

式中，x 为样品的色度；A_{420} 为试样在 420 nm 波长下的吸光度；A_{720} 为试样在 720 nm 波长

下的吸光度。

2. 透光度　在色度测定时，试样在 720 nm 波长处的透光度值为样品的透光度。在该处的吸光度值称为浊度。

3. 着色的稳定性　淀粉糖因糖的分解、缩合和氨基酸结合等原因，在贮藏中色度增大。此性质在短时间内的测定方法为，将试样在沸腾水中加热 1 h，求加热前后的色度，以色度增加值作为着色稳定性的标准。

二、淀粉糖品中各种糖组分的测定

（一）葡萄糖组分的测定

1. 葡萄糖氧化酶法

（1）原理　葡萄糖氧化酶专一地氧化 β-葡萄糖，在葡萄糖溶液中，α-葡萄糖和 β-葡萄糖存在着动态平衡，随着 β-葡萄糖的被氧化，最终所有 α 型全部转变成 β 型而被酶所氧化，氧化生成葡萄糖酸，并产生 1 分子过氧化氢。过氧化氢在过氧化物酶催化下，氧化某些物质〔如联（邻）甲氧苯胺、联（邻）甲苯胺、酚酞、亚铁氰化钾等〕，这些物质氧化后从无色转变为有色，通过比色计算出葡萄糖含量。

$$\beta\text{-D-葡萄糖} + H_2O + O_2 \xrightarrow{\text{葡萄糖氧化酶}} \text{D-葡萄糖酸} + H_2O_2$$
$$H_2O_2 + \text{还原性染性（无色）} \longrightarrow \text{氧化型染料（有色）}$$

（2）试剂　配制葡萄糖氧化酶溶剂，其组成如下：①葡萄糖氧化酶液（110 IU/mL）10 mL；②过氧化物酶 25 mg 溶于 14 mL 水中；③联（邻）茴香胺（$C_{14}H_{16}O_2N_2$，联甲氧基苯胺）30 mg 溶于 6 mL 95% 乙醇中；④Tris-甘油缓冲液，由 0.5 mol/L，pH 7.0 的 Tris 缓冲液加等体积的甘油混合，共 70 mL。混合上述 4 种成分，总体积为 100 mL。

（3）操作　取 2 mL 样品液放入试管中，加入 2 mL 葡萄糖氧化酶试剂，37℃ 水浴反应 30 min，加入 4 mL 2.5 mol/L 的硫酸终止反应，摇匀，用 72 型分光光度计于 525 nm 处测定，按预先用葡萄糖做好的标准曲线计算出葡萄糖量（用蒸馏水作对照）。

2. 次亚碘酸盐定法

（1）原理　碘在碱性溶液中生成具有强氧化性的次碘酸盐，它能与醛糖反应，使葡萄糖氧化生成葡萄糖酸，对酮糖无此反应。利用过量的碘在碱性条件下氧化醛糖，然后用硫代硫酸钠滴定剩余的碘，即可求出葡萄糖量。

基本反应表示如下：

$$CH_2OH(CHOH)_nCHO + I_2 + 3NaOH \longrightarrow CH_2OH(CHOH)_nCOONa + 2NaI + 2H_2O$$
$$I_2 + 2Na_2S_2O_3 \longrightarrow Na_2S_4O_6 + 2NaI$$

（2）试剂　2% 可溶性淀粉溶液：称取 2 g 可溶性淀粉，先用冷水调成乳浆状，倾入 100 mL 沸水中，在搅拌下加热至沸，直到溶液呈透明为止。

0.05 mol/L 硫代硫酸钠溶液：称取 12.5 g $Na_2S_2O_3 \cdot 5H_2O$ 溶于煮沸过的冷蒸馏水中，加碳酸钠 0.2 g，溶解后上述蒸馏水定容至 1 L。1 周后用碘酸钾溶液（将碘酸钾在 105℃ 干燥 2 h，移入干燥器中冷却后称取 3.567 g，加蒸馏水定容至 1 L）标定。

0.1 mol/L 碘液：称 36 g 碘化钾溶于 100 mL 蒸馏水中，加入 14 g 碘，溶解后加 3 滴盐酸定量至 1 L。此液需用 0.05 mol/L 硫代硫酸钠溶液标定。

葡萄糖标准液：称取 105℃ 干燥过的分析纯葡萄糖 100 mg，溶于蒸馏水后，定容至 100 mL。再用它配成 0.2 mg/mL、0.4 mg/mL、0.6 mg/mL、0.8 mg/mL 标准溶液。

（3）检验方法　将待测样品稀释到 1 mL 中含葡萄糖 0.1～0.8 mg。在各碘量瓶中分别加入稀释后的试样 5 mL，空白测定用的纯水 5 mL 和绘制标准曲线用的各种标准液各 5 mL，再往各碘量瓶中加 0.1 mol/L 碘液 5 mL，摇匀后滴加 0.15 mol/L NaOH 5 mL，放暗处 15～20 min。然后加 3 mol/L（1/2H$_2$SO$_4$）2 mL 酸化反应液。在 10 mL 微量滴定管中用 0.05 mol/L 硫代硫酸钠滴定反应液至淡黄色，加 2% 淀粉指示剂 1 滴，继续滴定至蓝色消失。

（4）计算　标准曲线法：将空白滴定的硫代硫酸钠量减去各标准液滴定值的差值作为纵坐标，以相对的糖含量为横坐标，绘制标准曲线。根据空白滴定值与样品滴定值的差值在标准曲线上查出含糖量。

滴定法：若不作标准曲线，样品中葡萄糖含量可按下式求得

$$葡萄糖含量 = (V_0 - V) \times 0.009 \times d \times \frac{100}{x} \cdot \frac{N}{M}$$

式中，V_0 为空白消耗硫代硫酸钠体积，mL；N 为硫代硫酸钠摩尔浓度；V 为样品消耗硫代硫酸钠体积，mL；M 为碘液摩尔浓度；d 为稀释倍数；x 为取样测定体积，mL；0.009 为 0.1 mol/L 碘液与葡萄糖关系常数。

（二）果糖组分的测定

淀粉糖品中果糖含量的测定有碘量法、钼酸铵比色法和半胱氨酸咔唑硫酸比色法。

1. 碘量法

（1）原理　果糖是具有酮基的还原糖，测定时可用直接滴定法测定样品中总的还原糖量，然后用碘量法测定样品中醛糖含量。总还原糖量减去醛糖含量，即为所求的果糖含量。

（2）检验方法

样液制备：吸取样品 50 mL，用蒸馏水稀释并定容至 500 mL。

样品测定：吸取稀释样液 20 mL 于 250 mL 碘量瓶中，准确加入 0.05 mol/L 碘标准溶液 40 mL，再加入 0.1 mol/L NaOH 溶液 25 mL，立即塞紧瓶塞，置于 20℃ 水浴中保温 10 min（尽可能处于暗处）。取出，加 1 mol/L 硫酸 5 mL，立即用 0.05 mol/L 硫代硫酸钠标准溶液滴定，近终点时加入 1% 淀粉指示剂 1 mL，滴定至溶液蓝色消失为终点。按上述操作进行空白试验。

（3）计算　计算公式为

$$醛糖（葡萄糖）含量 = \left[\frac{(V_0 - V_1) \times c \times 180.12 \times \frac{1}{2}}{V \times \frac{200}{500} \times 1\,000} \times 100\% - 0.50 \right] \times 100\%$$

式中，c 为硫代硫酸钠标准溶液浓度，mol/L；V_0 为空白试验时所消耗硫代硫酸钠标准溶液的体积，mL；V_1 为滴定样液时所消耗硫代硫酸钠标准溶液的体积，mL；V 为试样的体积，mL；180.12 为葡萄糖的摩尔质量，g/mol；1/2 为测定过程中葡萄糖与硫代硫酸钠物质的量之比；0.50 为果糖还原碘溶液的经验数。

$$果糖百分含量 = 还原糖百分含量 - 葡萄糖百分含量$$

2. 钼酸铵比色法

（1）原理　在酸性条件下钼酸铵与果糖能生成蓝色化合物。在一定糖浓度范围内，所形成的蓝色深浅与果糖含量成正比。对葡萄糖在相同浓度范围内几乎没有显色反应。此方法简便、灵敏，适宜对 $10\sim100$ $\mu g/$ mL 果糖量的测定。

（2）试剂

显色剂：A 液（5 mol/L 1/2 H_2SO_4），取 140 mL 浓硫酸加入到 860 mL 蒸馏水中；B 液（16％钼酸铵溶液），取 80g 钼酸铵，溶解在水中并定容至 500 mL。使用前，将上述 A 液和 B 液等量相混合即成。

果糖标准溶液：精确称取经 55℃真空干燥 24 h 的果糖0.1 g，溶于 100 mL 水，使成 1 mg/mL果糖标准液。然后再稀释 10 倍成 100 $\mu g/mL$ 标准果糖溶液。

（3）检验方法　分别吸取标准果糖溶液 0、0.1 mL、0.2 mL、0.4 mL、0.6 mL、0.8 mL、1.0 mL，样液2.0 mL（含糖量 20～40 mg/L），分别置于各试管中，并用蒸馏水补足到 2 mL，然后加 4 mL 显色剂，摇匀后放在 80℃水浴中保温 30 min，冷却后在 650 nm 处，以试剂空白调零，分别测定吸光度值，绘制标准曲线，与标准作对照，求出样品果糖含量。

3. 半胱氨酸咔唑硫酸比色法

（1）原理　在一定条件下，果糖与半胱氨酸盐酸盐-咔唑反应生成紫色物质，而在此条件下，葡萄糖呈浅蓝色，木糖呈红色，故选择合理的比色波长，可以减少其他糖的干扰。

（2）试剂　70％硫酸溶液（V/V）。

半胱氨酸硫酸溶液：称取半胱氨酸盐酸盐（$C_3H_7O_2NS \cdot HCl \cdot H_2O$）150 mg，加 10 mL水溶解，然后再加入 70％硫酸溶液 200 mL。

咔唑硫酸溶液：称取咔唑（$C_{12}H_9N$）12 mg，加 10 mL 无水乙醇溶解，然后加入 70％硫酸溶液 100 mL。

果糖标准溶液：取一定量的 D-果糖（$C_6H_{12}O_6$）放入真空干燥箱内，在 55℃下真空干燥至恒重。迅速称取果糖 300 mg，用水定容至 100 mL。贮于冰箱内，使用时用水稀释 100 倍，即含果糖 30 $\mu g/$ mL。

（3）试样测定

①试样制品。称取样品 1.000 0 g，用水稀释至 100 mL 定容，吸取 1 mL 此液，再用水稀释定容至 100 mL。此时试样含果糖为 25～40 μg。

②测定方法。取 4 支 25 mL 具塞比色管，一支吸入 1 mL 蒸馏水，另一支吸入 1 mL 果糖标准溶液，其余两支各吸入 1 mL 试样。将比色管置于冰水浴中，分别加入 4 mL 半胱氨酸硫酸溶液和 2 mL 咔唑硫酸溶液，剧烈摇匀，置入 40℃水浴中保温 30 min，再移入冰水浴中冷却，然后置入室温水中约 0.5 min，于 560 nm 波长下用 1 cm 比色皿测其吸光度。蒸馏水管为空白试验，以此管调节零点。取两份试样的吸光度算术平均值进行计算。

（4）计算公式为

$$x = \frac{30 \times A_2}{A_1 \times m \times G} \times 100\%$$

式中，x 为样品的果糖含量，％（对固形物）；A_1 为果糖标准溶液的吸光度；A_2 为试样的吸光度；m 为样品质量，g；G 为样品固形物含量，％；30 为 30 $\mu g/mL$ 果糖标准溶液。

（三）麦芽糖和糊精含量的测定

麦芽糖浆中麦芽糖及糊精含量的测定方法如下：

1. 麦芽糖的测定

（1）试剂　费林试剂：同前 DE 值的测定所用。

（2）测定步骤　称取麦芽糖浆1.5g，移入 100 mL 烧杯中，加入 9 mL 温水，用玻璃棒搅拌使之溶解。在搅拌下缓缓加入 95％酒精 81 mL，放置 12 h 以上使糊精沉淀（玻璃棒不要取出）。然后用滤纸过滤于 250 mL 容量瓶中，并用 95％的乙醇 10～15 mL 分 3 次洗涤玻璃棒、烧杯和滤纸，洗涤液一并过滤于 250 mL 容量瓶中，加水定容至刻度，摇匀。用移液管分别吸取费林 A 液、B 液各 5 mL 和蒸馏水 20 mL 于 150 mL 锥形瓶中，以下测定步骤同本章 DE 值测定中恒量滴定法的费林试剂标定，即以样品稀释液代替葡萄糖溶液滴定费林试剂。

（3）计算　计算公式为

$$麦芽糖（C_{12}H_{22}O_{11} \cdot H_2O）= \frac{R_1 V}{WG} \times 100\%$$

式中，R_1 为 10 mL 费林试剂相当于麦芽糖的质量，g；W 为样品溶液消耗的体积，mL；G 为样品质量，g；V 为样品定容体积，250 mL。

10 mL 费林试剂理论上相当于还原糖量为：葡萄糖 0.050 0 g，麦芽糖 0.080 7 g。因此，根据费林试剂标定值 R，可得麦芽糖测定时标定值 R_1，公式为

$$R_1 = \frac{R}{0.050\ 0} \times 0.080\ 7$$

2. 糊精的测定　麦芽糖测定中所留沉淀物和滤纸供测定糊精用。

（1）试剂　费林试剂：配制方法同前。

（2）测定步骤　将麦芽糖测定后的沉淀物（黏附于玻璃棒、烧杯和滤纸上的糊精）用 100 mL 热水洗入 500 mL 锥形瓶中，加入浓盐酸 4 mL，在沸水浴上回流 3h，使糊精水解为葡萄糖，冷却后用 20％ NaOH 溶液中和至 pH 6.5左右，移入 250 mL 容量瓶中，加水定容至刻度，摇匀。用移液管吸取费林试剂 A、B 各 5 mL 和蒸馏水 20 mL 于 150 mL 锥形瓶中，以下步骤同麦芽糖测定所述，用糊精水解液滴定费林试剂。

（3）计算　计算公式为

$$糊精 = \frac{RV \times 0.9}{WG} \times 100\%$$

式中，R 为 10 mL 费林试剂相当于葡萄糖的质量，g；W 为样品溶液消耗的体积，mL；G 为样品质量，g；V 为样品定容体积，250 mL；0.9 为葡萄糖换算成糊精的系数。

三、糖类的色谱分析

淀粉水解产物糖组分的实验分离及测定是一项十分重要的工作。早期的方法是应用定量的纸上层析，需要 16～18 h 进行分离，整个过程要 30 h。直到气相色谱和高效液相色谱的出现，淀粉糖类的色谱分析技术得到迅速发展，才使测试样品工作变得简单而快捷。

（一）气相色谱分析

1. 原理　样品经处理后，在无水条件下与六甲基二硅胺烷（HMDS）和三氟乙酸（TFA）反应，使之生成挥发性 TMS 衍生物，使用 3％Silicone DCQF-1，chromosorb W

（AW-DMCS）柱，程序升温分析，能同时分析单糖和二糖，即可分离果糖、葡萄糖、蔗糖、麦芽糖、山梨糖醇和麦芽糖醇。

2. 试剂和仪器

（1）试剂　六甲基二硅胺烷（HMDS）；三氟乙酸（TFA）；吡啶（用 KOH 干燥后蒸馏）；芘（内标物）；糖混合标准溶液（精确称取在 70℃ 下减压干燥的果糖、葡萄糖、麦芽糖、山梨糖醇、麦芽糖醇各 1.000 0 g，用水定容至 1 000 mL）。

（2）仪器　气相色谱仪（采用氢火焰离子化检测器）。

3. 操作方法

（1）TMS 衍生物制备　称取 10 mg 固体糖样（或糖混合标准溶液），放入 25 mL 磨口圆底烧瓶内，水溶液要进行冷冻干燥，乙醇溶液在 40℃ 以下减压干燥，或用 99.5% 乙醇溶液共沸脱水，用微量注射器吸取内标物芘的吡啶溶液（浓度 40 mg/50 mL）500 μL，加到干燥的提取物中，加 HMDSO 0.45 mL，再加 TFA 0.05 mL，加塞，充分振荡混匀，使糖溶解，在室温下放置 15～60 min，即为 TMS 衍生物。

（2）气相色谱分析条件

色谱柱：3% Silicone DCQF-1，chromosorb W（AW-DMCS），0.246～0.175 mm，3 mm×3 m 玻璃柱。

柱温：120～240℃（升温）。

升温速度：6℃/min。

进样口、检测器温度：250℃。

载气（N_2）流量：60 mL/min。

FID：氢气流量 50 mL/min，空气流量 1 L/min。

（3）测定

标准工作曲线：取标准衍生物液 1 mL，注入色谱仪中，得出标准色谱图，如图 8-18 所示。色谱图中计算糖和内标物的峰面积，以糖的量（mg）/内标物的含量（mg）为横坐标，以糖的峰面积/内标物的峰面积为纵坐标，根据最小二乘法回归直线，即为工作曲线。

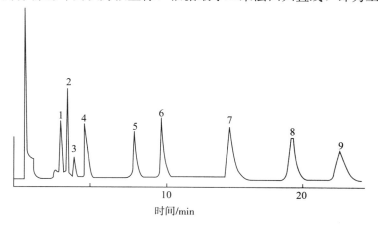

图 8-18　衍生物气相色谱图

1、2.果糖　3、5.葡萄糖　4.山梨糖醇　6.内标物芘　7.蔗糖　8、9.麦芽糖样品测定：取试样衍生物溶液 1 μL 注入色谱仪中，将样品的色谱图与标准色谱图比较，根据峰保留时间定性，然后再计算峰面积与内标物峰面积之比，查标准工作曲线得出试样中各种糖类含量。

（二）高效液相色谱分析

1. 原理　将糖类的水溶液注入反相化学键合相色谱体系，用极性的乙腈和水作为流动相，糖类分子按其相对分子质量由小到大的顺序流出，经差示折光检测器检测，与标准比较定量。

2. 试剂和仪器

（1）试剂　糖混合标准溶液（精确称取经 70℃ 减压干燥的葡萄糖、果糖、蔗糖、麦芽糖、乳糖等，用水溶解稀释，制成 1～5 g/L 标准溶液）；流动相（乙腈：水为 80：20，用 0.45 μm 有机溶剂微孔滤膜过滤，脱气后备用）。

（2）仪器　高压液相色谱仪，配置示差折射鉴定器和记录仪。

3. 操作

（1）液相色谱分析条件

色谱柱：μ Bondapak Carbohydrate（4 mm×300 mm）。

流动相：乙腈：水为 80：20。

流速：2.5 mL/min。

进样量：20 μL。

检测器：401 型示差折光检测器。

温度：室温。

（2）标准曲线绘制　取糖混合系列标准溶液各 20 μL（浓度 1～5 g/L），注入色谱仪，得出糖标准溶液色谱图（图 8-19），以各种糖含量（mg/mL）为横坐标，以峰面积或峰高为纵坐标，绘制出各峰面积与浓度的定量校正曲线，得出各组分糖的直线回归方程式及相关系数。

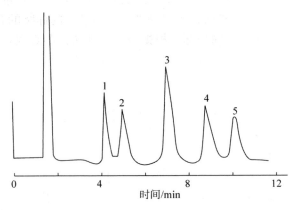

图 8-19　标准溶液色谱图

1. 果糖　2. 右旋葡萄糖　3. 蔗糖　4. 麦芽糖　5. 乳糖

（3）样品测定　取 20 μL 样液注入色谱仪，得出样液色谱图。以峰保留时间定性，以峰面积或峰高查相应标准曲线定量（图 8-20）。

采用高效液相色谱法，以 Spherisorb-NH₂ 色谱柱和 Waters R401 示差折光检测器对异麦芽低聚糖中各组分进行快速地分离测定，样品色谱图见图 8-20。图中 1～5 号峰分别为葡萄糖、麦芽糖、异麦芽糖、潘糖、异麦芽三糖，8 号峰为异麦芽四糖，6、7 号峰为两种分支四糖。可见液相色谱不仅可以很好地将三糖以下的低聚糖分开，而且还能将几种分支四糖完全分开。

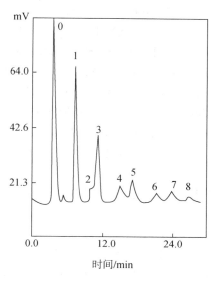

图 8-20　样品色谱图

第三节　变性淀粉的检测技术

一、淀粉 α 化度的测定

未经糊化的淀粉分子，其结构呈微晶束定向排列，这种淀粉结构状态称为 β 型结构。通过蒸煮和挤压，达到糊化温度时，淀粉充分吸水膨胀，致微晶束解体，排列混乱，这种淀粉结构状态称为 α 型。淀粉结构由 β 型转化为 α 型的过程称为 α 化，也称为糊化。生产过程中难免有少量颗粒未糊化或糊化不完全，这种未糊化完全的颗粒，会影响产品的质量，因此 α 化度是预糊化淀粉的重要技术指标之一。在粮食食品、饲料的生产中，也常需要了解产品的糊化程度，因为 α 化度的高低，直接影响复水时间，关系到食品和饲料的品质。

α 化度的测定方法有双折射法、膨胀法、染料吸收法、酶水解法、黏度测量法及淀粉透明度测量法等。但 α 化度并没有一个明确的测定方法，比较公认的是酶水解法，可因为在酶的选择和具体操作上比较繁杂，所以实际的应用受到一定限制。染料吸收法中的碘电流滴定法和膨胀法是比较常用的简易测定方法。

（一）酶水解法

1. 原理　已糊化的淀粉，在淀粉酶的作用下，可水解成还原糖，α 化度越高，即糊化的淀粉越多，水解后生成的糖越多。先将样品充分糊化，经淀粉酶水解后，测定糖量，以此作为标准，其糊化程度定为 100%。然后将样品直接用淀粉酶水解，测定原糊化程度时的含糖量，α 化度以样品原糊化时含糖量占充分糊化时含糖量的百分率表示。

α 化程度越高，转化产生的葡萄糖量也越多。葡萄糖在碱性溶液中被碘氧化为一元酸，未参加反应的过量碘与 NaOH 作用生成碘酸钠及碘化钠，当加入硫酸后析出碘，用硫代硫酸钠滴定，根据滴定结果计算 α 化度。其反应式如下：

$$I_2 + C_6H_{12}O_6 + 2NaOH \longrightarrow C_6H_{12}O_7 + 2NaI + H_2O$$

未反应的：
$$3I_2 + 6NaOH \longrightarrow NaIO_3 + 5NaI + 3H_2O$$

$$NaIO_3 + 5NaI + 3H_2SO_4 \longrightarrow 3I_2 + 3Na_2SO_4 + 3H_2O$$

$$2Na_2S_2O_3 + I_2 \longrightarrow Na_2S_4O_6 + 2NaI$$

2. 试剂　0.05 mol/L 碘液、0.1 mol/L 氢氧化钠溶液、0.05 mol/L 硫代硫酸钠溶液、1 mol/L 盐酸溶液、10%硫酸溶液、5 g/100 mL 淀粉酶溶液。

3. 操作方法　取 5 个 100 mL 锥形瓶，分别以 A_1、A_2、A_3、A_4、B 标记，每次称取 1.000 g 样品，分别放入 A_1、A_2、A_3、A_4 锥形瓶中，各加 50 mL 蒸馏水，B 瓶只加 50 mL 蒸馏水，作为空白试验。将 A_1、A_2 用电炉加热至沸腾，保持 15 min，然后迅速冷却至 20℃，于 A_1、A_3、B 3 个锥形瓶中各加入 5 mL 淀粉酶溶液。将上述 5 个锥形瓶均放入 37℃ 恒温水浴条件下，不断摇动，90 min 后取出，加入 1 mol/L HCl 2 mL 中止酶解作用，分别移入 100 mL 容量瓶中，加水定容，以干燥滤纸过滤。

用移液管取 A_1、A_2、A_3、A_4、B 试液及蒸馏水各 10 mL，分别放入 6 个 150 mL 碘量瓶内，用移液管各加入 0.05 mol/L（1/2 I_2）液 10 mL 和 0.1 mol/L NaOH 溶液 18 mL，加塞，摇匀，放凉 15 min，然后用移液管快速在各瓶中加入 2 mL 10%硫酸，用 0.05 mol/L 硫代硫酸钠溶液滴定，记录各瓶消耗的硫代硫酸钠溶液体积。

4. 结果计算　样品 α 化度按下列公式计算

$$\alpha = \frac{(V_Y - V_3) - (V_Y - V_4) - (V_Y - V_Q)}{(V_Y - V_1) - (V_Y - V_2) - (V_Y - V_Q)} \times 100\%$$

式中，V_1、V_2、V_3、V_4 分别为 A_1、A_2、A_3、A_4 消耗的硫代硫酸钠体积，mL；V_Y 为空白消耗硫代硫酸钠的体积，mL；V_Q 为 B 试液消耗硫代硫酸钠的体积，mL。

（二）膨胀法

1. 溶解度和膨胀度　精确称取 1 g 试样（按干基计），置于带有刻度的具塞离心管中，加入 1 mL 甲醇，一边用玻璃棒搅拌，一边加入 25℃ 的纯水，达 50 mL 标线。时常振动，在 25℃ 下放置 20 min。在 25℃ 以 4 500 r/min 离心 30 min，上清液装于标量瓶中，在沸水浴上使之蒸发干固，并在 110℃ 下减压干燥 3 h，进行称量。计算出沉淀部分的质量，按下式算出溶解度和膨胀度。若没有上清液时，减少试样。

$$溶解度(S) = \frac{上清液干燥质量}{1\ 000} \times 100\%$$

按干基计，

$$膨胀度 = \frac{离心后沉淀物质量}{1\ 000 \times \frac{100 - S}{100}}$$

2. α 化度　测定预糊化淀粉 α 化度的一种简易方法，可由 25℃ 和 95℃ 时加热该试样时的膨胀度的比求出。先按前述的操作制备试样，调制的试样液在防止水蒸散的情况下振荡，在 20 min 以同样方法求出膨胀度。然后按下式计算出 α 化度，即

$$\alpha = \frac{25℃膨胀度}{95℃膨胀度} \times 100\%$$

二、淀粉氧化度的测定

氧化淀粉是目前变性淀粉中使用量最大的一种。由于氧化，淀粉葡萄糖残基的 C_2、C_3 和 C_6 位上的羟基被羧基化或羰基化，更主要的是糖苷结合的断裂，改变了淀粉的物性。不同氧化程度，淀粉分子中的羧基、羰基含量有一定差异，通过测定氧化淀粉的羧基和羰基含量来确定淀粉的氧化程度。

（一）羧基含量的测定

氧化淀粉中羧基含量的测定方法很多，经常采用的是两种直接滴定法，也可对溶解并吸附染料的羧基化淀粉用分光光度法进行测定。

1. 醋酸钙法

（1）原理　用醋酸钙作试剂，通过离子交换后释放出酸，经滴定可测出氧化淀粉中羧基含量。其反应式为：

$$2St—COOH + Ca(Ac)_2 \longrightarrow St(COO)_2Ca + 2HAc$$
$$HAc + NaOH \longrightarrow NaAc + H_2O$$

（2）测定步骤

①脱灰处理。在制备氧化淀粉时，氧化反应终了用 HCl 中和至中性，由于氧化淀粉中的羧酸是弱酸，在中性时约 30% 左右仍以羧酸钠形式存在，脱灰处理的目的是将羧酸钠转化成羧酸。称取 $5.000\sim0.500\,0$ g样品（视氧化度增加而减少），置于 150 mL 烧杯中，加 25 mL 0.1 mol/L HCl 溶液，不断搅拌，反应 30min 后，用多孔漏斗过滤，用无氨蒸馏水洗至无氯离子为止（用 $AgNO_3$ 检验）。

②滴定。将淀粉转移至 100 mL 容量瓶中，加入 10 mL 0.50 mol/L Ca（Ac）$_2$溶液，用无氨蒸馏水稀释至刻度，在 30 min 内经常摇动容量瓶（平衡时的 pH 控制在 $6.5\sim6.7$ 范围内），然后过滤到一个的抽滤瓶中。吸取 50 mL 用 $0.01\sim0.25$mol/L NaOH 标准溶液滴定至酚酞变色，消耗 NaOH 溶液的体积为 V_1（mL）。

空白样为原淀粉按上述方法处理，免去用 HCl 处理一步，消耗 NaOH 体积为 V_2 mL。

$$羧基含量 = 2\left(\frac{V_1}{m_1} - \frac{V_2}{m_2}\right)c \times 0.045 \times 100\%$$

式中，m_1 为氧化淀粉称样量，g；m_2 为原淀粉称样量，g；c 为 NaOH 标准溶液的浓度，mol/L。

2. 热糊滴定法

（1）仪器及试剂　中号耐酸过滤漏斗、水浴锅、0.1 mol/L 盐酸溶液、0.1 mol/L 氢氧化钠标准溶液、酚酞指示剂：1 g 酚酞溶于 100 mL 95%乙醇溶液中。

（2）测定步骤　准确称取 5.000 g 或 $0.150\,0$ g（后者用于高氧化度淀粉，试样中含羧基不超过 0.25 mmol）样品于 150 mL 烧杯中，加 25 mL 0.1 mol/L 盐酸，使羧基盐转变成游离酸基，不断摇动搅拌，30 min 后用漏斗过滤，并用无氨蒸馏水洗涤淀粉，将置换出的阳离子和过剩盐酸洗掉，至滤液中无氯离子为止（用硝酸银溶液检验）。将脱灰后的淀粉转移到 500 mL 烧杯中，加 300 mL 蒸馏水，将其放在沸腾的水浴上加热煮沸至完全糊化，趁热加几滴指示剂，淀粉糊用 0.1 mol/L，NaOH 标准溶液滴定到溶液呈淡红色并保持 30 s 不褪色为止。记下消耗的体积为 V_1。如果测定低羧基淀粉，可用浓度更低的氢氧化钠溶液滴定。

用原淀粉作空白试样，不需抽滤和洗涤，经糊化后用碱滴定，消耗体积为 V_2。由下式计算羧基含量

$$羧基含量 = \left(\frac{V_1}{m_1} - \frac{V_2}{m_2}\right)c \times 0.045 \times 100\%$$

式中，m_1 为氧化淀粉称样量，g；m_2 为原淀粉称样量，g；c 为 NaOH 标准溶液的浓度，mol/L。

3. 分光光度法

（1）试剂与仪器　K_2HPO_4-NaOH 缓冲液（pH 8.0）、1×10^{-3} mol/L 次甲基蓝溶液（贮于涂有石蜡的棕色瓶中）、pH 计、分光光度计。

（2）测定步骤　淀粉按常规方法首先制成溶液，然后将其倾入沸水中，保持沸腾状态 3 min 之后冷至室温，将溶液稀释至一定体积。

在一系列 50 mL 容量瓶中，分别加入 5 mL pH8 的缓冲溶液和 5 mL 次甲基蓝溶液，和 0～25 mL 含已知羧基量的淀粉溶液。空白样不含淀粉溶液。淀粉样的浓度范围为 0.1%～1%。淀粉加入 10 min 后，以空白样用于分光光度计参比溶液调零，用 1 cm 比色皿，快速测出每个样品在 580 nm 处的吸光值。绘出羧基含量与吸光值的标准工作曲线。待测样品同样按上述方法操作，根据测得值，从工作曲线查出相应的羧基含量。

（二）羰基含量的测定

1. 羟胺法

（1）原理　在盐酸羟胺溶液中加入氢氧化钠溶液，产生游离羟胺，与氧化淀粉中的羰基起反应生成肟，如下面的化学式所示。再用盐酸滴定剩余的羟胺，用原淀粉样品进行空白滴定，两个滴定的差为氧化淀粉消耗羟胺量，与羰基的摩尔数相等。

$$H_2NOH \cdot HCl + NaOH \longrightarrow H_2NOH + H_2O + NaCl$$

$$\underset{\overset{\|}{R-C-R'}}{\overset{O}{}} + H_2NOH \longrightarrow \underset{\overset{\|}{R-C-R'}}{\overset{NOH}{}} + H_2O$$

（2）仪器与试剂　0.1 mol/L 盐酸标准溶液，羟胺试剂：25.00 g 盐酸羟胺（分析纯）溶于蒸馏水中，加入 0.5 mol/L NaOH 溶液 100 mL，加水稀释到 500 mL。此溶液不稳定，超过 2 d 即不能使用。恒温水浴、滴定管、pH 计。

（3）测定步骤　测定时精密称取磨细的 60 目无水氧化淀粉，一般不超过 10 g（因为羰基不得超过 40 mg），放入烧杯中，加入 100 mL 蒸馏水煮沸，使样品完全糊化。冷却至 40℃，调节 pH 至 3.2（用 pH 计测定）。无损地转移至 500 mL 带玻璃塞的三角瓶中，精确加入 60 mL 羟胺试剂，塞上塞子，置 40℃水浴中 4 h。过剩的羟胺用 0.100 0 mol/L HCl 标准溶液快速滴定至 pH 3.2，记录消耗的体积（mL）。称取同样质量的原淀粉进行空白滴定。按下式计算

$$羰基含量 = \frac{(V_1 - V_2) \times 0.100\ 0 \times 0.028}{m} \times 100\%$$

式中，V_1 为滴定空白 HCl 标准液用量，mL；V_2 为滴定样品 HCl 标准液用量，mL；m 为样品质量，g。

2. 比色法 对位硝基苯肼试剂：称取 250 mg 对位硝基苯肼溶于 15 mL 冰醋酸中。

精密称取约含 0.09 mg 羰基的淀粉试样，经糊化后，加入对硝基苯肼试剂 1.5 mL，加热并不断搅拌，冷却至室温以后加入 0.4 g 寅式盐助滤剂，过滤，用 7% 醋酸和水洗涤（每次 5 mL，各洗两次），后用热乙醇洗涤，将乙醇液定量转移至 25 mL 容量瓶中，用 95% 乙醇溶液稀释至刻度，以原淀粉作空白，在 445 nm 波长下测定吸收值，用已知浓度的双醛淀粉溶液作标准曲线，计算出羰基含量。

（三）双醛淀粉中双醛含量的测定

1. 酸碱滴定法 称取已知含水量的双醛淀粉 0.150 0～2.000 g，置于 125 mL 锥形瓶中，用移液管加入 10 mL 标准无碳酸盐的 0.25 mol/L NaOH 溶液，慢慢转动烧瓶，并立即置于圆形开口直径 5.5 cm 的蒸汽浴中 1 min。取出烧瓶，立即置于沸水中并快速转动 1 min。用移液管加入 15 mL 标准 0.25 mol/L H_2SO_4 溶液，50 mL 水和 2 滴 0.1% 酚酞，用 0.25 mol/L NaOH 标准溶液滴定至终点。

2. 对硝基苯肼分光光度法 含 0.1%～1% 双醛的氧化淀粉测定方法与前述的氧化淀粉羰基含量测定比色法相同。

分析每百个 AGU 大于 1 个双醛基的氧化淀粉的方法略作修改。对硝基苯肼溶液的配制为 0.5 g 对硝基苯肼溶于 15 mL 冰醋酸中。高度氧化的双醛淀粉样品称取 50 mg，置于 200 mL 容量瓶中，加 180 mL 蒸馏水，加热并不断搅拌 2～3 h。冷却、稀释至 200 mL，吸取 20 mL 置于试管中，加对硝基苯肼液，以下处理同低度氧化的双醛淀粉测定方法。

三、酸变性淀粉的流度和碱值测定

（一）流度

流度是黏度的倒数，黏度越低，流度越高，因此流度是从另一个角度来表示黏度。流度计的装置如下（图 8-21）：流度漏斗是普通的玻璃漏斗，直径约 100 mm，带有短颈，一支直径与短颈一致的玻璃管作为流出管，流出管内径大约 1.6 mm，漏斗颈与玻璃管由一段橡皮管连接，从漏斗颈至流出管尾端总长大约 75 mm。端部的位置确定是这样的，当漏斗装上 110 mL 蒸馏水后，在 24℃ 条件下，70 s 应流出 100 mL。

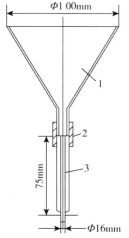

流度的测定方法为：称取 5 g 淀粉样（以干重计），置于 250 mL 烧杯中，用 10 mL 蒸馏水湿润之，加入 90 mL 1%NaOH 溶液（24℃），糊在 70 r/min 转速下搅拌 3 min，然后置于 24℃ 水浴中静置 30 min，不需搅拌，即得 5% 的淀粉糊。在测定试验之前 3 min 将流度漏斗也浸入水浴中，到达时间将它取出排干水，用手指堵住流出管尾端尖部，将制成的糊倒入标准漏斗内，排去颈及管中气泡，用一量筒准备收集流过漏斗的稀糊，接着使糊流下的同时用表计时，以 70 s 流出的糊体积（mL）为此样品的流度。

（二）碱数

10 g 淀粉在 100℃ 条件下，1 h 用碱处理时所消耗的 0.1 mol/L NaOH 的 mmol 数为碱数。在酸处理过程中引起淀粉分子中糖苷键水解，分子变小，聚合度降低，还原性

图 8-21 流度计
1. 玻璃漏斗　2. 橡皮接头　3. 玻璃管

增加。碱数则是试样还原末端数和平均分子质量的相对指标。随碱数增大，淀粉分子还原末端数增加，数量平均相对分子质量下降。

（1）仪器及试剂　磁力搅拌器，恒温水浴装置，pH 计。0.1 mol/L 盐酸标准溶液，0.4 mol/L NaOH 溶液，百里酚蓝指示剂。

（2）测定　准确称取过 60 目筛的淀粉样品 10.0 g 于磨口烧瓶中，加入 10 mL 水振荡至淀粉悬浮，加入 25 mL 0.4 mol/L NaOH，搅拌后加入 65 mL 热的蒸馏水，冷却回流条件下，于沸水浴中蒸煮 60 min，将烧瓶取出，放入冷水中，使分解中止，溶液转移到烧杯中，将烧杯放在磁力搅拌器上，滴加盐酸标准液，用百里酚蓝作指示剂，滴至黄色终点，伴随高色度复合物出现，用 pH 计测定，当滴定到 pH 为 8.00 时，计下所消耗的体积。同时作空白。用下式计算

$$\chi = \frac{(V_1 - V_2) \times c \times 10}{m}$$

式中，χ 为样品的碱数，mmol；V_1 为滴定空白用的盐体积，mL；V_2 为滴定样品所用酸的体积，mL；c 为盐酸标准溶液的摩尔浓度，mol/L；m 为样品的质量，g。

四、交联淀粉交联度的测定

交联淀粉的交联程度以每多少个葡萄糖残基有一个交联键表示，大多数交联淀粉取代度在 100～3 000 AGU/交联键。交联淀粉的交联度直接测定有一定难度，通常依靠对淀粉受热后物理性质的变化来间接地给出变性淀粉的交联程度。经常采用的方法有黏度、溶解度、膨胀力和沉降体积的测定。随交联程度增高，淀粉分子间交联化学键数量增加，膨胀度被抑制，溶解度降低。沉降体积是膨胀度的另一种表示方法，沉降体积越小，说明交联度越高。

（一）溶解度和膨胀力

与前述的用膨胀法测定淀粉 α 化度的步骤基本一致。2% 浓度的淀粉乳于 25℃ 下搅拌 30 min，3 000 r/min 离心 20 min，小心将上层清液和沉淀分离，取上清液于 100℃ 下蒸干，于 105℃ 烘箱烘干至恒重，同时称重。溶解度 S 和膨胀力 B 表示为

$$S = (A/W) \times 100\%$$
$$B = \frac{P}{W(1-S)} \times 100\%$$

式中，W 为淀粉样品干重，g；A 为溶解于上层清液中淀粉质量，g；P 为沉淀质量，g。

（二）沉降体积

配制 1%（干基）的淀粉乳 100 mL，沸水浴中搅拌 20 min，冷却至室温，移入 100 mL 带塞量筒内，加水调至 100 mL 并混匀，静置 24 h，记录沉降部分所占体积（mL）。

五、酯化淀粉取代度的测定

（一）淀粉磷酸酯中磷含量的测定

不同取代度的淀粉磷酸酯具有不同的物理化学性质，因此取代度是淀粉磷酸酯最为重要的指标。取代度的分析实质上是对产品中的淀粉磷酸酯的结合磷的测定，总磷－游离磷＝结合磷。或洗去游离磷的试样干燥后测其总磷即为结合磷。

目前，测定取代度的方法分四大类：重量法、原子吸收法、容量法和分光光度法。其

中，使用最多是磷钼酸喹啉容量法和分光光度法，其中又以后者操作方便、结果准确、重现性好，被确认为是生产测试、质量监控中切实可行的通用方法。

1. 重量法 适用于试样中总磷及高取代度试样的结合磷的直接测定。首先取淀粉磷酸酯样品适量，灼烧后将残余灰分溶于稀酸中，使其转变成正磷酸盐。如量较大，可让它形成 $Mg(NH_4)PO_4$ 沉淀，然后过滤，燃烧除去滤纸，恒重称量。最后通过换算得出磷的含量，即

$$磷含量 = \frac{m_1 \times 0.278\,2}{m} \times 100\%$$

式中，m_1 为灼烧后残渣质量，g；m 为称样质量，g。

2. 石墨炉原子吸收法 用含 Ni（以 1%$NiNO_3$ 的溶液加入）4 mol/L HCl 水解淀粉磷酸酯，以使炭化过程中磷保持稳定，再进行原子吸收法，经干燥、炭化、原子化测其吸光度，从标准曲线上查得磷含量。

3. 容量法（磷钼酸喹啉法） 容量法是根据淀粉磷酸酯的某些化学反应，用酸碱或盐溶液滴定，再利用标准曲线或直接换算出含磷量。容量法有多种，具有代表性的是磷钼酸喹啉容量法。

（1）游离磷的测定 准确称取 2 g 试样，置于 50 mL 烧杯中，用 1 mol/L 的稀盐酸溶解试样并将试样全部洗进 250 mL 容量瓶中，充分摇动 5 min，稀释至刻度，摇匀过滤待用。

移取 50～100 mL 滤液（视含磷量定）于锥形瓶中，加 5 mL 浓 HNO_3，并用水稀释至 120 mL，煮沸约 5 min，以 30 mL 喹钼柠酮沉淀，继续煮沸并保持片刻，待沉淀与溶液分清时，取下冷却，中间搅拌 1～2 次。用脱脂棉过滤，以倾泻洗涤沉淀 3～4 次，将沉淀转移至漏斗上，用水洗涤到滤液无酸性（取 20 mL 滤液），加 1 滴混合指示剂和 1 滴 0.2 mol/L 的 NaOH 溶液，所呈颜色与处理同体积蒸馏水的颜色相同为止，将沉淀与脱脂棉一起洗进原锥形瓶，加入 5 mL 0.2mol/L 的 NaOH 标准溶液至沉淀完全溶解，加水稀释至 150 mL，加 0.5 mL 混合指示剂，以 0.1mol/L 标准盐酸滴定过量的碱。

（2）总磷的测定 准确称取 1.0～1.5 g 试样，放入 50 mL 的凯氏瓶中，加入 15 mL H_2SO_4 与 HNO_3 的混合液，并在瓶口上置一短颈漏斗，在电炉上先低温后高温加热，使瓶内液体沸腾，消化至液体清亮，冷却后转移至 250 mL 容量瓶中，定容，吸取 50～100 mL 溶液于锥形瓶中，加水至 120 mL，煮沸，沉淀，以下与游离磷测定方法相同。

（3）结果计算

$$磷含量 = \frac{(c_{NaOH}V_{NaOH} - c_{HCl}V_{HCl}) \times 0.001\,191}{mD} \times 100\%$$

式中，0.001 191 为每毫摩尔磷相当的质量，g/mmol；c_{NaOH} 为氢氧化钠标准溶液浓度，mol/L；V_{NaOH} 为滴定时氢氧化钠标准溶液用量，mL；c_{HCl} 为盐酸标准溶液浓度，mol/L；V_{HCl} 为滴定时盐酸标准溶液用量，mL；m 为试样质量，g；D 为分析样体积与试液体积之比。

求出样品的总磷及游离磷的百分含量，二者之差即为结合磷的含量。

$$取代度(DS) = \frac{结合磷 \times 162/30.974}{(100 - 含水量) - (游离磷含量 \times 3.837\,4 + 结合磷含量 \times 3.292\,2)}$$

式中，162 为淀粉分子中每个葡萄糖残基的质量，g；30.974 为磷的摩尔质量，g/mol；3.837 4 为游离磷换算成磷酸盐的系数；3.292 2 为游离磷换算成结合磷酸酯基团的换算

系数。

4. 分光光度法

（1）磷钼蓝法

①原理。磷酸酯淀粉中所含的结合磷，可用浓硫酸湿法消化分解，使其转化为磷酸，然后在强酸性及还原剂的存在下，磷酸与钼酸铵反应生成黄色磷钼酸铵，再被还原成蓝色的钼蓝，其蓝色的深浅与样品中含磷量的多少成正比。

②试剂。2％钼酸铵：溶解10.6g钼酸铵 $[(NH_4)_6 \cdot Mo_7O_{24} \cdot 4H_2O]$ 于 500 mL 蒸馏水中。

26％硫酸溶液：小心地将 167 mL 浓硫酸加入 833 mL 蒸馏水中，混匀。

硫酸/硝酸溶液：由 1 体积相对密度1.84、96％浓硫酸与 1 体积相对密度 1.38、65％浓硝酸混合而成。

5％抗坏血酸溶液：溶解5.0 g 抗坏血酸于 100 mL 蒸馏水中，48 h 后需重新配制。

标准磷溶液：精确称取无水磷酸二氢钾 0.439 4 g，溶于 100 mL 蒸馏水中，定量转移至 1 L 容量瓶中，稀释至刻度，作为贮备液。吸取该液 10 mL，加水准确稀释至 100 mL，作为标准磷溶液，磷含量为 10 μg/ mL。

③测定步骤。标准曲线的绘制：吸取0.0 mL、1.0 mL、2.0 mL、3.0 mL、4.0 mL、6.0 mL、8.0 mL 标准液，分别放入 50 mL 容量瓶中，依次加入 10 mL 26％的 H_2SO_4 溶液和 5 mL 2％钼酸铵溶液，再加 2 mL 5％抗坏血酸溶液，混匀后沸水浴加热 10 min，迅速冷却后定容，在 680 nm 处测定吸光度，绘制标准曲线。

总磷的测定：准确称取1.0 g 淀粉磷酸酯试样，放入 50 mL 的凯氏烧瓶中，加 15 mL H_2SO_4-HNO_3混合液，在电炉上加热 1h，溶液颜色由黑色变成透明的红棕色时，再加入 5 mL 30％过氧化氢，继续消化至溶液变成无色透明，取出冷却，移入 100 mL 容量瓶中稀释定容。取 1 mL 放入 50 mL 容量瓶中，加入 10 mL 26％的 H_2SO_4 溶液、5 mL 2％钼酸铵溶液，摇匀，用蒸馏水稀释至约 45 mL，加 5％抗坏血酸溶液 2 mL，混匀，在沸水浴加热 10 min，冷却定容至刻度。测定方法同上。从标准曲线可查出样品的总磷量。

游离磷的测定：准确称取1.5～2.0 g 试样，置于 50 mL 烧杯中，用 1 mol/L 的稀盐酸溶解试样并用蒸馏水将试样全部洗进 250 mL 容量瓶中，充分摇匀定容，过滤待用。移取 5～10 mL 滤液（视含磷量定）至 50 mL 容量瓶中，发生显色反应方法同前，测定吸光值。

④计算。

$$w = \frac{m_1 \times V_0 \times 100}{m_0 \times V_1 \times 10^6}$$

式中，w 为磷含量，％；m_0 为样品的质量，g；m_1 为从标准曲线查得样液的磷质量，mg；V_0 为样液的定量体积，mL；V_1 为用于测定的样液的等分体积，mL。

$$DS（取代度）= \frac{W/31}{(100 - 3.32 \times W)/162} = \frac{5.23 \times W}{100 - 3.32W}$$

式中，W 为结合磷含量。

（2）磷钼钒酸法

①原理。磷钼钒酸法是测定有机及无机物中磷含量的标准方法，在测定淀粉样品的含磷量中也常使用。该法首先加热灰化样品，破坏有机物，将残余灰分溶于稀硝酸中成为正磷酸

盐，用偏钒酸铵和钼酸铵溶液还原磷酸盐产生浅黄颜色，用分光光度计测定吸光值，由标准曲线得样品含磷量。

②试剂。磷标准溶液：准确称取磷酸二氢钾 0.439 4 g 溶于水中，定量转移至 1 000 mL 容量瓶并稀释至刻度，摇匀。1 mL 含磷0.1 mg。

0.25%钒酸铵溶液：在 600 mL 的沸水中加入2.5 g 偏钒酸铵，冷至 60~70℃，再加入 20 mL 浓硝酸，冷至室温，用水稀释至 1 000 mL。

5%钼酸铵溶液：将 53.1 g 钼酸铵用水溶解，稀释至 1 000 mL，贮于棕色瓶中。

③测定步骤。准确称取 10 g 淀粉磷酸酯样品，放入坩埚中，用乙醇浸湿，炭化。炭化后的样品在马福炉中550℃灰化，冷却，沿壁加入 10 mL（1∶2）HNO_3，混合均匀，盖好。在 100℃；保持 30 min，使磷转变为磷酸后定量转移至 100 mL 容量瓶中，稀释至刻度。吸取 20 mL 上述溶液于 100 mL 容量瓶中，加入（1∶2）HNO_3、0.25%钒酸铵和 5%钼酸铵各 10 mL，用蒸馏水稀释至刻度，充分混合后室温放置 2 h。以试剂为空白，460 nm 处测吸光度。

标准曲线绘制：分别吸取 2 mL、5 mL、10 mL、15 mL、20 mL、25 mL 标准磷溶液于 100 mL 容量瓶中；测定操作同样品，绘制标准曲线，由标准曲线可求待测样品中磷含量。

$$磷含量 W_P = \frac{m \times 稀释总体积}{取样体积 \times 样品质量 \times 100} \times 100\%$$

（二）淀粉醋酸酯乙酰基含量的测定

1. 酸碱滴定法 酸碱滴定法的原理是用过量的碱将淀粉醋酸酯皂化为盐类，多余的碱用标准酸中和，通过与空白样品比较，可计算出淀粉中乙酰基的含量。

（1）低取代度淀粉醋酸酯 精密称取 5 g 磨细淀粉试样，置于 250 mL 带塞三角瓶中，加入 50 mL 蒸馏水混匀，再加入几滴酚酞指示剂，然后用0.1 mol/L NaOH 溶液滴定到粉红色不消失为终点，以中和其中存在的酸性物，再加入 25 mL 0.45 mol/L NaOH 溶液，不要弄湿瓶口，塞好瓶塞，置于电磁搅拌器上搅拌 60 min（或用振荡机强烈振荡 30min）进行皂化。打开塞子，用洗瓶冲洗塞子及瓶壁，溶液沿瓶壁流入瓶内。皂化混合物含有剩余的碱。用0.2 mol/L HCl 标准溶液滴定过量碱液至溶液桃红色消失。另外，在碱皂化过程中，引起少量降解，会消耗碱量。为消除此影响，需要用原淀粉进行空白滴定。

（2）高取代度淀粉醋酸酯。精确称取 1 g 磨细样品，置于 250 mL 带塞三角瓶中，加入 50 mL 75%乙醇溶液，用塞子将瓶口松弛地塞着。将内溶物水浴加热到 50℃，搅拌保持该温度 30 min，冷却至室温，加入 40 mL 0.5 mol/L NaOH 溶液，摇匀，塞住瓶口，室温下放置 72 h，并不时摇动，然后以酚酞作指示剂，用0.3 mol/L HCl 标准溶液滴定剩余碱量。放置 2 h，样品可能析出碱，再滴定。同时进行空白滴定。

$$乙酰基含量 W_{AC}(\%) = \frac{(V_2 - V_1) \times c \times 0.043 \times 100}{m}$$

式中，V_2 为空白消耗盐酸的体积，mL；V_1 为样品消耗盐酸的体积，mL；c 为盐酸溶液的浓度，mol/L；m 为称样量，g。

$$DS = \frac{162 W_{AC}}{4\ 300 - 42 W_{AC}}$$

2. 羟胺比色法

（1）原理 淀粉醋酸酯经羟胺处理后生成乙酸羟肟酸后，再与 Fe^{3+} 离子络合成可溶性红色乙酰羟肟酸铁，在 510 nm 处有一最大吸收值，且在一定浓度范围内颜色深浅与乙酰含量关系符合朗伯-比尔定律。

$$StO—\overset{\overset{O}{\|}}{C}—CH_3 +NH_2OH \longrightarrow CH_3—\overset{\overset{O}{\|}}{C}—NHOH +StOH$$

$$3CH_3—\overset{\overset{O}{\|}}{C}—NHOH +Fe^{3+} \longrightarrow (CH_3—\overset{\overset{O}{\|}}{C}—NHO)_3 Fe+3H^+$$

（2）试剂和仪器　氢氧化钠溶液：94g NaOH 溶于蒸馏水中，稀释呈 1 000 mL。

盐酸羟胺：37.5 g 盐酸羟胺溶于蒸馏水中，稀释至 1 000 mL。

高氯酸铁溶液：溶解2.53 g 无黄色的高氯酸铁在蒸馏水中，稀释至 100 mL。移取此溶液 60 mL 于 500 mL 容量瓶中，置于冰水浴中冷却，加8.3 mL 70%高氯酸，慢慢地加入无水甲醇定容。使用前 3d 配好贮存于冰箱中使其达到稳定，并在冰箱内可稳定保存一周。

5-乙酰葡萄糖标准液：缓慢地在 5 mL 乙醇中加热溶解108.9 mg β-D-5-乙酰葡萄糖，并用蒸馏水稀释至 100 mL，分别取 2 mL、4 mL、5 mL、7 mL 于 4 个 50 mL 容量瓶中，用蒸馏水稀释至刻度，含乙酰基量分别为 120 μg、240 μg、300 μg 和 420 μg。

酸-醇溶液：将冷的 70%高氯酸35.2 mL 倒入 500 mL 试剂瓶中，再用冷的无水甲醇缓慢地稀释至刻度。

仪器：分光光度计，磁力搅拌器。

（3）测定步骤

①标准曲线的制备。将 NaOH 溶液和盐酸羟胺溶液按 1∶1 比例混合后，立即用移液管吸取 4 份 12 mL 此溶液，分别置于 25 mL 容量瓶中，再各取 5 mL 含 120 μg、240 μg、300 μg、420 μg 乙酰基的 5-乙酰葡萄糖标准溶液，加到上述 4 个 25 mL 容量瓶中，边加边摇。30 min 后各加入 5 mL 酸-醇溶液，混匀后滴加高氯酸铁溶液并用以定容，每滴加一次都需充分混合。显色 5 min 后在 510 nm 处测定吸光度，用水做空白。标绘乙酰值与吸收值坐标图线。

②样品分析。精确称取含 2～10 mg 乙酰基的样品量无损地移入 150 mL 烧杯中，保持搅拌，加入 25 mL 羟基胺液，10～15 min 后加入 25 mL NaOH 溶液，盖好表面皿继续搅拌约 10 min 直至样品溶解。精确取 2 mL 此样品液，加入到 25 mL 容量瓶中，加 5 mL 水，5 mL酸-醇溶液，混匀，用滴加高氯酸铁溶液定容，每次加少量，加入后都应混合。5 min后用滤纸过滤，15 min 后取样测定吸光度。由曲线读得样品中乙酰质量分数。

③结果计算。

$$乙酰基含量 W_{AC}(\%) = \frac{m_{AC} \times 25 \times 100}{m}$$

式中，m_{AC} 为从标准曲线上查得乙酰基含量，mg；m 为样品质量，mg。

六、醚化淀粉取代度的测定

（一）羟烷基淀粉取代度的测定

1. 改良摩根（Morgan）法测羟丙基淀粉取代度

（1）原理　在 CO_2 或 N_2 惰性气流下用热恒沸氢碘酸与羟丙基淀粉作用，使淀粉中脱水葡萄糖单位上的羟丙基与淀粉之间的醚键断裂，生成易挥发的碘丙烷和丙烯。碘丙烷用定量的 $AgNO_3$ 乙醇溶液吸收，生成碘化银沉淀，然后用硫氰酸铵标准溶液滴定剩余的 $AgNO_3$ 溶液，可测出碘丙烷含量。生成的丙烯用定量的溴-溴化钠的冰醋酸（Br_2—NaBr—HAc）溶液吸收，用硫代硫酸钠滴定剩余的溴，测出丙烯的含量。将测出的碘丙烷含量和丙烯含量均换算成环氧丙烷含量，再由环氧丙烷含量算出摩尔取代值（MS 值）。

$$St—O—CH_2—CH_2—CH_2OH + （3+x）HI \longrightarrow$$
$$St—I + （x）CH_3CH_2CH_2I + （1-x）CH_3—CH = CH_2 + I_2 + 2H_2O$$
$$CH_3—CH_2—CH_2I + AgNO_3 \longrightarrow AgI \cdot AgNO_3 \downarrow \longrightarrow AgI \downarrow$$
$$CH_3—CH = CH_2 + Br_2 \longrightarrow CH_3— BrCH —CH_2Br$$

（2）仪器与试剂　羟丙基测定装置如图 8-22 所示。除 e 处用橡胶连接外，其他连接处都是用磨口接头，以防橡皮与 HI 气体作用产生误差，由于烯烃与 Br_2 的加成反应较慢，在管内放置一螺旋型玻璃棒以增加吸收。

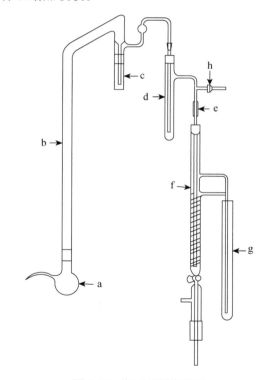

图 8-22　羟丙基测定装置

硝酸银乙醇溶液：15 g $AgNO_3$ 溶于 28 mL 水中，再加入 422 mL 95％的乙醇，滴加浓硝酸数滴，盛于棕色瓶中。

Br_2—KBr—HAC 溶液：约 10 g 干燥 KBr 加入 600 mL 冰醋酸，后加入 2 mL Br_2 贮于棕色瓶中。

10％的 KI 溶液。

0.05 mol/L 硫氰酸铵（NH_4SCN）标准液。

0.05 mol/L 硫代硫酸钠（$Na_2S_2O_3$）标准液。

5％硫酸镉溶液。

红磷（CP）粉末。

氢碘酸（恒沸温度126～127℃，比重1.70 g/mL）国内商品氢碘酸含量仅为40％左右，低浓度氢碘酸与羟烷基反应得到低含量分析结果。必须加入红磷和碘，在 N_2 或 CO_2 气流下，加热搅拌蒸馏浓缩，使恒沸温度为 126～127℃，冷却过滤，贮存于棕色瓶内。

硫酸铁指示剂：在配好的饱和硫酸铁溶液中，加数滴硝酸备用。

（3）测定步骤　图 8-25 中 c、d、f、g 4 管分别为吸收阱 1、2、3、4。

①向阱 1 中加入高于出气口 3 cm 的硫酸镉溶液和 0.5 g 左右的红磷；向阱 2 加入 10 mL 硝酸银乙醇溶液；向阱 3 加入 15 mL 溴醋酸溶液；向阱 4 加入 15 mL 碘化钾溶液。按图所示要求于通风处安置好仪器，打开氮气瓶，调节 N_2 以 10～20 mL/min 速度通过仪器，确认不漏气后，继续通气 10 min 以排除反应装置中空气。

②称取干燥过的羟丙基淀粉 0.2～0.3 g（称准至 0.000 2 g），放入反应瓶 a 中，加入 40 mL 氢碘酸及数粒沸石。系统通入 N_2 气，气流量 5～10 mL/min。电炉加热，控制油浴温度，使反应瓶 a 的温度维持在 140～150℃，反应瓶 a 上的长颈管 b 及阱 1 在 60℃以上，反应时间 90 min。

③结束前用温水浴加热阱 1 和 2，使溶于二者的微量烯烃放出，被后面的溴溶液吸收。样品反应完全后，加大 N_2 气流量至 20～30 mL/min，并停止加热，使反应生成的气体全部通过吸收阱吸收（约需 0.5 h）。

④停止加热，拆除装置。取下阱 3 和阱 4 管，将两管的吸收液一并放入锥形瓶中，洗净吸收阱，盖上塞子，放置 5 min 后，加 10％硫酸 5 mL，用硫代硫酸钠标准液溶液滴定，以 1％淀粉液作指示剂，滴定至蓝色消失为终点。同时作空白试验。分别记下消耗体积数。

⑤将阱 2 吸收液和洗阱液放入 500 mL 锥形瓶中加热至微沸，冷却至室温，加 5 mL 饱和硫酸铁指示剂，用 NH_4SCN 标准溶液滴定至淡红色为终点，同时作空白试验，分别记下消耗的体积数。

加热油浴温度应控制在 140～145℃区间，低于 140℃ 反应不完全，高于 145℃ 会使氢碘酸外逸，硝酸银乙醇溶液生成黑色沉淀物。同理，N_2 气流也应控制在指定范围。样品及仪器含醚、酮、醇或微量水分都会影响结果偏高或偏低，所以测样前要保持仪器和样品的干燥，不得用溶剂淋洗。

（4）计算　从阱 2 中所测碘丙烷量计算出环氧丙烷含量，即

$$C_3H_7I 含量 = \frac{(V_0 - V_1) \times c \times 5.808}{m}$$

式中，V_0 为空白消耗 NH_4SCN 的体积，mL；V_1 为样品消耗 NH_4SCN 的体积，mL；c 为 NH_4SCN 的浓度，mol/L；m 为样品的质量，g。

从阱 3 和阱 4 管中所测丙烯的量计算出环氧丙烷的含量，即

$$C_3H_6 含量 = \frac{(V'_0 - V'_1) \times c' \times 2.904}{m}$$

式中，V'_0 为空白消耗 $Na_2S_2O_3$ 的体积，mL；V'_1 为样品消耗 $Na_2S_2O_3$ 的体积，mL；c' 为 $Na_2S_2O_3$ 标准溶液的浓度，mol/L。

环氧丙烷的总含量＝C_3H_6 含量＋C_3H_7I 含量

羟丙基淀粉分子取代度的计算，即

$$MS = \frac{162}{58.08} \times \frac{W}{100-W} = \frac{2.79 \times W}{100-W}$$

式中，W 为环氧丙烷含量。

2. 分光光度法测羟丙基淀粉取代度

（1）原理　在浓硫酸中羟丙基淀粉的羟丙基水解生成丙二醇，丙二醇再进一步水解生成丙醇和烯醇式的丙烯醇，这两种脱水产物在浓硫酸介质中可与水合茚三酮生成紫色络合物，可用分光光度法进行定量，推导出羟丙基含量。此法是测定丙二醇、淀粉醚中羟丙基的特效方法。

（2）测定方法　取代度大于1%样品的测定。

①试剂。1，2-丙二醇标准液：制备1.00mg/mL的1，2-丙二醇标准溶液。

茚三酮溶液（3%）：3 g茚三酮于100 mL 15%的 $NaHSO_3$ 溶液中，溶解混匀。

②测定步骤。称取0.05～0.1 g羟丙基淀粉、原淀粉于100 mL容量瓶中，加入25 mL 2 mol/L的 H_2SO_4 溶液。100℃水浴中加热至试样全部溶解，冷却后定容，吸取上述试液1 mL于25 mL具塞比色管中，置于冷水中，缓慢加入8 mL浓硫酸，混合均匀后于100℃水浴中加热30 min，立即放入冰浴中冷却，至试液冷冻，小心沿管壁加入0.6 mL水合茚三酮溶液，立即摇匀，在25℃水浴上恒温100 min，再用浓硫酸稀释至刻度，倾倒混匀（勿振荡）。静置5 min后，用1 cm比色皿于595 nm处，以试剂空白作参比，测定吸光度。测得的丙二醇含量，应扣除原淀粉的值，乘上换算系数0.776 3，即得羟丙基含量。

标准曲线的绘制：分别吸取1.00 mL、2.00 mL、3.00 mL、4.00 mL、5.00 mL标准丙二醇液于100 mL容量瓶中，用水稀释至刻度，得每毫升含1，2-丙二醇10 μg/mL、20 μg/mL、30 μg/mL、40 μg/mL、50 μg/mL的标准液。分取这5种标准液100 mL于25 mL具塞比色管中，以下按样品分析方法处理。通过下式求出摩尔取代度

$$MS = \frac{2.84W}{100-W}$$

式中，W 为羟丙基含量，%。

取代度小于1%样品的测定。

①试剂。稀磷酸（85% H_3PO_4：H_2O = 1：1）；5% $NaHSO_3$；3%水合茚三酮溶液；1 μg/mL丙二醇标准溶液。

②测定步骤。称取0.1～0.2 g试样于100 mL容量瓶中，加约25 mL稀 H_3PO_4，置沸水浴中至样品全溶，冷却后用稀 H_3PO_4 定容。混匀后移取该试液10 mL于100 mL带有侧支管的蒸馏瓶中，加数粒沸石，接空气冷凝管。另用吸管取10 mL 5% $NaHSO_3$ 溶液于一50 mL容量瓶中，置此瓶于冰浴中。冷凝管引出的导管插入容量瓶中的 $NaHSO_3$ 液面下，从蒸馏瓶侧支管通入 N_2 气，调节气流以接收瓶气泡2个/s为宜。用电热套加热蒸馏瓶至瓶内产生强烈白烟。停止加热，待导管冷却后，仍继续通 N_2 气10 min。将接收瓶从冰浴中取出，用蒸馏水洗导管，洗涤水导入接收瓶中，调节试液温度至25℃，用水定容，准确移取上述处理过的试液1 mL，放入25 mL具塞比色管中，以下操作与取代度大于1的样品处理过程相同。用1 mL水代替试样，进行显色反应，做空白。

取标准丙二醇溶液溶于稀 H_3PO_4 中，丙二醇含量分别为50 μg/mL、100 μg/mL、

150 $\mu g/mL$、200 $\mu g/mL$、250 $\mu g/mL$。显色反应后，测定吸光度，做工作曲线，计算方法同前。

3. 羟乙基淀粉取代度的测定法 羟乙基淀粉取代度测定也基本采用 Morgan 建立的烷氧基测定法，即用氢碘酸使羟乙基与淀粉之间醚键断裂，生成碘乙烷和乙烯，用硝酸银和溴溶液吸收碘乙烷和乙烯。剩余的 $AgNO_3$ 用 NH_4SCN 返滴定，剩余的 Br_2 用碘滴定法求得而定量。

$$CH_3CH_2I + AgNO_3 \longrightarrow AgI + CH_3CH_2ONO_2$$

$$CH_2 = CH_2 + Br_2 \longrightarrow BrCH_2 \cdot CH_2Br$$

仪器、试剂和测定步骤同用改良法测定羟丙基淀粉取代度。

结果计算公式为

$$C_2H_5I \text{ 含量} = \frac{(V_0 - V_1) \times c \times 4.405}{m}$$

$$C_2H_4 \text{ 含量} = \frac{(V'_0 - V'_1) \times c' \times 2.203}{m}$$

$$C_2H_4O \text{ 含量} = C_2H_5I \text{ 含量} + C_2H_4 \text{ 含量}$$

羟乙基淀粉分子取代度

$$MS = \frac{162}{44} \times \frac{W}{100 - W} = \frac{3.68W}{100 - W}$$

式中，W 为环氧乙烷含量。

（二）羧甲基淀粉取代度的测定

1. 灰化法 其原理是经纯化后的羧甲基淀粉置于坩埚内，在 700℃灰化成 Na_2O，然后用酸滴定氧化钠含量，并按氧化钠含量计算取代度。

样品纯化：取约 1.2 g 样品置于 300 mL 烧杯中，加入 20 mL 0.5 mol/L HCl 酸化，充分搅拌 15 min 至没有颗粒，加数滴酚酞指示剂，再用 0.5 mol/L NaOH 中和至红色，继续搅拌至试样溶解，再滴入 3 滴 0.5 mol/L NaOH。用 95%乙醇溶液边搅拌边滴加，当试液中出现白色沉淀后，迅速加入约 200 mL 95%乙醇溶液，便析出沉淀。停止搅拌，在水浴中加热，使沉淀清晰粗大。将沉淀移入 3 号砂芯玻璃坩埚中，先用 80%乙醇洗涤数次（约100 mL），然后用 95%乙醇洗 3 次（约 60 mL），吸干，移入烘箱内，在 105℃烘至恒重（约 3 h），冷却称重。

灰化：称重后的干纯 CMS 倒入干燥的 30 mL 瓷坩埚中，在高温炉内，徐徐升温至700℃，保持 30 min，取出后冷至室温。

滴定：用少量蒸馏水润湿灼烧物，再用 100 mL 蒸馏水分数次洗，并移至 250 mL 烧杯中，在电炉上缓慢加热至沸，保持 5 min。加甲基红指示剂 2～3 滴，用 0.1 mol/L HCl 标准溶液滴定至终点。

计算公式为

$$\text{乙酸钠基含量} W_A = \frac{c_{HCl} V_{HCl} \times 0.081}{m} \times 100\%$$

式中，V_{HCl} 为滴定时消耗 HCl 标准溶液体积，mL；c_{HCl} 为 HCl 标准溶液浓度，mol/L；m 为样品质量，g。

$$DS = \frac{162 W_A}{8\,100 - 80 W_A}$$

2. 酸洗法　CMS 试样用酸溶液充分洗涤，使其全部转化成酸式 CMS（HCMS），然后加入标准 NaOH 溶液滴定。也可加入已知过量的 NaOH 标准溶液，使 HCMS 与 NaOH 发生中和反应，再用标准 HCl 溶液返滴定剩余的 NaOH，从而测得 CMS 取代度。

（1）直接滴定法　精密称取 0.15～5 g 试样，用大约 25 mL 2 mol/L HCl-70％甲醇液与样品混合，用中号石英砂玻璃漏斗过滤，并用 70％甲醇洗涤滤饼，直至滤液用 AgNO₃ 检查无氯离子为止。将脱盐样品定量移至一个烧杯中，用 300 mL 蒸馏水分散均匀，然后在沸水浴中不断搅拌，直至淀粉糊化，继续加热 15 min 以保证糊化完全，趁热或冷却后用 0.1 mol/L NaOH 滴定，至酚酞变色为止。用原淀粉作空白试验，不需抽滤及洗涤，仍需糊化后用碱滴定。用下式计算

$$CM = \frac{(\text{样品}-\text{空白})\text{消耗体积}\times \text{NaOH 浓度}\times 0.081}{\text{样品质量(g)}} \times 100\%$$

式中，CM 为羧甲基含量。

$$DS = \frac{162 CM}{8\,100 - 80 CM}$$

（2）返滴定法　准确称取 CMS 样品 0.5 g 左右，置于 50 mL 烧杯中，加入 2 mol/L HCl 溶液 40 mL，用电磁搅拌器搅拌 3 h。然后用 80％甲醇溶液洗涤酸化后的样品，至洗涤液中不含氯离子（Cl⁻）。这时样品转化成酸式 CMS（HCMS），用 0.1 mol/L NaOH 标准溶液 40 mL 溶解 HCMS，在微热条件下，使溶液呈透明状，立即用 0.1 mol/L 标准 HCl 溶液返滴定剩余 NaOH，用酚酞作指示剂，滴至红色刚刚褪去。

$$A = (c_{NaOH}\times V_{NaOH} - c_{HCl}\times V_{HCl})/m$$

$$DS = \frac{0.162 A}{1 - 0.058 A}$$

式中，A 为每克样品消耗 NaOH 物质的量，mmol；c_{NaOH} 为 NaOH 标准溶液浓度，mol/L；V_{NaOH} 为加入的 NaOH 标准溶液体积，mL；c_{HCl} 为 HCl 标准溶液的浓度，mol/L；V_{HCl} 为滴定过量 NaOH 消耗 HCl 的体积，mL。

3. 络合滴定法

（1）原理　CMS 上的羧基可以定量与铜离子发生沉淀反应，先向样品中加入已知过量的铜标准溶液，沉淀完全后过滤，pH 在 7.5～8 时，用 EDTA 标准溶液滴定过量的铜，即可推导出羧甲基的取代度。

$$2St\!-\!O\!-\!CH_2COONa + CuSO_4 \longrightarrow (St\!-\!O\!-\!CH_2COO)_2Cu\downarrow + Na_2SO_4$$
$$Cu^{2+} + EDTA \longrightarrow Cu\!-\!EDTA$$

（2）试剂　0.01 mol/L CuSO₄ 标准溶液；0.05 mol/L EDTA 标准溶液；

NH₄Cl 缓冲溶液：10 g NH₄Cl 溶于 1 L 水中，pH 为 5.2；

PAN 指示剂：0.1 g 紫脲酸铵溶于 100 mL 乙醇中。

（3）测定步骤　准确称取 0.5 g 样品于 100 mL 烧杯中，用 1 mL 95％乙醇溶液将其湿润，使其在 50 mL 蒸馏水中完全溶解，加 20 mL NH₄Cl 缓冲溶液，再用 0.1 mol/L HCl 或 0.1 mol/L NaOH 将溶液 pH 调至 7.5～8.0。转移至 250 mL 容量瓶中，加入 50 mL CuSO₄ 溶液，放置 15 min，稀释至刻度。摇匀、过滤，取 100 mL 滤液于锥形瓶中，加几滴 PAN

指示剂，用 EDTA 标准溶液滴定，溶液由蓝色转为绿色止，记下所消耗的 EDTA 体积。同时作空白试验，用下式计算

$$CM = \frac{c_{EDTA}(V_{空白} - V_{样品}) \times 2 \times \frac{250}{100} \times 0.081}{m} \times 100\%$$

$$DS = \frac{162CM}{81 \times 100 - (81-1)CM} = \frac{162CM}{8\,100 - 80CM}$$

式中，CM 为羧甲基钠的百分含量，%；m 为称样量，g。

4. 沉淀法

（1）原理　羧甲基淀粉与硝酸铀酰试剂定量反应生成沉淀（UCMS）：

$$2StOCH_2COO^- + UO_2(NO_3)_2 \longrightarrow \begin{matrix} StOC \\ \\ StOC \end{matrix} \begin{matrix} O \\ O \\ O \\ O \end{matrix} UO_2 \downarrow + 2HNO_3$$

沉淀灼烧后生成 U_3O_8，根据 U_3O_8 的质量可推导出羧甲基淀粉的取代度。

（2）试剂　4%硝酸铀酰：溶解 40g$UO_2(NO_3)_2 \cdot 6H_2O$ 于 800 mL 蒸馏水后，稀释至 1 L。

（3）测定步骤　准确称取试样0.25～0.50 g 置于烧杯中，在 50～70℃水浴上不断搅拌，将样品分散在 400 mL 蒸馏水中，继续不断搅拌下，用滴管加入硝酸铀酰试剂（约 25 mL），滴加时，要将滴管插入样品试液中，滴毕，撤去水浴，继续搅拌 5～10 min，然后静置，使沉淀沉下，倾去清液，过滤，每次用 200 mL 水洗，共洗 3 次，然后再用无水乙醇洗 2 次，每次用 100 mL。把沉淀全部转移至坩埚中，在 130℃ 干燥至恒重（均需 1 h）。称沉淀重为 m_2（UCMS 的质量）。然后将沉淀在 750～800℃ 灼烧成绿色 U_3O_8，约需 25 min。冷却后称重为 m_1（U_3O_8 的质量），即可算出取代度。

$$UF = \frac{m_1 \times 0.961}{m_2}$$

$$DS = \frac{162UF}{135 - 192UF}$$

式中，UF 为 UCMS 中 UO_2 的含量（g/g）。

5. 分光光度法　羧甲基淀粉和羧基乙酸在浓硫酸中受热可定量的释放甲醛，甲醛与 J 酸（6-氨基-1-苯酚-3-磺酸）反应产生蓝色，用分光光度计测定吸光度，由标准曲线读得羟基乙酸量，再进一步计算取代度。

（1）J 酸法

①试剂。1%J 酸溶液：将 1g 6-氨基-1-苯酚-3-磺酸置于 100 mL 容量瓶中，用 10 mL 蒸馏水分散后，置冷水浴中用浓硫酸定容。

羟基乙酸溶液：1 g 羟基乙酸溶于 100 mL 蒸馏水中作为贮备液，用 NaOH 溶液中和。

②测定步骤。配制羟基乙基标准溶液系列，浓度在 15～100 $\mu g/L$ 范围内。用移液管分

别移取 1 mL 标准溶液于 25 mL 具塞比色管中，各加入 1％J 酸 0.5 mL 及浓 H_2SO_4 5 mL，充分摇振后于沸水浴上加热 1 h，此时溶液呈棕黄色，将比色管冷至室温，滴加 30％ NH_4Ac 溶液，使各比色管内溶液至刻度，溶液变成蓝色，用分光光度计于 620 nm 处测定吸光度，以试剂空白为参比，绘出标准曲线图。称取试样 0.1 g，用 0.25 mol/L NaOH 溶解，转移至 250 mL 容量瓶中定容，取 1 mL 样品溶液按标准溶液的测定操作测出吸光度，从标准曲线上求出羟基乙酸含量，进而算出 CMS 取代度，即

$$DS = \frac{162B}{76 - 57B}$$

式中，B 为每克 CMS 样品中相当于羟基乙酸的量（g）。

（2）铬变酸（1，8-二羟基萘-3，6-二磺酸）法　操作基本与 J 酸相同，改用 0.1％铬变酸液 5 mL 作显色剂，浓硫酸改用 1 mL，加热时间减为 0.5 h，溶液为紫红色，在 570 nm 波长测定吸光度。

在上述各方法中分光光度法需要样品量少，准确度较高，是比较理想的方法。络合滴定法速度快，设备简单，准确程度高，也是一种可优先选用的方法。

（三）阳离子淀粉取代度的测定

阳离子淀粉的取代度是根据样品的含氮量由公式计算获得的。常用的测定方法为凯氏定氮法，操作时间长达 6～8 h，误差较大，重现性差，对此提出一些改进方法。氨敏电极电位滴定法相对来说比凯氏定氮法更方便、简捷、快速。

1. 凯氏定氮法　样品用蒸馏水洗除去未反应的阳离子醚化剂，烘干后按国标《淀粉及其衍生物含氮量测定方法》测含氮量。

结果计算公式为

$$N = \frac{1.401 \times c \times (V_1 - V_0)}{m} \times 100\%$$

式中，N 为样品氮质量分数，％；V_0 为滴定空白消耗标准硫酸的体积，mL；V_1 为滴定样品消耗标准硫酸的体积，mL；c 为 $1/2H_2SO_4$ 标准溶液的浓度，mol/L；m 为样品的质量，g。

$$DS = \frac{162(N - N_0)}{1\,400 - M(N - N_0)} = \frac{11.57(N - N_0)}{100 - \frac{M}{14}(N - N_0)}$$

式中，N_0 为原淀粉氮质量分数，％；M 为阳离子醚化剂摩尔质量，g/mol；季铵盐作醚化剂时 M/14 等值为 13.44。

2. 氨敏电极电位滴定法

（1）仪器与试剂　凯氏烧瓶、容量瓶、数字式离子计、氨敏电极。

氯化铵标准溶液：精确称取经 105℃烘干的 NH_4Cl 5.349 0 g，配成 0.100 0 mol/L 标准溶液；

氨敏电极内充液：0.1 mol/L NaCl 和 0.01 mol/L NH_4Cl 混合液；

缓冲溶液：0.2 mol/L NaCl 或 0.1 mol/L KNO_3；10 mol/L NaOH。

（2）测定步骤　称取 1.0 g 试样（精确至±0.000 1 g），于 250 mL 凯氏烧瓶中，加极少量硒粉（约 0.1 g）、10 mL 浓硫酸，然后置于电炉上消化至无色透明，冷却后用蒸馏水定容至 250 mL。精确吸取该溶液 10 mL 于 150 mL 烧杯中，加 37 mL 蒸馏水，插入处理好的氨敏电极，再加 3 mL 10 mol/L NaOH 溶液，电磁搅拌下测量其平衡电位 E_1。再加 0.5 mL

NH_4Cl 标准溶液，测量其平衡电位 E_2。最后添加55.5 mL缓冲液，测量其平衡电位 E_3。

（3）计算　试样中氨的浓度 c_X （mol/L）用下式计算

$$c_X = c_S \frac{V_S}{V_X} \left(10^{0.01} \frac{\Delta E}{\Delta E'} - 1 \right)^{-1}$$

式中，c_S 为标准 NH_4Cl 溶液浓度，mol/L；V_S 为加入标准 NH_4Cl 溶液体积，mL；V_X 为测定液的总体积，mL；ΔE 为添加标准溶液前后的电位差（$E_2 - E_1$）；$\Delta E'$ 为添加缓冲液前后的电位差（$E_3 - E_2$）。

试样中有机氮含量用下式计算

$$W_N = \frac{c_X \times 14 \times V_X \times f}{m \times 1\,000} \times 100\%$$

式中，W_N 为试样的有机氮含量，%；14 为氮的摩尔质量，g/mol；m 为试样质量，g；f 为稀释倍数。

$$DS = \frac{162 W_N m_s}{100 M_X - (M_X - 1)W_N m_s} = \frac{162 W_N}{1\,400 - (M_X - 1)W_N}$$

式中，m_s 为取代基的质量，g；M_X 为取代基相对分子质量，g。

思考题

1. 采用光学显微镜、透射电子显微镜和扫描电子显微镜分别可以观察到淀粉的那些形貌特征？

2. 水分含量的测定对其他成分的测定有哪些影响？

3. 淀粉糊化过程中有哪些性质发生明显的变化？

4. 淀粉糖品中葡萄糖、果糖、麦芽糖含量如何测定？

5. 气相色谱和液相色谱可以对在淀粉糖品的测定中起到哪些作用？

6. 淀粉 α 化度如何测定？

7. 淀粉磷酸酯中磷含量、淀粉醋酸酯乙酰基含量是如何测定的？

8. 羟烷基淀粉、羧甲基淀粉、阳离子淀粉的取代度是如何测定的？

附　　录

附表1　玉米淀粉乳浓度（波美度）与相对密度及其他浓度的关系

浓度/波美度	相对密度	淀粉 w/%（干基）	淀粉/（g/L）（干基）	浓度/波美度	相对密度	淀粉 w/%（干基）	淀粉/（g/L）（干基）
0.0	1.000 0	0.000	0.000	3.0	1.021 1	5.331	54.280
0.1	1.000 7	0.178	1.780	3.1	1.021 8	5.509	56.260
0.2	1.001 4	0.354	3.590	3.2	1.022 6	5.686	58.000
0.3	1.002 1	0.531	5.270	3.3	1.023 3	5.864	59.910
0.4	1.002 8	0.708	7.070	3.4	1.024 1	6.042	61.710
0.5	1.003 5	0.885	8.870	3.5	1.024 8	6.220	63.630
0.6	1.004 1	1.062	10.660	3.6	1.025 5	6.397	65.430
0.7	1.004 8	1.239	12.460	3.7	1.026 3	6.575	67.340
0.8	1.005 5	1.416	14.260	3.8	1.027 0	6.753	69.260
0.9	1.006 2	1.593	15.900	3.9	1.027 8	6.930	71.060
1.0	1.006 9	1.777	17.850	4.0	1.028 5	7.108	72.980
1.1	1.007 6	1.955	19.650	4.1	1.029 2	7.286	74.770
1.2	1.008 3	2.132	21.450	4.2	1.030 0	7.463	76.690
1.3	1.009 0	2.310	23.250	4.3	1.030 7	7.641	78.619
1.4	1.009 7	2.488	25.040	4.4	1.031 4	7.819	80.530
1.5	1.010 5	2.666	26.840	4.5	1.032 2	7.997	82.320
1.6	1.011 2	2.843	28.640	4.6	1.032 9	8.174	84.240
1.7	1.011 9	3.021	30.440	4.7	1.033 6	8.352	86.160
1.8	1.012 6	3.199	32.350	4.8	1.034 3	8.530	88.070
1.9	1.013 3	3.376	34.150	4.9	1.035 1	8.707	89.990
2.0	1.014 0	3.554	39.950	5.0	1.035 8	8.885	91.790
2.1	1.014 7	3.732	37.790	5.1	1.036 6	9.063	93.710
2.2	1.015 4	3.909	39.660	5.2	1.037 3	9.240	95.620
2.3	1.016 1	4.087	41.460	5.3	1.038 1	9.418	97.540
2.4	1.016 8	4.265	43.260	5.4	1.038 8	9.596	99.460
2.5	1.017 6	4.443	45.180	5.5	1.039 6	9.774	101.380
2.6	1.018 3	4.620	46.970	5.6	1.040 3	9.951	103.290
2.7	1.019 0	4.798	48.770	5.7	1.041 1	10.129	105.210
2.8	1.019 7	4.976	50.690	5.8	1.041 8	10.307	107.130
2.9	1.020 4	5.153	52.490	5.9	1.042 6	10.484	109.040

（续）

浓度/波美度	相对密度	淀粉 w/%（干基）	淀粉/（g/L）（干基）	浓度/波美度	相对密度	淀粉 w/%（干基）	淀粉/（g/L）（干基）
6.0	1.043 3	10.662	110.960	9.8	1.072 6	17.415	186.450
6.1	1.044 1	10.840	113.000	9.9	1.073 4	17.592	188.490
6.2	1.044 8	11.017	114.920				
6.3	1.045 6	11.195	116.830	10.0	1.074 2	17.770	190.530
6.4	1.046 3	11.373	118.750	10.1	1.075 0	17.948	192.570
6.5	1.047 1	11.551	120.670	10.2	1.075 8	18.125	194.600
6.6	1.047 8	11.728	122.590	10.3	1.076 6	18.303	196.640
6.7	1.048 6	11.906	124.620	10.4	1.077 4	18.481	198.680
6.8	1.049 3	12.084	126.540	10.5	1.078 2	18.659	200.710
6.9	1.050 1	12.261	128.460	10.6	1.079 0	18.836	202.870
				10.7	1.079 8	19.014	204.910
7.0	1.050 8	12.439	130.490	10.8	1.080 6	19.192	206.940
7.1	1.051 6	12.617	132.410	10.9	1.081 4	19.369	208.980
7.2	1.052 3	12.794	134.330				
7.3	1.053 1	12.972	136.370	11.0	1.082 2	19.547	211.140
7.4	1.053 9	13.150	138.280	11.1	1.083 0	19.725	213.180
7.5	1.054 7	13.328	140.320	11.2	1.083 8	19.902	215.210
7.6	1.055 4	13.505	142.240	11.3	1.084 6	20.080	217.370
7.7	1.056 2	13.683	144.270	11.4	1.085 4	20.258	219.410
7.8	1.057 0	13.861	146.190	11.5	1.086 3	20.436	221.560
7.9	1.057 7	14.038	148.230	11.6	1.087 1	20.613	223.600
				11.7	1.087 9	20.791	225.760
8.0	1.058 5	14.216	150.150	11.8	1.088 7	20.969	227.790
8.1	1.059 3	14.394	152.180	11.9	1.089 5	21.146	229.950
8.2	1.060 1	14.571	154.100				
8.3	1.060 8	14.749	156.140	12.0	1.090 3	21.324	231.990
8.4	1.061 6	14.927	158.170	12.1	1.091 1	21.520	234.150
8.5	1.062 4	15.105	160.099	12.2	1.092 0	21.679	236.180
8.6	1.063 2	15.282	162.130	12.3	1.092 8	21.857	238.340
8.7	1.064 0	15.460	164.170	12.4	1.093 6	22.035	240.500
8.8	1.064 7	15.638	166.200	12.5	1.094 5	22.213	242.650
8.9	1.065 5	15.815	168.120	12.6	1.095 3	22.390	244.690
				12.7	1.096 1	22.568	246.850
9.0	1.066 3	15.993	170.160	12.8	1.096 9	22.746	249.000
9.1	1.067 1	16.171	172.190	12.9	1.097 8	22.923	251.160
9.2	1.067 9	16.384	174.230				
9.3	1.068 7	16.526	176.270	13.0	1.098 6	23.101	253.320
9.4	1.069 5	16.794	178.310	13.1	1.099 5	23.279	255.480
9.5	1.070 3	16.882	180.340	13.2	1.100 3	23.459	257.630
9.6	1.071 0	17.059	182.380	13.3	1.101 2	23.634	259.670
9.7	1.071 8	17.237	184.420	13.4	1.102 0	23.812	261.830

（续）

浓度/波美度	相对密度	淀粉 w/% （干基）	淀粉/（g/L） （干基）	浓度/波美度	相对密度	淀粉 w/% （干基）	淀粉/（g/L） （干基）
13.5	1.102 9	23.990	263.980	17.2	1.134 8	30.564	346.190
13.6	1.103 7	24.167	266.140	17.3	1.135 7	30.742	348.460
13.7	1.104 6	24.345	268.300	17.4	1.136 6	30.920	350.740
13.8	1.105 4	24.523	270.570	17.5	1.137 5	31.089	353.020
13.9	1.106 3	24.700	272.730	17.6	1.138 3	31.275	355.290
				17.7	1.139 2	31.453	357.570
14.0	1.107 1	24.878	274.890	17.8	1.140 1	31.631	359.850
14.1	1.108 0	25.056	277.040	17.9	1.141 0	31.808	362.240
14.2	1.108 8	25.233	279.200				
14.3	1.109 7	25.411	281.360	18.0	1.141 9	31.986	364.520
14.4	1.110 5	25.589	283.520	18.1	1.142 8	32.164	366.800
14.5	1.111 4	25.767	285.790	18.2	1.143 7	32.341	369.070
14.6	1.112 2	25.944	287.950	18.3	1.144 6	32.519	371.470
14.7	1.113 1	26.122	290.230	18.4	1.145 5	32.697	373.750
14.8	1.113 9	26.300	292.380	18.5	1.146 5	32.875	376.140
14.9	1.114 8	26.477	294.540	18.6	1.147 4	33.052	378.420
				18.7	1.148 3	33.230	380.820
15.0	1.115 6	26.665	296.820	18.8	1.149 2	33.408	383.090
15.1	1.116 5	26.833	298.850	18.9	1.150 1	33.585	385.490
15.2	1.117 3	27.010	301.130				
15.3	1.118 2	27.188	303.416	19.0	1.151 0	33.763	387.890
15.4	1.119 0	27.366	305.560	19.1	1.151 9	33.941	390.160
15.5	1.119 9	27.544	307.840	19.2	1.152 8	34.118	392.560
15.6	1.120 8	27.721	310.000	19.3	1.153 8	34.296	394.960
15.7	1.121 6	27.899	312.270	19.4	1.154 7	34.474	397.230
15.8	1.122 5	28.077	314.550	19.5	1.155 6	34.652	399.630
15.9	1.123 3	28.254	316.710	19.6	1.156 5	34.829	402.030
				19.7	1.157 4	35.007	404.300
16.0	1.124 2	28.432	318.980	19.8	1.158 4	35.185	406.700
16.1	1.125 1	28.610	321.260	19.9	1.159 3	35.362	409.100
16.2	1.126 0	28.787	323.540				
16.3	1.126 8	28.965	325.700	20.0	1.160 2	35.540	411.490
16.4	1.127 7	29.143	327.970	20.1	1.161 1	35.718	413.890
16.5	1.128 6	29.321	330.250	20.2	1.162 1	35.895	416.290
16.6	1.129 5	29.498	332.530	20.3	1.163 0	36.073	418.680
16.7	1.130 4	29.675	334.800	20.4	1.164 0	36.251	421.080
16.8	1.131 2	29.854	337.080	20.5	1.164 9	36.429	423.480
16.9	1.132 1	30.031	339.240	20.6	1.165 8	36.606	425.870
				20.7	1.166 8	36.784	428.270
17.0	1.133 0	30.209	341.630	20.8	1.167 7	36.962	430.790
17.1	1.133 9	30.387	343.790	20.9	1.168 7	37.139	433.180

（续）

浓度/波美度	相对密度	淀粉 w/%（干基）	淀粉/（g/L）（干基）	浓度/波美度	相对密度	淀粉 w/%（干基）	淀粉/（g/L）（干基）
21.0	1.169 6	37.317	435.580	23.1	1.189 8	41.049	487.460
21.1	1.170 6	37.495	437.970	23.2	1.190 8	41.226	489.860
21.2	1.171 5	37.672	440.490	23.3	1.191 7	41.404	492.380
21.3	1.172 5	37.850	442.890	23.4	1.192 7	41.582	494.890
21.4	1.173 4	38.028	445.280	23.5	1.193 7	41.760	497.410
21.5	1.174 4	38.206	447.800	23.6	1.194 7	41.937	500.050
21.6	1.175 3	38.383	450.200	23.7	1.195 7	42.115	502.560
21.7	1.176 3	38.561	452.590	23.8	1.196 6	42.293	505.080
21.8	1.177 2	38.739	455.110	23.9	1.197 6	42.470	507.600
21.9	1.178 2	38.916	457.510				
				24.0	1.198 6	42.648	510.110
22.0	1.179 1	39.094	460.020	24.1	1.199 6	42.826	512.750
22.1	1.180 1	39.272	462.540	24.2	1.200 6	43.003	515.260
22.2	1.181 0	39.449	464.940	24.3	1.201 6	43.181	517.780
22.3	1.182 0	39.627	467.450	24.4	1.202 6	43.359	520.420
22.4	1.183 0	39.805	469.970	24.5	1.203 6	43.537	522.930
22.5	1.184 0	39.983	472.490	24.6	1.204 6	43.714	525.450
22.6	1.184 9	40.160	474.880	24.7	1.205 6	43.892	528.090
22.7	1.185 9	40.338	477.400	24.8	1.206 6	44.070	530.720
22.8	1.186 9	40.516	479.920	24.9	1.207 6	44.247	533.240
22.9	1.187 8	40.693	482.310				
				25.0	1.208 6	44.425	535.760
23.0	1.188 8	40.871	484.950				

附表 2　波美读数温度校正表

加上校正数得在15.56℃的读数

浓度/波美度	20℃	25℃	30℃	35℃	40℃	45℃	50℃	55℃	60℃
0	0.15	0.30	0.46	0.62	0.82	1.06	1.32	1.65	1.98
5	0.14	0.29	0.45	0.60	0.79	1.02	1.27	1.60	1.92
10	0.14	0.29	0.44	0.58	0.77	0.99	1.23	1.55	1.85
15	0.13	0.28	0.42	0.56	0.74	0.96	1.19	1.49	1.78
20	0.13	0.27	0.41	0.54	0.72	0.93	1.15	1.43	1.72
25	0.13	0.26	0.40	0.52	0.70	0.90	1.11	1.38	1.65

附表 3　折射率与固形物含量对照

折射率	固形物含量/%		
	20℃	30℃	45℃
1.456 6	67.63	68.54	70.00
1.456 7	67.68	68.59	70.04
1.456 8	67.72	68.63	70.09
1.456 9	67.76	68.67	70.13
1.457 0	67.81	68.72	70.17
1.457 1	67.85	68.76	70.22
1.457 2	67.89	68.80	70.26
1.457 3	67.94	68.85	70.30
1.457 4	67.98	68.89	70.34
1.457 5	68.03	68.93	70.39
1.457 6	68.07	68.98	70.43
1.457 7	68.11	69.02	70.47
1.457 8	68.16	69.06	70.52
1.457 9	68.20	69.11	70.56
1.458 0	68.24	69.15	70.60
1.458 1	68.29	69.19	70.65
1.458 2	68.33	69.24	70.69
1.458 3	68.37	69.28	70.73
1.458 4	68.41	69.32	70.77
1.458 5	68.46	69.37	70.82
1.458 6	68.50	69.41	70.86
1.458 7	68.54	69.45	70.90
1.458 8	68.59	69.50	70.95
1.458 9	68.63	69.54	70.99
1.459 0	68.67	69.58	71.03
1.459 1	68.72	69.63	71.06
1.459 2	68.76	69.67	71.12
1.459 3	68.80	69.71	71.16
1.459 4	68.85	69.76	71.20
1.459 5	68.89	69.80	71.25
1.459 6	68.93	69.84	71.29
1.459 7	68.98	69.89	71.33
1.459 8	69.02	69.93	71.38
1.459 9	69.06	69.97	71.42
1.460 0	69.11	70.02	71.46

（续）

折射率	固形物含量/%		
	20℃	30℃	45℃
1.460 1	69.15	70.06	71.51
1.460 2	69.19	70.10	71.55
1.460 3	69.24	70.15	71.59
1.460 4	69.28	70.19	71.63
1.460 5	69.32	70.23	71.68
1.460 6	69.37	70.27	71.72
1.460 7	69.41	70.32	71.76
1.460 8	69.45	70.36	71.81
1.460 9	69.49	70.40	71.85
1.461 0	69.54	70.45	71.89
1.461 1	69.58	70.49	71.94
1.461 2	69.62	70.53	71.98
1.461 3	69.67	70.57	72.02
1.461 4	69.71	70.62	72.06
1.461 5	69.75	70.66	72.11
1.461 6	69.80	70.70	72.15
1.461 7	69.84	70.75	72.19
1.461 8	69.88	70.79	72.23
1.461 9	69.93	70.83	72.28
1.462 0	69.97	70.87	72.32
1.462 1	70.01	70.92	72.36
1.462 2	70.06	70.96	72.40
1.462 3	70.10	70.00	72.45
1.462 4	70.14	70.04	72.49
1.462 5	70.18	71.09	72.53
1.462 6	70.23	71.13	72.57
1.462 7	70.27	71.17	72.62
1.462 8	70.31	71.22	72.66
1.462 9	70.35	71.26	72.70
1.463 0	70.40	71.30	72.74
1.463 1	70.44	71.34	72.79
1.463 2	70.48	71.39	72.83
1.463 3	70.52	71.43	72.87
1.463 4	70.57	71.47	72.91
1.463 5	70.61	71.52	72.96

（续）

折射率	固形物含量/%		
	20℃	30℃	45℃
1.463 6	70.65	71.56	73.00
1.463 7	70.69	71.60	73.04
1.463 8	70.74	71.64	73.08
1.463 9	70.78	71.69	73.13
1.464 0	70.82	71.73	73.17
1.464 1	70.86	71.77	73.21
1.464 2	70.91	71.82	73.25
1.464 3	70.95	71.86	73.30
1.464 4	70.99	71.90	73.34
1.464 5	71.03	71.94	73.38
1.464 6	71.08	71.99	73.42
1.464 7	71.12	72.03	73.46
1.464 8	71.16	72.07	73.51
1.464 9	71.20	72.11	73.55
1.465 0	72.25	72.16	73.59
1.465 1	71.29	72.20	73.63
1.465 2	71.33	72.24	73.68
1.465 3	71.37	72.28	73.72
1.465 4	71.42	72.33	73.76
1.465 5	71.46	72.37	73.80
1.465 6	71.50	72.41	73.85
1.465 7	71.54	72.45	73.89
1.465 8	71.59	72.49	73.93
1.465 9	71.63	72.54	73.97
1.466 0	71.67	72.58	74.02
1.466 1	71.71	72.62	74.06
1.466 2	71.76	72.66	74.10
1.466 3	71.80	72.71	74.14
1.466 4	71.84	72.75	74.18
1.466 5	71.89	72.79	74.23
1.466 6	71.93	72.83	74.37
1.466 7	71.97	72.88	74.31
1.466 8	72.01	72.92	74.35
1.466 9	72.05	72.96	74.39
1.467 0	72.10	73.00	74.48

（续）

折射率	固形物含量/%		
	20℃	30℃	45℃
1.467 1	72.14	73.04	74.48
1.467 2	72.18	73.09	74.52
1.467 3	72.22	73.13	74.56
1.467 4	72.27	73.17	74.60
1.467 5	72.31	73.21	74.64
1.467 6	72.34	73.26	74.69
1.467 7	72.39	73.30	74.73
1.467 8	72.43	73.34	74.77
1.467 9	72.48	73.38	74.81
1.468 0	72.52	73.42	74.85
1.468 1	72.56	73.47	74.90
1.468 2	72.60	73.51	74.94
1.468 3	72.64	73.55	74.98
1.468 4	72.69	73.59	75.02
1.468 5	72.73	73.64	75.06
1.468 6	72.77	73.68	75.10
1.468 7	72.81	73.72	75.15
1.468 8	72.85	73.76	75.19
1.468 9	72.90	73.81	75.23
1.469 0	72.94	73.85	75.27
1.469 1	72.98	73.89	75.31
1.469 2	73.02	73.93	75.36
1.469 3	73.07	73.97	75.40
1.469 4	73.11	74.02	75.44
1.469 5	73.15	74.06	75.48
1.469 6	73.19	74.10	75.52
1.469 7	73.23	74.14	75.56
1.469 8	73.28	74.18	75.61
1.469 9	73.32	74.22	75.65
1.470 0	73.36	74.27	75.69
1.470 1	73.40	74.31	75.73
1.470 2	73.44	74.35	75.77
1.470 3	73.49	74.39	75.82
1.470 4	73.52	74.43	75.86
1.470 5	73.57	74.47	75.90

（续）

折射率	固形物含量/%		
	20℃	30℃	45℃
1.470 6	73.61	74.52	75.94
1.470 7	73.65	74.56	75.98
1.470 8	73.70	74.60	76.02
1.470 9	73.74	74.64	76.07
1.471 0	73.78	74.68	76.11
1.471 1	73.82	74.72	76.15
1.471 2	73.87	74.77	76.19
1.471 3	73.91	74.81	76.23
1.471 4	73.95	74.85	76.27
1.471 5	73.99	74.89	76.31

参 考 文 献

Ｂｒ柯斯明科，1986. 淀粉生产［M］. 北京：中国食品出版社.

白坤，2012. 玉米淀粉工程技术［M］. 北京：中国轻工业出版社.

曹龙奎，2008. 淀粉制品生产工艺学［M］. 北京：中国轻工业出版社.

陈奇伟，2009. 马铃薯淀粉生产技术［M］. 北京：金盾出版社.

逄锦江，王晶晶，2009. 淀粉及其衍生物在造纸工业中的应用［J］. 江苏造纸（2）：35-38.

高嘉安，2001. 淀粉与淀粉制品工艺学［M］. 北京：中国农业出版社.

郭美娜，2012. RNAi 技术沉默玉米支链淀粉合成相关基因表达的研究［D］. 长春：吉林大学.

贺燕丽，2009. 我国玉米加工业的发展与展望［M］. 北京：经济科学出版社.

洪雁，顾正彪，2002. 变性淀粉在食品工业中的应用［J］. 食品科技（11）：32-35.

黄涛，陈喜斌，姜琳琳，等，2005. 变性淀粉的制备工艺及其对饲料品种的改良作用［J］. 饲料加工（4）：
   59-60.

金树人，2008. 糖醇生产技术与应用. 北京：中国轻工业出版社.

李广芬，张友松，陈雪，等，1998. 变性淀粉在纺织工业中的应用［J］. 印染（1）：34-38.

李浪，1993. 淀粉科学与技术［M］. 郑州：河南科学技术出版社.

刘小晶，2012. 三种马铃薯淀粉颗粒结晶结构的定性定量研究［D］. 西安：陕西科技大学.

刘兴训，2011. 淀粉及淀粉基材料的热降解性能研究［D］. 广州：华南理工大学.

刘亚伟，2001. 淀粉生产及其深加工技术［M］. 北京：中国轻工业出版社.

栾宏飞，2011. 淀粉有效溶剂的选择及支链淀粉分支结构研究方法的优化［D］. 无锡：江南大学.

Ｒ Ｌ李斯特勒，等，1987. 淀粉的化学与工艺学［M］. 王文，译. 北京：中国食品出版社.

谭彩霞，2009. 小麦籽粒淀粉合成酶基因表达与淀粉合成的关系［D］. 扬州：扬州大学.

田耀旗，2011. 淀粉回生及其控制研究［D］. 无锡：江南大学.

汪明振，何小维，黄强，等，2007. 变性淀粉在陶瓷中的应用［J］. 陶瓷学报（3）：69-70.

徐晖，2012. 淀粉的玉米醇溶蛋白微胶囊化及其慢消化性研究［D］. 无锡：江南大学.

尤新，2010. 淀粉糖品生产与应用手册［M］. 2 版. 北京：中国轻工业出版社.

尤新，2004. 功能性低聚糖的生产与应用［M］. 北京：中国轻工业出版社.

尤新，玉米深加工技术［M］. 2 版. 北京：中国轻工业出版社.

余平，2011. 淀粉与淀粉制品工艺学［M］. 北京：中国轻工业出版社.

张攀峰，2012. 不同品种马铃薯淀粉结构与性质的研究［D］. 广州：华南理工大学.

张燕萍，2007. 变性淀粉制造与应用［M］. 2 版. 北京：化学工业出版社.

张友松，1999. 变性淀粉生产与应用手册［M］. 北京：中国轻工业出版社.

赵思明，2001. 稻米淀粉特性与老化机理研究［D］. 武汉：华中农业大学.

郑俊民，2009. 药用高分子材料学［M］. 北京：中国医药科技出版社.

Frazier P J, 1992. Starch hydrolysis products：Worldwide technology production and application. New
   York：VCH.

James Be Miller, Roy Whistler, 2009. Starch chemistry and technology［M］. 3th ed. Elsevier Academic
   Press.

Paul Harwood Blanchard，1992. Technology of Corn Wet Milling and Associated Processes ［M］. London：Elsevier.

Yang P，2005. Effect of steeping with sulfite salts and adjunct acids on corn wet-milling yields and starch properties ［J］. Cereal Chemistry（4）：420-424.

图书在版编目（CIP）数据

淀粉与淀粉制品工艺学/陈光主编．—2版．—北京：
中国农业出版社，2017.2
　　普通高等教育农业部"十二五"规划教材
　　ISBN 978-7-109-22619-7

　　Ⅰ.①淀…　Ⅱ.①陈…　Ⅲ.①淀粉—生产工艺—高等
学校—教材　Ⅳ.①TS234

中国版本图书馆CIP数据核字（2017）第006787号

中国农业出版社出版
（北京市朝阳区麦子店街18号楼）
（邮政编码100125）
策划编辑　王芳芳
文字编辑　李　蕊

北京中兴印刷有限公司印刷　　新华书店北京发行所发行
2001年9月第1版　　2017年2月第2版
2017年2月第2版北京第1次印刷

开本：787mm×1092mm　1/16　印张：22.5
字数：540千字
定价：48.00元
（凡本版图书出现印刷、装订错误，请向出版社发行部调换）